# CSS世界

张鑫旭◎著

人民邮电出版社
北京

图书在版编目（CIP）数据

CSS世界 / 张鑫旭著. -- 北京 : 人民邮电出版社,
2017.12（2024.1重印）
ISBN 978-7-115-47066-9

Ⅰ. ①C… Ⅱ. ①张… Ⅲ. ①网页制作工具 Ⅳ.
①TP393.092.2

中国版本图书馆CIP数据核字(2017)第265096号

## 内容提要

本书从前端开发人员的需求出发，以“流”为线索，从结构、内容到美化装饰等方面，全面且深入地讲解前端开发人员必须了解和掌握的大量的 CSS 知识点。同时，作者结合多年的从业经验，通过大量的实战案例，详尽解析 CSS 的相关知识与常见问题。作者还为本书开发了专门的配套网站，进行实例展示、问题答疑。

作为一本 CSS 深度学习的书，书中介绍大量许多前端开发人员都不知道的 CSS 知识点。本书语言通俗易懂，内容深入浅出，并结合实战经验，更适合对 CSS 有所了解的前端开发人员阅读。通过阅读本书，读者会对 CSS 世界的深度和广度有一个全新的认识。

◆ 著　　　张鑫旭
责任编辑　杨海玲
责任印制　焦志炜
◆ 人民邮电出版社出版发行　　北京市丰台区成寿寺路 11 号
邮编　100164　　电子邮件　315@ptpress.com.cn
网址　http://www.ptpress.com.cn
北京七彩京通数码快印有限公司印刷
◆ 开本：800×1000　1/16
印张：21.5　　　　2017 年 12 月第 1 版
字数：488 千字　　2024 年 1 月北京第 19 次印刷

定价：69.00 元

读者服务热线：(010)81055410　印装质量热线：(010)81055316
反盗版热线：(010)81055315
广告经营许可证：京东市监广登字 20170147 号

# 前言

## 我为什么会写这本书

我是一个利他主义非常明显的人，这多半与小时候都是在他人的帮助下成长有关，帮助我的有亲戚、邻居、老师，以及很多不认识的人。所以，现在的自己总是很乐意帮助他人成长。

我从 2007 年读大三的时候开始接触并使用 CSS，到现在已经整整 10 年了，在这 10 年时间里，我从未间断过对 CSS 的研究和学习。现在想想，能够坚持下来还真是不容易，其核心动力其实就是上面的“帮助他人，成就自我”。

开始的时候，我和大多数人一样，因为 CSS 简单，一开始成长很快，页面写多了之后还能够总结出一些准则之类的东西，并自我感觉良好，或许是自己运气好，误打误撞走出了庐山幻境，突破了学习 CSS 的一个又一个瓶颈。但是，在与诸多同行的邮件交流中我发现，很多 CSS 开发人员感到迷茫，职位得不到重视，技术也无法提高，我感觉邮件的交流一次最多只能帮助一个人，效率实在太低。

人在做抉择的时候是需要有一些指引的。实际上，很多年前，我自己曾犹豫过，是否要继续深入学习 CSS，探索每一个边界，因为对于个人而言，这会是一件吃力不讨好的事情，对于 CSS 这门语言，3 年学习 80 分和 10 年学习 90 分对于产品价值的区别其实有限。但那一封封交流邮件坚定了自己的方向，艰苦的路让我一个人走就好了，等我踏遍整个 CSS 世界，再把完整的地图绘制出来，岂不就能帮助更多人了？

所以，随着自己的不断前行，身边的人越来越少，少到好像就我一个人，无比孤寂的时候，让我坚持下来的就是“日后可以帮助更多人，是很有价值的”的信念。

10 年过去了，10 年的努力和付出终于开始开花结果，而其中一个果实就是《CSS 世界》这本书。

10 年风雨积累，踏遍 CSS 世界的千山万水，哪里有美景，哪里有秘境，哪里是陷阱，哪里是路径，我全了然于心。我这样做为的就是给予清晰明确的指引，拓展对 CSS 世界的认知，挖掘 CSS 的潜力，帮助他人突破一个又一个 CSS 学习的瓶颈。

## 为何需要这本 CSS 进阶书

大家应该都注意到了，最近行业非常缺前端开发人员，前端开发人员培训机构也如雨后春笋般大量涌现。拨开眼前的面纱，定睛一看，会发现，缺的其实不是前端，而是优秀的、有资历的、技术有深度的前端开发人员。

通过和一些前端同行、某些人力资源接触和我收到的诸多简历我发现，目前的现状是这样的：行业里有很大一拨儿人，也自称为前端开发人员，但他们仅仅是可以根据设计稿写出页面这种水平。换句话说，就是会 HTML 和 CSS 以及一点儿 JavaScript。环顾四周，这种程度的人实在是太多了，完全没有任何技术上的优势。虽然这些也是前端开发人员，但是公司要抢的前端开发人员并不是这类人。

为什么会这样呢？

因为 CSS 这门语言入门实在是太简单了，比如说我夫人，完全不懂代码，我手把手教她 1 个星期，写出一个长得像某某网首页的页面绝对是没问题的，因为 CSS 常用属性就那么多，且鲜有逻辑，无须算法，熟记各个属性值对应的特性就能上手了。所以，很多没有编程基础的人，就通过 HTML 和 CSS 进入了这个圈子。但当他们发现自己可以很愉快地实现页面的时候，就会觉得 CSS 也就这样，导致困于庐山，止步不前，就算日后听到或见到“CSS 深入很难”的言论并打算着手精进，也不知道接下来该怎么走、如何突破现有的瓶颈，于是就产生了迷茫。

这类高不成低不就的前端人员急需本书深入“CSS 世界”，突破瓶颈，告别迷茫。

在这个世界上，越是看似简单的东西反而越是难以深入。CSS 这门语言也是如此。很多自认为学了 CSS 有八九成的人，实际上仅仅是熟记 CSS 手册中的各种属性，或者理解一些 CSS 概念，再进一步，甚至对某一两个 CSS 属性有过深入的分析。但是，这些人依然无法理解很多页面上看似简单的现象（我想更多的是根本就没在意这些现象），也无法基于现有的规则创造一些完全创新的 CSS 实现，仅仅停留在熟练地使用这种程度。

为什么会这样呢？那是因为 CSS 是一门有别于传统程序语言的语言。绝大多数编程语言，比方说 JavaScript，各种字符串、数组、方法，记住一个就是一个，使用的时候，`forEach()`就是循环，`replace()`就是替换，不要担心执行 `replace()`的时候字符串突然增加了！很多人就是用这种思路学习 CSS 的，导致很快就遇到了天花板。为什么呢？这是因为，在 CSS 的世界里，页面上的任何看似简单的呈现都是由许许多多 CSS 属性共同作用的结果。例如，对于一个图片浮动，单纯认为只有 `float` 在工作是不全面的，实际上，行高、字体、鼠标手形等都在暗地里“搞鬼”，此时如果仅仅套用一两个 CSS 属性值应有的表现来理解，是根本理解不了的。换句话说，有些人的 CSS 水平之所以停滞不前，是因为他们没有把所有的 CSS 当作一个整体，放在一个完整的世界中去看待。所以，没有比“学 CSS 看看 CSS 中文手册就够了”更愚蠢的言论了，手册仅仅是表层的、独立的一些特性，每个 CSS 属性在 CSS 世界中都是有其存在的原因的，都是和其他多个 CSS 属性发生着千丝万缕的关系的，这背后的种种远比他们想象得要庞大很多。

而本书完完全全区别于传统教条式的手册或参考书或教程之类，一步一步带领读者接触真正丰富多彩、妙趣横生的 CSS 世界，一番畅快自在的 CSS 世界之旅下来，读者一定会得到不一样的“洗礼”，困扰多年的 CSS 成长瓶颈说不定就会不知不觉地突破了。

## 如何正确认识本书

首先，大家务必明确这一点，那就是本书的所有内容都是我个人的理解。没错，是人的理解，不是干巴巴的文档。这些理解是我自己多年持之以恒对 CSS 研究和思考后，经过个人情感润饰和认知提炼加工的产物，完全是我自己所理解和认识的 CSS 世界，可能是不具有权威性的。写这本书主要是希望通过分享自己的心得给对CSS感兴趣的各个领域的人以启迪，引发其思考，或者使其有不一样的感悟。

从另一方面讲，本书正是因为其内容都是经过人这个个体的加工，并融入了情感化的思维，才能做到有的放矢、通俗易懂。我们大多数人是感性的，看伤感电影会哭，看综艺节目会笑。所以，与干巴巴的教条式的技术书籍相比，本书的表达方式和语言风格更能给人以心灵的启迪。读完之后，读者可能会有这样的想法：要是所有的技术书都这么写就好了。

另外，本书不是技术文档，也不是参考手册，因此知识点不会面面俱到，也就是说，不少 CSS 相关的内容我会忽略，例如，选择器这一部分最多提一下。同时，为了保证书的内容足够简练，简单的 CSS 语法和常规的使用在本书中基本上不会提及，只会重点分析在其他地方看不到的内容。

## 配套网站

我专门为本书制作了一个网站（http://www.cssworld.cn），在这个配套网站读者可以了解更多关于本书或者我个人的一些信息。

最后，由于很多内容是个人理解，难免会有不准确或者让大家产生怀疑的地方，欢迎去官方论坛 http://bbs.cssworld.cn/对应版块进行提问或反馈。

# 特别感谢

衷心感谢人民邮电出版社的每一个人。

感谢人民邮电出版社的编辑杨海玲，她的专业建议对我帮助很大，她对细节的关注令人印象深刻，她使我的工作变得更加轻松。

感谢那些致力于提高整个行业CSS水平而默默努力的优秀人士，感谢那些在我成长路上指出错误的前端同仁，是你们让我在探索边界的道路上可以走得更快、更踏实。

感谢读者，你们的支持给了我工作的动力。

最后，最最感谢我的妻子丹丹，没有她在背后的爱和支持，本书一定不会完成得这么顺利。

# 目 录

# 第1章

# 概述

要深入理解一个事物之前，最好先对其整体有个大概了解，这样才不至于蠡测管窥。如果把 CSS 比作一座大山，则我们对整体的认知就好比知道这座山的位置、山势、道路状况等，这样，当我们深入其中的时候，就不容易迷路，不会做出错误的决策。

例如，对 CSS 这门语言特性的描述就有助于对 CSS 的整体认知。具体表现为：擅长 C++ 或者 Java 之类的程序员学习 CSS 往往没有如鱼得水的感觉，其背后的原因是，典型的计算机开发语言看重逻辑思维和抽象能力，但是 CSS 这门语言本身并无逻辑可言，看重的是特性间的相互联系和具象能力。

具象往往以情感为纽带，无意识不自觉产生，是非常感性的一种能力，这往往是偏理性的程序员所不擅长的。在某些程序员眼中，CSS 属性就是干巴巴的属性，无法建立类似“人与人关系”这种很情感化的联系，于是学习 CSS 总是只得其形、不得其髓。

当然，认知可以从多个角度进行。例如，接下来要介绍的 CSS“世界观”以及 CSS 的历史故事，可以让我们多种角度同时进行认知，对 CSS 这门语言的理解更为准确和丰满。

## 1.1 CSS 世界的“世界观”

对于 CSS 这门语言，我学习和研究已经有 10 年之久，在点点滴滴的积累中，逐渐形成了一套完整的体系。在 CSS 这个世界中，CSS 并不是一个机械枯燥的语言，所有属性都是有血有肉、有着不同个性和身世的个体。不同的个体可以碰撞出不同的火花，激荡出异彩纷呈的故事。

这里，我们不妨“脑洞大开”一下：如果把 CSS 世界拍成动漫的话，会是什么样子？

首先，动漫名可以叫作《建筑神域》，讲述一群建筑魔法师为国家存亡惊心动魄战斗的故事。然后，出现了“Chrome 王国”的几位建筑魔法师日常训练的画面。只见名为 `width` 的魔法师手持名叫选择器的法器，准确指向称为`<div>`的最普通的块状建筑魔法石，口中念道："层叠天星，幻化有形，50%，变！"只听见一声清脆的"啪"，<div>魔法石宽度变成了原来的一半。然而，width 却锁眉摇头，口中喃喃念道："1 毫秒，还不够快，还要再练，不然在和'IE 王国'的战斗中很难占得先机！"（如图 1-1 所示）。

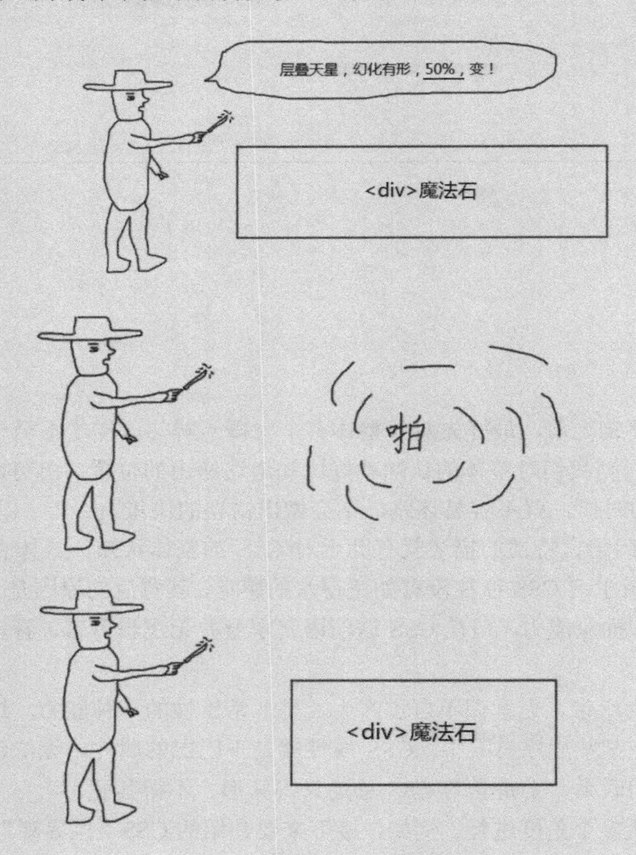


图 1-1 CSS 世界观示意 1

此时，width 突然发现前面 1 米之处有一块<span>之石，具有 class="test"的特殊标记，立即拿出法器，念道："类名之石，test 为名，为我选择，出！"话音刚落，<span>之石蓝色荧光一闪，明眼人都能看出来，width 魔法师和<span>魔法石现在处于契约状态。width 继续念道："层叠天星，幻化有形，50%，变！"但<span>魔法石却没有任何变化，此时 width 一拍自己的脑门，似乎明白了什么，转过头对旁边的 display 魔法师大声叫道："小 D，这边这边，过来帮个忙……来呀，快点……"

只见 display 迅速结束自己的练习，屁颠屁颠跑过来："咋啦？"

"此为内联之石，我无法驾驭，你帮我重塑一下。"

"小问题！正好，魔法师技能委员会刚通过了我的一个新法术，我给你秀一秀？"

"哟，不错啊，快让我瞅瞅！"

“好嘞！”只见 display 拿出自己的法器，念道：“类名之石，test 为名，为我选择，出！”紧接着，“层叠天星，幻化有形，flex，变！”

只听见一声清脆的“啪”，在两人的合作之下，<span>魔法石宽度也变化了（如图 1-2 所示）。

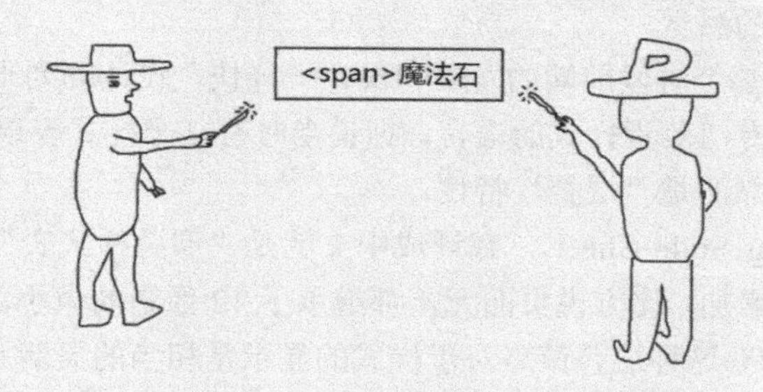


图 1-2　CSS 世界观示意 2

“哟，很酷嘛！”width 对 display 竖着大拇指称赞道。

只见 display 腼腆一笑，小手在面前轻轻一挥：“就算你这么夸我，人家也不会开心的啦……”

从上面的描述可以看出，在 CSS 世界中，HTML 是魔法石，选择器就是选择法器，CSS 属性就是魔法师，CSS 各种属性值就是魔法师的魔法技能，浏览器就是他们所在的“王国”，“王国”会不断更新法律法规（版本升级），决定是否允许使用新的魔法石（HTML5 新标签新属性），是否允许新的魔法师入“国籍”（CSS3 新属性），或者允许魔法师使用某些新技能（CSS 新的属性值），以及是否舍弃某些魔法技能（如 display:run-in）；操作系统就是他们所在的世界，不同的操作系统代表不同的平行世界，所以，CSS 世界有这么几个比较大的平行世界，即 Windows 世界、OS X 世界以及移动端的 iOS 世界和 Android 世界。不同世界的浏览器王国的命运不一样，例如，在 OS X 世界中，IE 王国是不存在的，而 Safari 王国却异常强大，但在 Windows 世界中，Safari 王国却异常落寞。

以上这一切就构成了完整的 CSS 世界的“世界观”。

下面回答一个很重要的问题：为何要这样认识 CSS 世界呢？

首先，将抽象的 CSS 直接和具体的现实世界相对应，更加易于理解。试想一下，对于普通人，理解魔法师和魔法石是不是要比理解 CSS 代码容易得多？其次，以完整的体系来学习 CSS 要比单纯关注属性值理解得更加深刻，可以培养从宏观层面认识与理解 CSS 的习惯。再次，这也方便我们记忆，枯燥的代码总是过目就忘，鲜活的角色总是印象深刻。最后，这样也可以让本书散发出与众不同的气质。

## 1.2　世界都是创造出来的

世界都是创造出来的。很自然，CSS 世界也是一点一点创造出来的。这世间上的事情只要发生了，都是有原因的。CSS 世界的出现也不例外。

下面我们就来看一下 CSS 世界出现的历史。虽然我知道，有些人对这些历史可能不感兴趣，但是要想深入理解 CSS 属性的一些设计原因、表现原理还真离不开当时的历史环境。

大家可能都听说过马云 1995 年去美国，第一次接触了互联网，在这个时间点，HTML 才是第一版且诞生没几年，W3C 才刚刚成立，CSS 还没出现。那时候的互联网几乎都是文字信息，显示一张图片都是要上天的感觉。

大家可能没意识到，那个时候前端的发展和现在一样快，设计师要求越来越多，HTML 也越来越庞杂。急需要其他专门负责样式的语言，据说当时有几个样式表语言，最后是 CSS 胜出了，为什么呢？它的胜出靠的是“层叠”特性。

CSS 全称是 Cascading Style Sheets，翻译成中文就是“层叠样式表”。所谓“层叠”，顾名思义，就是样式可以层层累加，比方说页面元素都继承了 12 像素的大小，某标题就可以设置成 14 像素进行叠加。发现没？这种层叠策略对于样式的显示是相当的灵活。

于是，从 1996 年 12 月 17 日 CSS1 诞生后，CSS 在样式呈现领域可谓所向披靡，没有遇到任何竞争对手。1998 年 5 月 12 日 CSS2 发布，推行内容和表现分离，表格（table）布局开始落寞。

1998 年腾讯、新浪和网易成立，当时搜狐则成立 1 年不到。那个时候是门户的时代，人们更关注的是信息的获取，所以网站的功能主要就是信息展示，信息是什么？在那个时代，在互联网领域，信息就是图片和文字。换句话说，那时候的网站前端技术关心的是图片和文字的呈现，而 CSS2（包括 9 年之后，也就是 2007 年才出现的 CSS2.1）都是为图文展示服务的。

我再重复一遍：**CSS 世界的诞生就是为图文信息展示服务的**。这句话在本书中会非常频繁地出现，知道这一点你就会明白很多事情。

好，下面让我们回到本节开头的那句话——“世界都是创造出来的”！为何我要反复强调这句话呢？如果站在造物主的角度去思考 CSS 世界的种种表现，很多问题就会迎刃而解。

现在给你机会当一回造物主，让你自己重新构建一个 CSS 世界，唯一的要求就是，这个世界要非常便于图片和文字的呈现，你会去如何构建呢？

## 1.3　CSS 完胜 SVG 的武器——流

在 2003 年 1 月，SVG 1.1 被确立为 W3C 标准。你没看错，是 2003 年。要知道，CSS 2.1 是 2007 年才发布的。考虑到 SVG 开始火起来是最近几年，也就是差不多 10 年的时间，SVG 都默默无闻，鲜有人问津，到底是怎么回事呢？

很多人认为 SVG 的竞争对手是 Flash。对，是竞争对手。但是，现在看来，SVG 显然要比 Flash 优秀很多，SVG 开放、标准，和 CSS 和 JavaScript 都能很方便地进行交互，如果单纯 SVG 和 Flash 比，难说谁胜谁负。在我看来，造成 SVG 被冷落 10 年的原因不是别的，正是看似毫不相关的 CSS，SVG 是被 CSS 给打败的。

正如上面提到的，在很长一段时间里，网站的主要功能都是图片和文字信息的展示，但是，SVG 的强项是图形，其文字内容的呈现实在不敢恭维。举个例子，在 CSS 中写上一段文字，这段文字会自然换行、多行显示，于是，可以像书本一样阅读；但是，在 SVG 中，文字要自动折行，感觉有点儿赶鸭子上架——强人所难。人家一看，SVG 连基本的文字排版都做不好，要 SVG

何用？于是，SVG 被“打入冷宫”，CSS 一如既往被重用。

但是，如今技术得到了发展，Web 呈现更加复杂和丰富多彩，图文显示仅仅是网页功能的一部分，于是，矢量且图形领域颇有造诣的 SVG 开始迎来了自己的第一春。

不知大家有没有思考过这样的问题：为什么 CSS 世界的图文显示能力那么强？为什么它可以抑制 SVG 这么多年？

答案就是：流！

## 1.3.1　何为“流”

和 CSS 有过亲密接触的人一定听过“文档流”这个概念，我个人总是习惯把“文档”二字去掉，直接称为“流”（纯粹个人爱好，因为够简洁）。听过它的人很多，但是，深入思考过“何为流？”这个问题的人怕是就没这么多了。

那究竟 CSS 世界中的“流”指的是什么呢？“流”实际上是 CSS 世界中的一种基本的定位和布局机制，可以理解为现实世界的一套物理规则，“流”跟现实世界的“水流”有异曲同工的表现。

现实世界中，如果我们让水流入一个容器，水面一定是平整的；我们在水里面放入物体，如普通的木头，此时水位就会上升，木头多半浮在水面上，但只露出一点点头，如图 1-3 所示。这些现象我们都会认为是理所当然的，因为这就是我们从小接触的一套物理规则。我们知道这套规则，就可以理解现象，并且预知现象。例如，水量超过容器的容积很多，我们就可以预测到水会溢出来。

感谢物理学，它让我们理解 CSS 世界的“流”就轻松多了。CSS 世界的“流”似乎就是按照物理世界的“水流”创造的。

CSS 世界构建的基石是 HTML，而 HTML 最具代表的两个基石`<div>`和`<span>`正好是 CSS 世界中块级元素和内联级元素的代表，它们对应的正是图 1-3 所示的盛水容器中的水和木头，其特性表现也正如现实世界的水和木头，如图 1-4 所示。

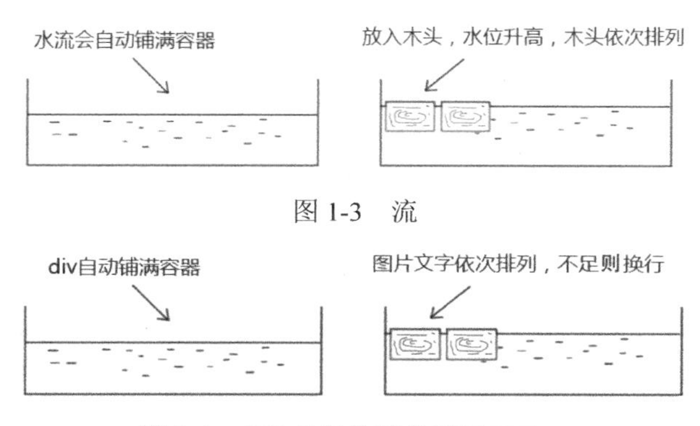


图 1-3　流

图 1-4　CSS 世界构建的基石 HTML

所以，所谓“流”，就是 CSS 世界中引导元素排列和定位的一条看不见的“水流”。

### 1.3.2 流是如何影响整个 CSS 世界的

在 CSS2.1 时代，我们直接称 CSS 为“流的世界”真是一点儿也不为过，整个 CSS 世界几乎就是围绕“流”来建立的，那么流是如何影响整个 CSS 世界的呢？

（1）擒贼先擒王。因为 CSS 世界的基石是 HTML，所以只要让 HTML 默认的表现符合“流”，那么整个 CSS 世界就可以被“流”统治，而事实就是如此！

（2）特殊布局与流的破坏。如果全部都是以默认的“流”来渲染，我们只能实现类似 W3C 那样的文档网页，但是，实际的网页是有很多复杂的布局的，怎么办？可以通过破坏“流”来实现特殊布局。实际上，还是和“流”打交道。

（3）流向的改变。默认的流向是“一江春水向东流”，以及“飞流直下三千尺”。然而，这种流向我们是可以改变的，可以让 CSS 的展现更为丰富。因此，“文档流从左往右自上而下”这种说法是不严谨的，大家一定要纠正过来。

好了，下面我想反问大家：如果你是造物主，你会想到设计“流”这套机制来实现强大的图文排列功能吗？

好好想一想……是不是觉得目前 CSS 的设计还是很有智慧的？如果你来重新设计 CSS，实现图文排列，你是否还有其他的设计思路，比方说“亲缘机制”之类？

适当地反问这些问题，通过逆向思维，会让我们对 CSS 世界有另外一个角度的认识。

### 1.3.3 什么是流体布局

所谓“流体布局”，指的是利用元素“流”的特性实现的各类布局效果。因为“流”本身具有自适应特性，所以“流体布局”往往都是具有自适应性的。但是，“流体布局”并不等同于“自适应布局”。“自适应布局”是对凡是具有自适应特性的一类布局的统称，“流体布局”要狭窄得多。例如，表格布局也可以设置为 100%自适应，但表格和“流”不是一路的，并不属于“流体布局”。

CSS 中最常用的魔法石，也就是最常使用的 HTML 标签，是`<div>`，而`<div>`是典型的具有“流”特性的元素，因此，曾经风靡的“div+CSS 布局”，实际上指的就是这里的“流体布局”。

## 1.4 CSS 世界的开启从 IE8 开始

本书书名为《CSS 世界》，这里的“世界”特指的是 CSS2.1 的世界，并不包括 CSS3，CSS3 的世界更为庞杂和宏大，但 CSS2.1 的世界已经足够我们畅游很多年了。现在前端技术发展迅猛，加上氛围略显浮躁，有必要让广大前端开发人员静下心来认识 CSS2.1 的世界，否则面对 CSS3 的真正到来，只能是浅水游弋、搬砖打杂。

对 CSS2.1 的全面支持是从微软公司的 IE8 开始的，因此，本书中几乎所有特性、行为表现都是针对 IE8 以上浏览器的。

## 1.5 table 自己的世界

如果我没记错的话，<table>比 CSS 还要老，也就是 CSS 正式诞生之前，<table>就已经出现了。前面提到了“流影响了整个 CSS 世界”，其中并不包括<table>。<table>有着自己的世界，“流”的特性对<table>并不适用，一些 CSS 属性的表现，如单元格的 vertical-align，也和普通的元素不一样。

虽然 CSS2.1 加强了和<table>的联系，如对 table 类别的 display 属性值的支持等，但是本书并不会对<table>进行专门的介绍，因为毕竟不是同一个世界的。

## 1.6 CSS 新世界——CSS3

时代在变迁，科技在发展，人们对互联网的需求也在变化，以前的以图文展示为主的门户网站已经无法满足用户的需求。技术总是随着需求发展的，正如 10 年前的图文展示需求缔造了 CSS 世界一样，如今的移动互联网以及硬件发展也带动 CSS 进入了新的世界。

（1）布局更为丰富。

- 移动端的崛起，催生了 CSS3 媒介查询以及许多响应式布局特性的出现，如图片元素的 srcset 属性、CSS 的 object-fit 属性。
- 弹性盒子布局（flexible box layout）终于熬出了头。
- 栅格布局（grid layout）姗姗来迟。

（2）视觉表现长足进步。

- 圆角、阴影和渐变让元素更有质感。
- transform 变换让元素有更多可能。
- filter 滤镜和混合模式让 Web 轻松变成在线的 Photoshop;
- animation 让动画变得非常简单。

上面提到的全部都是 CSS3 的新属性。因为 CSS3 的设计初衷是为了实现更丰富、更复杂的网页，所以基本上和“流”的关系并不大。可以说，和 CSS2 相比 CSS3 就是一个全新的世界，更加丰富，更加规范，更加体系化，也更加复杂。考虑到 CSS3 尚未完全成型，且自己尚未有足够深入的研究，无法同时驾驭太复杂的内容，因此，本书不会深入 CSS3 的知识点。

# 第 2 章

# 需提前了解的术语和概念

## 2.1 务必了解的 CSS 世界的专业术语

尽管本书内容会用很轻松的方式表达，但还是避免不了会出现一些 CSS 领域的专业术语。因此，在学习技术内容之前，我们需要先了解一下 CSS 世界里的一些专业术语。

首先，假设我们现在有如下一段常见的 CSS 代码：

```
.vocabulary {
  height: 99px;
  color: transparent;
}
```

下面就针对这段代码，逐一引出其涉及的专业术语。

**1．属性**

属性对应的是平常我们书面或交谈时对 CSS 的中文称谓。例如，上面示意 CSS 代码中的 `height` 和 `color` 就是属性。当我们聊天或者分享时说起 CSS 的时候，嘴里冒出来的都是“这个元素高度 99 像素”，或者“这个文字颜色透明”，对吧？这里提到的“高度”和“颜色”就是 CSS 世界的属性，感觉有点儿像现实世界里人的姓氏。

**2．值**

“值”大多与数字挂钩。例如，上面的 `99px` 就是典型的值。在 CSS 世界中，值的分类非常广泛，下面是一些常用的类型。

- 整数值，如 `z-index:1` 中的 `1`，属于`<integer>`，同时也属于`<number>`。
- 数值，如 `line-height:1.5` 中的 `1.5`，属于`<number>`。
- 百分比值，如 `padding:50%`中的 `50%`，属于`<percent>`。
- 长度值，如 `99px`。
- 颜色值，如`#999`。

此外，还有字符串值、位置值等类型。在 CSS3 新世界中，还有角度值、频率值、时间值等类型，这里就不全部展示了。

### 3. 关键字

顾名思义，关键字指的是 CSS 里面很关键的单词，这里的单词特指英文单词，abc 是单词吗？不是，因此，如果 CSS 中出现它，一定不是关键字。上面示例 CSS 代码中的 transparent 就是典型的关键字，还有常见的 solid、inherit 等都是关键字，其中 inherit 也称作“泛关键字”，所谓泛关键字，可以理解为“公交车关键字”，就是“所有 CSS 属性都可以使用的关键字”的意思。

### 4. 变量

CSS 中目前可以称为变量的比较有限，CSS3 中的 currentColor 就是变量，非常有用。不过，这属于《CSS 新世界》的内容，本书不会详细阐述，有兴趣的读者可以访问 http://www.zhangxinxu.com/wordpress/?p=4385 或者扫右侧的二维码，做简单的了解。

### 5. 长度单位

CSS 中的单位有时间单位（如 s、ms），还有角度单位（如 deg、rad 等），但最常见的自然还是长度单位（如 px、em 等）。需要注意的是，诸如 2%后面的百分号%不是长度单位。再说一遍，%不是长度单位！因为 2%就是一个完整的值，就是一个整体，我想你一定认为 0.02 是值，没错，2%也同样是值。

有人可能会有疑问，我就认为%是单位，有什么关系，页面还是长那样，有必要这么较真吗？

问的很在理，如果大家平时没有看原始文档的习惯，没必要较真，知道怎么使用就好了。但是，如果经常去 MDN 或 W3C 看一些 CSS 技术文档，搞清楚概念，看文档的时候就不容易犯迷糊，就不会看不懂具体说些什么，尤其都是英文的时候。

可能有人会有疑问，“值”那里提到的<length>，貌似和这里的“长度单位”比较暧昧啊？好眼力！没错，确实暧昧，但暧昧是不好的，我们必须把它们之间的关系搞清楚。一句话：

```
<number> + 长度单位 = <length>
```

如果继续细分，长度单位又可以分为相对长度单位和绝对长度单位。

（1）相对长度单位。相对长度单位又分为相对字体长度单位和相对视区长度单位。

- 相对字体长度单位，如 em 和 ex，还有 CSS3 新世界的 rem 和 ch（字符 0 的宽度）。
- 相对视区长度单位，如 vh、vw、vmin 和 vmax。

（2）绝对长度单位：最常见的就是 px，还有 pt、cm、mm、pc 等了解一下就可以，在我看来，它们实用性近乎零，至少我这么多年一次都没用过。

### 6. 功能符

值以函数的形式指定（就是被括号括起来的那种），主要用来表示颜色（rgba 和 hsla）、背景图片地址（url）、元素属性值、计算（calc）和过渡效果等，如 rgba(0,0,0,.5)、url('css-world.png')、attr('href')和 scale(-1)。

### 7. 属性值

属性冒号后面的所有内容统一称为属性值。例如，1px solid rgb(0,0,0)就可以称为属性值，它是由“值+关键字+功能符”构成的。属性值也可以由单一内容构成。例如，z-index:1 的 1 也是属性值。

### 8. 声明

属性名加上属性值就是声明，例如：

```
color: transparent;
```

### 9. 声明块

声明块是花括号（{}）包裹的一系列声明，例如：

```
{
  height: 99px;
  color: transparent;
}
```

### 10. 规则或规则集

出现了选择器，而且后面还跟着声明块，比如本小节一开始的那个例子，就是一个规则集：

```
.vocabulary {
  height: 99px;
  color: transparent;
}
```

### 11. 选择器

选择器是用来瞄准目标元素的东西，例如，上面的.vocabulary 就是一个选择器。

- 类选择器：指以“.”这个点号开头的选择器。很多元素可以应用同一个类选择器。“类”，天生就是被公用的命。
- ID 选择器：“#”打头，权重相当高。ID 一般指向唯一元素。但是，在 CSS 中，ID 样式出现在多个不同的元素上并不会只渲染第一个，而是雨露均沾。但显然不推荐这么做。
- 属性选择器：指含有[]的选择器，形如[title]{}、[title= "css-world"]{}、[title~="css-world"]{}、[title^= "css-world"]{}和[title$="css-world"]{}等。
- 伪类选择器：一般指前面有个英文冒号（:）的选择器，如:first-child 或:last-child 等。
- 伪元素选择器：就是有连续两个冒号的选择器，如::first-line、::first-letter、::before 和::after。

### 12. 关系选择器

关系选择器是指根据与其他元素的关系选择元素的选择器，常见的符号有空格、>、~，还有+等，这些都是非常常用的选择器。

- 后代选择器：选择所有合乎规则的后代元素。空格连接。
- 相邻后代选择器：仅仅选择合乎规则的儿子元素，孙子、重孙元素忽略，因此又称“子选择器”。>连接。适用于 IE7 以上版本。
- 兄弟选择器：选择当前元素后面的所有合乎规则的兄弟元素。~连接。适用于 IE7 以上版本。
- 相邻兄弟选择器：仅仅选择当前元素相邻的那个合乎规则的兄弟元素。+连接。适用于 IE7 以上版本。

13. @规则

@规则指的是以@字符开始的一些规则，像@media、@font-face、@page 或者@support，诸如此类。

## 2.2 了解 CSS 世界中的“未定义行为”

当某个浏览器中出现与其他浏览器不一样的行为或样式表现的时候，我们总会习惯把这种不一样的表现认为是浏览器的 bug。但在 CSS 世界，这种认识是狭隘的。

在现实世界中，有法律来约束我们的行为，如果越界，就称为违法；同样地，在 CSS 世界里，有 Web 标准来约束元素的行为，如果越界，就称为 bug。但是，法律总是人制定的，世间万象是不可能面面俱到的，会存在法律空白；同样地，Web 应用场景千变万化，Web 标准也是不可能面面俱到的，也会存在规范描述以外的场景，此时，各大浏览器厂家只能根据自己的理解与喜好去实现，一旦个性化就会出现差异，就会遇到“火狐火狐，你怎么啦？平时表现挺好的，今天怎么被 IE 带坏了？”的情景。实际上，此时遇到的表现差异并不是浏览器的 bug，用计算机领域的专业术语描述应该是“未定义行为”（undefined behavior）。

下面我们来看一个“未定义行为”的例子。

CSS 世界中有很多伪类，其中一个比较常用的就是:active，在 IE8 及以上版本的浏览器行为表现非常统一，支持非焦点元素[①]，鼠标按下，执行:active 伪类对应的 CSS 样式，鼠标抬起还原。

通用情况下，:active 的表现都是符合预期的，但是，当遭遇其他一些处理的时候，事情就会变得不一样，具体指什么处理呢？

假设我们现在有一个<a>标签模拟的按钮，CSS 如下：

```
a:active { background-color: red; }
```

假设此按钮的 DOM 对象变量名为 button，JavaScript 代码如下：

```
button.addEventListener("mousedown", function(event) {
    // 此处省略 N 行
```

① 像<a>、<button>这样的元素，当我们使用键盘进行 Tab 键切换的时候，是可以被 focus 的，表现为虚框或者外发光，这类元素称为“焦点元素”；非焦点元素指没有设置 tabindex 属性的<div>、<span>等普通元素。在 IE6/IE7 浏览器下，非焦点元素对:active 置若罔闻。

```
    event.preventDefault();
});
```

也就是鼠标按下的时候，阻止按钮的默认行为，这样设置可以让拖动效果更流畅。

看似平淡无奇的一段代码，最后却发生了意想不到的情况：Firefox 浏览器的:active 阵亡了，鼠标按下去没有 UI 变化，按钮背景没有变红！其他所有浏览器，如 IE 和 Chrome 浏览器，:active 正常变红，符合预期。

眼见为实，手动输入 http://demo.cssworld.cn/2/2-1.php 或者扫下面的二维码。图 2-1 左图所示为目标效果，右图所示是 Firefox 浏览器中的效果。

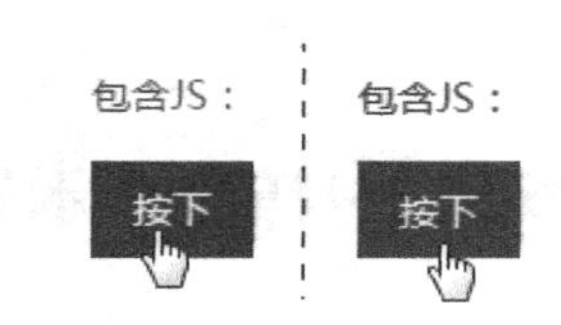


图 2-1　Firefox 浏览器:active 的作用效果

这里，Firefox 和 IE/Chrome 浏览器表现不一样，这是 Firefox 浏览器的 bug 吗？这可不是 bug，而是因为规范上并没有对这种场景的具体描述，所以 Firefox 认为:active 发生在 mousedown 事件之后，你也不能说它什么，对吧？

像这种规范顾及不到的细枝末节的实现，就称为“未定义行为”。

# 第3章

# 流、元素与基本尺寸

第1章提过了，“流”之所以影响了整个CSS世界，就是因为影响了CSS世界的基石HTML。那具体是如何影响的呢？

HTML 常见的标签有<div>、<p>、<li>和<table>以及<span>、<img>、<strong>和<em>等。虽然标签种类繁多，但通常我们就把它们分为两类：块级元素（block-level element）和内联元素（inline element）。

注意，如果按照 W3C 的 CSS 规范区分，这里应该分为“块级元素”和“内联级元素”（inline-level element）。但是，在 W3C 的 HTML4 规范中，已经明确把 HTML 元素分成了“块级元素”和“内联元素”，没错，是“内联元素”而不是“内联级元素”。两个规范貌似有微小的冲突。本书中所采用的是“内联元素”这种称谓，原因有两点：第一，这种称谓更亲切、更自然，因为大家平时都是这么叫的；第二，使用“内联元素”这个称谓对我们深入理解与内联相关的概念并没有什么影响。考虑到本书的目的不是为 CSS 规范做科普，而是以通俗易懂的方式展示 CSS 的精彩世界，所以，采用了更老一点的 HTML 规范中的叫法。

## 3.1 块级元素

“块级元素”对应的英文是 block-level element，常见的块级元素有<div>、<li>和<table>等。需要注意是，“块级元素”和“display 为 block 的元素”不是一个概念。例如，<li>元素默认的 display 值是 list-item，<table>元素默认的 display 值是 table，但是它们均是“块级元素”，因为它们都符合块级元素的基本特征，也就是一个水平流上只能单独显示一个元素，多个块级元素则换行显示。

正是由于“块级元素”具有换行特性，因此理论上它都可以配合 clear 属性来清除浮动带来的影响。例如：

```
.clear:after {
  content: '';
  display: table;  // 也可以是block，或者是list-item
  clear: both;
}
```

手动输入 http://demo.cssworld.cn/3/1-1.php 或者扫右侧的二维码。

从容器的背景色高度变化我们可以看出清除的效果，如图 3-1 所示。

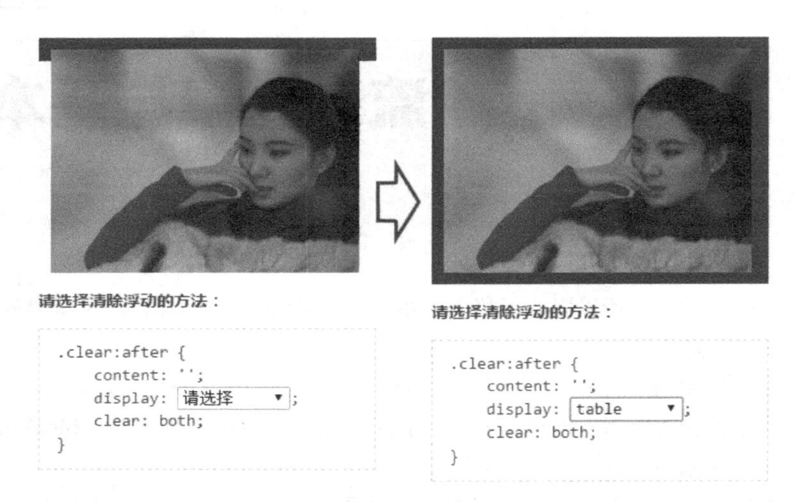


图 3-1 容器的背景色高度变化的效果

实际开发时，我们要么使用 block，要么使用 table，并不会使用 list-item，主要有 3 个原因。

（1）list-item 的字符比较多，其他都是 5 个字符。

（2）会出现不需要的项目符号，如图 3-2 箭头所示。这其实并不是什么大问题，再加一行 list-style: none 声明就可以了。

（3）IE 浏览器不支持伪元素的 display 值为 list-item。这是不使用 display:list-item 清除浮动的主因，兼容性不好。对于 IE 浏览器（包括 IE11），普通元素设置 display:list-item 有效，但是 :before /:after 伪元素就不行。

图 3-2 出现项目符号

下面是提问环节了。请问，为什么 IE 浏览器不支持伪元素的 display 值为 list-item 呢？

其实这个问题的答案可以从下面这个问题中找到线索：请问，为什么设置 display:list-item，元素会出现项目符号？

## 3.1.1 为什么 list-item 元素会出现项目符号

在 CSS 世界中，很多看似“理所当然”的现象的背后，实际上可能有一整套的体系支撑。挖掘简单现象背后的原因，会让你学到很多别人很难学到的 CSS 技能和知识。

回到这个问题。此问题本身并不难，但是，问题所能延伸出来的东西就要吓到诸位了。此问题牵扯到 CSS 世界中各种盒子。

由于牵扯名词甚多，所以我尽量以通俗易懂的方式给大家解释。

创造 CSS 的造物主原本的想法很简单：我要创造一个世界，就像只有男性和女性一样，这个世界只有块级盒子（block-level box）和内联盒子（inline box）。块级盒子就负责结构，内联盒子就负责内容。事非经过不知难，造物主后来才发现，这世界不止有男性和女性，还有特殊的性别，CSS 世界的盒子也是这样。

原本以为块级盒子一套就够用了，也就是所有“块级元素”就只有一个“块级盒子”，但是，半路杀出个 list-item，其默认要显示项目符号的，一个盒子解释不了，怎么办？

就跟我们写 JavaScript 组件遇到新功能增加 API 一样，造物主灵机一动：我给 list-item 再重新命名一个盒子，就叫“附加盒子”。好了，这下顺了，所有的“块级元素”都有一个“主块级盒子”，list-item 除此之外还有一个“附加盒子”。

现在大家知道上面问题的答案了吧！之所以 list-item 元素会出现项目符号是因为生成了一个附加的盒子，学名“标记盒子”（marker box），专门用来放圆点、数字这些项目符号。IE 浏览器下伪元素不支持 list-item 或许就是无法创建这个“标记盒子”导致的。

但是，我们的故事还没结束。搞定了 list-item，造物主本以为可以安安心心睡个午觉，结果碰到了真正的特殊性别的 display:inline-block 元素。

穿着 inline 的皮藏着 block 的心，现有的几个盒子根本没法解释啊，怎么办？

造物主再次灵机一动，没错，你猜对了，又新增一个盒子，也就是每个元素都有两个盒子，外在盒子[①]和内在盒子。外在盒子负责元素是可以一行显示，还是只能换行显示；内在盒子负责宽高、内容呈现什么的。但是呢，造物主又想了想，叫“内在盒子”虽然容易理解，但是未免有些俗气，难登大雅之堂，于是，又想了一个更专业的名称，叫作“容器盒子”。

于是，按照 display 的属性值不同，值为 block 的元素的盒子实际由外在的“块级盒子”和内在的“块级容器盒子”组成，值为 inline-block 的元素则由外在的“内联盒子”和内在的“块级容器盒子”组成，值为 inline 的元素则内外均是“内联盒子”。

现在，大家应该明白为何 display 属性值是 inline-block 的元素既能和图文一行显示，又能直接设置 width/height 了吧！因为有两个盒子，外面的盒子是 inline 级别，里面的盒子是 block 级别。

实际上，如果遵循这种理解，display:block 应该脑补成 display:block-block，

① “外在盒子”除了 inline-block，还有 run-in，但 Chrome 已经放弃对 run-in 的支持有一段时间了，因此，本书不对其做分析。

display:table 应该脑补成 display:block-table，我们平时的写法实际上是一种简写。

好了，说了这么多，出个小题测试一下大家的学习成果。请问：display:inline-table 的盒子是怎样组成的？

### 3.1.2 display:inline-table 的盒子是怎样组成的

这个问题应该无压力：外面是“内联盒子”，里面是“table 盒子”。得到的就是一个可以和文字在一行中显示的表格。

可以和文字在一行中显示的表格？没错，为了证明我没忽悠大家，我特意做了个演示页面，演示页面中<div>元素的相关 CSS 代码如下：

```
.inline-table {
   display: inline-table;
   width: 128px;
   margin-left: 10px;
   border: 1px solid #cad5eb;
}
```

手动输入 http://demo.cssworld.cn/3/1-2.php 或者扫下面的二维码。结果该元素和文字一行显示，且行为表现如同真正的表格元素（子元素宽度等分），如图 3-3 所示。

图 3-3 表格元素和文字在一行显示

上面示意的 CSS 代码表面上看起来很简单，但是，我也说过，简单的背后往往是不简单。这里 CSS 中有个 width:128px，从最终的效果来看，宽度设置是起作用了。如果我们使用 display:inline-block 也会是同样的宽度表现。下面问题来了：元素都有内外两个盒子，我们平常设置的 width/height 属性是作用在哪个盒子上的？

### 3.1.3 width/height 作用在哪个盒子上

这个问题也是很简单的，因为在解释内外盒子的时候就已经提到过了：是内在盒子，也就是“容器盒子”。

不知大家有没有进一步深入思考过：width 或 height 作用的具体细节是什么呢？

## 3.2 width/height 作用的具体细节

因为块级元素的流体特性主要体现在水平方向上，所以我们这里先着重讨论 width。

估计很多人的第一次 CSS 属性书写就献给了 width，就像路边的小草，好常见、好平淡、好简单的样子。如果你有这样的想法，此书你就买对了。

### 3.2.1 深藏不露的 width:auto

我们应该都知道，width 的默认值是 auto。auto 因为是默认值，所以出镜率不高，但是，它是个深藏不露的家伙，它至少包含了以下 4 种不同的宽度表现。

（1）充分利用可用空间。比方说，<div>、<p>这些元素的宽度默认是 100%于父级容器的。这种充分利用可用空间的行为还有个专有名字，叫作 fill-available，大家了解即可。

（2）收缩与包裹。典型代表就是浮动、绝对定位、inline-block 元素或 table 元素，英文称为 shrink-to-fit，直译为“收缩到合适”，有那么点儿意思，但不够形象，我一直把这种现象称为“包裹性”。CSS3 中的 fit-content 指的就是这种宽度表现。

（3）收缩到最小。这个最容易出现在 table-layout 为 auto 的表格中，想必有经验的人一定见过图 3-4 所示的这样一柱擎天的盛况吧！

眼见为实，有兴趣的读者可以手动输入 http://demo.cssworld.cn/3/2-1.php 或者扫下面的二维码。

图 3-4 单元格中的一柱擎天效果

当每一列空间都不够的时候，文字能断就断，但中文是随便断的，英文单词不能断。于是，第一列被无情地每个字都断掉，形成一柱擎天。这种行为在规范中被描述为“preferred minimum width”或者“minimum content width”。后来还有了一个更加好听的名字 min-content。

（4）超出容器限制。除非有明确的 width 相关设置，否则上面 3 种情况尺寸都不会主动超过父级容器宽度的，但是存在一些特殊情况。例如，内容很长的连续的英文和数字，或者内联元素被设置了 white-space:nowrap，则表现为“恰似一江春水向东流，流到断崖也不回头”。

例如，看一下下面的 CSS 代码：

```
.father {
  width: 150px;
  background-color: #cd0000;
  white-space: nowrap;
}
.child {
  display: inline-block;
  background-color: #f0f3f9;
}
```

恰如一江春水向东流，流到断崖也不回头

图 3-5 文字超出容器也不换行示意

这段代码的结果如图 3-5 所示。

子元素既保持了 inline-block 元素的收缩特性，又同时让内容宽度最大，直接无视父级容器的宽度限制。这种现象后来有了专门的属性值描述，这个属性值叫作 max-content，这个属于 CSS3 新世界内容，本书点到为止，不深究。

眼见为实，若有兴趣，可以手动输入 http://demo.cssworld.cn/3/2-2.php 或扫右侧的二维码亲自感受一下。

上面列举的 4 点就是 width:auto 在不同场景下的宽度表现的简介。

在 CSS 世界中，盒子分“内在盒子”和“外在盒子”，显示也分“内部显示”和“外部显示”，同样地，尺寸也分“内部尺寸”和“外部尺寸”。其中“内部尺寸”英文写作“Intrinsic Sizing”，表示尺寸由内部元素决定；还有一类叫作“外部尺寸”，英文写作“Extrinsic Sizing”，宽度由外部元素决定。现在，考考大家：上面 4 种尺寸表现，哪个是“外部尺寸”？哪个是“内部尺寸”？

这里就不卖关子了。就第一个，也就是<div>默认宽度 100%显示，是“外部尺寸”，其余全部是“内部尺寸”。而这唯一的“外部尺寸”，是“流”的精髓所在。

### 1. 外部尺寸与流体特性

（1）正常流宽度。当我们在一个容器里倒入足量的水时，水一定会均匀铺满整个容器，如图 3-6 所示。

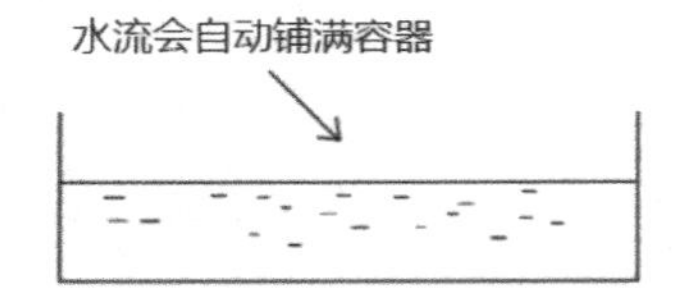


图 3-6 水流自动铺满容器示意

在页面中随便扔一个<div>元素，其尺寸表现就会和这水流一样铺满容器。这就是 block 容器的流特性。这种特性，所有浏览器的表现都是一致的。因此，我就实在想不通，为何那么多网站或同行会有类似下面的 CSS 写法。例如，一个垂直导航：

```
a {
    display: block;
    width: 100%;
}
```

<a>元素默认 diplay 是 inline，所以，设置 display:block 使其块状化绝对没有问题，但后面的 width:100%就没有任何出现的必要了。

我很多年前总结过一套“鑫三无准则”，即“无宽度，无图片，无浮动”。为何要“无宽度”？原因很简单，表现为“外部尺寸”的块级元素一旦设置了宽度，流动性就丢失了。

所谓流动性，并不是看上去的宽度 100%显示这么简单，而是一种 margin/border/padding 和 content 内容区域自动分配水平空间的机制。

我们来看一个简单的例子，手动输入 http://demo.cssworld.cn/3/2-3.php 或者扫右侧的二维码。这是一个对比演示（见图 3-7），上下两个导航均有 margin 和 padding，前者无 width 设置，完全借助流特性，后者宽度 width:100%。结果，后者的尺寸超出了外部的容器，完全就不像“水流”那样完全利用容器空间，即所谓的“流动性丢失”。

当然，实际开发的时候，是不会设置宽度100%的，毕竟有显示问题。此时，可能有人会突然灵光一现，借助流动性来实现……要是这样就好了，然而其基本上采取的策略是，发挥自己天才般的计算能力，通过“容器宽度-水平 padding-水平 margin=?”重新设定具体的宽度。

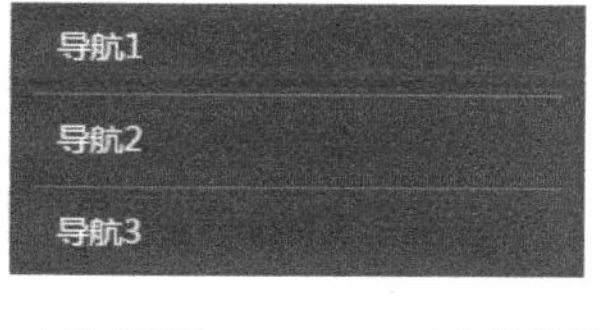


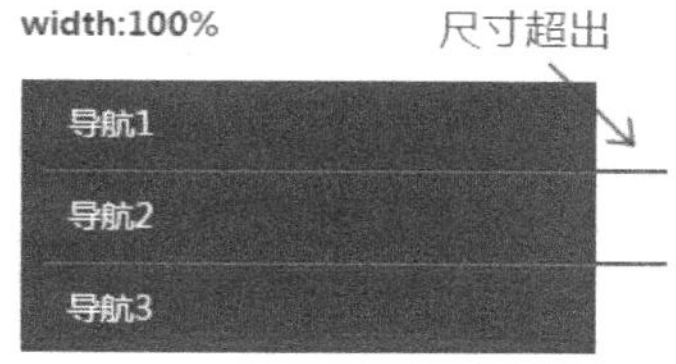


图 3-7　设定宽度与流动性缺失

于是，最终的 CSS 代码如下：

```
.nav {
  width: 240px;
}
.nav-a {
  display: block;
  /* 200px = 240px - 10px*2 - 10px*2 */
  width: 200px;
  margin: 0 10px;
  padding: 9px 10px;
  ...
}
```

典型的“砌砖头”“搭积木”式思维方式！虽然说最后的效果是一样的，但是，如果模块的宽度变化了，哪怕只变了 1 像素， width 也需要重新计算一遍。但是，如果借助流动性无宽度布局，那么就算外面容器尺寸变化，我们的导航也可以自适应，这就是充分利用浏览器原生流特性的好处。

因此，记住“无宽度”这条准则，少了代码，少了计算，少了维护，何乐而不为呢？

你应该还记得前面说过 display:block 应该脑补成 display:block-block，这是我自己想出来的，便于大家理解，CSS 世界其实并没有这样的说法。虽有“臆想”成分在里面，但其实也是有理可循的。本节详细讲了块级元素的流体特性，这种特性就是体现在里面的“容器盒子”上的。所以，在 CSS3 最新的世界中，CSS 规范的撰写者们使用了另外一个名词来表示这个内在盒子，就是“flow”，也就是本书的核心“流”。因此，display:block 更规范的脑补应该是 display:block flow。注意中间是空格。当然，由于规范（草案）2015 年 10 月才发布，因此直到 2017 年 6 月为止还没有浏览器支持。好了，这属于比 CSS3 新世界还要新的世界的知识点，了解即可。

（2）格式化宽度。格式化宽度仅出现在“绝对定位模型”中，也就是出现在 position 属性值为 absolute 或 fixed 的元素中。在默认情况下，绝对定位元素的宽度表现是“包裹性”，宽度由内部尺寸决定，但是，有一种情况其宽度是由外部尺寸决定的，是什么情况呢？

对于非替换元素（见本书第 4 章），当 left/right 或 top/bottom 对立方位的属性值同时存在的时候，元素的宽度表现为“格式化宽度”，其宽度大小相对于最近的具有定位特性（position 属性值不是 static）的祖先元素计算。

例如，下面一段 CSS 代码：

```
div { position: absolute; left: 20px; right: 20px; }
```

假设该<div>元素最近的具有定位特性的祖先元素的宽度是 1000 像素，则这个<div>元素的宽度是 960（即 1000−20−20）像素。

此外，和上面的普通流一样，“格式化宽度”具有完全的流体性，也就是 margin、border、padding 和 content 内容区域同样会自动分配水平（和垂直）空间。

“格式化宽度”水很深，同时也非常实用，这里先简单提及，更多内容可参见本书第 6 章与 position:absolute 相关的内容。

### 2. 内部尺寸与流体特性

上一节讲的是“外部尺寸”，本节就讲讲“内部尺寸”。所谓“内部尺寸”，简单来讲就是元素的尺寸由内部的元素决定，而非由外部的容器决定。如何快速判断一个元素使用的是否为“内部尺寸”呢？很简单，假如这个元素里面没有内容，宽度就是 0，那就是应用的“内部尺寸”。

据我所知，在 CSS 世界中，“内部尺寸”有下面 3 种表现形式。

（1）包裹性。

“包裹性”是我自己对“shrink-to-fit”理解后的一种称谓，我个人觉得非常形象好记，一直用了很多年。“包裹性”也是 CSS 世界中很重要的流布局表现形式。

中文就是博大精深，顾名思义，“包裹性”，除了“包裹”，还有“自适应性”。“自适应性”是区分后面两种尺寸表现很重要的一点。那么这个“自适应性”指的是什么呢？

所谓“自适应性”，指的是元素尺寸由内部元素决定，但永远小于“包含块”容器的尺寸（除非容器尺寸小于元素的“首选最小宽度”）。换句话说就是，“包裹性”元素冥冥中有个 max-width:100%罩着的感觉（注意，此说法只是便于大家理解，实际上是有明显区别的）。

因此，对于一个元素，如果其 display 属性值是 inline-block，那么即使其里面内容再多，只要是正常文本，宽度也不会超过容器。于是，图文混排的时候，我们只要关心内容，除非“首选最小宽度”比容器宽度还要大，否则我们完全不需要担心某个元素内容太多而破坏了布局。

凡事发生必有缘由。CSS 世界的造物主为何要设计“包裹性”这个东西呢？是为谁设计的呢？

反问是探究知识的很好的习惯和方式。要回答上面的问题，我们只要请一个嘉宾出来，答案就基本明确了。下面我们就请出重量级嘉宾——著名的“按钮”元素。没错，就是默认长得比较丑，样式定义兼容性又不好的按钮元素。

按钮通常以如下两种形式出现在页面代码中：

```
<button>按钮</button>
<input type="button" value="按钮">
```

按钮就是 CSS 世界中极具代表性的 inline-block 元素，可谓展示“包裹性”最好的例子，具体表现为：按钮文字越多宽度越宽（内部尺寸特性），但如果文字足够多，则会在容器的宽度处自动换行（自适应特性）。

按钮会自动换行？没错，你之所以没印象，可能是因为：

- 实际项目中，按钮上的文字个数比较有限，没机会换行；
- <button>标签按钮才会自动换行，<input>标签按钮，默认 white-space:pre，是不会换行的，需要将 pre 值重置为默认的 normal。

眼见为实，手动输入 http://demo.cssworld.cn/3/2-4.php 或者扫下面的二维码。上面的示例页面的效果如图 3-8 所示。

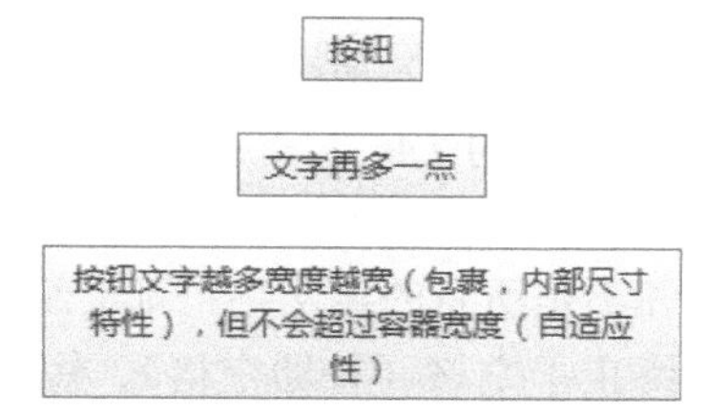


图 3-8　IE11 浏览器 IE8 模式下按钮换行效果

按钮最大宽度就是容器的 240 像素，1 像素不多 1 像素不少，顿时有了一种内外兼修的感觉。

“包裹性”对实际开发有什么作用呢？

请看这个需求：页面某个模块的文字内容是动态的，可能是几个字，也可能是一句话。然后，希望文字少的时候居中显示，文字超过一行的时候居左显示。该如何实现？

核心 CSS 代码如下：

```
.box {
  text-align: center;
}
.content {
  display: inline-block;
  text-align: left;
}
```

这样，文字少的时候，就会如图 3-9 所示。文字多的时候，如图 3-10 所示。

图 3-9　文字少时的显示效果

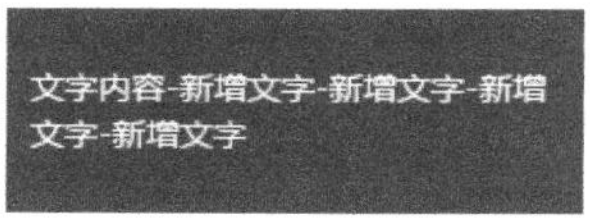

图 3-10　文字多时的显示效果

眼见为实，手动输入 http://demo.cssworld.cn/3/2-5.php 或者扫右侧的二维码，进入页面点击“更多文字”按钮体验。

除了 inline-block 元素，浮动元素以及绝对定位元素都具有包裹性，均有类似的智能宽度行为。

（2）首选最小宽度。

所谓“首选最小宽度”，指的是元素最适合的最小宽度。我们接着上面的例子，在上面例子中，外部容器的宽度是240像素，假设宽度是0，请问里面的 inline-block 元素的宽度是多少？

是0吗？不是。在CSS世界中，图片和文字的权重要远大于布局，因此，CSS的设计者显然是不会让图文在 width:auto 时宽度变成0的，此时所表现的宽度就是“首选最小宽度”。具体表现规则如下。

- 东亚文字（如中文）最小宽度为每个汉字的宽度，如图3-11所示的 14。

图3-11　中文汉字与最小宽度效果

- 西方文字最小宽度由特定的连续的英文字符单元决定。并不是所有的英文字符都会组成连续单元，一般会终止于空格（普通空格）、短横线、问号以及其他非英文字符等。例如，“display:inline-block”这几个字符以连接符“-”作为分隔符，形成了“display:inline”和“block”两个连续单元，由于连接符“-”分隔位置在字符后面，因此，最后的宽度就是“display:inline-”的宽度，如图3-12所示。

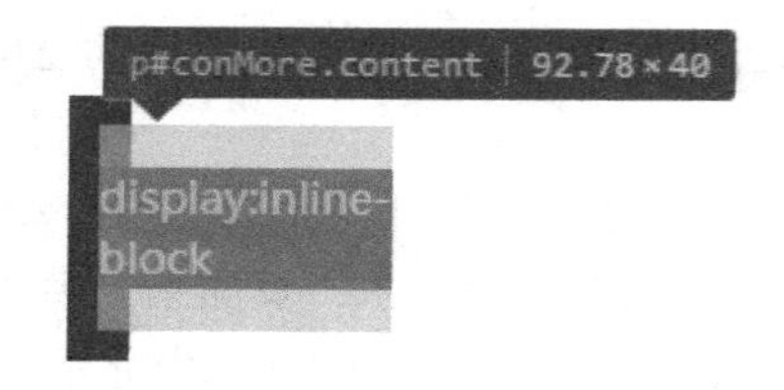


图3-12　连续字符换行点示意

如果想让英文字符和中文一样，每一个字符都用最小宽度单元，可以试试使用CSS中的 word-break:break-all。

- 类似图片这样的替换元素的最小宽度就是该元素内容本身的宽度。

“首选最小宽度”对我们实际开发有什么作用呢？

可以让我们遇到类似现象的时候知道原因是什么，方便迅速对症下药，其他就没什么用了。

有点失望？那好，我就举个利用“首选最小宽度”构建图形的例子吧。请问，如何使用一层HTML标签分别实现图3-13所示的“凹”和“凸”效果（注意要兼容IE8）？

由于要兼容IE8，CSS新世界中图形构建利器的盒阴影和背景渐变全都没有用武之地，怎么办呢？我们可以利用“首选最小宽度”的行为特点把需要的图形勾勒出来。核心CSS代码如下（以“凹”效果示意）：

```
.ao {
  display: inline-block;
  width: 0;
}
.ao:before {
  content: "love 你 love";
```

```
  outline: 2px solid #cd0000;
  color: #fff;
}
```

还没看明白？那我把文字颜色放出来（见图 3-14），大家应该就知道实现原理了。

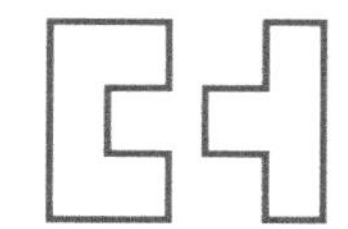

图 3-13　需要实现的效果图

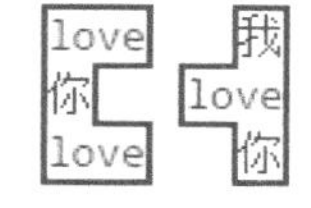


图 3-14　图形由文字区域勾勒而成

利用连续英文单词不换行的特性，我们就可以控制什么地方“凹”，什么地方“凸”啦！

想看在线演示，请手动输入 http://demo.cssworld.cn/3/2-6.php 或者扫右侧的二维码。

（3）最大宽度。

最大宽度就是元素可以有的最大宽度。我自己是这么理解的，“最大宽度”实际等同于“包裹性”元素设置 `white-space:nowrap` 声明后的宽度。如果内部没有块级元素或者块级元素没有设定宽度值，则“最大宽度”实际上是最大的连续内联盒子的宽度。

什么是连续内联盒子？“内联盒子”的内容会在 3.4 节深入讲解，这里你就简单地将其理解为 `display` 为 `inline`、`inline-block`、`inline-table` 等元素。“连续内联盒子”指的全部都是内联级别的一个或一堆元素，中间没有任何的换行标签<br>或其他块级元素。

一图胜千言，图 3-15 所示是一段很平常的 HTML 片段的“连续内联盒子”信息标注图。其中，有 3 处连续内联盒子，分别是：

- <br>前面的 4 个内联盒子组合；
- <br>后面“我是下一行”字样所在的匿名内联盒子；
- 最后块状<p>标签内的内联盒子，也就是一段文本。

与标注图“内联”文字对应的标注相一致，此时“最大宽度”就是这 3 个连续内联盒子的宽度的最大值。

如果把标注图的代码在浏览器中运行一下，则在最大宽度模式下，效果如图 3-16 所示。可以发现最后的宽度就是第一个“连续内联盒子”的宽度。

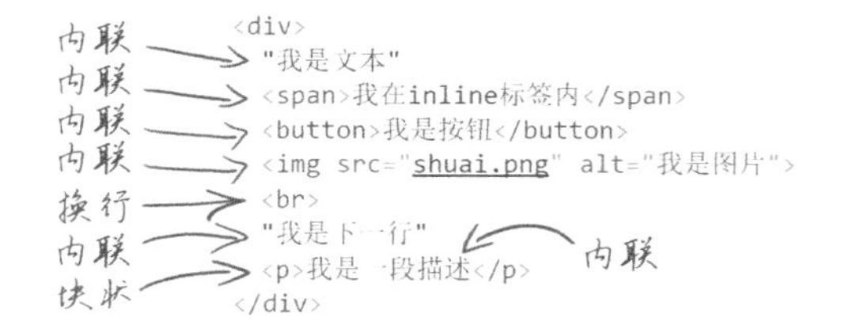


图 3-15　“连续内联盒子”信息标注图

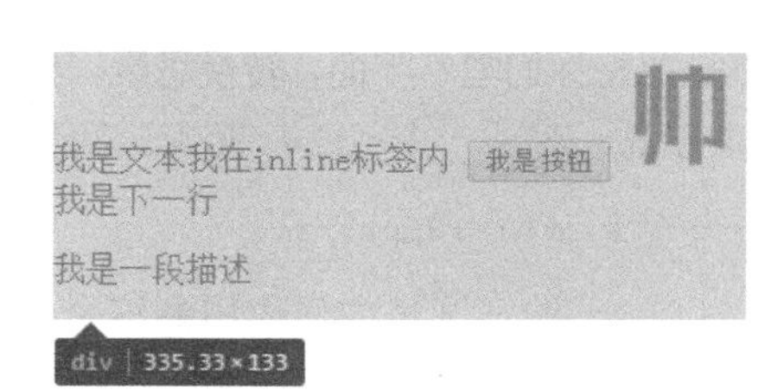


图 3-16　最大宽度模式下的效果

“最大宽度”对我们实际开发有什么作用呢？

根据我这么多年的经验，大部分需要使用“最大宽度”的场景可以通过设置一个“很大宽度”来实现。注意，这里的“很大宽度”和“最大宽度”是有本质区别的。比方说，有5张图片，每张图片宽度200像素，假设图片元素紧密排列，则“最大宽度”就是1000像素。但是，实际开发的时候，我们懒得计算，可能直接设置容器`width:2000px`，这里`2000px`就是“很大宽度”，宽度足够大，作用是保证图片不会因为容器宽度不足而不在一行内显示。两者都能实现几张图片左右滑来滑去的效果。

那有没有场景只能是“最大宽度”而不是“很大宽度”呢？有！不知大家有没有听过iScroll，它可以实现非常平滑的滚动效果，在前端界颇有名气。

一般来讲，实现自定义滚动有两种原理：一种借助原生的滚动，`scrollLeft/scrollTop`值变化，它的优点是简单，不足是效果呆板；另一种是根据内部元素的尺寸和容器的关系，通过修改内部元素的位置实现滚动效果，优点是效果可以很绽放。iScroll就是使用的后者，因此，如果我们希望使用iScroll模拟水平滚动，只能使用“最大宽度”，这样，滚动到底的时候才是真的到底。

眼见为实，手动输入http://demo.cssworld.cn/3/2-7.php或者扫下面的二维码。保证在一行显示，同时不浪费一点空白，如图3-17所示。

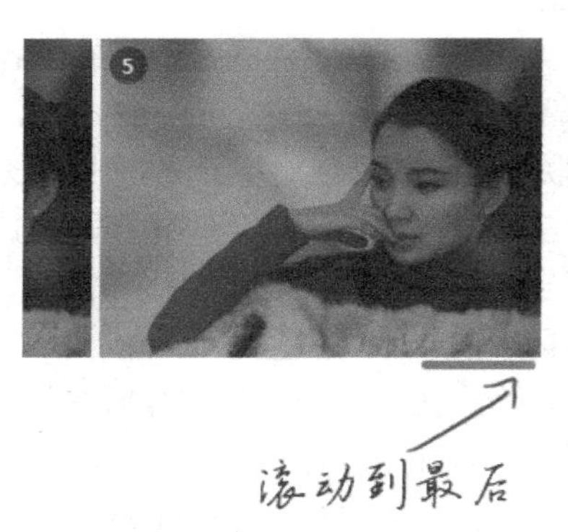


图3-17　最大宽度与精确滚动示意

### 3.2.2　`width`值作用的细节

细心的读者有没有发现，前面那么多页，其实就讲了一个点——`width:auto`，说“深藏不露”不是忽悠你们吧？下面，转换思维，我们来看一下`width`属性使用具体数值会有怎样的表现。

比方说，对于一个`<div>`元素，我们设定其宽度为`100px`，如下：

```
div { width: 100px; }
```

请问，`100px`的宽度是如何作用到这个`<div>`元素上的？

要回答这个问题，就需要了解CSS世界中与尺寸相关的一个重要概念——“盒尺寸”（box dimension）。

前文多次强调了，width 是作用在“内在盒子”上的，乍一看是一个普通的盒子，实际上，这个“内在盒子”是由很多部分构成的。这个盒子的构成和地球结构的构成惊人地类似，可参考图 3-18 所示的这张我制作的示意图（图中虚线、实线是为了区分不同结构，本身并没有意义）。

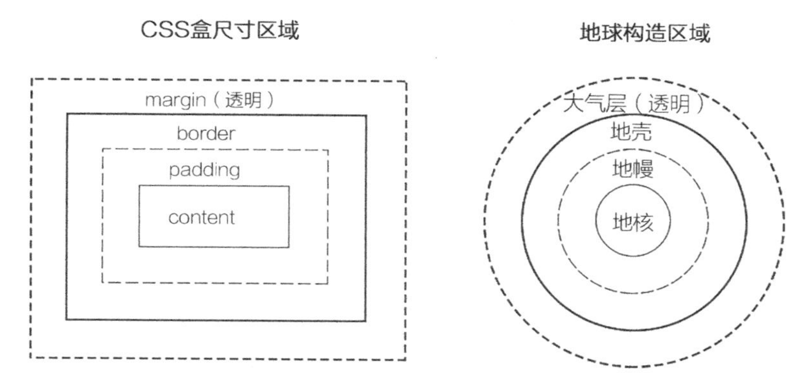


图 3-18　盒尺寸盒子结构和地球结构对比图

仔细对比会发现，两者不仅结构类似，对应结构的视觉表现和含义也类似。比方说，CSS 的 margin 区域和地球的大气层区域都是透明的，又比方说 content 之于 CSS，正如地核之于地球，都是属于核心，因为 CSS 世界的诞生就是为图文信息展示服务的，因此，内容一定是最重要的核心。然后在这个核心的外面包裹了 padding、border 和 margin。

CSS 世界什么最多？盒子！比方前面介绍过的块状盒子、内联盒子以及外在盒子和内在盒子，以及这里即将出现的 4 个盒子，以及 3.4 节介绍的一堆盒子。如果这些盒子纯粹是概念，没什么实际作用，我就不讲或直接一步带过，但是，这里的这 4 个盒子不仅仅是概念，还真的有付诸实践的关键字，所以还是要好好说一说。

我们的这个“内在盒子”又被分成了 4 个盒子，分别是 content box、padding box、border box 和 margin box。

原本这几个盒子只存在于规范中，我们写代码的知不知道无所谓的，都能写出很棒的 CSS 代码，这就和玩游戏没必要知道游戏怎么制作的道理一样。但是后来，这几个盒子在 CSS 语言层有名字了，一下子变成有身份的人了，事情就变了，如果对这些盒子不了解，有些 CSS 属性就不好理解，也不容易记住。

那么都给它们起了些什么名字呢？content box 写作 content-box，padding box 写作 padding-box，border box 写作 border-box，margin box 写作……突然发现，margin box 居然没有名字！为何唯独 margin box 并没有对应的 CSS 关键字名称呢？因为目前没有任何场景需要用到 margin box。

“margin 的背景永远是透明的”，因此不可能作为 backgound-clip 或 background-origin 属性值出现。margin 一旦设定具体宽度和高度值，其本身的尺寸是不会因 margin 值变化而变化的，因此作为 box-sizing 的属性值存在也就没有了意义（这会在后面深入阐述）。既然无用武之地，自然就被抛弃了。

现在回到一开始的问题：width:100px是如何作用到<div>元素上的？

在CSS2.1的规范中，有一段非常露骨的描述：content box环绕着width和height给定的矩形。

说得这么直白，我已经没什么其他可说的了。明摆着，width:100px作用在了content box上，由于<div>元素默认的padding、border和margin都是0，因此，该<div>所呈现的宽度就是100像素。

那么按照这种说法，如果我们在水平方向给定padding和border大小，则元素的尺寸就不是100像素了？我们看一个简单的例子：

```
div { width: 100px; padding: 20px; border: 20px solid; }
```

手动输入http://demo.cssworld.cn/3/2-8.php或者扫下面的二维码。结果变成了180像素宽，如图3-19所示。

图3-19　默认盒尺寸下的offsetWidth

为什么会变宽呢？其实很好理解，因为宽度是作用在content box上的，而外面围绕的padding box和border box又不是摆设，自然实际尺寸要比设定的大。这就好比某超模的腰围61 cm，裹了件东北大棉袄，自然此时的腰围要远大于61 cm。如图3-20所示，中间有点蓝的就是content区域，宽度100像素，再加上padding和border左右各20像素，最终宽度就是180像素啦！

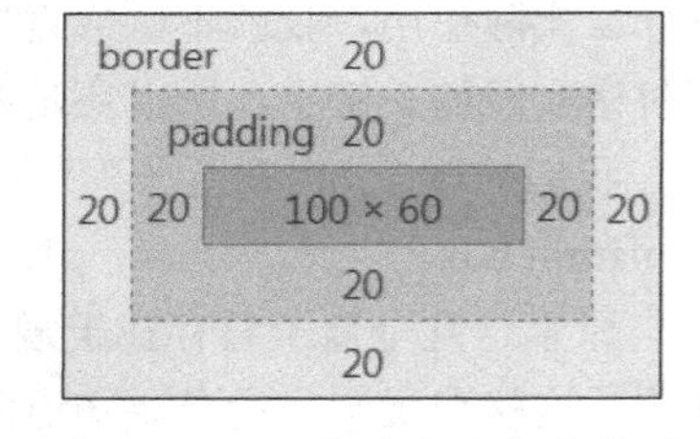


图3-20　180像素宽度的盒模型

如果单看定义和表现，似乎一切都合情合理，但实际上，多年的实践告诉我，有时候，这种宽度设定和表现并不合理。我总结为以下两点。

（1）流动性丢失。

对于块状元素，如果width:auto，则元素会如水流般充满整个容器，而一旦设定了width具体数值，则元素的流动性就会被阻断，因为元素给定宽度就像河流中间竖了两个大闸一样，就没有了流动性。尤其宽度作用在content box上，更是内外流动性全无，如图3-21所示。

这世界上任何事物，一旦限死了，就丧失了灵活性，其发展潜力及作用范围就会大大受限。

长江为何生机勃勃数千年，就是因为滔滔江水，奔流不息。CSS的流动性也是其生机蓬勃之本，如果直接宽度设死，流动性丢失，在我看来，就是江河变死水，手机变板砖。这就是我提出“无宽度准则”的原因——布局会更灵活，容错性会更强。

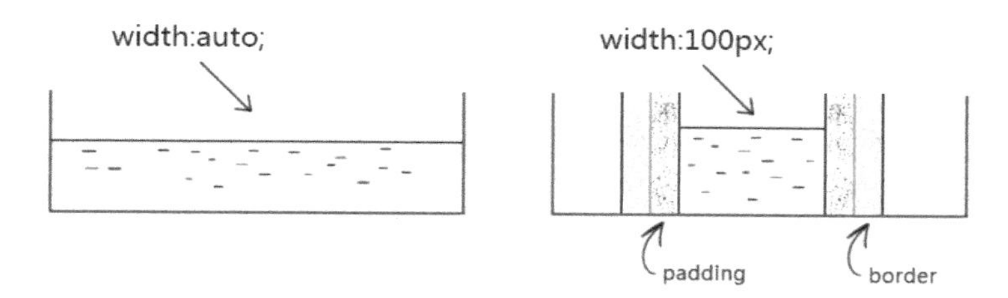


图 3-21 流动性缺失示意图

鉴于“流动性丢失”在 3.2.1 节其实已经提过，还有实例，这里就不再过多展开。

（2）与现实世界表现不一致的困扰。

包含 padding 或 border 会让元素宽度变大的这种 CSS 表现往往会让 CSS 使用者困惑：我设置宽度为 100 像素，其实是希望整个最终的宽度是 100 像素，这样才符合现实理解嘛。比方说，我买个 $140m^2$ 的房子，肯定是连墙体面积在内的啊，实际使用面积比 $140m^2$ 小才是现实，你说现在最终面积比 $140m^2$ 还大，这种事情显然是不科学、不合理的。

或许是因为 CSS 2.1 是面向内容（图文信息）设计的，所以，width 设计成了直接作用在 content box 上。

这对一些 CSS 新手的布局造成了一定的障碍，因为这些 CSS 从业者眼中的 CSS 结构是砖块，而不是水流。因此，布局讲求尺寸精确计算。这就导致在一些 CSS 属性值发生变化的时候（如 padding 值变大，元素尺寸也变大），空间不足，出现页面布局错位的问题。

那有没有什么办法能避免这种错位问题的出现呢？方法之一就是采用书写方式约束，如使用“宽度分离原则”。

## 3.2.3 CSS 流体布局下的宽度分离原则

所谓“宽度分离原则”，就是 CSS 中的 width 属性不与影响宽度的 padding/border（有时候包括 margin）属性共存，也就是不能出现以下的组合：

```
.box { width: 100px; border: 1px solid; }
```

或者

```
.box { width: 100px; padding: 20px; }
```

有人可能会问：不这么写，该怎么写呢？很简单，分离，width 独立占用一层标签，而 padding、border、margin 利用流动性在内部自适应呈现。

```
.father {
   width: 180px;
}
.son {
   margin: 0 20px;
   padding: 20px;
   border: 1px solid;
}
```

现在关键问题来了：为何要宽度分离？

### 1. 为何要宽度分离

在前端领域，一提到分离，作用一定是便于维护。比方说，样式和行为分离、前后端分离或者这里的“宽度分离”。

道理其实很简单，当一件事情的发展可以被多个因素所左右的时候，这个事情最终的结果就会变数很大而不可预期。宽度在这里也是类似，由于盒尺寸中的 4 个盒子都能影响宽度，自然页面元素的最终宽度就很容易发生变化而导致意想不到的布局发生。例如，下面这个简单的 CSS：

```
.box {
   width: 100px;
   border: 1px solid;
}
```

此时宽度是 102 像素。然后，设计师希望元素边框内有 20 像素的留白，这时候，我们会增加 padding 设置：

```
.box {
   width: 100px;
   padding: 20px;
   border: 1px solid;
}
```

结果此时宽度变成了 142 像素，大了 40 像素，跟原来宽度差异明显，显然布局很容易出问题。为了不影响之前的布局，我们还需要通过计算减去 40 像素的 padding 大小才行：

```
.box {
   width: 60px;          // 通过计算，减去 40 像素
   padding: 20px;
   border: 1px solid;
}
```

但是，如果我们使用了宽度分离，事情就会轻松很多：

```
.father {
   width: 102px;
}
.son {
   border: 1px solid;
}
```

嵌套一层标签，父元素定宽，子元素因为 width 使用的是默认值 auto，所以会如水流般自动填满父级容器。因此，子元素的 content box 宽度就是 100 像素，和上面直接设置 width 为 100 像素表现一样。

然后，同样的故事，设计师希望元素边框内有 20 像素的留白，这时候，我们会增加 padding 设置：

```
.father {
   width: 102px;
}
.son {
   border: 1px solid;
   padding: 20px;
}
```

然后……就没有然后了，宽度还是 102 像素，子元素的 content box 自动变成了 60 像素，和上面反例的表现一样。没错，自动变化了，就是这么智能！

虽然表现一样，但是写代码的人的体验大不一样：width、padding、border 混用的时候，任何修改我们都需要实时去计算现在 width 应该设置多大才能和之前的占用的宽度一样，而后面 width 分离的实现，我们没有任何计算，要 padding 留白，加一下就好，要修改边框宽度，改一下就好，浏览器会自动计算，完全不用担心尺寸的变化。

也就是说，使用“宽度分离”后，咱们不需要烧脑子去计算了，而且页面结构反而更稳固。这么好的事情，完全没有理由拒绝啊！

**2. 可能的挑战**

有人可能会提出挑战：你这“宽度分离”多使用了一层标签啊，这 HTML 成本也是成本啊！

没错，问题本身是对的。HTML 的成本也是成本，过深的嵌套是会增加页面渲染和维护成本的。但是，我这里要抛出一句话，实际上，如果不考虑替换元素，这世界上绝大多数的网页，只需要一个 width 设定就可以了，没错，只需要一个 width，就是最外层限制网页主体内容宽度的那个 width，而里面所有元素都没有理由再出现 width 设置。所以，“宽度分离”虽然多了一层标签，但最终也就多了一层标签而已，这个成本跟收益比起来简直就是毛毛雨。

但是，话又说回来，“无宽度”网页布局是需要很深的 CSS 积累才能驾驭自如的，很多同行没好好品鉴本书的内容，要是让他们完全遵循“宽度分离”来实现，怕是 HTML 会变得很啰嗦。

那有没有什么既无须计算，又无须额外嵌套标签的实现呢？有，那就是可以改变 width 作用细节的 box-sizing 属性。

### 3.2.4 改变 width/height 作用细节的 box-sizing

box-sizing 虽然是 CSS3 属性，但是，让人受宠若惊的是 IE8 浏览器也是支持它的，不过需要加-ms-私有前缀，但 IE9 浏览器开始就不需要私有前缀了。

本书内容是针对 IE8 及以上版本浏览器的，因此，box-sizing 也加入了 CSS 世界魔法师的队伍。

**1. box-sizing 的作用**

box-sizing 顾名思义就是“盒尺寸”。稍等，前文好像也出现了一个“盒尺寸”（box dimension），咦？两者是一样的吗？我个人觉得是一样的，只是 dimension 这个词太过于官方了，用在规范中很合适，但是，要是作为 CSS 属性，拼写就不那么容易了，所以就使用了更口语化的box-sizing。

虽然box-sizing被直译为“盒尺寸”，实际上，其更准确的叫法应该是“盒尺寸的作用细节”，或者说得更通俗一点，叫“width作用的细节”，也就是说，box-sizing属性的作用是改变width的作用细节。

那它改变了什么细节呢？一句话，改变了width作用的盒子。还记不记得“内在盒子”的4个盒子？它们分别是content box、padding box、border box和margin box。默认情况下，width是作用在content box上的，box-sizing的作用就是可以把width作用的盒子变成其他几个，因此，理论上，box-sizing可以有下面这些写法：

```
.box1 { box-sizing: content-box; }
.box2 { box-sizing: padding-box; }
.box3 { box-sizing: border-box; }
.box4 { box-sizing: margin-box; }
```

理论美好，现实残酷。实际上，支持情况如下：

```
.box1 { box-sizing: content-box; } /* 默认值 */
.box2 { box-sizing: padding-box; } /* Firefox 曾经支持 */
.box3 { box-sizing: border-box; }  /* 全线支持 */
.box4 { box-sizing: margin-box; }  /* 从未支持过 */
```

所以，我只能拿border-box属性值做对比，如图3-22所示。

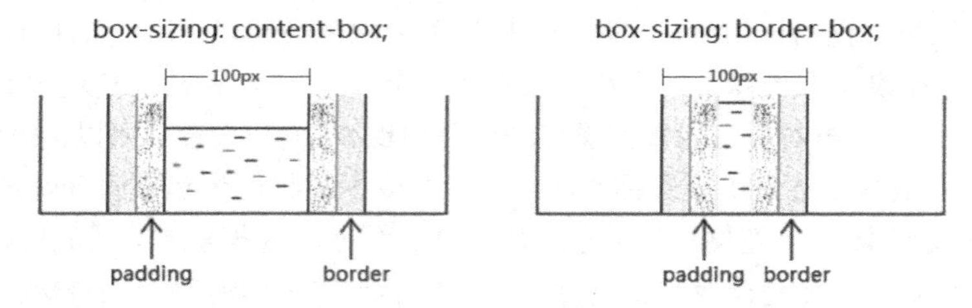


图3-22 box-sizing不同值的作用原理示意

可以看到，所谓box-sizing:border-box就是让100像素的宽度直接作用在border box上，从默认的content box变成border box。此时，content box从宽度值中释放，形成了局部的流动性，和padding一起自动分配width值。于是，

```
.box {
   width: 100px;
   box-sizing: border-box;
}
```

宽度是100像素，

```
.box {
   width: 100px;
   box-sizing: border-box;
   border: 1px solid;
}
```

宽度也是 100 像素，

```
.box {
   width: 100px;
   box-sizing: border-box;
   padding: 20px;
   border: 1px solid;
}
```

宽度还是 100 像素。

我们似乎找到了解决问题的钥匙，自从用了 box-sizing，标签层级少了，错位问题不见了，一口气写 5 张页面，不费劲。

实际上，当遭遇类似图 3-23 所示的布局时，你会发现，box-sizing 也是捉襟见肘，因为边框外的间距只能是 margin，但 box-sizing 并不支持 margin-box，若想用一层标签实现，还是需要计算！

图 3-23 box-sizing 也无能为力的布局结构

### 2. 为何 box-sizing 不支持 margin-box

遇到这样的场景的时候，想必有人会感叹："要是 box-sizing 支持 margin-box 就好了。"是啊，要是这样就好了，但是现实就是不支持，为什么呢？

网上有这样的说法，说 margin 在垂直方向有合并重叠特性，如果支持了 margin-box，合并规则就要发生变更，会比较复杂。我对此观点不敢苟同，其实当下很多属性可以灭掉 margin 合并，多一个 box-sizing 又何妨，且浏览器厂商实现起来并不难，跟之前的规范也不冲突。

我个人认为，不支持 margin-box 最大的原因是它本身就没有价值！我们不妨好好想想，一个元素，如果我们使用 width 或 height 设定好了尺寸，请问，我们此时设置 margin 值，其 offset 尺寸会有变化吗？不会啊，100 像素宽的元素，再怎么设置 margin，它还是 100 像素宽。但是，border 和 padding 就不一样了，100 像素宽的元素，设置个 20 像素大小的 padding 值，offsetWidth 就是 140 像素了，尺寸会变化。你说，一个本身并不会改变元素尺寸的盒子，它有让 box-sizing 支持的道理吗？box-sizing 就是改变尺寸作用规则的！margin 只有在 width 为 auto 的时候可以改变元素的尺寸，但是，此时元素已经处于流动性状态，根本就不需要 box-sizing。所以，说来说去就是 margin-box 本身就没有价值。

另外一个原因牵扯到语义。如果 box-sizing 开了先河支持了 margin-box，margin box 就变成了一个"显式的盒子"，你让background-origin等属性何去何从，支持还是不支持呢？"margin 的背景永远是透明的"这几个大字可是在规范写得清清楚楚，难道让背景色在所谓的 margin box 中也显示？显然是不可能的，我们可以打自己的脸，但是要想让规范打自己的脸，可能吗？

最后还有一个可能的原因就是使用场景需要。对于 box-sizing 的 margin-box 效果，如果是 IE10 及以上版本浏览器，可以试试 flex 布局，如果要兼容 IE8 及以上版本可以使用"宽度分离"，或者特定场景下使用“格式化宽度”来实现，也就是并不是强需求。比方 box-sizing:padding-box，就是因为使用场景有限，仅 Firefox 浏览器支持，并且是曾经支持，从版本 50 开始也不支持了。其实，我个人觉得没必要舍弃，浏览器都应该支持，就像 background 属性那样。成为套餐不挺好的？

人们写代码时的思维逻辑，总是不由自主地与现实世界相映射，这是人之常情。因此，大家对 box-sizing:border-box 的好感度普遍要远大于默认的 box-sizing:content-box，甚至我见到有同行称默认的 content-box 作用机制是反人类的，因此，很多同行开始使用*{box-sizing:border-box}进行全局重置，对于这种做法，我是有自己的看法的。

#### 3. 如何评价*{box-sizing:border-box}

从纯个人角度讲，我是不喜欢这种做法的，我一向推崇的是充分利用元素本身的特性来实现我们想要的效果，足够简单纯粹。因此，全局重置的做法是有悖我的理念的。

即使抛开个人喜好，这种做法也是有些问题的。

（1）*这种做法易产生没必要的消耗*。通配符*应该是一个慎用的选择器，因为它会选择所有的标签元素。对于普通内联元素（非图片等替换元素），box-sizing 无论是什么值，对其渲染表现都没有影响，因此，*对这些元素而言就是没有必要的消耗；同时有些元素，如 search 类型的搜索框，其默认的 box-sizing 就是 border-box（如果浏览器支持），因此，*对 search 类型的<input>而言也是没有必要的消耗。

（2）*这种做法并不能解决所有问题*。box-sizing 不支持 margin-box，只有当元素没有水平 margin 时候，box-sizing 才能真正无计算，而“宽度分离”等策略则可以彻底解决所有的宽度计算的问题。因此，我们有必要好好地想一想，box-sizing 属性发明的初衷到底是什么？是为了让那些对 block 水平元素滥用 width 属性的人少出 bug 吗？我不这么认为！

#### 4. box-sizing 发明的初衷

根据我这么多年的开发经验，在 CSS 世界中，唯一离不开 box-sizing:border-box 的就是原生普通文本框<input>和文本域<textarea>的 100%自适应父容器宽度。

拿文本域<textarea>举例，<textarea>为替换元素，替换元素的特性之一就是尺寸由内部元素决定，且无论其 display 属性值是 inline 还是 block。这个特性很有意思，对于非替换元素，如果其 display 属性值为 block，则会具有流动性，宽度由外部尺寸决定，但是替换元素的宽度却不受 display 水平影响，因此，我们通过 CSS 修改<textarea>的 display 水平是无法让尺寸 100%自适应父容器的：

```
textarea {
  display: block;    /* 还是原来的尺寸 */
}
```

所以，我们只能通过 width 设定让<textarea>尺寸 100%自适应父容器。那么，问题就来了，<textarea>是有 border 的，而且需要有一定的 padding 大小，否则输入的时候光标会顶着边框，体验很不好。于是，width/border 和 padding 注定要共存，同时还要整体宽度 100%自适应容器。如果不借助其他标签，肯定是无解的。

在浏览器还没支持 box-sizing 的年代，我们的做法有点儿类似于“宽度分离”，外面嵌套<div>标签，模拟 border 和 padding，<textarea>作为子元素，border 和 padding 全部为 0，然后宽度 100%自适应父级<div>。

手动输入 http://demo.cssworld.cn/3/2-9.php 或者扫右侧的二维码。

然而，这种模拟也有局限性，比如无法使用:focus 高亮父级的边框，因为 CSS 世界中并无父选择器，只能使用更复杂的嵌套加其他 CSS 技巧来模拟。

因此，说来说去，也就 box-sizing:border-box 才是根本解决之道！

```
textarea {
  width: 100%;
  -ms-box-sizing: border-box;    /* for IE8 */
  box-sizing: border-box;
}
```

在我看来，box-sizing 被发明出来最大的初衷应该是解决替换元素宽度自适应问题。如果真的如我所言，那*{box-sizing:border-box}是不是没用在点儿上呢？是不是应该像下面这样 CSS 重置才更合理呢？

```
input, textarea, img, video, object {
  box-sizing: border-box;
}
```

### 3.2.5 相对简单而单纯的 height:auto

width 和 height 是 CSS 世界中同一类型魔法师，都是直接限定元素尺寸的。所以，它们共用一套“盒尺寸”模型，box-sizing 的解释也是类似的。但是，它们在不少地方还是有明显区别的，其中之一就是 height:auto 要比 width:auto 简单而单纯得多。

原因在于，CSS 的默认流是水平方向的，宽度是稀缺的，高度是无限的。因此，宽度的分配规则就比较复杂，高度就显得比较随意。比方说，小明没钱交房租而去搬砖，一块砖头 5 cm 高，请问，10 块砖摞在一起多高？很简单，50 cm。height:auto 的表现也基本上就是这个套路：有几个元素盒子，每个多高，然后一加，就是最终的高度值了。

当然，涉及具体场景，就会有其他的小故事，比方说元素 float 容器高度没了，或者是 margin 直接穿过去，高度比预期的矮了。这个其实不是 height 的问题。关于这一点，我会在对应的属性章节帮大家一探究竟。

此外，height:auto 也有外部尺寸特性。但据我所知，其仅存在于绝对定位模型中，也就是“格式化高度”。“格式化高度”与“格式化宽度”类似，就不展开讲解了。

### 3.2.6 关于 height:100%

height 和 width 还有一个比较明显的区别就是对百分比单位的支持。对于 width 属性，就算父元素 width 为 auto，其百分比值也是支持的；但是，对于 height 属性，如果父元素

height 为 auto，只要子元素在文档流中，其百分比值完全就被忽略了。例如，某小白想要在页面插入一个<div>，然后满屏显示背景图，就写了如下 CSS：

```
div {
   width: 100%;    /* 这是多余的 */
   height: 100%;   /* 这是无效的 */
   background: url(bg.jpg);
}
```

然后他发现这个<div>高度永远是 0，哪怕其父级<body>塞满了内容也是如此。事实上，他需要如下设置才行：

```
html, body {
  height: 100%;
}
```

并且仅仅设置<body>也是不行的，因为此时的<body>也没有具体的高度值：

```
body {
   /* 子元素 height:100%依旧无效 */
}
```

只要经过一定的实践，我们都会发现对于普通文档流中的元素，百分比高度值要想起作用，其父级必须有一个可以生效的高度值！但是，怕是很少有人思考过这样一个问题：为何父级没有具体高度值的时候，height:100%会无效？

#### 1. 为何 height:100%无效

有一种看似合理的说法：如果父元素 height:auto 子元素还支持 height:100%，则父元素的高度很容易陷入死循环，高度无限。例如，一个<div>元素里面有一张 vertical-align 为 bottom 同时高度为 192 像素的图片，此时，该<div>高度就是 192 像素，假设此时插入一个子元素，高度设为 100%，如果此时 height:100%可以计算，则子元素应该也是 192 像素。但是，父元素 height 值是 auto，岂不是现在高度要从原来的 192 像素变成 384 像素，然后 height:100%的子元素高度又要变成 384 像素，父元素高度又双倍……死循环了！

实际上，这种解释是错误的，大家千万别被误导。证据就是宽度也存在类似场景，但并没有死循环。例如，在下面这个例子中，父元素采用“最大宽度”，然后有一个 inline-block 子元素宽度 100%：

```
<div class="box">
  <img src="1.jpg">
  <span class="text">红色背景是父级</span>
</div>
.box {
  display: inline-block;
  white-space: nowrap;
  background-color: #cd0000;
}
```

```
.text {
  display: inline-block;
  width: 100%;
  background-color: #34538b;
  color: #fff;
}
```

如果按照上面“高度死循环”的解释，这里也应该“宽度死循环”，因为后面的 inline-block 元素按照我们的理解应该会让父元素的宽度进一步变大。但实际上并没有，宽度范围可能超出你的预期（见图 3-24）。父元素的宽度就是图片加文字内容的宽度之和。

手动输入 http://demo.cssworld.cn/3/2-10.php 或者扫右侧的二维码。

图 3-24　宽度为图片加文字内容的宽度之和

为什么会这样表现呢？

要明白其中的原因要先了解浏览器渲染的基本原理。首先，先下载文档内容，加载头部的样式资源（如果有的话），然后按照从上而下、自外而内的顺序渲染 DOM 内容。套用本例就是，先渲染父元素，后渲染子元素，是有先后顺序的。因此，当渲染到父元素的时候，子元素的 width:100%并没有渲染，宽度就是图片加文字内容的宽度；等渲染到文字这个子元素的时候，父元素宽度已经固定，此时的 width:100%就是已经固定好的父元素的宽度。宽度不够怎么办？溢出就好了，overflow 属性就是为此而生的。

同样的道理，如果 height 支持任意元素 100%，也是不会死循环的。和宽度类似，静态渲染，一次到位。

那问题又来了：为何宽度支持，高度就不支持呢？规范中其实给出了答案。如果包含块的高度没有显式指定（即高度由内容决定），并且该元素不是绝对定位，则计算值为 auto。一句话总结就是：因为解释成了 auto。要知道，auto 和百分比计算，肯定是算不了的：

```
'auto' * 100/100 = NaN
```

但是，宽度的解释却是：如果包含块的宽度取决于该元素的宽度，那么产生的布局在 CSS 2.1 中是未定义的。

还记不记得本书第 2 章最后的“未定义行为”吗？这里的宽度布局其实也是“未定义行为”，也就是规范没有明确表示该怎样，浏览器可以自己根据理解去发挥。好在根据我的测试，布局效果在各个浏览器下都是一致的。这里和高度的规范定义就区别明显了，高度明确了就是 auto，高度百分比计算自然无果，width 却没有这样的说法，因此，就按照包含块真实的计算值作为百分比计算的基数。

### 2. 如何让元素支持 height:100%效果

如何让元素支持 height:100%效果？这个问题的答案其实上面的规范已经给出了，即有两种方法。

（1）设定显式的高度值。这个没什么好说的，例如，设置 height:600px，或者可以生效的百分比值高度。例如，我们比较常见的：

```
html, body {
  height: 100%;
}
```

（2）使用绝对定位。例如：

```
div {
  height: 100%;
  position: absolute;
}
```

此时的 height:100%就会有计算值，即使祖先元素的 height 计算为 auto 也是如此。需要注意的是，绝对定位元素的百分比计算和非绝对定位元素的百分比计算是有区别的，区别在于绝对定位的宽高百分比计算是相对于 padding box 的，也就是说会把 padding 大小值计算在内，但是，非绝对定位元素则是相对于 content box 计算的。

我们可以看一个例子，对比一下：

```
.box {
  height: 160px;
  padding: 30px;
  box-sizing: border-box;
  background-color: #beceeb;
}

.child {
  height: 100%;
  background-color: #cd0000;
}
.box {
  height: 160px;
  padding: 30px;
  box-sizing: border-box;
  background-color: #beceeb;
  position: relative;
}
.child {
  height: 100%; width: 100%;
  background-color: #cd0000;
  position: absolute;
}
```

可以看到，非定位元素的宽高百分比计算不会将 padding 计算在内，如图 3-25 所示。

如果对图 3-25 所示的结果表示质疑，也可以访问 http://demo.cssworld.cn/ 3/2-11.php 或者扫下面的二维码。

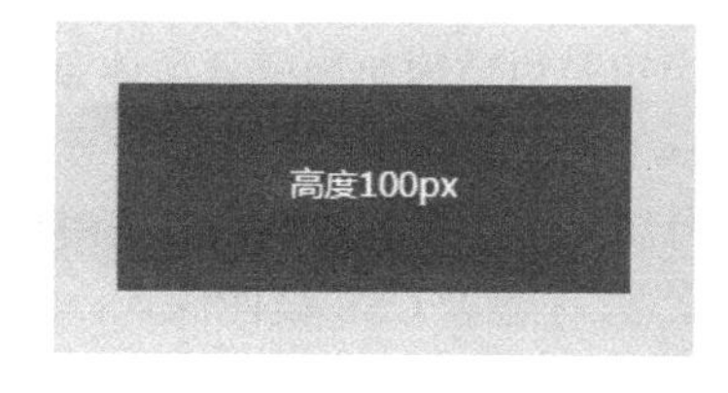

图 3-25 非绝对定位和绝对定位百分比高度对比

我对这两种 height:100%生效方法的评价是：显式高度方法中规中矩，意料之中；绝对定位方法剑走偏锋，支持隐式高度计算，给人意外之喜，但本身脱离文档流，使其仅在某些场景有四两拨千斤的效果，比方说“图片左右半区点击分别上一张图下一张图效果”的布局（见图 3-26）。

图 3-26 所示的效果有专门的演示页面，可以手动输入 http://demo.cssworld.cn/3/2-12.php 或者扫下面的二维码。

图 3-26 图片上下切图布局示意

原理很简单，就是在图片外面包一层具有“包裹性”同时具有定位特性的标签。例如：

```
.box {
  display: inline-block;
  position: relative;
}
```

此时，只要在图片上覆盖两个绝对定位，同时设 height:100%，则无论图片多高，我们的左右半区都能自动和图片高度一模一样，无须任何使用 JavaScript 的计算。

## 3.3 CSS min-width/max-width 和 min-height/max-height 二三事

说完了 width 和 height，下面轮到 min-width/max-width 和 min-height/max-height 了，它们有很多共性。比方说，它们都是与尺寸相关的，盒尺寸机制和一些值的渲染规则也是一样的，因此，这部分内容这里就不赘述了，这里只简单讲几点 min/max-width/

height 和 width/height 不一样的地方。

### 3.3.1 为流体而生的 min-width/max-width

在 CSS 世界中，min-width/max-width 出现的场景一定是自适应布局或者流体布局中，因为，如果是那种 width/height 定死的砖头式布局，min-width/max-width 就没有任何出现的价值，因为它们是具有边界行为的属性，所以没有变化自然无法触发，也就没有使用价值。

因此，新人并不会经常使用 min-width/max-width，只有随着 CSS 技能深入，能够兼顾还原性的同时还兼顾扩展性和适配性之后，min-width/max-width 才会用得越来越多，也才能真正感受到 IE7 浏览器就支持 min/max-width 是多么好的一件事情。

现代桌面显示器分辨率越来越大，960 像素网页设计已经显得有些小家碧玉了，但随便搞一个大尺寸（如 1400 像素）的网页宽度也不合时宜，因为还有很多笔记本电脑用户，此时，一种特定区间内的自适应布局方案就诞生了，网页宽度在 1200～1400 像素自适应，既满足大屏的大气，又满足笔记本电脑的良好显示，此时，min-width/max-width 就可以大显神威了：

```
.container {
  min-width: 1200px;
  max-width: 1400px;
}
```

对，无须 width 设置，直接使用 min-width/max-width。

在公众号的热门文章中，经常会有图片，这些图片都是用户上传产生的，因此尺寸会有大有小，为了避免图片在移动端展示过大影响体验，常常会有下面的 max-width 限制：

```
img {
  max-width: 100%;
  height: auto!important;
}
```

height:auto 是必需的，否则，如果原始图片有设定 height，max-width 生效的时候，图片就会被水平压缩。强制 height 为 auto 可以确保宽度不超出的同时使图片保持原来的比例。但这样也会有体验上的问题，那就是在加载时图片占据高度会从 0 变成计算高度，图文会有明显的瀑布式下落。

### 3.3.2 与众不同的初始值

min-width/max-width 和 min-heigh/max-height 从长相上看明显和 width/height 是一个家族的，总以为属性值、模型都是一样的，但是有一个地方就搞了特殊，那就是初始值。width/height 的默认值是 auto，而 min-width/max-width 和 min-heigh/max-height 的初始值则要复杂些。这里要分为两部分，分别是 max-*系列和 min-*系列。max-width 和 max-height 的初始值是 none,min-width 和 min-height 的初始值是……

虽然 MDN 和 W3C 维基的文档上都显示 min-width/min-height 的初始值是 0，但是，根据我的分析和测试，所有浏览器中的 min-width/min-height 的初始值都是 auto。证据如下：

（1）min-width/height 值为 auto 合法。例如，设置：

```
<body style="min-width:auto;">
```

结果所有浏览器下：

```
document.body.style.minWidth;       // 结果是 auto
```

说明 min-*支持 auto 值，同样，如果是 max-width:auto，结果则是''，进一步证明 min-width/height 值为 auto 合法。

（2）数值变化无动画。假设元素的 min-width/min-height 的初始值是 0，那么，当我们设置 transition 过渡同时改变了 min-width/min-height 值，岂不是应该有动画效果？结果：

```
.box {
  transition: min-height .3s;
}
.box:hover {
  min-height: 300px;
}
```

鼠标经过.box 元素，元素突然变高，并无动画效果，但是，如果是下面这样的设置：

```
.box {
  min-height: 0;
  transition: min-height .3s;
}
.box:hover {
  min-height: 300px;
}
```

鼠标经过.box 元素，transition 动画效果就出现了。这就证明了，min-height 的初始值不是 0，既然不是 0，那就应该是所有浏览器都支持的 auto。

于是，得到如下结论：min-width/min-height 的初始值是 auto，max-width/max-height 的初始值是 none。max-width/max-height 的初始值为何是 none 而不是 auto 呢？这个问题的答案其实与下面小节的内容有关。我们不妨举个简单的例子解释一下，已知父元素宽度 400 像素，子元素设置宽度 800 像素，假如说 max-width 初始值是 auto，那自然使用和 width 一样的解析渲染规则，此时 max-width 的计算值就应该是父元素的 400 像素，此时，你就会发现，子元素的 800 像素直接完蛋了，因为 max-width 会覆盖 width。于是，我们的 width 永远不能设置为比 auto 计算值更大的宽度值了，这显然是有问题的，这就是为什么 max-width 初始值是 none 的原因。

### 3.3.3 超越!important，超越最大

CSS 世界中，min-width/max-width 和 min-height/max-height 属性间，以及与 width 和 height 之间有一套相互覆盖的规则。这套规则用一句比较通俗的话概括就是：超越!important，超越最大。究竟是什么意思呢？以与宽度相关的属性举例说明。

#### 1. 超越!important

超越!important指的是max-width会覆盖width，而且这种覆盖不是普通的覆盖，是超级覆盖，覆盖到什么程度呢？大家应该都知道CSS世界中的!important的权重相当高，在业界，往往会把!important的权重比成“泰坦尼克”，比直接在元素的style属性中设置CSS声明还要高，一般用在CSS覆盖JavaScript设置上。但是，就是这么厉害的!important，直接被max-width一个浪头就拍沉了。比方说，针对下面的HTML和CSS设置，图片最后呈现的宽度是多少呢？

```
<img src="1.jpg" style="width:480px!important;">
img { max-width: 256px; }
```

答案是256px。style、!important通通靠边站！因为max-width会覆盖width。

眼见为实，手动输入http://demo.cssworld.cn/3/3-1.php或者扫下面的二维码。结果如图3-27所示。

图3-27　图片宽度256像素

#### 2. 超越最大

超越最大指的是min-width覆盖max-width，此规则发生在min-width和max-width冲突的时候。例如，下面这种设置：

```
.container {
   min-width: 1400px;
   max-width: 1200px;
  }
```

最小宽度居然比最大宽度设置得还大，此时，两者必定是你死我活的状态。究竟谁死呢？遵循“超越最大”规则（注意不是“后来居上”规则），min-width活下来，max-width被忽略，于是，.container元素表现为至少1400像素宽。

此覆盖规则比较好理解，就不专门演示了。

### 3.3.4　任意高度元素的展开收起动画技术

“展开收起”效果是网页中比较常见的一种交互形式，通常的做法是控制display属性值在none和其他值之间切换，虽说功能可以实现，但是效果略显生硬，所以就会有这样的需求——

希望元素展开收起时能有明显的高度滑动效果。传统实现可以使用 jQuery 的 slideUp()/slideDown()方法，但是，在移动端，因为 CSS3 动画支持良好，所以移动端的 JavaScript 框架都是没有动画模块的。此时，使用 CSS 实现动画就成了最佳的技术选型。

我们的第一反应就是使用 height + overflow:hidden 实现。但是，很多时候，我们展开的元素内容是动态的，换句话说高度是不固定的，因此，height 使用的值是默认的 auto，应该都知道的 auto 是个关键字值，并非数值，正如 height:100%的 100%无法和 auto 相计算一样，从 0px 到 auto 也是无法计算的，因此无法形成过渡或动画效果。

因此，下面代码呈现的效果也是生硬地展开和收起：

```
.element {
  height: 0;
  overflow: hidden;
  transition: height .25s;
}
.element.active {
  height: auto;    /* 没有 transition 效果，只是生硬地展开 */
}
```

难道就没有什么一劳永逸的实现方法吗？有，不妨试试 max-height，CSS 代码如下：

```
.element {
  max-height: 0;
  overflow: hidden;
  transition: max-height .25s;
}
.element.active {
  max-height: 666px;    /* 一个足够大的最大高度值 */
}
```

其中展开后的 max-height 值，我们只需要设定为保证比展开内容高度大的值就可以，因为 max-height 值比 height 计算值大的时候，元素的高度就是 height 属性的计算高度，在本交互中，也就是 height:auto 时候的高度值。于是，一个高度不定的任意元素的展开动画效果就实现了。

眼见为实，手动输入 http://demo.cssworld.cn/3/3-2.php 或者扫右侧的二维码。

但是，使用此方法也有一点要注意，即虽然说从适用范围讲，max- height 值越大使用场景越多，但是，如果 max-height 值太大，在收起的时候可能会有“效果延迟”的问题，比方说，我们展开的元素高度是 100 像素，而 max-height 是 1000 像素，动画时间是 250 ms，假设我们动画函数是线性的，则前 225 ms 我们是看不到收起效果的，因为 max-height 从 1000 像素到 100 像素变化这段时间，元素不会有区域被隐藏，会给人动画延迟 225 ms 的感觉，相信这不是你想看到的。

因此，我个人建议 max-height 使用足够安全的最小值，这样，收起时即使有延迟，也会因为时间很短，很难被用户察觉，并不会影响体验。

# 3.4 内联元素

如果纯粹套CSS规范的话，这里标题应该是“内联级元素”（inline-level elements）。但在本书中“内联级元素”全部简称为“内联元素”，原因在第3章开头部分已做说明，不再赘述。

在讲元素的内外盒子的时候，前面曾提到过“外在盒子”有inline、block和run-in三种水平。其中run-in鲜有人使用，且有淘汰风险，可以忽略；剩下的inline和block几乎瓜分了剩下的全部江山，是流体布局的本质所在。从作用上来讲，块级负责结构，内联负责内容。CSS世界是为图文展示而设计的。所谓图文，指图片和文字，是最典型的内联元素。所以，在CSS世界中，内联元素是最为重要的，涉及的CSS属性也非常之多，这些CSS属性往往具有继承特性，混合在一起会导致CSS解析规则非常复杂。这就是内联元素的解析比块级元素解析更难理解的原因——其是多个属性共同作用的结果，需要对内联元素特性，内联盒模型以及当前CSS属性都了解，才能明白其中的原因。

不要担心，从这里开始，我们会慢慢揭开内联世界的层层面纱。

## 3.4.1 哪些元素是内联元素

我们先来了解如何辨别内联元素。

### 1．从定义看

首先要明白这一点：“内联元素”的“内联”特指“外在盒子”，和“display为inline的元素”不是一个概念！inline-block和inline-table都是“内联元素”，因为它们的“外在盒子”都是内联盒子。自然display:inline的元素也是“内联元素”，那么，<button>按钮元素是内联元素，因为其display默认值是inline-block；<img>图片元素也是内联元素，因为其display默认值是inline等。

### 2．从表现看

就行为表现来看，“内联元素”的典型特征就是可以和文字在一行显示。因此，文字是内联元素，图片是内联元素，按钮是内联元素，输入框、下拉框等原生表单控件也是内联元素。

下面有一个疑问：浮动元素貌似也是可以和文字在一个水平上显示的，是不是浮动元素也是内联级别的呢？不是的。实际上，浮动元素和后面的文字并不在一行显示，浮动元素已经在文档流之外了。证据就是，当后面文字足够多的时候，文字并不是在浮动元素的下面，而是继续在后面。这就说明，浮动元素和后面文字不在一行，只是它们恰好站在了一起而已。真相是，浮动元素会生成“块盒子”，这就是后话了。

## 3.4.2 内联世界深入的基础——内联盒模型

本节的内容可谓CSS进阶标志知识点，是入门CSS开发人员和熟练CSS开发人员之间的分水岭，是需要反复拿来看拿来体味的。这里介绍的“内联盒模型”是简易版，但是已经足够，如果大家对完整的概念和名词感兴趣，可以阅读规范文档。

下面是一段很普通的 HTML：

```
<p>这是一行普通的文字，这里有个 <em>em</em> 标签。</p>
```

看似普通，实际上包含了很多术语和概念，或者换种通俗的说法，包含了很多种盒子。我归结为下面这些盒子。

（1）内容区域（content area）。内容区域指一种围绕文字看不见的盒子，其大小仅受字符本身特性控制，本质上是一个字符盒子（character box）；但是有些元素，如图片这样的替换元素，其内容显然不是文字，不存在字符盒子之类的，因此，对于这些元素，内容区域可以看成元素自身。

定义上说内容区域是“看不见的”，这对理解“内容区域”是不利的，好在根据我多年的理解与实践，我们可以把文本选中的背景色区域作为内容区域，例如，如图 3-28 所示。

```
<p>这是一行普通的文字，这里有个 <em>em</em> 标签。</p>
```

图 3-28　内容区域示意

这对于解释各种内联相关的行为都非常可行，文本选中区本质上就等同于基本盒尺寸中的 content box，都是 content，语义上也说得通。

实际上，内容区域并没有明确的定义，所以将其理解为 em 盒（em-box，可看成是中文字符占据的 1 em 高度区域）也是可以的，但是在本书中，为了方便演示和讲解，将其全部理解为文本选中的区域。

在 IE 和 Firefox 浏览器下，文字的选中背景总能准确反映内容区域范围，但是 Chrome 浏览器下，::selection 范围并不总是准确的，例如，和图片混排或者有垂直 padding 的时候，范围会明显过大，这一点需要注意。后面行高等章节会利用此选中背景帮助我们理解。

内容区域在解释内联元素的各种行为表现时，出镜率出奇地高，建议大家这里多多留意。

（2）内联盒子（inline box）。“内联盒子”不会让内容成块显示，而是排成一行，这里的“内联盒子”实际指的就是元素的“外在盒子”，用来决定元素是内联还是块级。该盒子又可以细分为“内联盒子”和“匿名内联盒子”两类：

```
<p> 这是一行普通的文字，这里有个 <em>em</em> 标签。 </p>
```

如果外部含内联标签（<span>、<a>和<em>等），则属于“内联盒子”（实线框标注）；如果是个光秃秃的文字，则属于“匿名内联盒子”（虚线框标注）。

需要注意的是，并不是所有光秃秃的文字都是“匿名内联盒子”，其还有可能是“匿名块级盒子”，关键要看前后的标签是内联还是块级。

（3）行框盒子（line box）。例如：

```
<p> 这是一行普通的文字，这里有个 <em>em</em> 标签。 </p>
```

每一行就是一个“行框盒子”（实线框标注），每个“行框盒子”又是由一个一个“内联盒子”组成的。

（4）包含盒子（containing box）。例如：

```
<p>这是一行普通的文字，这里有个 <em>em</em> 标签。</p>
```

<p>标签就是一个“包含盒子”（实线框标注），此盒子由一行一行的“行框盒子”组成。

需要补充说明一点，在 CSS 规范中，并没有“包含盒子”的说法，更准确的称呼应该是“包含块”（containing block）。这里之所以把它称为盒子，一是为了与其他盒子名称统一，二是称为盒子更形象、更容易理解。

## 3.4.3　幽灵空白节点

“幽灵空白节点”是内联盒模型中非常重要的一个概念，具体指的是：在 HTML5 文档声明中，内联元素的所有解析和渲染表现就如同每个行框盒子的前面有一个“空白节点”一样。这个“空白节点”永远透明，不占据任何宽度，看不见也无法通过脚本获取，就好像幽灵一样，但又确确实实地存在，表现如同文本节点一样，因此，我称之为“幽灵空白节点”。

注意，这里有一个前提，文档声明必须是 HTML5 文档声明（HTML 代码如下），如果还是很多年前的老声明，则不存在“幽灵空白节点”。

```
<!doctype html>
<html>
```

我们可以举一个最简单的例子证明“幽灵空白节点”确实存在， CSS 和 HTML 代码如下：

```
div {
  background-color: #cd0000;
}
span {
  display: inline-block;
}
<div><span></span></div>
```

结果，此<div>的高度并不是 0，而是如图 3-29 所示有高度。

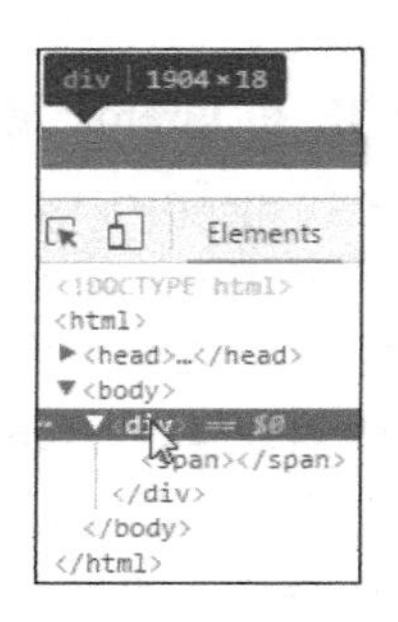


图 3-29　高度不为 0 证明幽灵空白节点的存在（截自 Chrome 浏览器）

这着实很奇怪，内部的<span>元素的宽高明明都是 0，标签之间也没有换行符之类的嫌疑，怎么<div>的高度会是图 3-29 中所示的 18 像素呢？

作祟的就是这里的“幽灵空白节点”，如果我们认为在<span>元素的前面还有一个宽度为 0 的空白字符，是不是一切就解释得通呢？

当然，为何高度是 18 像素这里三言两语是解释不清的，可以看后面对 line-height 和 vertical-align 的深入讲解，这里只是为了证明“幽灵空白节点”确实是存在的。

虽然说“幽灵空白节点”是我自己根据 CSS 的特性表现起的一个非常形象的名字，但其绝不是空中楼阁、信口胡诌的。规范中实际上对这个“幽灵空白节点”是有提及的，“幽灵空白节点”实际上也是一个盒子，不过是个假想盒，名叫“strut”，中文直译为“支柱”，是一个存在于每个“行框盒子”前面，同时具有该元素的字体和行高属性的 0 宽度的内联盒。规范中的原文如下：

> Each line box starts with a zero-width inline box with the element’s font and line height properties. We call that imaginary box a “strut”.

明白“幽灵空白节点”的存在是理解后续很多内联元素为何会这么表现的基础。

# 第 4 章

# 盒尺寸四大家族

盒尺寸中的 4 个盒子 content box、padding box、border box 和 margin box 分别对应 CSS 世界中的 content、padding、border 和 margin 属性，我把这 4 个属性称为“盒尺寸四大家族”，下面我们一个一个揭开“四大家族”鲜为人知的一面。

## 4.1 深入理解 content

### 4.1.1 content 与替换元素

#### 1. 什么是替换元素

替换元素（replaced element）可以说是 CSS 世界中的另外一个派系。

根据“外在盒子”是内联还是块级我们可以把元素分为内联元素和块级元素，而根据是否具有可替换内容，我们也可以把元素分为替换元素和非替换元素。那什么是替换元素呢？

替换元素，顾名思义，内容可以被替换。举个典型的例子：

```
<img src="1.jpg">
```

如果我们把上面的 1.jpg 换成 2.jpg，是不是图片就会替换了？

这种通过修改某个属性值呈现的内容就可以被替换的元素就称为“替换元素”。因此，<img>、<object>、<video>、<iframe>或者表单元素<textarea>和<input>都是典型的替换元素。

替换元素除了内容可替换这一特性以外，还有以下一些特性。

（1）内容的外观不受页面上的 CSS 的影响。用专业的话讲就是在样式表现在 CSS 作用域之外。如何更改替换元素本身的外观？需要类似 appearance 属性，或者浏览器自身暴露的一些样式接口，例如::-ms-check{}可以更改高版本 IE 浏览器下单复选框的内间距、背景色等样式，但是直接 input[type='checkbox']{}却无法更改内间距、背景色等样式。

（2）有自己的尺寸。在 Web 中，很多替换元素在没有明确尺寸设定的情况下，其默认的尺寸（不包括边框）是 300 像素×150 像素，如<video>、<iframe>或者<canvas>等，也有少部分替换元素为 0 像素，如<img>图片，而表单元素的替换元素的尺寸则和浏览器有关，没有明显的规律。

（3）在很多 CSS 属性上有自己的一套表现规则。比较具有代表性的就是 vertical-align 属性，对于替换元素和非替换元素，vertical-align 属性值的解释是不一样的。比方说 vertical-align 的默认值的 baseline，很简单的属性值，基线之意，被定义为字符 x 的下边缘，在西方语言体系里近乎常识，几乎无人不知，但是到了替换元素那里就不适用了。为什么呢？因为替换元素的内容往往不可能含有字符 x，于是替换元素的基线就被硬生生定义成了元素的下边缘。

下面提个简单问题：下拉框<select>是不是替换元素？答案：是的。

我们可以对照一下“替换元素”的一些特点：首先，内容可替换，例如我们设置 multiple 属性，下拉直接变成了展开的直选多选模式；其次，基本样式外部 CSS 很难改变；最后，它有自己的尺寸，基线也是下边缘等。

### 2. 替换元素的默认 display 值

所有的替换元素都是内联水平元素，也就是替换元素和替换元素、替换元素和文字都是可以在一行显示的。但是，替换元素默认的 display 值却是不一样的，见表 4-1。

表 4-1　各个替换元素的默认 display 属性值

| 元素 | Chrome | Firefox | IE |
|---|---|---|---|
| <img> | inline | inline | inline |
| <iframe> | inline | inline | inline |
| <video> | inline | inline | inline |
| <select> | inline-block | inline-block | inline-block |
| <input> | inline-block | inline | inline-block |
| range\|file <input> | inline-block | inline-block | inline-block |
| hidden <input> | none | none | none |
| <button> | inline-block | inline-block | inline-block |
| <textarea> | inline-block | inline | inline-block |

通过对比发现，IE 浏览器和 Chrome 浏览器的返回值都是一样的，但是 Firefox 浏览器在<textarea>和绝大多数类型的<input>元素上却是返回的 inline 而不是 inline-block，这其实是一个很奇怪也很有意思的现象。为什么说奇怪呢？我们都知道下面两种按钮元素的表示方法尺寸长相是一模一样的：

```
<input type="button" value="按钮">
<button type="button">按钮</button>
```

但是在 Firefox 下，前者的 display 属性默认值是 inline，后者却是 inline-block，很自然会奇怪明明一个模子里出来的，怎么会有这个区别呢？

实际上，如果我们深入探究就会发现，似乎 Firefox 浏览器在替换元素的内联表现这一块还是有些自己的想法的。

首先回答一下这个疑问：<input>和<button>按钮的区别在什么地方？区别在于两种按钮默认的 white-space 值不一样，前者是 pre，后者是 normal，所表示出来的现象差异就是：当按钮文字足够多的时候，<input>按钮不会自动换行，<button>按钮则会。

当然，这并不是 Firefox 浏览器下两种按钮默认 display 值不一样的原因，那究竟是什么原因呢？我仔细对比了一下，发现没有规律可言，原因恐怕只有浏览器厂商自己才知道了。当然，抛出此问题的目的不是得出这里略显敷衍的答案，而是为了引出下面的重要内容，也就是：我们没有必要深究为什么一个是 inline 一个是 inline-block，因为对于替换元素而言，这是没有意义的。为什么这么说呢？替换元素有很多表现规则和非替换元素不一样，其中之一是宽度和高度的尺寸计算规则，简单描述一下就是，替换元素的 display 是 inline、block 和 inline-block 中的任意一个，其尺寸计算规则都是一样的。

#### 3. 替换元素的尺寸计算规则

我个人将替换元素的尺寸从内而外分为 3 类：固有尺寸、HTML 尺寸和 CSS 尺寸。

（1）固有尺寸指的是替换内容原本的尺寸。例如，图片、视频作为一个独立文件存在的时候，都是有着自己的宽度和高度的。这个宽度和高度的大小就是这里的“固有尺寸”。对于表单类替换元素，“固有尺寸”可以理解为“不加修饰的默认尺寸”。比方说，你在空白页面写上<input>，此时的尺寸就可以看成是<input>元素的“固有尺寸”。这就是输入框、下拉框这些表单元素默认的 font-size/padding/margin 等属性全部使用 px 作为单位的原因，因为这样可以保证这些元素的“固有尺寸”是固定大小，不会受外界 CSS 的影响。

（2）HTML 尺寸这个概念略微抽象，我们不妨将其想象成水煮蛋里面的那一层白色的膜，里面是“固有尺寸”这个蛋黄、蛋白，外面是“CSS 尺寸”这个蛋壳。“HTML 尺寸”只能通过 HTML 原生属性改变，这些 HTML 原生属性包括<img>的 width 和 height 属性、<input>的 size 属性、<textarea>的 cols 和 rows 属性等。

```
<img width="300" height="100">
<input type="file" size="30">
<textarea cols="20" rows="5"></textarea>
```

（3）CSS 尺寸特指可以通过 CSS 的 width 和 height 或者 max-width/min-width 和 max-height/min-height 设置的尺寸，对应盒尺寸中的 content box。

可以影响替换元素尺寸的 3 层结构如图 4-1 所示。这 3 层结构的计算规则具体如下。

- 如果没有 CSS 尺寸和 HTML 尺寸，则使用固有尺寸作为最终的宽高。例如，下面的 HTML 代码：

```
<img src="1.jpg">
```

假设 1.jpg 这张图片原尺寸是 256 像素× 192 像素，则在页面中此图所呈现的宽高就是 256 像素×192 像素。

- 如果没有 CSS 尺寸，则使用 HTML 尺寸作为最终的宽高。仍以图片举例：

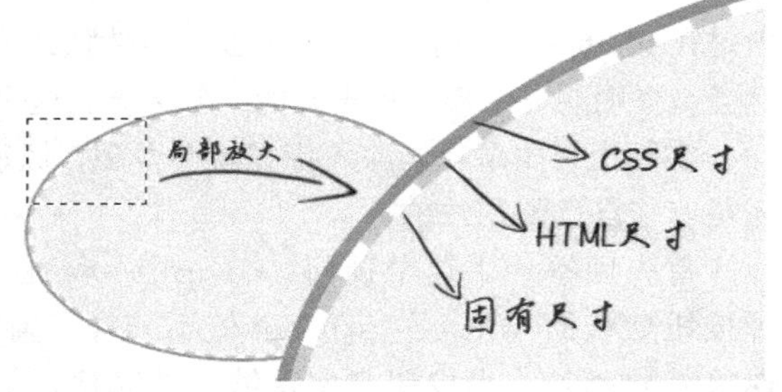


图 4-1　替换元素的 3 层尺寸结构示意

```
<img src="1.jpg" width="128" height="96">
```

我们通过 HTML 属性 width 和 height 限定了图片的 HTML 尺寸，因此，最终图片所呈现的宽高就是 128 像素×96 像素。

- 如果有 CSS 尺寸，则最终尺寸由 CSS 属性决定。我们继续上面的例子：

```
img { width: 200px; height: 150px; }
<img src="1.jpg" width="128" height="96">
```

此时固有尺寸、HTML 尺寸和 CSS 尺寸同时存在，起作用的是 CSS 属性限定的尺寸，因此，最终图片所呈现的宽高就是 200 像素×150 像素。

- 如果“固有尺寸”含有固有的宽高比例，同时仅设置了宽度或仅设置了高度，则元素依然按照固有的宽高比例显示。我们还是拿图片举例，例如，下面的 CSS 和 HTML 代码：

```
img { width: 200px; }
<img src="1.jpg">
```

虽然 CSS 中仅仅设置了 width，但图片这种替换元素的资源本身具有特定的宽高比例，因此，height 也会等比例计算。所以，最终图片所呈现的宽高就是 200 像素×150 像素（150 = 200 ×192 / 256）。

如果本例子仅设置 height:150px，最后的结果也是这样子。

- 如果上面的条件都不符合，则最终宽度表现为 300 像素，高度为 150 像素，宽高比 2:1。例如：

```
<video></video>
```

在所有现代浏览器下的尺寸表现都是 300 像素×150 像素。

- 内联替换元素和块级替换元素使用上面同一套尺寸计算规则。例如：

```
img { display: block; }
<img src="1.jpg">
```

虽然图片此时变成了块级，但是尺寸规则还是和内联状态下一致，因此，图片呈现的宽高还是 256 像素×192 像素。这也是为何图片以及其他表单类替换元素设置 display:

block 宽度却没有 100%容器的原因。

如果单看规则，似乎面面俱到，无懈可击。但是，实际上，意外还是发生了，这个意外就是最常用的<img>元素。如果任何尺寸都没有，则元素应该是 300 像素×150 像素，这条规则<video>、<canvas>和<iframe>这些元素都符合，唯独图片例外。如下：

```
<img>
```

这段HTML表示一个没有替换内容也没有尺寸设定的裸露的<img>元素。按照规范尺寸应该是 300 像素× 150 像素，结果不仅不是这个尺寸，而且各个浏览器下的尺寸还不一样。IE 浏览器下是 28 像素×30 像素，如图 4-2 所示。Chrome 浏览器下是 0 像素×0 像素，如图 4-3 所示。Firefox 浏览器下显示的是 0 像素×22 像素，如图 4-4 所示。

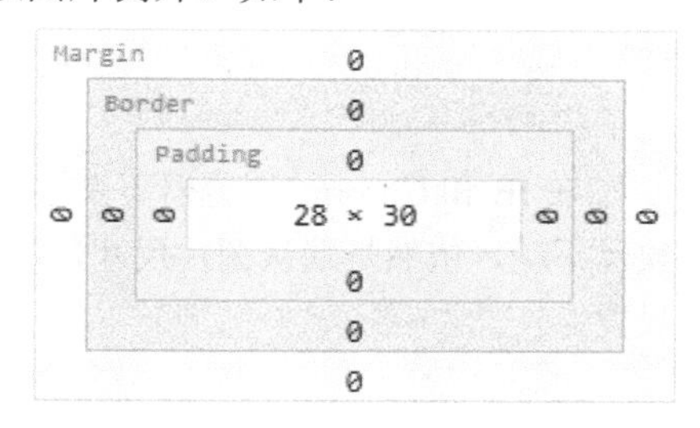


图 4-2 IE 浏览器图片默认尺寸

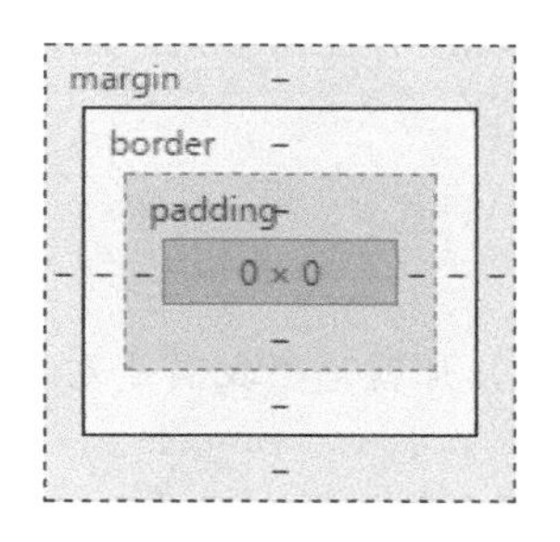


图 4-3 Chrome 浏览器图片默认尺寸

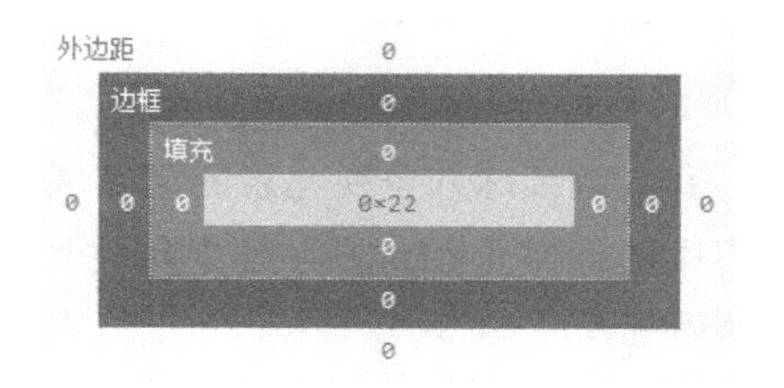


图 4-4 Firefox 浏览器图片默认尺寸

其实尺寸不一样不打紧，因为我们平时使用都会设置尺寸，不可能像这样放任不管，但是，如果表现型也不一样，那就麻烦了。我们从一个常用功能的前端小技巧说起。

Web 开发的时候，为了提高加载性能以及节约带宽费用，首屏以下的图片就会通过滚屏加载的方式异步加载，然后，这个即将被异步加载的图片为了布局稳健、体验良好，往往会使用一张透明的图片占位。例如：

```
<img src="transparent.png">
```

实际上，这个透明的占位图片也是多余的资源，我们直接：

```
<img>
```

然后配合下面的 CSS 可以实现一样的效果：

```
img { visibility: hidden; }
img[src] { visibility: visible; }
```

注意，这里的<img>直接没有 src 属性，再强调一遍，是直接没有，不是 src=""，src="" 在很多浏览器下依然会有请求，而且请求的是当前页面数据。当图片的 src 属性缺省的时候，图片不会有任何请求，是最高效的实现方式。

理论再次无懈可击，然而，正如之前提到的，“似乎 Firefox 浏览器在替换元素的内联表现这一块还是有些自己的想法的”。对于 Firefox 浏览器，src 缺省的<img>不是替换元素，而是一个普通的内联元素，所以使用的就不是替换元素的尺寸规则，而是类似<span>的内联元素尺寸规则，宽高会无效。因此：

```
img { width: 200px; height: 150px; }
<img>
```

在 IE 和 Chrome 浏览器下都按照预期图片尺寸 200 像素×150 像素，但是，Firefox 浏览器却纹丝不动，依然是默认图片尺寸，这就比较尴尬了，好在要修复此兼容性问题很简单，只需直接设置：

```
img { display: inline-block; }
```

就理解为<span>标签设置 display:inline-block 后可以设置宽高就可以了。这个针对 Firefox 浏览器的修复既有效，又对其他浏览器的图片表现没有任何影响，因此，我建议在 CSS 重置的时候加上下面这行：

```
img { display: inline-block; }
```

接下来，我们继续深入替换元素的尺寸规则。

CSS 世界中的替换元素的固有尺寸有一个很重要的特性，那就是“我们是无法改变这个替换元素内容的固有尺寸的”。

我们平常打交道的图片的尺寸规则是“默认的宽高设置会覆盖固有尺寸”，因此，我们可能会误认为我们的宽高设置修改的是图片的固有尺寸，实际上并不是。要证明这一观点，我们可以借助非替换元素的::before 或::after 伪元素。例如，如果有下面的代码：

```
div:before {
   content: url(1.jpg);
   display: block;
   width: 200px; height: 200px;
}
```

此时::before 伪元素呈现的图片的宽高是多少？

很多人会按照经验认为是 200 像素×200 像素，非也！实际上，这里的图片尺寸是 1.jpg 这张图片的原始尺寸大小 256 像素×192 像素，width 和 height 属性都被直接无视了。这就是我上面所说的，在 CSS 世界中，图片资源的固有尺寸是无法改变的！

眼见为实，手动输入 http://demo.cssworld.cn/4/1-1.php 或者扫右侧的二维码。

可以看到图片是按照原始尺寸展示的（如图 4-5 所示），并不是 CSS 设定的 200 像素×200 像素，200 像素仅仅是设定了 content box 尺寸，对 content 生成图片资源并没有任何影响。

我们再回到<img>元素，既然图片的固定尺寸不受 CSS 宽高控制，那为何我们设定 width

和 height 会影响图片的尺寸呢？

我就不卖关子了，那是因为图片中的 content 替换内容默认的适配方式是填充（fill），也就是外部设定的尺寸多大，我就填满、跟着一样大。换句话说，尺寸变化的本质并不是改变固有尺寸，而是采用了填充作为适配 HTML 尺寸和 CSS 尺寸的方式，且在 CSS3 之前，此适配方式是不能修改的。

在 CSS3 新世界中，<img>和其他一些替换元素的替换内容的适配方式可以通过 object-fit 属性修改了。例如，<img>元素的默认声明是 object-fit:fill，如果我们设置 object-fit:none，则我们图片的尺寸就完全不受控制，表现会和非替换元素::before 生成的图片尺寸类似；如果我们设置 object-fit:contain，则图片会以保持比例图片，尽可能利用 HTML 尺寸但又不会超出的方式显示，有些类似于 background-size:contain 的呈现原理，如果此时我们设定<img>元素的 width 和 height 都是 200 像素，则会呈现图 4-6 所示的自动垂直居中效果。

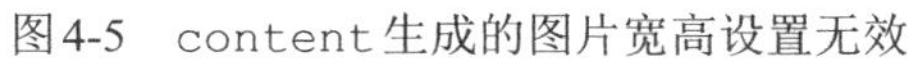
图4-5　content 生成的图片宽高设置无效

图4-6　object-fit:contain 下的图片效果

object-fit 还有其他一些属性值，但本书不会展开介绍 CSS3 内容，因此点到为止，有兴趣的读者可以读我的博客文章：http://www.zhangxinxu.com/wordpress/?p=4676。

#### 4．替换元素和非替换元素的距离有多远

图片可以说是最典型最常用的替换元素了，因此，本节依然以图片为代表来深入替换元素的“内心世界”。

仙侠小说世界中有正道和魔道，看似势不两立，但其实并无本质差别，稍不留神可能就会变成魔道中人。CSS 世界中的替换元素和非替换元素看上去也是两个对立的派别，立场清晰，区分明显，老死不相往来的感觉，但是，一旦深入研究我们就会发现，两者之间的距离要比我们所有人想象得都要近！

**观点 1**：替换元素和非替换元素之间只隔了一个 src 属性！

由于我们平时使用图片肯定都会使用 src 属性，所以难免会思维定式，认为<img>等同于图片，实际上完全不是的。如果我们把 src 属性去掉，<img>其实就是一个和<span>类似的普通的内联标签，也就是成了一个非替换元素。

非常有想法的 Firefox 浏览器很好地证实了这一点。例如，对于以下 CSS 和 HTML 代码，

最后图片宽度是多少？

```
img {
  display: block;
  outline: 1px solid;
}
<img>
```

按照替换元素的尺寸规则，宽度应该是 0，但实际上，在 Firefox 浏览器下，最终的宽度是100%自适应父容器的可用宽度的。其表现和普通的<span>类似，已经完全不是替换元素了。大家应该都知道，<span>标签设置 width 和 height 是无效的，所以大家应该明白为何 Firefox 浏览器下<img>设置 width 和 height 不起作用了吧。

Firefox 浏览器的案例很好地证明了“如果图片没有替换内容，图片就是一个普通的内联标签”。

Chrome 浏览器其实也有类似的表现，只是需要特定的条件触发而已，这个触发条件就是需要有不为空的 alt 属性值。例如：

```
<img alt="任意值">
```

此时，Chrome 这个<img>宽度也是 100%容器。假设我们容器宽度 470 像素，则效果就是图 4-7 所示的样子。完全就是非替换元素的表现吧。

但是，如果真是这样，那为何 IE 浏览器没有 src 属性还是完全的替换元素表现呢？原因就在于 IE 浏览器中有个默认的占位替换内容，当 src 属性缺失的时候，会使用这个默认的占位内容，这也是 IE 浏览器下默认<img>尺寸是 28 像素×30 像素而不像 Chrome 浏览器那样为 0 像素×0 像素的原因所在。在高版本的 IE 浏览器下，这个占位的替换内容似乎做了透明处理，但是，在原生的 IE8 浏览器下，这个占位内容却全然暴露了，见图 4-8。

图 4-7 容器宽度 470 像素的效果

图 4-8 IE 浏览器<img>占位内容

大家仔细观察会发现此占位内容中那个图片的小图标是完整的，不是图片 src 不合法出现的破裂小图标或者带叉号的图标，需要注意区别，别混淆了。

另外一个可以很好证明“替换元素和非替换元素区别就在于 src 属性”的点是“基于伪元素的图片内容生成技术”。用一句更易懂的话描述就是，我们可以对<img>元素使用::before 和::after 伪元素进行内容生成以及样式构建，但是这种方法支持是有限制的。首先是兼容性问题，根据我的测试，目前 Chrome 和 Firefox 等浏览器支持，但 IE 浏览器不支持；其次，要想让 Chrome 或 Firefox 等浏览器生效，还有其他一些需要注意的技术点。

（1）不能有 src 属性（证明观点的关键所在）；

（2）不能使用 content 属性生成图片（针对 Chrome）；

（3）需要有 alt 属性并有值（针对 Chrome）；

（4）Firefox 下::before 伪元素的 content 值会被无视，::after 无此问题，应该与 Firefox 自己占用了::before 伪元素的 content 属性有关。

虽然“基于伪元素的图片内容生成技术”并不属于实用技术，但是，实际网页开发的时候，会有一些场景必须使用<img>标签，此时，这些隐蔽的技术往往就会有神迹表现。我这里举个小例子抛砖引玉一下，上一小节提到使用缺省 src 的<img>元素实现滚屏加载效果，但是，就有可能存在这样一个体验问题：如果我们的 JavaScript 加载比较慢，我们的页面就很有可能出现一块一块白色的图片区域，纯白色的，没有任何信息，用户完全不知道这里的内容是什么。虽然 alt 属性可以提供描述信息，但由于视觉效果不好，被隐藏掉了。此时，我们总不免畅想：要是在图片还没加载时就把 alt 信息呈现出来该多好啊。

恭喜你可以美梦成真！办法就是使用这里的“基于伪元素的图片内容生成技术”。

在 Chrome 或 Firefox 浏览器下访问 http://demo.cssworld.cn/4/1-2.php。进入此演示页面，我们鼠标经过中间的色块区域的时候会发现，有一个带有文字信息的半透明黑色条目出现了，如图 4-9 所示。

图 4-9 alt 信息美美地显示

此时，图片 src 没有，因此，::before 和::after 可以生效，我们就可以把 alt 属性值通过 content 属性呈现出来，核心 CSS 代码如下：

```
img::after {
   /* 生成 alt 信息 */
   content: attr(alt);
   /* 尺寸和定位 */
   position: absolute; bottom: 0;
   width: 100%;
   background-color: rgba(0,0,0,.5);
   transform: translateY(100%);
   /* 来点过渡动画效果 */
   transition: transform .2s;
}
img:hover::after {
   /* alt 信息显示 */
   transform: translateY(0);
}
```

下面是此技术最有意思的部分。当我们点击按钮给图片添加一个 src 地址时，图片从普通元素变成替换元素，原本都还支持的::before 和::after 此时全部无效，此时再 hover 图片，是不会有任何信息出现的（见图 4-10）。于是就非常巧妙地增强了图片还没加载时的信息展示体验。

图 4-10 src 属性存在时 :before/:after 失效

细细体味会发现，这一体验增强实现非常巧妙地利用了替换元素的各种特性表现，并且在 HTML 层面并没有任何其他代码或内容的辅助，可谓是非常高性价比的技术实现，大家不妨在自己的项目中小试一下。

**观点2：替换元素和非替换元素之间只隔了一个CSS content属性！**

替换元素之所以为替换元素，就是因为其内容可替换，而这个内容就是margin、border、padding和content这4个盒子中的content box，对应的CSS属性是content，所以，从理论层面讲，content属性决定了是替换元素还是非替换元素。

理论太虚，我们还是看一些有趣的真实案例吧。在开始之前，我们需要感谢Chrome浏览器，Chrome浏览器的渲染表现帮助我们更好地理解了替换元素。什么表现呢？就是在Chrome浏览器下，所有的元素都支持content属性，而其他浏览器仅在::before/::after伪元素中才支持。因此，下面的所有案例，请在Chrome、Safari、Opera等浏览器下查看。

前面已经证明了，没有src属性的<img>是非替换元素，但是，如果我们此时使用content属性给它生成一张图片呢？

```
img { content: url(1.jpg); }
<img>
```

结果和下面HTML的视觉效果一模一样：

```
<img src="1.jpg">
```

眼见为实，手动输入http://demo.cssworld.cn/4/1-3.php或者扫下面的二维码。结果图片都正常显示了，如图4-11所示，且各种表现都符合替换元素，如尺寸规则，或者不支持::before/::after伪元素等。

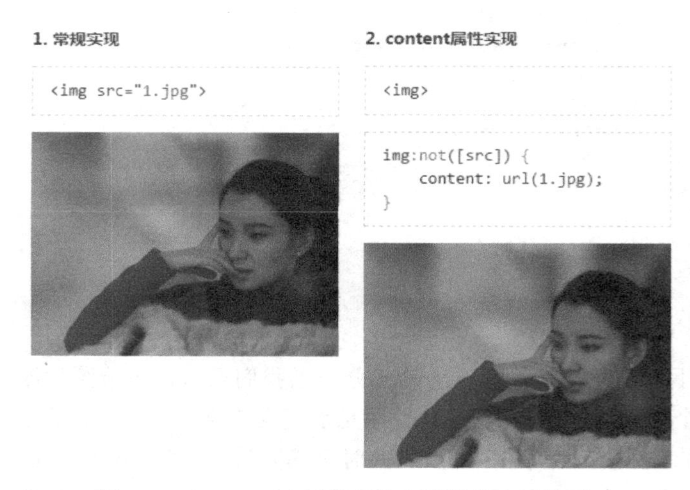


图4-11　content属性直接生成图片演示截图

另外还有一点很有意思，如果图片原来是有src地址的，我们也是可以使用content属性把图片内容给置换掉的，于是，我们就能轻松实现hover图片变成另外一张图片的效果。例如：

```
<img src="laugh.png">
```

```
img:hover {
   content: url(laugh-tear.png);
}
```

实例可以手动输入 http://demo.cssworld.cn/4/1-4.php 或者扫下面的二维码访问。该实例中，鼠标经过笑脸，笑脸会飙出眼泪（见图 4-12），就是通过 CSS 的 content 属性直接替换<img>的替换内容实现的。要是放在以前，我们只能借助 background-image 或者两个<img>元素显隐控制实现。

图 4-12 鼠标经过变成笑泪图片

然后，还有一点有必要说明一下，content 属性改变的仅仅是视觉呈现，当我们以右键或其他形式保存这张图片的时候，所保存的还是原来 src 对应的图片。

不仅如此，使用 content 属性，我们还可以让普通标签元素变成替换元素。举个例子，官网的标志往往都会使用<h1>标签，里面会有网站名称和标志图片使用背景图，类似下面的代码：

```
<h1>《CSS 世界》</h1>
h1 {
   width: 180px;
   height: 36px;
   background: url(logo.png);
   /* 隐藏文字 */
   text-indent: -999px;
}
```

下面展示一个创新的方法，大家可以在移动端试试。还是一样的 HTML 代码，但是 CSS 代码微调了一下：

```
h1 {
   content: url(logo.png);
}
```

没错，只要一行 CSS 就可以实现我们想要的效果了。为了证明我不是在打诳语，我特意制作了演示页面，可以手动输入 http://demo.cssworld.cn/4/1-5.php 或者扫下面的二维码。效果如图 4-13 所示，可以看到没有文字，只有图片。

《CSS 世界》

图 4-13 content 轻松实现文字变图片

我们简单分析一下：传统 CSS 代码的<h1>是一个普通元素，因此需要设定尺寸隐藏文字；但是，后面使用 content 属性实现，<h1>分分钟就变成了替换元素，文字自动被替换，同时尺寸规则就是替换元素的尺寸规则，完美适应原始图片大小。

此外，虽然视觉上文字被替换了，但是屏幕阅读设备阅读的还是文字内容，搜索引擎 SEO 抓取的还是原始的文本信息，因此，对页面的可访问性等没有任何影响。看起来这是一个完美的文字换图显示方案，但还是有一些局限。前文也说到了，替换元素的固有尺寸是无法设置的，如今在移动端 retina 屏幕几乎是标配，为了图片显示细腻，往往真实图片尺寸是显示图片尺寸的两倍。于是问题就来了，使用 content 生成图片，我们是无法设置图片的尺寸的，只能迫不得已使用一倍图，然后导致图片看上去有点儿模糊。

所以，要想在移动端使用该技术，建议使用 SVG 矢量图片。例如：

```
h1 {
   content: url(logo.svg);
}
```

好了，最后和标题再呼应一下，替换元素和非替换元素的距离有多远？就是 src 或 content 那一点。

**5. content 与替换元素关系剖析**

从前一节大家一定早就看出 content 属性和替换元素之间有着非常微妙的联系了。实际上，在 CSS 世界中，我们把 content 属性生成的对象称为“匿名替换元素”（anonymous replaced element）。看到没，直接就叫起来“替换元素”了，可见，它们之间的联系并不是微妙，而是赤裸裸。

content 属性生成的内容都是替换元素？没错，就是替换元素！

也正是这个原因，content 属性生成的内容和普通元素内容才会有很多不同的特性表现。我这里举几个简单的例子。

（1）我们使用 content 生成的文本是无法选中、无法复制的，好像设置了 user-select:none 声明一般，但是普通元素的文本可以被轻松选中。同时，content 生成的文本无法被屏幕阅读设备读取，也无法被搜索引擎抓取，因此，千万不要自以为是地把重要的文本信息使用 content 属性生成，因为这对可访问性和 SEO 都很不友好，content 属性只能用来生成一些无关紧要的内容，如装饰性图形或者序号之类；同样，也不要担心原本重要的文字信息会被 content 替换，替换的仅仅是视觉层。

这里有人可能会反驳：content 内容无法复制也可能是伪元素的原因，而不是替换元素的原因。要回答这个问题，我们可以将其与同样是替换元素的::first-letter 对比一下。在 IE 和 Firefox 浏览器下，::first-letter 伪元素内容都是可以被选中的，但是::before/::after 内容却无法选中。由此可见，文字无法选中多半是 content 的原因，而非伪元素。

（2）不能左右:empty 伪类。:empty 是一个 CSS 选择器，当元素里面无内容的时候进行匹配。例如，下面的 HTML 和 CSS 代码：

```
<div>有内容</div>
<div></div>
```

```
div { padding: 10px; border: 10px solid #cd0000; }
div:empty { border-style: dashed; }
```

前面一个<div>是实线边框，而后面的，因为里面无内容，所以就是虚线边框。

接下来，我们使用 content 属性给<div>生成一些文字，例如：

```
div::after { content: "伪元素生成内容"; }
```

结果看上去好像<div>里面出现了文字内容，实际上，还是当成了:empty，最终效果如图 4-14 所示，是一个虚框。手动输入 http://demo.cssworld.cn/4/1-6.php 或者扫下面的二维码。

图 4-14 content 无法影响:empty 选择器

（3）content 动态生成值无法获取。content 是一个非常强大的 CSS 属性，其中一个强大之处就是计数器效果，可以自动累加数值，例如，图 4-15 中的数字 3 就是 content 动态生成的（具体参考 4.1.2 节计数器部分）。

核心 CSS 代码如下：

```
.total::after {
  content: counter(icecream);
}
```

下面中国十大冰淇淋你吃过几个？

1. 哈根达斯
2. 和路雪wall's
3. 八喜冰淇淋
4. DQ冰淇淋
5. 蒙牛冰淇淋
6. 雀巢冰淇淋
7. 伊利冰淇淋
8. 乐可可冰淇淋
9. 新城市冰淇淋
10. 明治MEIJI

你总共选择了 3 款冰淇淋！

图 4-15 content 属性动态生成数值

我们是无法获得此时 content 对应的具体数值是多少的，一点儿办法都没有。getComputedStyle 方法可以获得伪元素的计算样式。但是，得到的只是纯粹的 content 在 CSS 文件中的属性值。例如，这里：

```
var dom = document.querySelector(".total"),
window.getComputedStyle(dom , "::after").content;   // 结果是: "counter(icecream)"
```

结果是"counter(icecream)"，而不是数值 3。

当然，content 生成内容还有其他很多和普通元素不一样的特性，就不一一介绍了，我们不妨把更多注意力放在下一节内容上，即与 content 属性相关的实用技术。

### 4.1.2 content 内容生成技术

在实际项目中，content 属性大都是用在::before/:: after 这两个伪元素中，因此，“content 内容生成技术”有时候也称为“::before/::after 伪元素技术”。

提前说明一下，因为本书目标浏览器是 IE8 及以上版本浏览器，而 IE8 浏览器仅支持单冒号的伪元素，所以下面内容代码示意部分全部使用单冒号。

### 1. content 辅助元素生成

此应用的核心点不在于 content 生成的内容，而是伪元素本身。通常，我们会把 content 的属性值设置为空字符串，像这样：

```
.element:before {
   content: '';
}
```

只要是空字符串就可以，我曾多次见到有人设置为 content:'.'，这是完全没有必要的。

然后，利用其他 CSS 代码来生成辅助元素，或实现图形效果，或实现特定布局。与使用显式的 HTML 标签元素相比，这样做的好处是 HTML 代码会显得更加干净和精简。

图形效果实现跟着设计走，不具有普适性，这里不介绍。重点说说辅助元素在布局中的应用。其中，最常见的应用之一就是清除浮动带来的影响：

```
.clear:after {
  content: '';
  display: table;  /* 也可以是'block' */
  clear: both;
}
```

另外一个很具有代表性的应用就是辅助实现“两端对齐”以及“垂直居中/上边缘/下边缘对齐”效果。我们不妨来看一个二合一的实例，手动输入 http://demo.cssworld.cn/4/1-7.php 或者扫右侧的二维码。此实例演示是一个自动等宽布局且底部对齐的柱状图，默认展示了 4 项，如图 4-16 所示。当我们动态插入更多柱子元素，布局依然智能均分剩余空间，活脱脱一个弹性盒子布局，效果如图 4-17 所示，而且此方法所有浏览器全兼容。

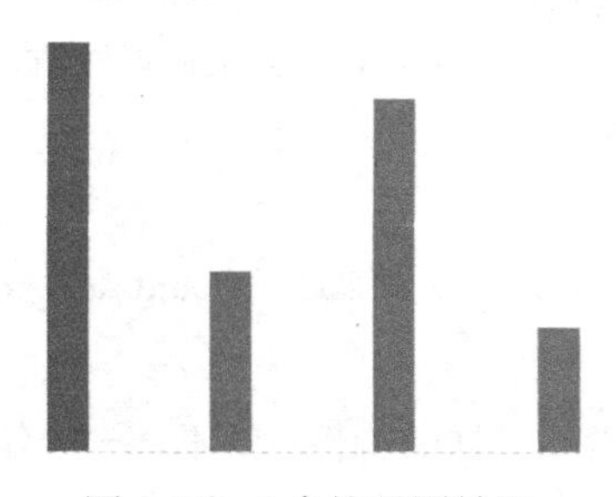

图 4-16　4 个柱形图效果

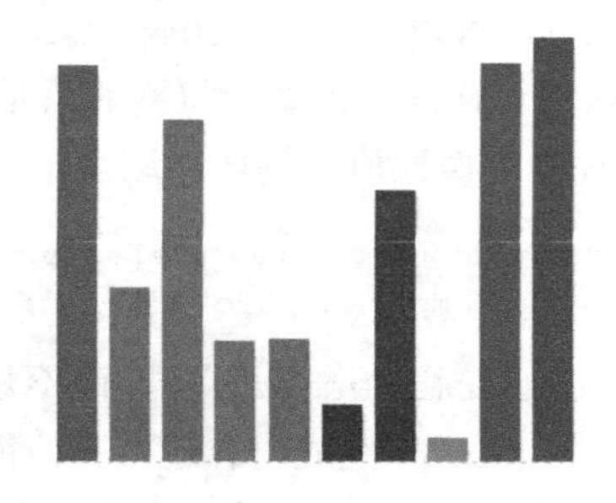

图 4-17　10 个柱形图效果

核心 CSS 代码如下：

```
.box {
   width: 256px; height: 256px;
   /* 两端对齐关键 */
   text-align: justify;
}
.box:before {
```

```
    content: "";
    display: inline-block;
    height: 100%;
}
.box:after {
    content: "";
    display: inline-block;
    width: 100%;
}
.bar {
    display: inline-block;
    width: 20px;
}
```

对应的 HTML 代码如下：

```
<div class="box"><i class="bar"></i>
    <i class="bar"></i>
    <i class="bar"></i>
    <i class="bar"></i>
</div>
```

至于实现原理，:before 伪元素用于辅助实现底对齐，深入内容可参见 5.3 节；:after 伪元素用于辅助实现两端对齐，深入内容可参见 8.6 节，这里不展开讲解。

这一方法的最大好处是足够兼容，如果想要兼容 IE7 浏览器，直接使用标签元素即可，但这种方法也有不足之处，就是 HTML 代码需要注意有些地方不能换行或者空格，有些地方则必须要换行或者有空格，这在多人协作的时候就容易出问题。例如，开发人员喜欢编辑器的 HTML 格式化功能，然后标签自动换行，于是样式就会出现偏差，所以，一定记得在 HTML 代码中写上明确的注释——“这里千万不能换行”，或者类似这种。

#### 2. content 字符内容生成

content 字符内容生成就是直接写入字符内容，中英文都可以，比较常见的应用就是配合 @font-face 规则实现图标字体效果。例如，下面这个例子：

```
@font-face {
  font-family: "myico";
  src:  url("/fonts/4/myico.eot");
  src:  url("/fonts/4/myico.eot#iefix") format("embedded-opentype"),
    url("/fonts/4/myico.ttf") format("truetype"),
    url("/fonts/4/myico.woff") format("woff");
}
.icon-home:before {
  font-size: 64px;
  font-family: myico;
  content: "家";
}
<span class="icon-home"></span>
```

此时，页面显示的可能就不是一个“家”字，而是一个图标，如图 4-18 所示。上面的例子有对应的实例页面，手动输入 http://demo.cssworld.cn/4/1-8.php 或者扫下面的二维码。

图 4-18 “家”字显示成了一个房屋图标

另外一个值得介绍的点就是，除常规字符之外，我们还可以插入 Unicode 字符，比较经典的就是插入换行符来实现某些布局或者效果。核心 CSS 代码如下：

```
:after {
   content: '\A';
   white-space: pre;
}
```

很多人可能会问：这个'\A'是什么？'\A'其实指的是换行符中的 LF 字符，其 Unicode 编码是 000A，在 CSS 的 content 属性中则直接写作'\A'；换行符除了 LF 字符还有 CR 字符，其 Unicode 编码是 000D，在 CSS 的 content 属性中则直接写作'\D'。CR 字符和 LF 字符分别指回车（CR）和换行（LF），content 字符生成强大之处就在于不仅普通字符随便插，Unicode 字符也不在话下。

那它具体有什么作用呢？很显然，作用就是换行。那换行又有什么用呢？确实，很多时候，换行效果看上去没什么特别之处，我在 HTML 中弄个<br>标签不是照样有一样的效果？但是 content 字符生成在某些场景下真的可以大放异彩，我们不妨看下面这个配合 CSS3 animation 用来实现字符动画效果的例子。

我们动态加载页面内容的时候，经常会使用“正在加载中...”这几个字，基本上，后面的 3 个点都是静态的。静态的问题在于，如果网络不流畅，加载时间比较长，就会给人有假死的感觉，但是，如果是点点点这种横向的动画效果，用户就会耐心很多，体验也会好很多，用户流失率就会有所下降。没错，我们可以利用这里的'\A'换行特性让“...”这几个字符动起来，HTML 和 CSS 代码如下：

```
正在加载中<dot>...</dot>
dot {
   display: inline-block;
   height: 1em;
   line-height: 1;
   text-align: left;
   vertical-align: -.25em;
   overflow: hidden;
}
dot::before {
   display: block;
   content: '...\A..\A.';
```

```
    white-space: pre-wrap;
    animation: dot 3s infinite step-start both;
}
@keyframes dot {
    33% { transform: translateY(-2em); }
    66% { transform: translateY(-1em); }
}
```

效果即达成，IE6 至 IE9 浏览器下是静态的点点点，支持 animation 动画的浏览器下全部都是打点 loading 动画效果，颜色大小可控，使用非常方便。若想感受效果，可以手动输入 http://demo.cssworld.cn/4/1-9.php 或者扫右侧的二维码。

动画实现的原理不难理解，插入 3 行内容，分别是 3 个点、2 个点和 1 个点，然后通过 transform 控制垂直位置，依次展示每一行的内容。

只是其他一些细节怕是很多人反而有疑问。

（1）为什么使用<dot>这个元素？

（2）为什么使用::before，可不可以使用::after？

（3）从 content 属性值来看，是 3 个点在第 1 行，而 1 个点反而在最后一行，为什么这么处理？

（4）这里 white-space 值为何使用的是 pre-wrap 而不是 pre？

这 4 个问题的答案分别如下。

（1）<dot>是自定义的一个标签元素，除了简约、语义化明显外，更重要的是方便向下兼容，IE8 等低版本浏览器不认识自定义的 HTML 标签，因此，会乖乖地显示里面默认的 3 个点，对我们的 CSS 代码完全忽略。

（2）伪元素使用::before 同时 display 设置为 block，是为了在高版本浏览器下原来的 3 个点推到最下面，不会影响 content 的 3 行内容显示，如果使用::after 怕是效果就很难实现了。

（3）3 个点在第一行的目的在于兼容 IE9 浏览器，因为 IE9 浏览器认识<dot>以及::before，但是不支持 CSS 新世界的 animation 属性，所以，为了 IE9 也能正常显示静态的 3 个点，故而把 3 个点放在第一行。

（4）这里的 white-space:pre-wrap 改成 white-space:pre 效果其实是一样的，之所以使用 pre-wrap 作为值完全是心情使然。关于两者的差异本书后面会介绍，这里先不用深究。

还有最后几个小技巧，首先，'\A'是不区分大小写的；其次，'\D'也能实现换行效果，但是，要想上下行对齐，需要用在::before 伪元素上，因为 CR 是将光标移动到当前行的开头，而 LF 是将光标“垂直”移动到下一行。

### 3. content 图片生成

content 图片生成指的是直接用 url 功能符显示图片，例如：

```
div:before {
  content: url(1.jpg);
}
```

url 功能符中的图片地址不仅可以是常见的 png、jpg 格式，还可以是 ico 图片、svg 文件以及 base64URL 地址，但不支持 CSS3 渐变背景图。

虽然支持的图片格式多种多样，但是实际项目中，content 图片生成用得并不多，主要原因在于图片的尺寸不好控制，我们设置宽高无法改变图片的固有尺寸。所以，伪元素中的图片更多的是使用 background-image 模拟，类似这样：

```
div:before {
  content: '';
  background: url(1.jpg);
}
```

在我看来 content 图片生成技术的实用性，还不如上一节提到的直接使用 content 属性替换文字为图片的技术，除非这个生成的图片是 base64URL 地址。因为 content 图片和<img>图片的加载表现是一样的，如果没有尺寸限制，都是尺寸为 0，然后忽然图片尺寸一下子出现，所导致的问题就是页面加载的时候会晃动，影响体验。为了避免这个问题，我们只能限制容器尺寸，那么，既然限制了容器尺寸，为何不使用 background-image 呢？显然更好控制啊？所以，只有不需要控制尺寸的图片才有使用优势。

base64 图片由于内联在 CSS 文件中，因此直接出现，没有尺寸为 0 的状态，同时无须额外设置 display 属性值为块状，CSS 代码更省。如果还没理解我说的，可以看一个对比例子，就明白什么意思了。

下面两段 CSS 代码分别是 content 图片生成和 content 辅助元素背景图：

```
a[target="_blank"]:after {
   content: url(data:image/gif;base64,R0lGODlhBQAFAIABAM0AAAAAACH5BAEAAAEALAAAAAA
FAAUAAAIHRIB2eKuOCgA7);
}
a[target="_blank"]:after {
   content: '';
   display: inline-block;
   width: 6px;
   height: 6px;
   background: url('blank.gif');
}
```

可以看到明显前者使用的 CSS 声明数量少很多。这里有一个实例，演示了如何借助 base64 地址和 content 图片生成技术非常简单地实现新标签页链接标示的效果，手动输入 http://demo.cssworld.cn/4/1-10.php 或者扫下面的二维码。结果如图 4-19 所示。

点击这个链接当前页刷新，看看有没有标记；点击这个链接，新标签页新打开一次本页面，看看有没有标记。

图 4-19　新标签页链接标示效果

#### 4. 了解 content 开启闭合符号生成

content 支持的属性值中有一对不常用的 open-quote 和 close-quote 关键字，顾名思义，就是“开启的引号”和“闭合的引号”，使用纯正的中文解释就是“上引号”和“下引号”。

如果单看表象名称，貌似 open-quote 和 close-quote 没什么特别，我直接使用：

```
q:before {
   content: '"';
}
q:after {
   content: '"';
}
```

岂不更好？看，更易懂，代码的字符数还少了好几个。但是，实际上，open-quote 和 close-quote 不只是引号这么简单。

CSS 世界中有一个名为 quotes 的属性，可以指定 open-quote 和 close-quote 字符具体是什么。例如，我们可以针对不同语言指定不同的前后符号：

```
<p lang="ch"><q>这本书很赞！</q></p>
<p lang="en"><q>This book is very good!</q></p>
<p lang="no"><q>denne bog er fantastisk!</q></p>
/* 为不同语言指定引号的表现 */
:lang(ch) > q { quotes: '"' '"'; }
:lang(en) > q { quotes: '"' '"'; }
:lang(no) > q { quotes: '«' '»'; }

/* 在 q 标签的前后插入引号 */
q:before { content: open-quote; }
q:after { content: close-quote; }
```

具体表现如图 4-20 所示。

你以为 open-quote 和 close-quote 可以使用不同闭合符号就结束了吗？还没有结束，虽然这个 quotes 顾名思义是“引号”，但是其实际功能是：我们可以指定几乎任意的字符，而且是任意数量的字符。因此，我们可以玩得更加灵活多变：

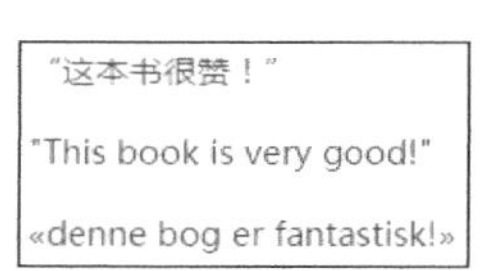


图 4-20 不同语言指定不同开启闭合符号

```
.ask {
   quotes:'提问: "' '"';
}
.answer {
   quotes:'回答: "' '"';
}
.ask:before,
.answer:before {
   content: open-quote;
}
```

```
.ask:after,
.answer:after {
   content: close-quote;
}
<p class="ask">为什么 open-quote/close-quote 很少使用？</p>
<p class="answer">因为直接使用字符更干脆！</p>
```

结果与如图 4-21 所示类似。

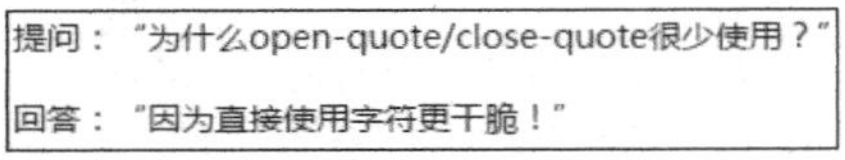

CSS 这门语言很有意思，我们常用的一些功能往往并不是这些属性当初设计的本意，就好比这里的 open-quote 本意应该显示引号，这里却主要用来显示标题。大多数服务型网站都是有帮助页面的，使用这种技术可以让我们的 HTML 更加干净简洁。

提问：“为什么open-quote/close-quote很少使用？”

回答：“因为直接使用字符更干脆！”

图 4-21　普通字符鸠占鹊巢效果

通过上面一番简单介绍，open-quote 和 close-quote 给人感觉挺厉害的，应该被广泛使用才对，可为何很多人闻所未闻、见所未见呢？

答案就在于此技术具有完全可替代性，且替换实现的方法还更容易上手。我们还以上面的“提问/回答”应用为例，如果我们直接使用字符生成会这样：

```
.ask:before {
   content:'提问：“';
}
.answer:before {
   content:'回答：“';
}
.ask:after,
.answer:after {
   content: '”';
}
```

只出现了一个 CSS 属性，学习成本更低；直接使用字符，更容易理解；代码量似乎也少了那么一点点。由于直接“字符生成”可以很好地满足我们的开发需求，因此，还需要额外学习的 open-quote 和 close-quote 就鲜有人问津了。

实际上，我们可以把 open-quote 和 close-quote 看成是一种变量，理论上，这种设计要比直接字符输出更好维护，其原理等同于 JavaScript 中的变量，类似这样：

```
var quotes = ['“', '”'];

var openQuote = quotes[0];
var closeQuote = quotes[1];
```

理论上应该更好维护，但是，CSS 中的选择器本身就有变量的概念，如 .ask 和 .answer，只要改一下，所有有相关类名的元素都会发生变化。于是，使用 open-quote 和 close-quote 进行内容生成的最具说服力的理由也被扼杀了。

综合这些原因，看似强大的 open-quote 和 close-quote 关键字最后变得很鸡肋。

顺便提一下，CSS 中还有 no-open-quote 和 no-close-quote 关键字，顾名思义，引

号不需要了，同样是看上去很酷实际却很鸡肋的 CSS 关键字，这里我就不展开了。

#### 5. content attr 属性值内容生成

此功能比较常用，我个人用得就比较多，比方说前面一节替换元素那里利用 alt 属性显示图片描述信息的例子：

```
img::after {
   /* 生成 alt 信息 */
   content: attr(alt);
   /* 其他 CSS 略 */
}
```

除了原生的 HTML 属性，自定义的 HTML 属性也是可以生产的，例如：

```
.icon:before {
   content: attr(data-title);
}
```

需要注意的是，attr 功能符中的属性值名称千万不要自以为是地在外面加个引号。不能有引号，否则浏览器会认为是无效的声明，如图 4-22 所示。

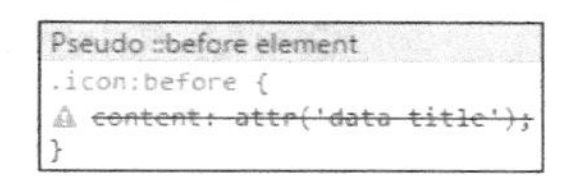


图 4-22 attr 里面值不能有引号

此技术虽实用，但并无多少可以展开的地方，因此就说这么多。

#### 6. 深入理解 content 计数器

计数器效果可以说是 content 部分的重中之重，因为此功能非常强大、实用，且不具有可替代性，甚至可以实现连 JavaScript 都不好实现的效果。但同样，content 计数器具有一定的深度，大家可以适当放慢节奏。

所谓 CSS 计数器效果，指的是使用 CSS 代码实现随着元素数目增多，数值也跟着变大的效果。举个例子，我曾经在业余时间给同事做过一个点果汁的小系统，由于果汁店经常会有水果因“果品”爆发被竞相购买而缺货的情况，因此，每人可以选择 3 种自由搭配的饮品，以免无货的尴尬。于是，就有了第 1 选择、第 2 选择和第 3 选择，如图 4-23 所示。

图 4-23 简单的计数器效果实现举例

图中的灰色小字中的 1、2、3 就是使用 CSS 计数器生成的，这个可以说是最最基本、最最简单的计数器应用了。实际上，计数器能够实现的效果非常强大。但是，万丈高楼平地起，在介绍高级应用之前，我们一定要先牢牢掌握与计数器相关的基础知识。

CSS 计数就跟我们军训报数一样。其中有这么几个关键点。

（1）班级命名：有个称呼，如生信 4 班，就知道谁是谁了。

（2）报数规则：1、2、3、4 递增报数，还是 1、2、1、2 报数，让班级的人知道。

（3）开始报数：不发口令，大眼瞪小眼，会乱了秩序。

巧的是，以上 3 个关键点正好对应 CSS 计数器的两个属性（counter-reset 和 counter-increment）和一个方法（counter()/counters()），下面依次讲解。

（1）属性 counter-reset。顾名思义，就是“计数器-重置”的意思。其实就是“班级命名”，主要作用就是给计数器起个名字。如果可能，顺便告诉下从哪个数字开始计数。默认是 0，注意，默认是 0 而不是 1。可能有人会疑惑，网上的各种例子默认显示的第 1 个数字不都是 1 吗？那是因为受了 counter-increment 普照的影响，后面会详细讲解。

好，这里我们先看两个简单的 counter-reset 的例子：

```
/* 计数器名称是'wangxiaoer'，并且默认起始值是 2 */
.xxx { counter-reset: wangxiaoer 2; }
```

眼见为实，手动输入 http://demo.cssworld.cn/4/1-11.php 或者扫下面的二维码。结果如图 4-24 所示。

我叫王小二，字如其名，下面要出现的数字是：

2

图 4-24　counter-reset 为起始值为 2

counter-reset 的计数重置可以是负数，如-2，也可以写成小数，如 2.99，不过，IE 和 Firefox 对此都不识别，认为是不合法数值，直接无视，当作默认值 0 来处理；Chrome 不嫌贫嫉富，任何小数都是向下取整，如 2.99 当成 2 处理，于是王小二还是那个王小二。

到此为止？当然不是！counter-reset 还有一手，就是多个计数器同时命名。例如，王小二和王小三同时登台：

```
.xxx { counter-reset: wangxiaoer 2 wangxiaosan 3; }
```

直接空格分隔，而不是使用逗号分隔。

眼见为实，手动输入 http://demo.cssworld.cn/4/1-12.php 或者扫下面的二维码。结果如图 4-25 所示。

我叫王小二，万万没想到，会出现另外一个数字：

23

图 4-25　counter-reset 多值并存

另外，counter-reset 还可以设置为 none 和 inherit。取消重置以及继承重置。这里就不展开了。

（2）属性 counter-increment。顾名思义，就是“计数器递增”的意思。值为 counter-reset 的 1 个或多个关键字，后面可以跟随数字，表示每次计数的变化值。如果省略，则使用默认变化值 1（方便起见，下面都使用默认值做说明）。

CSS 的计数器的计数是有一套规则的，我将之形象地称为“普照规则”。具体来讲就是：普照源（counter-reset）唯一，每普照（counter-increment）一次，普照源增加一次计数值。

于是，我们就可以解释上面提到的“默认值是 0”的问题了。通常 CSS 计数器应用的时候，我们都会使用 counter-increment，肯定要用这个，否则怎么递增呢！而且一般都是一次普照，正好加 1，于是，第一个计数的值就是 1（0+1=1）！

下面通过几个例子给大家形象地展示一下“普照规则”。

手动输入 http://demo.cssworld.cn/4/1-13.php 或者扫下面的二维码。本示例中，王小二的 counter-reset 值是 wangxiaoer 2，但是，显示的计数不是小 2 而是小 3，王小二变成了王小三！如图 4-26 所示。

我本名王小二，万万没想到，我现在居然成了王小...

3

图 4-26　counter-increment 递增与 counter-reset 值

示例效果的核心代码如下：

```
.counter {
   counter-reset: wangxiaoer 2;
   counter-increment: wangxiaoer;
}
.counter:before {
   content: counter(wangxiaoer);
}
<p class="counter"></p>
```

这里 counter-increment 普照了<p>标签，counter-reset 值增加，默认递增 1，于是计数从设置的初始值 2 变成了 3，wangxiaoer 就是这里的计数器，自然伪元素 content 值 counter(wangxiaoer)就是 3。

当然，它也可以普照自身，也就是 counter-increment 直接设置在伪元素上：

```
.counter {
   counter-reset: wangxiaoer 2;
}
.counter:before {
   content: counter(wangxiaoer);
   counter-increment: wangxiaoer;
}
```

依然是 1 次普照，依旧全局的计数器加 1，所以显示的数值还是 3，和上面的例子一样。

趁热打铁，如果父元素和子元素都被 counter-increment 普照 1 次，结果会如何呢？

很简单，父元素 1 次普照，子元素 1 次普照，共 2 次普照，counter-reset 设置的计数器值增加 2 次，计数起始值是 2，于是现实的数字就是 4 啦！

眼见为实，手动输入 http://demo.cssworld.cn/4/1-14.php 或者扫下面的二维码。结果 4 如

图 4-27 所示。

图 4-27　counter-increment 父子连续普照递增

核心 CSS 代码如下：

```
.counter {
   counter-reset: wangxiaoer 2;
   counter-increment: wangxiaoer;
}
.counter:before {
   content: counter(wangxiaoer);
   counter-increment: wangxiaoer;
}
```

总而言之，无论位置在何处，只要有 counter-increment，对应的计数器的值就会变化，counter()只是输出而已！

理解了“普照规则”，通常的计数器递增效果也就可以理解了。

考虑下面这两个问题：

（1）爸爸受到普照，且重置默认值 0，爸爸有两个孩子。孩子自身都没有普照。两个孩子的计数值是多少？

（2）爸爸没有普照，重置默认值 0，爸爸有两个孩子。孩子自身都接受普照。两个孩子的计数值是多少？

答案是：1,1 和 1,2！

答案居然不一样，有什么差别呢？

很简单。什么爸爸、孩子，你都不要关心，只需要看被普照了几次。情况 1 只有爸爸被普照，因此，计数器增加 1 次，此时两个孩子的 counter 自然都是 1。情况 2，两个孩子被普照，普照 2 次，第一个孩子普照之时，计数器加 1，也就是 1；第二个孩子普照之时再加 1，于是就是 2。 于是，两个孩子的 counter 输出就是 1,2。

眼见为实，手动输入 http://demo.cssworld.cn/4/1-15.php 或者扫下面的二维码。结果如图 4-28 所示。

图 4-28　兄弟情深，计数递增

核心 CSS 代码如下：

```
.counter {
   counter-reset: wangxiaoer 2;
}
.counter:before,
.counter:after {
   content: counter(wangxiaoer);
   counter-increment: wangxiaoer;
}
```

计数器的数值变化遵循 HTML 渲染顺序，遇到一个 increment 计数器就变化，什么时候 counter 输出就输出此时的计数值。

除了以上基本特性外，counter-increment 还有其他一些设定。

- counter-reset 可以一次命名两个计数器名称，counter-increment 自然有与之呼应的设定，在写法上也是空格区分就可以了。例如：

```
.counter {
   counter-reset: wangxiaoer 2 wangxiaosan 3;
   counter-increment: wangxiaoer wangxiaosan;
}
.counter:before {
   content: counter(wangxiaoer);
}
.counter:after {
   content: counter(wangxiaosan);
}
```

  结果如图 4-29 所示。

- 正如本节开始时提到的，这变化的值不一定是 1，可以灵活设置。例如：

```
counter-increment: counter 2
```

  那就是两个两个地增加，对比看更棒！图 4-30 左半是默认的加 1，右半是加 2。

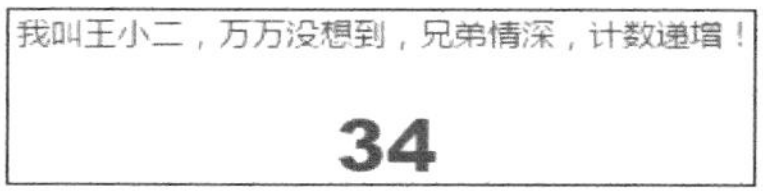

我叫王小二，万万没想到，兄弟情深，计数递增！

34

图 4-29 多个计数器同时递增

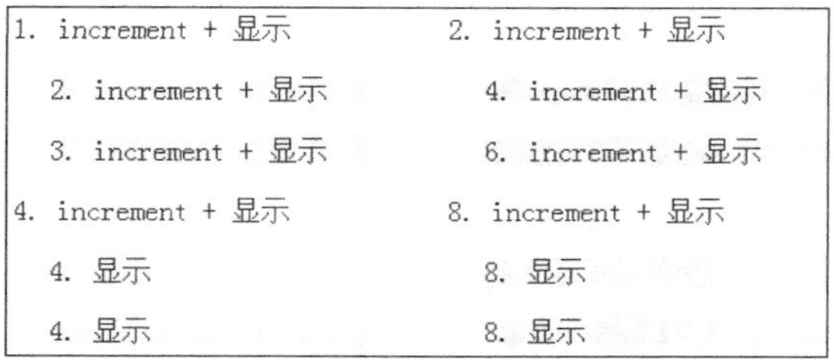

1. increment + 显示
2. increment + 显示
3. increment + 显示
4. increment + 显示
4. 显示
4. 显示

2. increment + 显示
4. increment + 显示
6. increment + 显示
8. increment + 显示
8. 显示
8. 显示

图 4-30 不同递增值的计数对比

  变化的值还可以是负数，例如：

```
counter-increment: counter -1
```

  这样就有了递减排序效果啦！

- 值还可以是 none 或者 inherit。

（3）方法 counter()/counters()。这是方法，不是属性。类似 CSS3 中的 calc()计算。这里的作用很单纯，即显示计数，不过名称、用法有多个，如图 4-31 所示。

到目前为止的所有示例使用的都是最简单的用法：

```
/* name 就是 counter-reset 的名称 */
counter(name)
```

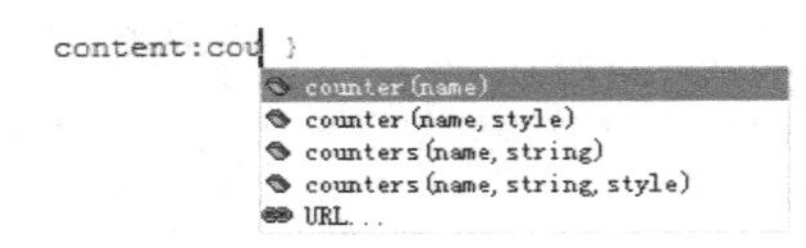


图 4-31　counter/counters 的一些名称和用法

那下面这个语法是什么意思呢？

```
counter(name, style)
```

这里的 style 参数还是有些名堂的。它支持的关键字值就是 list-style-type 支持的那些值。它的作用是：我们递增递减可以不一定是数字，还可以是英文字母或者罗马文等。

```
list-style-type: disc | circle | square | decimal | lower-roman | upper-roman |
lower-alpha | upper-alpha | none | armenian | cjk-ideographic | georgian | lower-greek
| hebrew | hiragana | hiragana-iroha | katakana | katakana-iroha | lower-latin | upper-latin
```

眼见为实，手动输入 http://demo.cssworld.cn/4/1-16.php 或者扫下面的二维码。结果如图 4-32 所示。

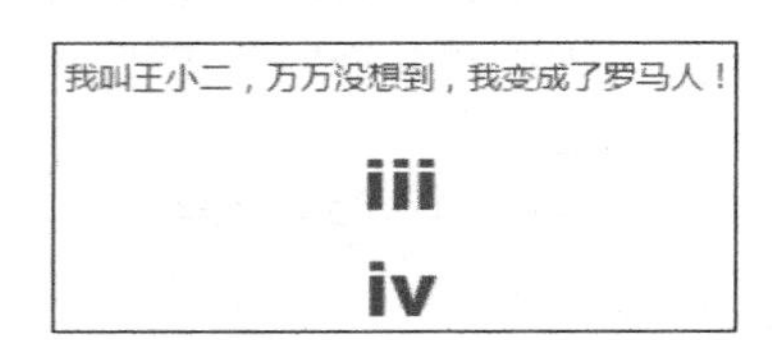


图 4-32　小写罗马数字格式表示当前计数器的值

核心 CSS 代码如下：

```
content: counter(wangxiaoer, lower-roman);
```

counter 还支持级联。也就是说，一个 content 属性值可以有多个 counter()方法。

眼见为实，手动输入 http://demo.cssworld.cn/4/1-17.php 或者扫下面的二维码。结果如图 4-33 所示。

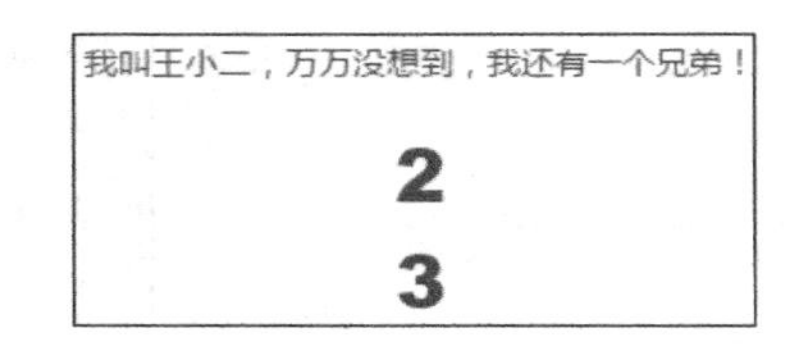


图 4-33　多个 counter 并存

核心 CSS 代码如下：

```
.counter { counter-reset: wangxiaoer 2 wangxiaosan 3; }
.counter:before {
   content: counter(wangxiaoer) '\A' counter(wangxiaosan);
   white-space: pre;
}
```

下面介绍一下 counters()方法。看似只比 counter 多了个字母 s，但却有着至尊宝变成孙悟空的意味在里面。counters 几乎可以说是嵌套计数的代名词。

我们平时的序号不可能就只是 1、2、3、4……还会有诸如 1.1、1.2、1.3 等的子序号。前者就是 counter()干的事情，后者就是 counters()干的事情。

counters()的基本用法为①：

```
counters(name, string);
```

其中，string 参数为字符串（需要引号包围的，是必需参数），表示子序号的连接字符串。例如，1.1 的 string 就是'.'，1-1 就是'-'。

看上去很简单。但是，如果理解不是很深刻，日后再使用肯定会遇到麻烦——“咦？怎么没有子序列，明明语法正确啊？”首先，记住这一句话：“普照源是唯一的。”所以，如果只在<body>标签上设置 counter-reset，就算子元素嵌套了里外十八层，还是不会有任何嵌套序号出现！所以，要想实现嵌套，必须让每一个列表容器拥有一个“普照源”，通过子辈对父辈的 counter-reset 重置、配合 counters()方法才能实现计数嵌套效果。

眼见为实，手动输入 http://demo.cssworld.cn/4/1-18.php 或者扫下面的二维码。结果如图 4-34 所示。

我叫王小二，万万没想到，一着不慎，娃娃连营满地滚：

1. 我是王小二
1-1. 我是王小二的大儿子
1-2. 我是王小二的二儿子
1-2-1. 我是王小二的二儿子的大孙子
1-2-2. 我是王小二的二儿子的二孙子
1-2-3. 我是王小二的二儿子的小孙子
1-3. 我是王小二的三儿子
2. 我是王小三
3. 我是王小四
3-1. 我是王小四的大儿子

图 4-34　counters 的 string 参数与嵌套

使用 counters()实现计数嵌套效果的时候很容易遇到类似这样的麻烦——“咦，怎么子序列不按层级顺序来呀？命名语法明明完全正确啊！”还是要记住这一句话：“一个容器里的普照源（counter-reset）是唯一的。”所以，如果你不小心把计数显示和计数重置元素以兄弟元素形式放在一起（虽然 HTML 内容布局呈现是没有异常的），就很可能会出现计数序号乱入的情况。

还是举个例子说明一下吧，手动输入 http://demo.cssworld.cn/4/1-19.php 或者扫下面的二维码。结果如图 4-35 所示。这时就会看到标红部分的序号显示异常了！

为何会出现这个问题？我们看一下 HTML（主要是注释）：

① MDN 上说，要想 IE8 兼容，这里逗号后面的空格要去掉，但是本人通过 IE11 浏览器的 IE8 模式看，无此问题。本着求知的精神，我又打开自己已经落灰的 10 年前的笔记本，使用原生 IE8 浏览器测试了一下，结果也是没有问题，因此，MDN 上的说法可以忽略。

```
<div class="reset">
   <div class="counter">我是王小二</div>
   <div class="reset"><-- 先下面文字说明 -->
      ...
   </div>
   <div class="counter">我是王小三</div>
   <div class="counter">我是王小四</div>
   <div class="reset">
      <div class="counter">我是王小四的大儿子</div>
   </div>
</div>
```

这里的`.reset`与上面的`.counter`是兄弟关系，而不是父子关系。虽然布局渲染上没有差异，但是一个容器的`counter-reset`是唯一的，一旦子元素出现`counter-reset`，就会改变整个容器的嵌套关系，于是，后面的“王小三”“王小四”其实已经进入了二级嵌套，因此显示的是`1-3`和`1-4`，相信读者稍稍体会一下就能明白了。

我叫王小二，万万没想到，一着不慎，子孙成群（反例）：

1. 我是王小二
1-1. 我是王小二的大儿子
1-2. 我是王小二的二儿子
1-2-1. 我是王小二的二儿子的大孙子
1-2-2. 我是王小二的二儿子的二孙子
1-2-3. 我是王小二的二儿子的小孙子
1-2-4. 我是王小二的三儿子
1-3. 我是王小三
1-4. 我是王小四
1-1. 我是王小四的大儿子

图 4-35　counters 列表被重置乱入

这种计数效果在模拟书籍的目录效果时非常实用，大家可以参照上面正确的嵌套例子修修改改就可以了。

`counters()`也是支持`style`自定义递增形式的：

```
counters(name, string, style)
```

它与`counter()`的`style`参数使用一致，这里不赘述。

最后，还有一个比较重要的点需要说明一下，就是显示`content`计数值的那个 DOM 元素在文档流中的位置一定要在`counter-increment`元素的后面，否则是没有计数效果的。

举个例子，我们可以使用纯 CSS 实现自动统计选中元素个数的效果，但是很可能显示数值的视觉位置是在操作区域的左侧或者上方，类似图 4-36 所示。

图 4-36　counters 数值显示在操作区域左侧

如果我们是传统的布局，左侧的圆圈中的数值必然是无法显现的，我们需要把左侧的列表选项元素放在操作元素的后面才可以，类似下面这样：

```
<main></main>
<nav></nav>
```

#### 7. content 内容生成的混合特性

所谓“content 内容生成的混合特性”指的是各种 content 内容生成语法是可以混合在一起使用的，举下面几个简单的例子：

```
a:after {
   content: "(" attr(href) ")";
}
q:before {
content: open-quote url(1.jpg);
}
.counter:before {
   content: counters(wangxiaoer, '-') '. ';
}
```

于是，我们如果希望在伪元素中同时显示图片和文字排列效果，只需要一个:before 或者一个:after 就可以，完全不需要两个同时上阵、分别负责一个类型。

总而言之，content 内容生成技术是非常强大的，关键要看大家的积累、灵感和创意。

## 4.2 温和的 padding 属性

盒尺寸四大家族元素中，padding 的性格是最温和的。所谓“温和”指的是我们在使用 padding 进行页面开发的时候很少会出现意想不到的情况，这种感觉就好比和一个几乎不会发脾气的人相处。

padding 指盒子的内补间。“补间”这个词比较术语化，我们不妨将其理解为快递盒子内快递商品外包裹的那层起保护作用的海绵。只是在 CSS 中，这个“海绵”默认是透明的。在现实世界中，海绵不会影响盒子的尺寸，但在 CSS 世界中，尺寸规则就有所不同了。

### 4.2.1 padding 与元素的尺寸

因为 CSS 中默认的 box-sizing 是 content-box，所以使用 padding 会增加元素的尺寸。例如：

```
.box {
   width: 80px;
   padding: 20px;
}
```

如果不考虑其他 CSS 干扰，此时.box 元素所占据的宽度就应该是 120 像素（80px +20px×2），这其实是不符合现实世界的认知的，人们总是习惯把代码世界和现实世界做映射，因此，新人难免会在 padding 的尺寸问题上踩到点坑。这也导致很多人乐此不疲地设置 box-sizing 为 border-box，甚至直接全局重置：

```
* { box-sizing: border-box; }
```

我个人是不推荐这种做法的，原因见 3.2.4 节。局部使用，尽量采用无宽度以及宽度分离准则实现才是好的解决之道。

很多人可能有这样的误区，认为设置了 box-sizing:border-box，元素尺寸就不会变化。大多数情况下是这样的，但是，如果 padding 值足够大，那么 width 也无能为力了。例如：

```
.box {
   width: 80px;
   padding: 20px 60px;
   box-sizing: border-box;
}
```

则此时的 width 会无效，最终宽度为 120 像素（60px×2），而里面的内容则表现为“首选最小宽度”。

上述尺寸表现是对具有块状特性的元素而言的，对于内联元素（不包括图片等替换元素）表现则有些许不同。这种不同的表现让很多很多的前端同事有这么一个错误的认识：内联元素的 padding 只会影响水平方向，不会影响垂直方向。

这种认知是不准确的，内联元素的 padding 在垂直方向同样会影响布局，影响视觉表现。只是因为内联元素没有可视宽度和可视高度的说法（clientHeight 和 clientWidth 永远是 0），垂直方向的行为表现完全受 line-height 和 vertical-align 的影响，视觉上并没有改变和上一行下一行内容的间距，因此，给我们的感觉就会是垂直 padding 没有起作用。

如果我们给内联元素加个背景色或者边框，自然就可以看到其尺寸空间确实受 padding 影响了。例如：

```
a {
   padding: 50px;
   background-color: #cd0000;
}
```

然后表现就会如图 4-37 所示这般。眼见为实，手动输入 http://demo.cssworld.cn/4/2-1.php 或者扫下面的二维码。

图 4-37　内联元素 padding 垂直方向也是有效的

可以明显看到，尺寸虽有效，但是对上下元素的原本布局却没有任何影响，仅仅是垂直方向发生了层叠，如图 4-38 所示。

CSS 中还有很多其他场景或属性会出现这种不影响其他元素布局而是出现层叠效果的现象。比如，relative 元素的定位、盒阴影 box-shadow 以及 outline 等。这些层叠现象虽然看似类似，但实际上是有区别的。其分为两类：一类是纯视觉层叠，不影响外部尺寸；另一类则会影响外部尺寸。box-shadow 以及 outline 属于前者，而这里的 inline 元素的

padding 层叠属于后者。区分的方式很简单，如果父容器 overflow:auto，层叠区域超出父容器的时候，没有滚动条出现，则是纯视觉的；如果出现滚动条，则会影响尺寸、影响布局。

如果上面的示例父元素设置 overflow:auto，则会有类似图 4-39 所示的表现。

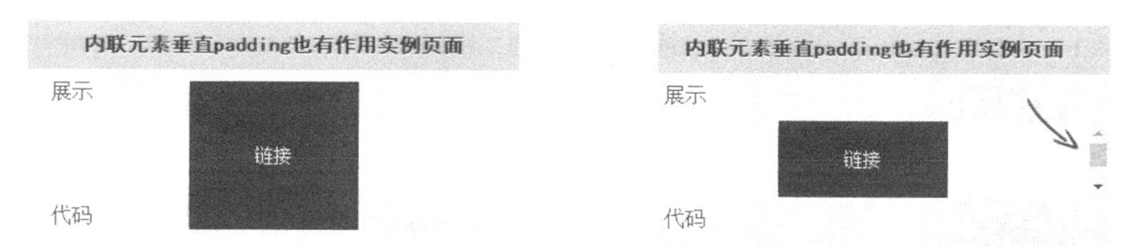


图 4-38 内联元素 padding 垂直方向层叠表现　图 4-39 内联元素垂直 padding 影响父级出现滚动条

由此可见，内联元素 padding 对视觉层和布局层具有双重影响，所有类似“垂直方向 padding 对内联元素没有作用”的说法显然是不正确的。

好了，现在知道了内联元素 padding 有用，这对我们做实际 CSS 开发有什么帮助呢？

首先，我们可以在不影响当前布局的情况下，优雅地增加链接或按钮的点击区域大小。比方说，文章中会有一些文字链接，默认情况下，这些链接的点击区域的高度是受 font-size 字体大小控制的，和行高没有关系。尤其在 Chrome 等浏览器下，高度仅 1em，这么小的高度，要是在移动端，我们的手指不一定能够一次点中，可能要戳好多下，此时就有必要增加链接的点击区域大小，但是前提是不影响当前的内容布局。此时，我们就可以使用 padding 天然实现我们想要的效果，例如：

```
article a {
   padding: .25em 0;
}
```

前文多次提到，CSS2.1 的属性就是为了图文显示而设计的，从这一点出发，我们就不难理解为何内联元素的垂直 padding 会是这样的样式表现了，目的就是如上面说的例子这样，增加点击区域同时对现有布局无任何影响；如果我们设置成 inline-block，则行间距等很多麻烦事就会出来。

当然，CSS 的有趣之处在于我们可以利用其特性表现实现其设计初衷以外的一些效果。例如，这里有个简单的例子，利用内联元素的 padding 实现高度可控的分隔线。传统偷懒的实现方式可能是直接使用“管道符”，如：

```
登录 | 注册
```

但是使用“管道符”的话，因为是字符，所以高度不可控。如果对视觉呈现要求比较高，就需要进行 CSS 图形模拟，其中方法之一就是可以借助内联元素和 padding 属性来实现，CSS 和 HTML 代码如下：

```
a + a:before {
   content: "";
   font-size: 0;
   padding: 10px 3px 1px;
   margin-left: 6px;
```

```
    border-left: 1px solid gray;
}
<a href="">登录</a><a href="">注册</a>
```

一个高度不那么高的垂直分隔符就出来了，如图 4-40 所示。有兴趣可以自己感受一下，手动输入 http://demo.cssworld.cn/4/2-2.php 或者扫下面的二维码。

图 4-40 内联元素 padding 实现的垂直分隔符

最后，再简单说一个内联元素垂直 padding 的妙用吧！大家应该都知道网页可以通过地址栏的 hash 值和页面 HTML 中 id 值一样的元素发生锚点定位吧？有时候，我们希望定位的元素，如标题距离页面的顶部有一段距离，比方说页面正好有一个 50 像素高的 position:fixed 的导航栏。如果按照浏览器自己的特性，标题就会定位在这个固定导航的下面，这显然不是我们想看到的，那怎么办呢？

很多人会想到让标题栏设置一个 padding-top:50px，但是，这种影响布局的事情大多数时候只是理论上可行，难道没有什么简单实用的办法吗？这时候，我们不妨试试使用内联元素，块级元素设置 padding-top:50px 会影响布局，但是内联元素不会，于是，事情就简单了。假设下面是原来的实现：

```
<h3 id="hash">标题</h3>
h3 {
    line-height: 30px;
    font-size: 14px;
}
```

则我们可以将其改成：

```
<h3><span id="hash">标题</span></h3>
h3 {
    line-height: 30px;
    font-size: 14px;
}
h3 > span {
    padding-top: 58px;
}
```

这样既不影响原来的布局和定位，同时又把 http://www.cssword.cn/xxxx/#hash 定位位置往下移动了 50 像素，岂不美哉！

虽然这不是十全十美的方法，但是总体性价比还是很不错的。然后，如果我们的<h3>标签设置 overflow:hidden，则 Chrome 和 Firefox 浏览器定位不受影响，但是 IE 浏览器会定位在<h3>标签位置，这个需要注意。

实际上，对于非替换元素的内联元素，不仅 padding 不会加入行盒高度的计算，margin 和 border 也都是如此，都是不计算高度，但实际上在内联盒周围发生了渲染。

## 4.2.2 padding 的百分比值

关于 padding 的属性值，其实没多少好说的。其一，和 margin 属性不同，padding 属性是不支持负值的；其二，padding 支持百分比值，但是，和 height 等属性的百分比计算规则有些差异，差异在于：padding 百分比值无论是水平方向还是垂直方向均是相对于宽度计算的！

为何这么设计呢？首先绝对和“死循环”无关，相对高度计算其实也没什么问题。我个人猜想，如果垂直 padding 相对于 height 计算，大多数情况下计算值都是 0，跟摆设没什么区别，还不如相对宽度计算，因为 CSS 默认的是水平流，计算值一直会有效，而且我们还可以利用这一特性实现一些有意思的布局效果。也就是面向场景和需求设计，这种设计可以让我们轻松实现自适应的等比例矩形效果。例如，使用

```
div { padding: 50%; }
```

就可以实现一个正方形，如果这样：

```
div { padding: 25% 50%; }
```

就得到了一个宽高比为 2:1 的矩形效果。

网页开发的时候经常会有横贯整个屏幕的头图效果，我们通常的做法是定高，如 200 像素高，屏幕小的时候图片两侧内容隐藏。然而，这种实现有一个问题，就是类似笔记本这样的小屏幕，头图高度过高会导致下面主体内容可能一屏都实现不了，但是，如果我们使用 padding 进行等比例控制，则小屏幕下头图高度天然等比例缩小，没有任何 JavaScript，却依然适配良好！例如：

```
.box {
   padding: 10% 50%;
   position: relative;
}
.box > img {
   position: absolute;
   width: 100%; height: 100%;
   left: 0; top: 0;
}
```

就实现了一个宽高比为 5:1 的比例固定的头图效果，上述方法包括 IE6 在内的浏览器都兼容。

有兴趣可以自己感受一下，手动输入 http://demo.cssworld.cn/4/2-3.php。改变浏览器宽度即可感受到等比例的变化。

上面百分比值是应用在具有块状特性的元素上的，如果是内联元素，会有怎样的表现呢？

- 同样相对于宽度计算；
- 默认的高度和宽度细节有差异；
- padding 会断行。

我们先来看一下内联元素的 padding 断行，代码如下：

```
.box {
    border: 2px dashed #cd0000;
}
span {
  padding: 50%;
  background-color: gray;
}
<span>内有文字若干</span>
```

图4-41 内联元素padding百分比值的诡异表现

效果如图4-41所示（截自Chrome浏览器）。表现诡异之处有："内有"两字不见了，"文字"两字居右显示了，背景区域非矩形，背景色宽度和外部容器宽度不一致等。

CSS的很多现象很难解释，原因在于其表现往往是多个属性多个规则一起生效的结果，并非单一属性作用的结果。例如这里的例子，虽然几乎没有什么实用价值，但是对于我们深入理解内联元素的世界很有帮助。

对于内联元素，其padding是会断行的，也就是padding区域是跟着内联盒模型中的行框盒子走的，上面的例子由于文字比较多，一行显示不了，于是"若干"两字换到了下一行，于是，原本的padding区域也跟着一起掉下来了，根据后来居上的层叠规则，"内有"两字自然就正好被覆盖，于是看不见了；同时，规则的矩形区域因为换行，也变成了五条边；至于宽度和外部容器盒子不一样宽，那是自然的，如果没有任何文字内容，那自然宽度正好和容器一致；现在有"内有文字若干"这6个字，实际宽度是容器宽度和这6个字宽度的总和，换行后的宽度要想和容器宽度一样，那可真要靠极好的人品了。

这么一分析，上面平时很少见到的"诡异"现象就好解释了。

事情还没完，我们再看一个现象，假如是空的内联元素，里面没有任何文字，仅有一个<span>标签：

```
<span>内有文字若干</span>
```

图4-42 空内联元素padding百分比值高宽不一

此时，我们会发现居然最终背景区域的宽度和高度是不相等的（见图4-42），这不科学啊！padding:50%相对宽度计算，应该出来是个正方形啊，为何高度要高出一截呢？

原因其实很简单：内联元素的垂直padding会让"幽灵空白节点"显现，也就是规范中的"strut"出现。

知道了原因，要解决此问题就简单了。由于内联元素默认的高度完全受font-size大小控制，因此，我们只要：

```
span {
  padding: 50%;
  font-size: 0;
  background-color: gray;
}
```

此时，“幽灵空白节点”高度变成了 0，高和宽就会一样，和块状元素一样的正方形就出现了。

可以看到，内联盒模型的理论知识对我们理解内联元素的各种表现是非常有价值的。这种理解纯靠实践，想破脑袋都不会想明白为什么会这样。所以，进行深度学习是很有必要的。

## 4.2.3 标签元素内置的 padding

说一下你可能不知道的关于 padding 的一些小秘密。

（1）ol/ul 列表内置 padding-left，但是单位是 px 不是 em。例如，Chrome 浏览器下是 40px，由于使用的是 px 这个绝对单位，因此，如果列表中的 font-size 大小很小，则<li>元素的项目符号（如点或数字）就会<ul>/<ol>元素的左边缘距离很开，如果 font-size 比较大，则项目符号可能跑到<ul>/<ol>元素的外面，类似图 4-43 所示的情况。

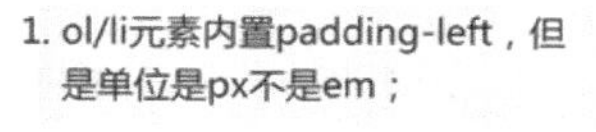

1. ol/li元素内置padding-left，但是单位是px不是em；

图 4-43 项目符号跑到<ol>外部

根据我自己的经验，当 font-size 是 12px 至 14px 时，22px 是比较好的一个 padding-left 设定值，所有浏览器都能正常显示，且非常贴近边缘。

```
ol, ul {
   padding-left: 22px;
}
```

当然，如果视觉要求比较高，使用 content 计数器模拟则是更好的选择。

（2）很多表单元素都内置 padding，例如：

- 所有浏览器<input>/<textarea>输入框内置 padding；
- 所有浏览器<button>按钮内置 padding；
- 部分浏览器<select>下拉内置 padding，如 Firefox、IE8 及以上版本浏览器可以设置 padding；
- 所有浏览器<radio>/<checkbox>单复选框无内置 padding；
- <button>按钮元素的 padding 最难控制！

我们着重看一下<button>按钮元素的 padding。在 Chrome 浏览器下，我们设置：

```
button { padding: 0; }
```

按钮的 padding 就变成了 0，但是在 Firefox 浏览器下，左右依然有 padding，如图 4-44 所示。可以试试使用：

```
button::-moz-focus-inner { padding: 0; }
```

此时按钮就会如图 4-45 所示。

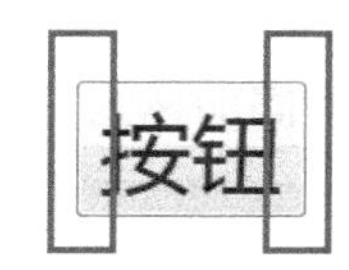


图 4-44 Firefox 按钮 padding:0 效果有限

按钮

图 4-45 Firefox 按钮 padding 去除后的效果

而在 IE7 浏览器下，文字如果变多，那么左右 padding 逐渐变大，如图 4-46 所示。需要进行如下设置：

```
button { overflow: visible; }
```

此时按钮表现符合预期，如图 4-47 所示。

图 4-46　按钮文字越多 padding 越大　　图 4-47　按钮 padding 大小不受文字个数的影响

最后，按钮 padding 与高度计算不同浏览器下千差万别，例如：

```
button {
  line-height: 20px;
  padding: 10px;
  border: none;
}
```

结果，在 Chrome 浏览器下是预期的 40 像素，然而 Firefox 浏览器下是莫名其妙的 42 像素，在 IE7 浏览器下更是匪夷所思的 45 像素，这使我们平常制作网页的时候很少使用原生的<button>按钮作为点击按钮，而是使用<a>标签来模拟。但是，在表单中，有时候按钮是自带交互行为的，这是<a>标签无法模拟的。我这里给大家推荐一个既语义良好行为保留，同时 UI 效果棒兼容效果好的实现小技巧，那就是使用<label>元素，HTML 和 CSS 如下：

```
<button id="btn"></button>
<label for="btn">按钮</label>

button {
  position: absolute;
  clip: rect(0 0 0 0);
}
label {
  display: inline-block;
  line-height: 20px;
  padding: 10px;
}
```

<label>元素的 for 属性值和<button>元素的 id 值对应即可。此时，所有浏览器下的按钮高度都是 40 像素，而且<button>元素的行为也都保留了，是非常不错的实践技巧。

### 4.2.4　padding 与图形绘制

padding 属性和 background-clip 属性配合，可以在有限的标签下实现一些 CSS 图形绘制效果，我这里抛砖引玉，举两个小例子，重在展示可行性。

例 1：不使用伪元素，仅一层标签实现大队长的“三道杠”分类图标效果。此效果在移动端比较常见，类似于图 4-48 最右边的小图标。

图 4-48 “三道杠”小图标示意

我们可以使用类似下面的 CSS 代码（10 倍大小模拟）实现：

```
.icon-menu {
   display: inline-block;
   width: 140px; height: 10px;
   padding: 35px 0;
   border-top: 10px solid;
   border-bottom: 10px solid;
   background-color: currentColor;
   background-clip: content-box;
}
```

例 2：不使用伪元素，仅一层标签实现双层圆点效果。此效果在移动端也比较常见，类似于图 4-49，在多个广告图片切换时，用来标识当前显示的是哪张图。

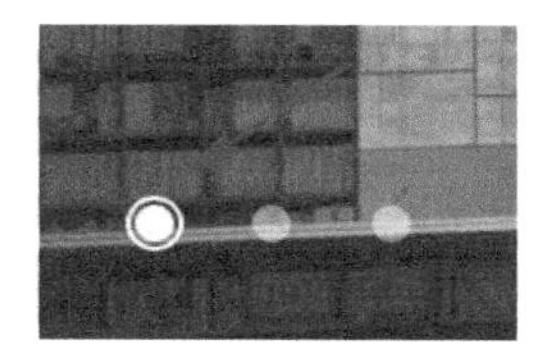

图 4-49 双层圆点图形示意

我们可以使用类似下面的 CSS 代码（10 倍大小模拟）实现：

```
.icon-dot {
   display: inline-block;
   width: 100px; height: 100px;
   padding: 10px;
   border: 10px solid;
   border-radius: 50%;
   background-color: currentColor;
   background-clip: content-box;
}
```

这两个例子实现的图形效果如图 4-50 所示。有兴趣可以自己感受一下，手动输入 http://demo.cssworld.cn/4/2-4.php 或者扫下面的二维码即可。

图 4-50 “三道杠”和双层圆点图形效果

## 4.3 激进的 margin 属性

padding 性格温和，负责内间距；而 margin 则比较激进，负责外间距。虽然都是间距，但是差别相当大，尤其是 margin，特异之处相当多。

## 4.3.1 margin 与元素尺寸以及相关布局

### 1. 元素尺寸的相关概念

下面的内容会牵扯到各类包含“尺寸”字样的名词，为了大家在阅读的时候不产生困扰，这里专门把相关概念梳理一下。

我们这里的各类“尺寸”命名和对应的盒子类型全部参考自 jQuery 中与尺寸相关 API 的名称。

- *元素尺寸*：对应 jQuery 中的`$().outerWidth()`和`$().outerHeight()`方法，包括 `padding` 和 `border`，也就是元素的 border box 的尺寸。在原生的 DOM API 中写作 `offsetWidth` 和 `offsetHeight`，所以，有时候也称为“元素偏移尺寸”。
- *元素内部尺寸*：对应 jQuery 中的`$().innerWidth()`和`$().innerHeight()`方法，表示元素的内部区域尺寸，包括 `padding` 但不包括 `border`，也就是元素的 padding box 的尺寸。在原生的 DOM API 中写作 `clientWidth` 和 `clientHeight`，所以，有时候也称为“元素可视尺寸”。
- *元素外部尺寸*：对应 jQuery 中的`$().outerWidth(true)`和`$().outerHeight(true)`方法，表示元素的外部尺寸，不仅包括 `padding` 和 `border`，还包括 `margin`，也就是元素的 margin box 的尺寸。没有相对应的原生的 DOM API。

“外部尺寸”有个很不一样的特性，就是尺寸的大小有可能是负数，没错，负尺寸。这和我们现实世界对尺寸的认知明显冲突了，因为现实世界没有什么物体的尺寸是负的。所以，我总是把“外部尺寸”理解为“元素占据的空间尺寸”，把概念从“尺寸”转换到 “空间”，这时候就容易理解多了。

### 2. margin 与元素的内部尺寸

`margin` 同样可以改变元素的可视尺寸，但是和 `padding` 几乎是互补态势。什么意思呢？对于 `padding`，元素设定了 `width` 或者保持“包裹性”的时候，会改变元素可视尺寸；但是对于 `margin` 则相反，元素设定了 `width` 值或者保持“包裹性”的时候，`margin` 对尺寸没有影响，只有元素是“充分利用可用空间”状态的时候，`margin` 才可以改变元素的可视尺寸。

比方说，如下 CSS：

```
.father {
  width: 300px;
  margin: 0 -20px;
}
```

此时元素宽度还是 300 像素，尺寸无变化。因为只要宽度设定，`margin` 就无法改变元素尺寸，这和 `padding` 是不一样的。

但是，如果是下面这样的 HTML 和 CSS：

```
<div class="father">
   <div class="son"></div>
</div>
.father { width: 300px; }
.son {  margin: 0 -20px; }
```

则.son 元素的宽度就是 340 像素了，尺寸通过负值设置变大了，因为此时的宽度表现是“充分利用可用空间”。

或者这么说吧，只要元素的尺寸表现符合“充分利用可用空间”，无论是垂直方向还是水平方向，都可以通过 margin 改变尺寸。

CSS 世界默认的流方向是水平方向，因此，对于普通流体元素，margin 只能改变元素水平方向尺寸；但是，对于具有拉伸特性的绝对定位元素，则水平或垂直方向都可以，因为此时的尺寸表现符合“充分利用可用空间”。这在 4.3.4 节会继续深入。

由于 margin 具有这种流体特性下的改变尺寸特性，因此，margin 可以很方便地实现很多流体布局效果。例如，一侧定宽的两栏自适应布局效果，假设我们定宽的部分是 128 像素宽的图片，自适应的部分是文字。

（1）如果图片左侧定位：

```
.box { overflow: hidden; }
.box > img { float: left; }
.box > p { margin-left: 140px; }
<div class="box">
   <img src="1.jpg">
   <p>文字内容...</p>
</div>
```

此时，文字内容就会根据.box 盒子的宽度变化而自动排列，形成自适应布局效果，无论盒子是 200 像素还是 400 像素，布局依然良好，不会像纯浮动布局那样发生错位。

（2）如果图片右侧定位：只要图片的左浮动改成右浮动，文字内容的左 margin 改成右 margin 即可。

```
.box { overflow: hidden; }
.box > img { float: right; }
.box > p { margin-right: 140px; }
```

HTML 和上面的左侧定位效果一模一样，最终实现的也是一个效果良好的自适应布局。然而，这里的实现有一点瑕疵，那就是元素在 DOM 文档流中的前后顺序和视觉表现上的前后顺序不一致。什么意思呢？我们这里的图片是右浮动，视觉表现在.box 的右侧，但是图片相关的 HTML 代码却在前面。这个相反的位置关系有时候会给其他同事造成一些困难。所以，如果想要实现顺序完美一致的自适应效果，可以借助 margin 负值定位实现。

（3）如果图片右侧定位，同时顺序一致：

```
.box { overflow: hidden; }
.full { width: 100%; float: left; }
.box > img { float: left; margin-left: -128px; }
.full > p { margin-right: 140px; }
<div class="box">
   <div class="full">
      <p>文字内容...</p>
   </div>
   <img src="1.jpg">
</div>
```

如果对以上 3 种实现效果有兴趣，可以手动输入 http://demo.cssworld.cn/4/3-1.php 或者扫右侧的二维码。

我们还可以利用 margin 改变元素尺寸的特性来实现两端对齐布局效果。列表是我们 Web 开发中是非常常见的，一般都是通过循环遍历呈现出来的，也就是实际上每个列表的 HTML 样式都是一致的。现在有这样一个需求：列表块两端对齐，一行显示 3 个，中间有 2 个 20 像素的间隙。假如我们使用浮动来实现，CSS 代码可能是下面这样：

```
li {
   float: left;
   width: 100px;
   margin-right: 20px;
}
```

此时就遇到了一个问题，即最右侧永远有个 20 像素的间隙，无法完美实现两端对齐，如图 4-51 所示。

图 4-51 右侧间隙示意

如果不考虑 IE8，我们可以使用 CSS3 的 nth-of-type 选择器：

```
li:nth-of-type(3n) {
   margin-right: 0;
}
```

但如果需要兼容 IE8 那么 nth-of-type 就无能为力了。要么专门使用 JavaScript 打个补丁，要么列表 HTML 输出的时候给符合 3n 的<li>标签加个类名。例如.li-third：

```
.li-third {
   margin-right: 0;
}
```

然而这种技术选型，需要 HTML 逻辑和 CSS 样式相互配合才能生效，相比纯 CSS 控制而言后期风险和维护成本提高了一倍，那有没有更好的实现方法呢？

有！我们可以通过给父容器添加 margin 属性，增加容器的可用宽度来实现。

```
ul {
   margin-right: -20px;
}
ul > li {
   float: left;
   width: 100px;
   margin-right: 20px;
}
```

此时<ul>的宽度就相当于 100%+20px，于是，第 3*n* 的<li>标签的 margin-right: 20px 就多了 20 像素的使用空间，正好列表的右边缘就是父级<ul>容器 100%宽度位置，两端对齐效果就此实现了，如图 4-52 所示。

图 4-52　右侧间隙被父容器带走了

### 3. margin 与元素的外部尺寸

对于普通块状元素，在默认的水平流下，margin 只能改变左右方向的内部尺寸，垂直方向则无法改变。如果我们使用 writing-mode 改变流向为垂直流，则水平方向内部尺寸无法改变，垂直方向可以改变。这是由 margin:auto 的计算规则决定的。

但是，对于外部尺寸，margin 属性的影响则更为广泛，只要元素具有块状特性，无论有没有设置 width/height，无论是水平方向还是垂直方向，即使发生了 margin 合并，margin 对外部尺寸都着着实实发生了影响。只是很多时候，抛开定位而言，我们似乎对外部尺寸的变化不是很敏感，实际上，CSS 世界中不少棘手的问题都是需要借助 margin 的外部尺寸特性来实现的。

前面讲 padding 的时候，我们说过它没有什么兼容性问题。实际上，padding 是有不兼容的，只是这个不兼容不常遇到，即使遇到，也很容易被不太敏感的人"一笔带过"。此兼容问题描述为：如果容器可以滚动，在 IE 和 Firefox 浏览器下是会忽略 padding-bottom 值的，Chrome 等浏览器则不会。也就是说，在 IE 和 Firefox 浏览器下：

```
<div style="height:100px; padding:50px 0;">
    <img src="0.jpg" height="300">
</div>
```

底部没有 50 像素的 padding-bottom 间隙，如图 4-53 所示。

此兼容性差异的本质区别在于：Chrome 浏览器是子元素超过 content box 尺寸触发滚动条显示，而 IE 和 Firefox 浏览器是超过 padding box 尺寸触发滚动条显示。

图 4-53　padding-bottom 被滚动容器忽略

由于规范中并没有找到准确的说明，因此，浏览器之间不同的做法不能说孰对孰错，可以看成是一种"未定义行为"。一般而言，开发人员更喜欢 Chrome 的做法，因为其更好理解。总之，不管怎样，滚动容器底部留白使用 padding 是不推荐的，因为兼容性是个大问题。但是，我们可以借助 margin 的外部尺寸特性来实现底部留白，代码如下：

```
<div style="height:200px;">
   <img height="300" style="margin:50px 0;">
</div>
```

结果所有浏览器都成功留白，如图 4-54 所示。

记住了，只能使用子元素的 margin-bottom 来实现滚动容器的底部留白。

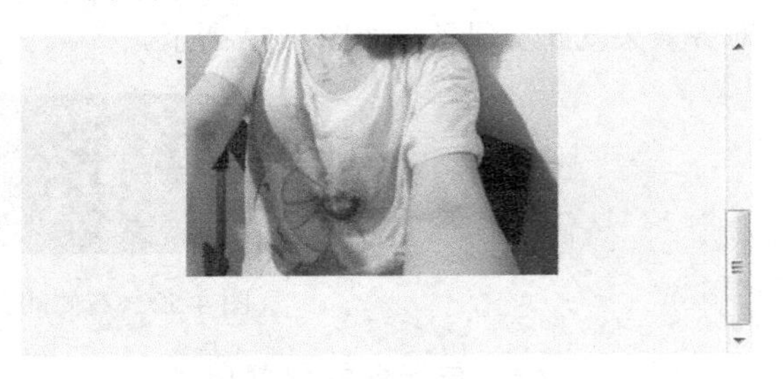

图 4-54　margin-bottom 滚动留白

下面再举一个利用 margin 外部尺寸实现等高布局的经典案例。此布局多出现在分栏有背景色或者中间有分隔线的布局中，有可能左侧栏内容多，也有可能右侧栏内容多，但无论内容多少，两栏背景色都和容器一样高。

由于 height:100%需要在父级设定具体高度值时才有效，因此我们需要使用其他技巧来实现。方法其实很多，例如使用 display: table-cell 布局，左右两栏作为单元格处理，或者使用 border 边框来模拟，再或者使用我们这里的 margin 负值实现，核心 CSS 代码如下：

```
.column-box {
   overflow: hidden;
}
.column-left,
.column-right {
   margin-bottom: -9999px;
   padding-bottom: 9999px;
}
```

要看演示效果，可以手动输入 http://demo.cssworld.cn/4/3-2.php 或者扫下面的二维码。点击按钮增减左右两栏的内容改变高度就会发现，无论是左侧内容多还是右侧内容多，两栏的背景高度都是一样的，如图 4-55 所示。

图 4-55　等高布局效果示意

下面问题来了：为什么可以实现等高呢？

垂直方向 margin 无法改变元素的内部尺寸，但却能改变外部尺寸，这里我们设置了 margin-bottom:-9999px 意味着元素的外部尺寸在垂直方向上小了 9999px。默认情况下，垂直方向块级元素上下距离是 0，一旦 margin-bottom:-9999px 就意味着后面所有元素和上面元素的空间距离变成了-9999px，也就是后面元素都往上移动了 9999px。此时，通过神来一笔 padding-bottom:9999px 增加元素高度，这正负一抵消，对布局层并无影响，但却带来了我们需要的东西——视觉层多了 9999px 高度的可使用的背景色。但是，9999px 太大了，所以需要配合父级 overflow:hidden 把多出来的色块背景隐藏掉，于是实现了视觉上的等高布局效果。

使用 margin 负值实现等高布局的优势在于兼容性足够，IE6 浏览器也支持，且支持任意个分栏等高布局。本例中，padding-bottom:9999px 也可以用 border-bottom: 9999px solid transparent 代替，不过 IE7 以上浏览器才支持。大家可以根据实际场景选择使用。

不过，margin 负值实现等高布局也有不足之处：首先，如果需要有子元素定位到容器之外，父级的 overflow:hidden 是一个棘手的限制；其次，当触发锚点定位或者使用 DOM.scrollIntoview()方法的时候，可能就会出现奇怪的定位问题，根本原因参见 6.4 节。

顺便说说使用 border 和 table-cell 的优缺点：前者优势在于兼容性好，没有锚点定位的隐患，不足之处在于最多 3 栏，且由于 border 不支持百分比宽度，因此只能实现至少一侧定宽的布局；table-cell 的优点是天然等高，不足在于 IE8 及以上版本浏览器才支持，所以，如果项目无须兼容 IE6、IE7，则推荐使用 table-cell 实现等高布局。

上述 margin 对尺寸的影响是针对具有块状特性的元素而言的，对于纯内联元素则不适用。和 padding 不同，内联元素垂直方向的 margin 是没有任何影响的，既不会影响外部尺寸，也不会影响内部尺寸，有种石沉大海的感觉。对于水平方向，由于内联元素宽度表现为“包裹性”，也不会影响内部尺寸。

## 4.3.2 margin 的百分比值

和 padding 属性一样，margin 的百分比值无论是水平方向还是垂直方向都是相对于宽度计算的。不过相对于 padding，margin 的百分比值的应用价值就低了一截，根本原因在于和 padding 不同，元素设置 margin 在垂直方向上无法改变元素自身的内部尺寸，往往需要父元素作为载体，此外，由于 margin 合并的存在，垂直方向往往需要双倍尺寸才能和 padding 表现一致。例如：

```
.box {
   background-color: olive;
   overflow: hidden;
}
.box > div {
   margin: 50%;
}
<div class="box">
   <div></div>
</div>
```

结果.box 是一个宽高比为 2:1 的橄榄绿长方形。是不是有点儿奇怪：50%+50%应该是 100%，应该上下一样，是 1:1 的正方形，怎么最后是 2:1 的长方形呢？

这就涉及下面一节 margin 合并的内容了。

## 4.3.3 正确看待 CSS 世界里的 margin 合并

### 1. 什么是 margin 合并

块级元素的上外边距（margin-top）与下外边距（margin-bottom）有时会合并为单

个外边距，这样的现象称为“margin 合并”。从此定义上，我们可以捕获两点重要的信息。

（1）块级元素，但不包括浮动和绝对定位元素，尽管浮动和绝对定位可以让元素块状化。

（2）只发生在垂直方向，需要注意的是，这种说法在不考虑 writing-mode 的情况下才是正确的，严格来讲，应该是只发生在和当前文档流方向的相垂直的方向上。由于默认文档流是水平流，因此发生 margin 合并的就是垂直方向。

### 2. margin 合并的 3 种场景

margin 合并有以下 3 种场景。

（1）相邻兄弟元素 margin 合并。这是 margin 合并中最常见、最基本的，例如：

```
p { margin: 1em 0; }
<p>第一行</p>
<p>第二行</p>
```

则第一行和第二行之间的间距还是 1em，因为第一行的 margin-bottom 和第二行的 margin-top 合并在一起了，并非上下相加。

（2）父级和第一个/最后一个子元素。我们直接看例子，在默认状态下，下面 3 种设置是等效的：

```
<div class="father">
   <div class="son" style="margin-top:80px;"></div>
</div>

<div class="father" style="margin-top:80px;">
   <div class="son"></div>
</div>

<div class="father" style="margin-top:80px;">
   <div class="son" style="margin-top:80px;"></div>
</div>
```

在实际开发的时候，给我们带来麻烦的多半就是这里的父子 margin 合并。

比方说，现在流行官网使用一张帅帅的大图，然后配上大大的网站标题。由于这个标题一般在头图中间的某位置，因此，我们很自然会想到使用 margin-top 定位，然后问题就来了。因为发生了“奇怪”的事情，头图居然掉下来了！针对此现象，我特意制作了一个实例，手动输入 http://demo.cssworld.cn/4/3-3.php 或者扫右侧的二维码。

问题产生的原因就是这里的父子 margin 合并。这里大家需要理清楚“合并”这个概念。如果我们按照中文释义理解，应该必须有多个对象才能进行合并，否则根本就没有“合”这一说，确实如此。但是，这样理解也有可能会带来这样一个误区，即你要出点儿力，我要出点儿力，才叫“合”，其实不然。放到我们这里，这个父子 margin 合并的案例上就是：父元素没有出一点力，子元素出了全部的力，然后最终的 margin 全部合到了父元素上。也就是虽然是在子元素上设置的 margin-top，但实际上就等同于在父元素上设置了 margin-top，我想这样大家就能理解为何头图会掉下来了吧。但是有一点需要注意，“等同于”并不是“就是”的意思，

我们使用 getComputedStyle 方法获取父元素的 margin-top 值还是 CSS 属性中设置值，并非 margin 合并的表现值。

那该如何阻止这里 margin 合并的发生呢？

对于 margin-top 合并，可以进行如下操作（满足一个条件即可）：

- 父元素设置为块状格式化上下文元素；
- 父元素设置 border-top 值；
- 父元素设置 padding-top 值；
- 父元素和第一个子元素之间添加内联元素进行分隔。

对于 margin-bottom 合并，可以进行如下操作（满足一个条件即可）：

- 父元素设置为块状格式化上下文元素；
- 父元素设置 border-bottom 值；
- 父元素设置 padding-bottom 值；
- 父元素和最后一个子元素之间添加内联元素进行分隔；
- 父元素设置 height、min-height 或 max-height。

所以，上面因为 margin 合并导致头图掉下来的问题可以添加下面的 CSS 代码进行修复：

```
.container {
   overflow: hidden;
}
```

其原理就是通过设置 overflow 属性让父级元素块状格式化上下文，这在 6.4 节会有深入的探讨。

说到此处，忍不住再多说几句。jQuery 中有个$().slideUp()/$().slideDown()方法，如果在使用这个动画效果的时候，发现这内容在动画开始或结束的时候会跳一下，那八九不离十就是布局存在 margin 合并。跳动之所以产生，就是因为 jQuery 的 slideUp 和 slideDown 方法在执行的时候会被对象元素添加 overflow:hidden 设置，而 overflow: hidden 会阻止 margin 合并，于是一瞬间间距变大，产生了跳动。

（3）空块级元素的 margin 合并。例如，下面 CSS 和 HTML 代码：

```
.father { overflow: hidden; }
.son { margin: 1em 0; }
<div class="father">
   <div class="son"></div>
</div>
```

结果，此时.father 所在的这个父级<div>元素高度仅仅是 1em，因为.son 这个空<div>元素的 margin-top 和 margin-bottom 合并在一起了。这也是上一节 margin:50%最终宽高比是 2:1 的原因，因为垂直方向的上下 margin 值合二为一了，所以垂直方向的外部尺寸只有水平方向的一半。

这种空块级元素的 margin 合并特性即使自身没有设置 margin 也是会发生的，所谓“合”并不一定要自己出力，只要出人就可以。比方说，我们一开始的“相邻兄弟元素 margin 合并”，其实，就算兄弟不相邻，也是可以发生合并的，前提是中间插手的也是个会合并的家伙。比方说：

```
p { margin: 1em 0; }
<p>第一行</p>
<div></div>
<p>第二行</p>
```

此时第一行和第二行之间的距离还是 1em，中间看上去隔了一个<div>元素，但对最终效果却没有任何影响。如果非要细究，则实际上这里发生了 3 次 margin 合并，<div>和第一行<p>的 margin-bottom 合并，然后和第二行<p>的 margin-top 合并，这两次合并是相邻兄弟合并。由于自身是空<div>，于是前两次合并的 margin-bottom 和 margin-top 再次合并，这次合并是空块级元素合并，于是最终间距还是 1em。

根据我多年开发的经验，由于空块级元素的 margin 合并发生不愉快事情的情况非常之少。一来，我们很少会在页面上放置没什么用的空<div>；二来，即使使用空<div>也是画画分隔线之类的，一般都是使用 border 属性，正好可以阻断 margin 合并；三来，CSS 开发人员普遍没有 margin 上下同时开工的习惯，比方说一个列表，间距都是一样的，开发人员一般都是单独设定 margin-top 或 margin-bottom 值，因为这会让他们内心觉得更安全。于是，最终，空块级元素的 margin 合并就变成了一个对 CSS 世界有着具有巨大意义但大多数人都不知道的特性。

如果有人不希望空<div>元素有 margin 合并，可以进行如下操作：

- 设置垂直方向的 border；
- 设置垂直方向的 padding；
- 里面添加内联元素（直接 Space 键空格是没用的）；
- 设置 height 或者 min-height。

### 3. margin 合并的计算规则

我把 margin 合并的计算规则总结为“正正取大值”“正负值相加”“负负最负值”3 句话。下面来分别举例说明。

（1）正正取大值。如果是相邻兄弟合并：

```
.a { margin-bottom: 50px; }
.b { margin-top: 20px; }
<div class="a"></a>
<div class="b"></a>
```

此时.a 和.b 两个<div>之间的间距是 50px，取大的那个值。

如果是父子合并：

```
.father { margin-top: 20px; }
.son { margin-top: 50px; }
<div class="father">
```

```
  <div class="son"></div>
</div>
```

此时.father 元素等同于设置了 margin-top:50px，取大的那个值。

如果是自身合并：

```
.a {
  margin-top: 20px;
  margin-bottom: 50px;
}
<div class="a"></div>
```

则此时.a 元素的外部尺寸是 50px，取大的那个值。

（2）正负值相加。如果是相邻兄弟合并：

```
.a { margin-bottom: 50px; }
.b { margin-top: -20px; }
<div class="a"></div>
<div class="b"></div>
```

此时.a 和.b 两个<div>之间的间距是 30px，是-20px+50px 的计算值。

如果是父子合并：

```
.father { margin-top: -20px; }
.son { margin-top: 50px; }
<div class="father">
  <div class="son"></div>
</div>
```

此时.father 元素等同于设置了 margin-top:30px，是-20px+50px 的计算值。

如果是自身合并：

```
.a {
  margin-top: -20px;
  margin-bottom: 50px;
}
<div class="a"></div>
```

则此时.a 元素的外部尺寸是 30px，是-20px+50px 的计算值。

（3）负负最负值。如果是相邻兄弟合并：

```
.a { margin-bottom: -50px; }
.b { margin-top: -20px; }
<div class="a"></a>
<div class="b"></a>
```

此时.a 和.b 两个<div>之间的间距是-50px，取绝对负值最大的值。

如果是父子合并：

```
.father { margin-top: -20px; }
.son { margin-top: -50px; }
```

```
<div class="father">
  <div class="son"></div>
</div>
```

此时.father 元素等同于设置了 margin-top:-50px，取绝对负值最大的值。

如果是自身合并：

```
.a {
  margin-top: -20px;
  margin-bottom: -50px;
}
<div class="a"></div>
```

则此时.a 元素的外部尺寸是-50px，取绝对负值最大的值。

#### 4. margin 合并的意义

我之前曾见到类似这样的说法："margin-top 合并 bug。"这种说法是大有问题的，"margin-top 合并"这种特性是故意这么设计的，在实际内容呈现的时候是有着重要意义的，根本就不是 bug！不要遇到出乎自己意料或者自己无法理解的现象就称其为 bug。

CSS 世界的 CSS 属性是为了更好地进行图文信息展示而设计的，博客文章或者新闻信息是图文信息的典型代表，基本上离不开下面这些 HTML：

```
<h2>文章标题</h2>
<p>文章段落 1...</p>
<p>文章段落 2...</p>
<ul>
   <li>列表 1</li>
   <li>列表 2</li>
   <li>列表 3</li>
</ul>
```

而这里的<h2>、<p>、<ul>默认全部都是有垂直方向的 margin 值的，而且单位全部都是 em。首先解释一下为何需要 margin 值。其实原因很简单，CSS 世界的设计本意就是图文信息展示，有了默认的 margin 值，我们的文章、新闻就不会挤在一起，垂直方向就会层次分明、段落有致，阅读体验就会好！为何使用 em 作为单位也很好理解，大家应该知道浏览器默认的字号大小是可以自定义的吧，例如，默认的是 16 像素，假如我们设置成更大号的字号，同时 HTML 标签的 margin 是像素大小，则会发生文字变大但是间距不变的情况，原本段落有致的阅读体验必然又会变得令人窒息。em 作为相对单位，则可以让我们的文章或新闻无论多大的字体都排版良好。可以看到，HTML 标签默认内置的 CSS 属性值完全就是为了更好地进行图文信息展示而设计的。

我们平时进行网站开发的时候都会重置各种默认的 margin 尺寸，这是件需要好好审视的事情，对于绝大多数网站，确实需要做这样的处理，因为这些网站鲜有传统的图文信息展示区域。但是，如果你的站点是博客、新闻门户或公众号文章，我们应该做的是统一标签的 margin 大小，而不是一股脑地重置成 0。

下面说说 margin 合并的意义。对于兄弟元素的 margin 合并其作用和 em 类似，都是让图文信息的排版更加舒服自然。假如说没有 margin 合并这种说法，那么连续段落或列表之类首尾项间距会和其他兄弟标签成 1:2 关系；文章标题距离顶部会很近，而和下面的文章详情内容距离又会很开，就会造成内容上下间距不一致的情况。这些都是糟糕的排版体验。而合并机制可以保证元素上下间距一致，无论是<h2>标题这种 margin 偏大的元素，还是中规中矩的<p>元素，因为“正正取大值”。

父子 margin 合并的意义在于：在页面中任何地方嵌套或直接放入任何裸<div>，都不会影响原来的块状布局。<div>是网页布局中非常常用的一个元素，其语义是没有语义，也就是不代表任何特定类型的内容，是一个通用型的具有流体特性的容器，可以用来分组或分隔。由于其作用就是分组的，因此，从行为表现上来看，一个纯粹的<div>元素是不能够也不可以影响原先的布局的。现在有如下一段 HTML：

```
<div style="margin-top:20px;"></div>
```

请问：现在要在上面这段 HTML 的外面再嵌套一层<div>元素，假如说现在没有父子 margin 合并，那这层新嵌套的<div>岂不阻断了原本的兄弟 margin 合并？很有可能间距就会变大，妥妥地影响了原来的布局，这显然就违背了<div>的设计作用了。所以才有了父子 margin 合并，外面再嵌套一层<div>元素就跟没嵌套一样，表现为 margin-top:20px 就好像是设置在最外面的<div>元素上一样。

自身 margin 合并的意义在于可以避免不小心遗落或者生成的空标签影响排版和布局。例如：

```
<p>第一行</p>
<p></p>
<p></p>
<p></p>
<p></p>
<p>第二行</p>
```

其和下面这段 HTML 最终视觉效果是一模一样的：

```
<p>第一行</p>
<p>第二行</p>
```

若是没有自身 margin 合并特性的话，怕是上面的 HTML 第一行和第二行之间要隔了很多行吧。

知道了 margin 合并的意义以及作用，而且合并规则的兼容性良好，所以，我自己平时网页制作的时候，遇到列表或者模块，全部都是保留上下 margin 设置。例如：

```
.list {
  margin-top: 15px;
  margin-bottom: 15px;
}
```

而不是战战兢兢地使用：

```
.list {
  margin-top: 15px;
}
```

因为 margin 合并特性，所以我们无须担心列表之间的间距会很大。不会的，就是 15px！相反，这种设置让我们的页面结构容错性更强了，比方说最后一个元素移除或位置调换，均不会破坏原来的布局，也就是我们的 CSS 无须做任何调整。

### 4.3.4　深入理解 CSS 中的 **margin:auto**

下面讲讲 margin:auto 的作用机制。首先，我们需要知道下面这些事实。

（1）有时候元素就算没有设置 width 或 height，也会自动填充。例如：

```
<div></div>
```

此<div>宽度就会自动填满容器。

（2）有时候元素就算没有设置 width 或 height，也会自动填充对应的方位。例如：

```
div {
   position: absolute;
   left: 0; right: 0;
}
```

此时<div>宽度就会自动填满包含块容器。

此时，如果设置 width 或 height，自动填充特性就会被覆盖。例如：

```
div { width: 200px; }
```

此时，<div>宽度被限制成了 200px，无法自动填充外部容器的可用宽度了。

假设外部的容器宽度是 300px，则有 100px 的宽度原本应该自动填满的，现在因为 width 设置而闲置，而 margin:auto 就是为了填充这个闲置的尺寸而设计的！

margin:auto 的填充规则如下。

（1）如果一侧定值，一侧 auto，则 auto 为剩余空间大小。

（2）如果两侧均是 auto，则平分剩余空间。

上面这两条规则中第二条可能大家都知道，但是第一条怕是知道的人就不多了。我们来看一个例子：

```
.father {
   width: 300px;
}
.son {
   width: 200px;
   margin-right: 80px;
   margin-left: auto;
}
```

请问：此时.son 的左右边距计算值是多少？

如果是对 margin:auto 没有一定深入了解的人，可能会认为左边距 0、右边距 100px，实际上不是的，应该是左边距 20px、右边距 80px。margin 的'auto'可不是摆设，是具有强烈的计算意味的关键字，用来计算元素对应方向应该获得的剩余间距大小。譬如这里，总剩余间距大小是 100 px，其中 margin-right 使用了 80 px，那自然 margin-left 的'auto'计算值就是剩余的 20px 了。

眼见为实，手动输入 http://demo.cssworld.cn/4/3-4.php 或者扫右侧的二维码。效果如图 4-56 所示。

由于 CSS 世界中 margin 的初始值大小是 0，因此，上面的例子如果 margin-right 缺失，实现的效果正好是块级元素的右对齐效果。也就是：

```
.son {
   width: 200px;
   margin-left: auto;
}
```

效果如图 4-57 所示。

图 4-56 margin 单侧值为 auto 表现示意

图 4-57 margin-left:auto 实现的右对齐效果

所以，如果想让某个块状元素右对齐，脑子里不要就一个 float:right，很多时候，margin-left:auto 才是最佳的实践，浮动毕竟是个“小魔鬼”。我甚至可以这么说：margin 属性的 auto 计算就是为块级元素左中右对齐而设计的，和内联元素使用 text-align 控制左中右对齐正好遥相呼应！

居中对齐左右同时 auto 计算即可，CSS 如下：

```
.son {
   width: 200px;
   margin-right: auto;
   margin-left: auto;
}
```

此时，左右边距都是 50px，因为对立方向都是 auto 的时候剩余间距等分，所以左右间距一样，形成居中效果。

虽然知道了 margin:auto 的计算规则，但有人还是会有一些疑问，比方说：为什么明明容器定高、元素定高，margin:auto 却无法垂直居中？

```
.father {
   height: 200px;
```

```
}
.son {
   height: 100px;
   margin: auto;
}
```

原因在于触发 margin:auto 计算有一个前提条件，就是 width 或 height 为 auto 时，元素是具有对应方向的自动填充特性的。比方说这里，假如说把.son 元素的 height:100px 去掉，.son 的高度会自动和父元素等高变成 200px 吗？显然不会！因此无法触发 margin:auto 计算，故而无法垂直居中。

可能有人又会问了：我们垂直方向 margin 无法实现居中了吗？当然是可以的，而且场景还不止一种。

第一种方法是使用 writing-mode 改变文档流的方向：

```
.father {
   height: 200px;
   writing-mode: vertical-lr;
}
.son {
   height: 100px;
   margin: auto;
}
```

此时.son 就是垂直居中对齐的，但是这也带来另外的问题，就是水平方向无法 auto 居中了。

所以，有人会关心有没有让水平垂直同时居中的方法。有，就是这里要提的第二种方法，绝对定位元素的 margin:auto 居中。下面我们边解释为何居中边展示效果。首先，下面的 CSS 代码：

```
.father {
   width: 300px; height:150px;
   position: relative;
}
.son {
   position: absolute;
   top: 0; right: 0; bottom: 0; left: 0;
}
```

此时.son 这个元素的尺寸表现为“格式化宽度和格式化高度”，和<div>的“正常流宽度”一样，同属于外部尺寸，也就是尺寸自动填充父级元素的可用尺寸，此时我们给.son 设置尺寸。例如：

```
.son {
   position: absolute;
   top: 0; right: 0; bottom: 0; left: 0;
   width: 200px; height: 100px;
}
```

此时宽高被限制，原本应该填充的空间就被空余了出来，这多余的空间就是 margin:auto 计算的空间，因此，如果这时候我们再设置一个 margin:auto：

```
.son {
   position: absolute;
   top: 0; right: 0; bottom: 0; left: 0;
   width: 200px; height: 100px;
   margin: auto;
}
```

那么我们这个.son 元素就水平方向和垂直方向同时居中了。因为 auto 正好把上下左右剩余空间全部等分了，自然就居中！

眼见为实，手动输入 http://demo.cssworld.cn/4/3-5.php 或者扫下面的二维码。效果如图 4-58 所示。

图 4-58 绝对定位元素下的 margin:auto 居中对齐效果

由于绝对定位元素的格式化高度即使父元素 height:auto 也是支持的，因此，其应用场景可以相当广泛，可能唯一的不足就是此居中计算 IE8 及以上版本浏览器才支持。至少对我来讲，如果项目无须兼容 IE7 浏览器，绝对定位下的 margin:auto 居中是我用得最频繁的块级元素垂直居中对齐方式，比 top:50%然后 margin 负一半元素高度的方法要好使得多。

最后，还有一个问题，假如说这里面的元素尺寸比外面的大，那这个 auto 该怎么计算呢？

结果很有意思，不同流方向上的计算规则还不一样。在默认的水平流下，如果里面的元素尺寸大，水平方向 auto 计算后的负值会被当作 0 来处理，所以不会水平居中；但垂直方向计算后的负值则会保留，所以会垂直居中。

另外，对于替换元素，如果我们设置 display:block，则 margin:auto 的计算规则同样适合。

### 4.3.5 margin 无效情形解析

因为 margin 属性的诸多特异性，所以，我们在实际开发的时候，经常会遇到设置的 margin 无效的情形，这里我罗列一下，希望大家遇到类似的问题知道原因以及如何对症下药。

（1）display 计算值 inline 的非替换元素的垂直 margin 是无效的，虽然规范提到有渲染，但浏览器表现却未寻得一点踪迹，这和 padding 是有明显区别的。对于内联替换元素，垂直 margin 有效，并且没有 margin 合并的问题，所以图片永远不会发生 margin 合并。

（2）表格中的<tr>和<td>元素或者设置 display 计算值是 table-cell 或 table-row 的

元素的margin都是无效的。但是，如果计算值是table-caption、table或者inline-table则没有此问题，可以通过margin控制外间距，甚至::first-letter伪元素也可以解析margin。

（3）margin合并的时候，更改margin值可能是没有效果的。以父子margin重叠为例，假设父元素设置有margin-top:50px，则此时子元素设置margin-top:30px就没有任何效果表现，除非大小比50px大，或者是负值。

（4）绝对定位元素非定位方位的margin值“无效”。什么意思呢？很多时候，我们对元素进行绝对定位的时候，只会设置1～2个相邻方位。例如：

```
img { top: 10%; left: 30%;}
```

此时right和bottom值属于auto状态，也就是右侧和底部没有进行定位，此时，这两个方向设置margin值我们在页面上是看不到定位变化的。例如：

```
img {
   top: 10%; left: 30%;
   margin-right: 30px;
}
```

此时margin-right:30px几乎就是摆设。是margin没起作用吗？实际上不是的，绝对定位元素任意方位的margin值无论在什么场景下都一直有效。譬如这个例子，假设<img>宽度70%，同时父元素是具有定位属性，且overflow设置为auto的元素，则此时就会出现水平滚动条，因为margin-right:30px增加了图片的外部尺寸。

那为什么一般情况下没有效果呢？主要是因为绝对定位元素的渲染是独立的，普通元素和兄弟元素是心连心，你动我也动，但是绝对定位元素由于独立渲染无法和兄弟元素插科打诨，因此，margin无法影响兄弟元素定位，所以看上去就“无效”。

（5）定高容器的子元素的margin-bottom或者宽度定死的子元素的margin-right的定位“失效”。

我们先看例子：

```
<div class="box">
  <div class="child"></div>
</div>
.box {
   height: 100px;
}
.child {
   height: 80px;
   margin-bottom: 100px;
}
```

这里，margin-bottom:100px是不会在容器底部形成100px的外间距的，看上去就像是“失效”一样，同样的HTML，CSS代码如下：

```
.box {
   width: 100px;
```

```
}
.child {
   width: 80px;
   margin-right: 100px;
}
```

此时，margin-right:100px 对元素的定位也没有任何影响，给人“无效”的感觉，实际上，这个现象的本质和上面绝对定位元素非对立方位 margin 值“无效”类似。原因在于，若想使用 margin 属性改变自身的位置，必须是和当前元素定位方向一样的 margin 属性才可以，否则，margin 只能影响后面的元素或者父元素。

例如，一个普通元素，在默认流下，其定位方向是左侧以及上方，此时只有 margin-left 和 margin-top 可以影响元素的定位。但是，如果通过一些属性改变了定位方向，如 float:right 或者绝对定位元素的 right 右侧定位，则反过来 margin-right 可以影响元素的定位，margin-left 只能影响兄弟元素。

在本例中，父容器只有一个子元素，因此没有影响兄弟元素的说法，加上要么定宽要么定高，右侧和底部无 margin 重叠，因此外部的元素也不会有任何布局上的影响，因此就给人“无效”的错觉，实际上是 margin 自身的特性导致，有渲染只是你看不到变化而已。

（6）鞭长莫及导致的 margin 无效。我们直接看下面这个例子：

```
<div class="box">
  <img src="mm1.jpg">
  <p>内容</p>
</div>

.box > img {
   float: left;
   width: 256px;
}
.box > p {
   overflow: hidden;
   margin-left: 200px;
}
```

其中的 margin-left:200px 是无效的，准确地讲，此时的<p>的 margin-left 从负无穷到 256px 都是没有任何效果的。要解释这里为何会无效，需要对 float 和 overflow 深入理解，而这两个属性都是后面的内容，因此，深入原因分析我们将在 6.4 节介绍。

（7）内联特性导致的 margin 无效。我们直接看下面这个例子：

```
<div class="box">
  <img src="mm1.jpg">
</div>
.box > img {
   height: 96px;
   margin-top: -200px;
}
```

这里的例子也很有代表性。一个容器里面有一个图片，然后这张图片设置 margin-top 负值，让图片上偏移。但是，随着我们的负值越来越负，结果达到某一个具体负值的时候，图片不再往上偏移了。比方说，本例 margin-top 设置的是-200px，如果此时把 margin-top 设置成-300px，图片会再往上偏移 100px 吗？不会！它会微丝不动，margin-top 变得无效了。要解释这里为何会无效，需要对 vertical-align 和内联盒模型有深入的理解，而这 vertical-align 是后面的内容，因此，深入原因分析我们将在 5.3 节介绍。这里大家先记住有这么一个 margin 失效的场景即可。

## 4.4 功勋卓越的 border 属性

顾名思义，border 就是“边框”，从名字就可以看出来 CSS 设计者设计此属性的目的就是给元素弄个边框什么的。但是，CSS 世界中很多大受欢迎的属性之所以受欢迎，并不是因为其本职工作做得很好，而是衍生出来的特性可以用来解决很多棘手的问题。border 属性就是典型代表之一。我总是称赞 border“功勋卓越”，正是因为 border 属性在图形构建、体验优化以及网页布局这块几大放异彩，同时保证其良好的兼容性和稳定的特性表现才得此荣耀的，如果就老老实实画个框框，就不可能称赞它“功勋卓越”。

下面我们一起看看 border 都有哪些精彩的特性表现。

### 4.4.1 为什么 border-width 不支持百分比值

虽然同属盒模型基本成员，但是 border-width 却不支持百分比。例如，设置：

```
div { border-width: 50%; }
```

是无效的，直接声明无效。这一点和 margin 和 padding 都不一样，下面问题来了：为什么 border-width 不支持百分比呢？

有人说不好解析、不好表现。在我看来，是没有这个问题的，直接和 margin 和 padding 一样，全部相对于宽度计算就好了，没有任何渲染上的难度。之所以不支持，在我看来是语义和使用场景决定的。

首先看语义。顾名思义，border-width 是“边框宽度”，我们先来看看现实世界的物体的边框，假设我们现在有两台数码设备，分别是 iMac 和 iPhone，很显然，这两台设备的尺寸差异很大，但是，大家仔细对比就会发现，这两者的边框大小差别跟屏幕设备相比较而言就可以忽略不计了。看到没，所谓“边框”，是不会因为设备大就按比例变大的。因此，如果支持百分比值，是不是就意味着设备大了边框也跟着变大？这显然不合“边框”的语义嘛！然后再看使用场景，虽然说如果 border-width 支持百分比值布局什么的能做的事情就更多了，但是，我们要想到 CSS 世界创造的背景主要是为图文展示服务的，有一张图片，大片区域都是白色的，在白底背景上和文字混在一起，就会有一片奇怪的空白区域，会让人产生没对齐的假象，此时，我们给这张图片套个 1px 灰色边框，区域就明显了，对吧！设计的初衷就是为了这么点儿事，没有需要使用百分比值的场景。于是，综合这两点，造成了 border-width 不支持百分比值。

其实还有很多 CSS 属性，如 outline、box-shadow、text-shadow 等，都是不支持百分比值的，原因也与此类似。

我们平常使用 border-width 几乎全是固定的数值，如 border-width:1px 之类，但是，可能有些人并不知道 border-width 还支持若干关键字，包括 thin、medium（默认值）和 thick，对应的尺寸大小具体如下。

- thin：薄薄的，等同于 1px。
- medium（默认值）：薄厚均匀，等同于 3px。
- thick：厚厚的，等同于 4px。

不知道大家有没有想过这么一个问题：为什么 border 属性的默认宽度大小是 medium，也就是 3px，明明 thin（1px）宽度更常用吧？

为什么呢？因为……border-style:double 至少 3px 才有效果！border-style... double？我好像只知道 solid、dashed 和 dotted，这 double 是个什么？

下面我们一起看看 border-style 的一些有趣的故事。

## 4.4.2 了解各种 border-style 类型

### 1. border-style:none

注意，border-style 的默认值是 none，有一部分人可能会误以为是 solid。这也是单纯设置 border-width 或 border-color 没有边框显示的原因，如下示意：

```
div { border: 10px; }  /* 无边框出现 */
div { border: red; }  /* 无边框出现 */
```

如果是 border-style 类型值则边框出现。例如，下面 CSS 会出现 3 像素宽的边框：

```
div { border: solid; }  /* 有边框出现 */
```

平时我们使用 border-style:none 多出现在重置边框样式的时候，例如，实现一个没有下边框的边框效果：

```
div {
  border: 1px solid;
  border-bottom: none;
}
```

当然，我们也可以通过直接设置边框宽度为 0 进行重置：

```
div {
  border: 1px solid;
  border-bottom: 0;
}
```

当然，如果你是一个“性能控”，可以两个一起写，根据前辈的测试，这样写渲染性能最高：

```
div {
  border: 1px solid;
  border-bottom: 0 none;
}
```

### 2. border-style:solid

这个大家耳熟能详，妇孺皆知，实线边框，没什么好说的。

### 3. border-style:dashed

虚线边框可以说是使用频率第二高的边框类型了，至于使用没什么好说的，倒是这边框本身的一些渲染数据挺有意思。这虚线颜色区的宽高比以及颜色区和透明区的宽度比例在不同浏览器下是有差异的。例如，在 Firefox 浏览器下，颜色区的宽高比是 3:1，颜色区和透明区的宽度比例是 1:1，如图 4-59 所示；IE 浏览器下，颜色区的宽高比是 2:1，颜色区和透明区的宽度比例也是 2:1，如图 4-60 所示；而 Chrome 浏览器之前和 Firefox 浏览器表现一致，Chrome 的 2018 年的某个版本之后改成了和 IE 浏览器一样的显示比例。

图 4-59　Firefor 浏览器下虚线边框的一些比例数据　　图 4-60　IE 浏览器下虚线边框的一些比例数据

本身就是方方正正的，再加上兼容性的差异，基本上就只能当作虚框来用了。

### 4. border-style:dotted

虚点边框在表现上同样有兼容性差异，虽然规范上明确表示是个圆点，但是 Chrome 以及 Firefox 浏览器下虚点实际上是个小方点，如图 4-61 所示；而 IE 浏览器下则是小圆点，如图 4-62 所示。

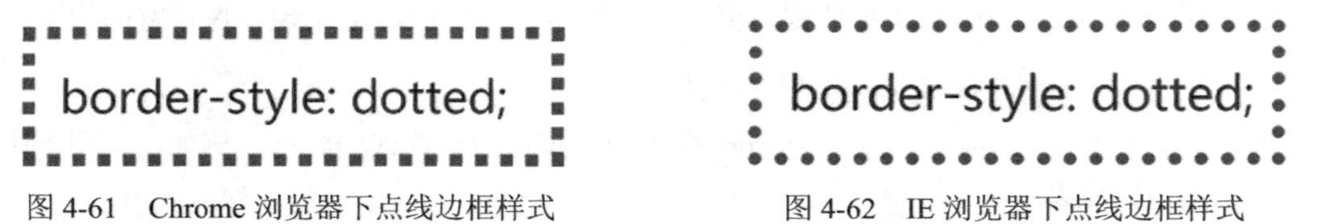


图 4-61　Chrome 浏览器下点线边框样式　　图 4-62　IE 浏览器下点线边框样式

同样一样事物，在有些人眼中是一扫而过，但在有些人眼中却是如获至宝。不知大家对上面的虚点边框表现都怎么看呢？有没有什么地方让你怦然心动的呢？

反正，我是眼前一亮了，亮在什么地方呢？就是 IE 浏览器下的虚点是个圆！对，圆，难道还意识不到吗？众所周知，CSS 圆角属性 `border-radius` 从 IE9 浏览器才开始支持，IE8 这些浏览器要想实现圆角，要么用图片要么使用复杂生涩的 VML，但是，`dotted` 类型边框天然就是一个圆，那我们要想在 IE8 浏览器下实现圆角效果，是不是就轻松多了呢？

例如，下面的 CSS：

```
.dotted {
  width: 150px; height: 150px;
```

```
  border: 149px dotted #cd0000;
}
```

则此时的表现如图 4-63 所示。此时的样式表现就是 4 个规整的圆点，此时，我们只需要配合 overflow:hidden，让其中 3 个点隐藏，则圆角效果就实现了，如图 4-64 所示。

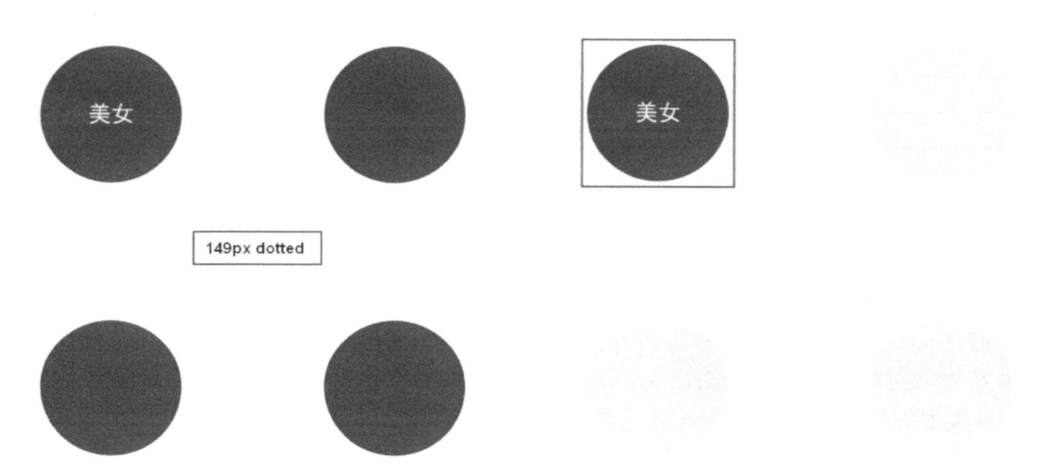


图 4-63 IE 浏览器 4 个虚点　　图 4-64 隐藏 3 个圆点即可实现圆角效果

使用 CSS 代码表示就是：

```
.box {
  width: 150px; height: 150px;
  /* 超出区域隐藏，只显示一个圆 */
  overflow: hidden;
}
.dotted {
  width: 100%; height: 100%;
  border: 149px dotted #cd0000;
}
```

但是，上面的方法只能实现正圆圆角，如果想实现任意大小的圆角该怎么办？

其实也不难，我们不是有 4 个圆点吗，正好可以作为圆角的 4 个角，再覆盖 2 层矩形实色（如图 4-65 黑线线框部分区域所示），就实现了小圆角效果了。

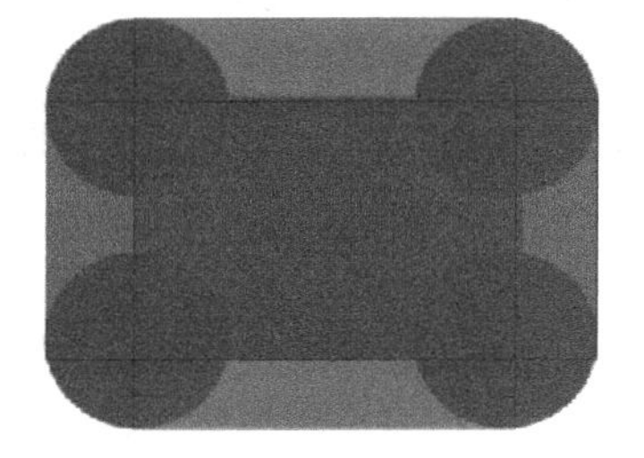

图 4-65 任意大小圆角实现示意

### 5. border-style:double

双线边框，顾名思义，即两根线且为实线。虽然平常我们使用少，但是其兼容性非常好。视觉表现为线框——透明线框，根据 border-width 大小不同，其表现规则如表 4-2 所示。

表 4-2　**border-style:double** 表现规则

| 值 | 双线边框表现规则 | 效果预览 |
| --- | --- | --- |
| 1px | 0+1+0 | |
| 2px | 1+0+1 | |
| 3px | 1+1+1 | |
| 4px | 1+2+1 | |
| 5px | 2+1+2 | |
| 6px | 2+2+2 | |
| 7px | 2+3+2 | |

从表 4-2 可以看到，当边框宽度是 1px 和 2px 的时候，其表现和 border-style:solid 是一模一样的：当边框为 3px 的时候，才开始有双线边框的表现，包括 retina 屏幕也是如此，因为边框宽度是没有半像素的概念的。还记不记得上一节留下的问题，“为什么 border-width 的默认值是 medium（3px）？”答案就在这里，虽然说实际开发的时候 1px 大小的 solid 类型边框是最常用的，但是却无法让 double 类型边框有合乎语义的表现，因此使用了能表现 double 类型的最小边框宽度 3px 作为边框宽度默认值。

根据表 4-2，我们还可以用一句话总结出 border-style:double 的表现规则：双线宽度永远相等，中间间隔±1。

于是，我们就可以借助 border-style:double 实现一些等宽的图形效果。例如，等比例“三道杠”图标效果如图 4-66 所示。

图 4-66　“三道杠”小图标示意

CSS 代码如下：

```
.icon-menu {
  width: 120px;
  height: 20px;
  border-top: 60px double;
  border-bottom: 20px solid;
}
```

### 6. 其他 **border-style** 类型

inset（内凹）、outset（外凸）、groove（沟槽）、ridge（山脊）风格老土过时，且兼容性惨不忍睹（见图 4-67）。因此，它们没有任何实用价值。但是，它们也不是一无是处，这几个边框类型的出现无形中规范了实线边框的转角连接规则。规范中并没有任何关于边框连接规则的描述，按照一般的套路，浏览器会表现不一，类似虚线之类边框确实如此，但是，对于 solid 类型边框，各个浏览器却像是约定好了，连接表现一致，背后起作用的恰恰是这几个看上去没有任何作用的 border-style 类型。这为 border 图形生成技术的广泛应用打下了坚实的基础。

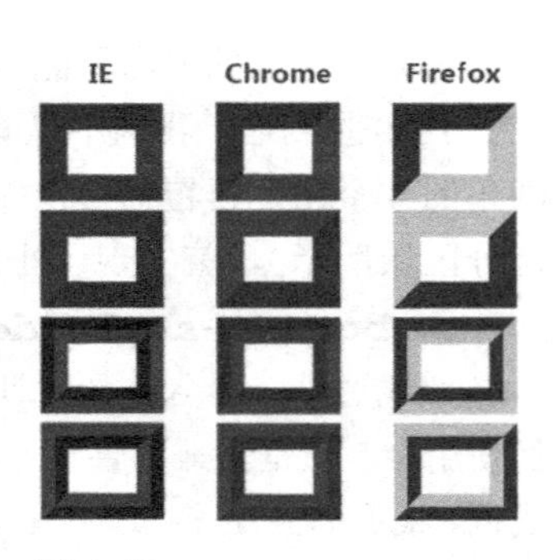


图 4-67　inset、outset、groove、ridge 各浏览器表现截图

### 4.4.3 border-color 和 color

border-color 有一个很重要也很实用的特性，就是"border-color 默认颜色就是 color 色值"。具体来讲，就是当没有指定 border-color 颜色值的时候，会使用当前元素的 color 计算值作为边框色。例如，下面这个例子：

```
.box {
   border: 10px solid;
   color: red;
}
```

此时，.box 元素的 10px 边框颜色就是红色。

具有类似特性的 CSS 属性还有 outline、box-shadow 和 text-shadow 等。

那这种特性对于实际开发有没有什么作用呢？我们直接看一个例子，我们在上传图片的时候，往往后面会跟着一个带有加号的框框按钮，表示可以继续传图，如图 4-68 所示，然后 hover 的时候会变个色。

图 4-68　带加号的上传按钮

这种方方正正、简简单单的图形最适合使用三三两两的 CSS 代码绘制了。通常，正常思维下，我们都是使用 width/height 外加一个 background-color 绘制加号的，核心 CSS 代码如下：

```
.add {
  border: 2px dashed #ccc;
}
.add:before, .add:after {
  background: #ccc;
}
/* hover 变色 */
.add:hover {
  border-color: #06C;
}
.add:hover:before, .add:hover:after {
  background: #06C;
}
```

功能没有任何问题，唯独当我们 hover 变色的时候，需要同时重置 3 处（元素本身以及两个伪元素）颜色。实际上，如果这里不是使用 background-color，而是使用 border 来绘制加号，则代码要简单得多，如下：

```
.add {
  color: #ccc;
  border: 2px dashed;
}
.add:before {
  border-top: 10px solid;
}
```

```
.add:after {
  border-left: 10px solid;
}
/* hover 变色 */
.add:hover {
  color: #06C;
}
```

可以看到，使用 border 实现，我们 hover 变色的时候，只需要重置 1 处，也就是重置元素本身的 color 就可以了。因为整个图形都是使用 border 绘制的，同时颜色缺省，所以所有图形颜色自动跟着一起变了。

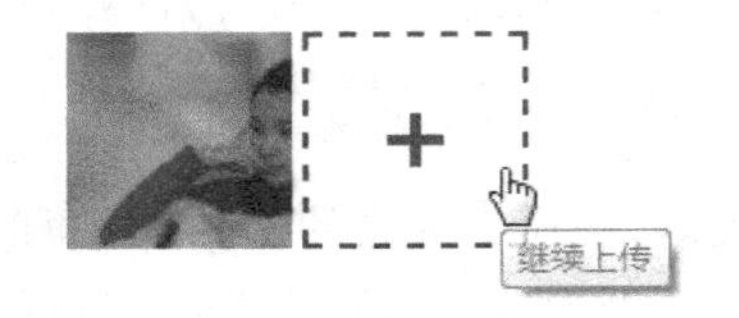

图 4-69　加号按钮鼠标经过效果

效果演示地址是 http://demo.cssworld.cn/4/4-1.php。hover 效果如图 4-69 所示。

### 4.4.4　border 与透明边框技巧

虽然 color:transparent 在 IE9 以上版本的浏览器才支持，但是 border-color: transparent 在 IE7 浏览器就开始支持了，于是，我们解决一些棘手问题的思路就更加开阔了。

#### 1．右下方 background 定位的技巧

在 CSS3 新世界还没到来的时候，background 定位有一个比较大的局限性，就是只能相对左上角数值定位，不能相对右下角。这种特性有时候会给我们的工作带来一点儿麻烦。举个例子，假设现在有一个宽度不固定的元素，我们需要在距离右边缘 50 像素的位置设置一个背景图片，此时 background 属性就遭遇尴尬了：由于宽度不固定，所以无法通过设定具体数值来实现我们想要的效果，因为 background 是相对左上角定位的，我们的需求是右侧定位。

要实现上面的需求，方法挺多。其中一种方法就是使用透明边框，如下 CSS 代码：

```
.box {
  border-right: 50px solid transparent;
  background-position: 100% 50%;
}
```

此时，对 50px 的间距我们使用 transparent 边框表示，这样就可以使用百分比 background-position 定位到我们想要的位置了。因为，默认 background 背景图片是相对于 padding box 定位的，也就是说，background-position:100%的位置计算默认是不会把 border-width 计算在内的。

#### 2．优雅地增加点击区域大小

这是提高用户体验的一个小技巧，尤其在移动端，我们的操作工具一般就是我们的手指，但是，我们的手指粗细可以媲美胡萝卜，而屏幕尺寸就那么点儿，如果我们正在走路，则一些精致的图标和按钮很容易就点不中甚至误点。举个例子，在移动端搜索输入框输入内容后，右侧会有一个清除按钮，类似于图 4-70 所示。

图 4-70　搜索框清除按钮

无论我们是使用 CSS 图标合并工具还是手写模拟，基本上都是按照图标的原始尺寸写的，类似下面：

```
.icon-clear {
  width: 16px;
  height: 16px;
  ...
}
```

效果虽然没问题，但是体验不一定好，因为尺寸仅仅 16 像素，我们胡萝卜般的手指很容易点不中，甚至点到后面的输入框上，那就尴尬了。

稳妥的方法是外部再嵌套一层标签，专门控制点击区域大小。如果对代码要求较高，则可以使用 padding 或者透明 border 增加元素的点击区域大小。

其中，首推透明 border 方法，原因很简单，假设我们的图标是使用工具生成的，那么 background-position 就是限定死的值，若再使用 padding 撑开间距，就会遇到定位不准的问题。但是，若是使用透明 border 增加点击区域，则无此问题，只要合并时留下足够的间距就可以了。

```
.icon-clear {
  width: 16px;
  height: 16px;
  border: 11px solid transparent;
  ...
}
```

此时，点击区域大小从 16×16 一下子提升到 38×38，显然更容易被点中了。

在现代浏览器下手动输入 http://demo.cssworld.cn/4/4-2.php 或者扫下面的二维码。现在的点击区域如图 4-71 所示。

图 4-71　清除按钮点击区域优雅增加

### 3. 三角等图形绘制

即使在移动端，使用 CSS 的 border 属性绘制三角形等图形仍是性价比最高的方式。例如，一个朝下的等腰直角三角形，直接用：

```
div {
  width: 0;
  border: 10px solid;
  border-color: #f30 transparent transparent;
}
```

则有图 4-72 所示的效果。

图 4-72　朝下的三角效果

### 4.4.5　border 与图形构建

border 属性可以轻松实现兼容性非常好的三角图形效果，为什么可以呢？其底层原因受 inset/outset 等看上去没有实用价值的 border-style 属性影响，边框 3D 效果在互联网早期其实还是挺潮的，那个时候人们喜欢有质感的东西，为了呈现逼真的 3D 效果，自然在边框转角的地方一定要等分平滑处理，然后不同的方向赋予不同的颜色。然后，这一转角规则也被 solid 类型的边框给沿用了。因此，我们就不难理解下面的 4 色边框的表现了：

```
div {
   width: 10px; height: 10px;
   border: 10px solid;
   border-color: #f30 #00f #396 #0f0;
}
```

效果如图 4-73 所示。

此时，如果设置左右下 3 个方向边框色为透明，是不是就是一个梯形了？

```
div {
   width: 10px; height: 10px;
   border: 10px solid;
   border-color: #f30 transparent transparent;
}
```

效果如图 4-74 所示。

图 4-73　实色边框的转角连接表现

图 4-74　三个方向边框透明下的梯形效果

此时，再进一步，宽度从 10px 变成 0，是不是上面梯形下方的开口也就从 10px 变成 0 了？是不是三角形效果就出现了？

```
div {
   width: 0;
   border: 10px solid;
   border-color: #f30 transparent transparent;
}
```

效果如图 4-75 所示。

图 4-75　朝下的三角效果

当然，我们还可以让垂直方向的边框宽度更宽一点，这样三角形就会更加狭长：

```
div {
   width: 0;
   border-width: 20px 10px;
   border-style: solid;
   border-color: #f30 transparent transparent;
}
```

效果如图 4-76 所示。

又或者是仅仅让两个方向的边框透明：

```
div {
   width: 0;
   border-width: 20px 10px;
   border-style: solid;
   border-color: #f30 #f30 transparent transparent;
}
```

效果如图 4-77 所示。这种三角形可以作为类似于如图 4-78 所示对话框的尖角。

图 4-76 更窄的三角图形

图 4-77 一侧开口的三角图形效果

如果把两个不同倾斜角度的三角效果叠加，则可以实现更加刁钻的尖角效果，如图 4-79 所示。

图 4-78 一侧开口的三角图形实际应用

图 4-79 三角叠加图形效果

甚至我们可以借助 `border` 生成的梯形实现包括 IE8 浏览器在内的小圆角效果，手动输入 http://demo.cssworld.cn/4/4-3.php 或者扫右侧的二维码。IE8 浏览器下的效果如果 4-80 所示。上面的 2 像素圆角实现原理如图 4-81 所示。

图 4-80 `border` 实现圆角效果

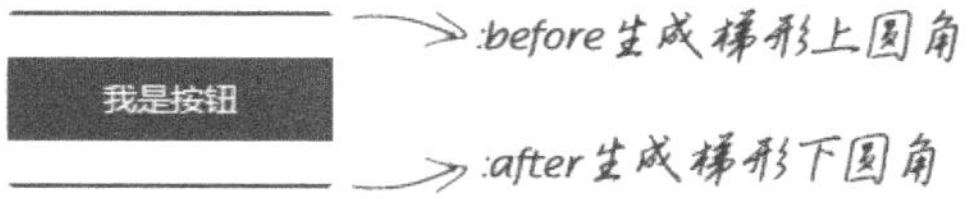

图 4-81 `border` 实现圆角原理示意

只要是与三角形或者梯形相关的图形，都可以使用 `border` 属性来模拟。

### 4.4.6 `border` 等高布局技术

`margin+padding` 可以实现等高布局，同样，`border` 属性也可以实现等高布局。

想看效果，手动输入 http://demo.cssworld.cn/4/4-4.php 或者扫右侧的二维码。点击两个按钮，随意增加数目，会发现两栏的背景色区域高度永远都是一样的，如图 4-82 所示。

图 4-82　border 等高布局效果

核心 CSS 代码如下：

```
.box {
  border-left: 150px solid #333;
  background-color: #f0f3f9;
}
.box > nav {
  width: 150px;
  margin-left: -150px;
  float: left;
}
.box > section {
   overflow: hidden;
}
```

也就是说，左侧深色背景区域是由 border-left 属性生成的。元素边框高度总是和元素自身高度保持一致，因此可以巧妙地实现等高布局效果。

此方法要想生效，有一点需要注意，父级容器不能使用 overflow:hidden 清除浮动影响，因为溢出隐藏是基于 padding box 的，如果设置了 overflow:hidden，则左浮动的导航列表元素就会被隐藏掉，这显然不是我们想要的效果。

此方法与用 margin+padding 实现的等高布局相比更加稳健，不会出现锚点定位带来的问题，但同样它也是有局限性的。

首先，由于 border 不支持百分比宽度，因此，适合至少一栏是定宽的布局。当然，如果不考虑 IE8 浏览器，可以试试使用 vw 单位，其可实现近似的百分比宽度效果。

其次，等高布局的栏目有限制。因为一个元素的边框数目是有限的，基本上，border 等高布局只能满足 2～3 栏的情况，除非正好是等比例的，那还可以使用 border-style:double 实现最多 7 栏布局，但这只是理论上而已。所以，一旦等高布局栏目过多，则建议使用 table-cell 等高布局或者 margin 负值等高布局。

最终如何选型，还是要看设计需求和产品的兼容性要求。

# 第 5 章

# 内联元素与流

块级元素负责结构，内联元素接管内容，而 CSS 世界是面向图文混排，也就是内联元素设计的，由此可见，本章内容在整个 CSS 世界体系中占有非常重要的位置。

## 5.1 字母 x——CSS 世界中隐匿的举足轻重的角色

我们这里的字母 x 就是 26 个英文字母中的 x。由于自身形态的一些特殊性，这个小小的不起眼的字母担当大任，在 CSS 世界中扮演了一个重要的角色。

可能有人的第一反应是："我知道，可以模拟关闭按钮的那个叉叉效果！"

这位朋友思维很活跃，但是，我们这里说的并不是字母 x 在 CSS 世界中的奇技淫巧，而是正统的术语上的紧密联系。

### 5.1.1 字母 x 与 CSS 世界的基线

在各种内联相关模型中，凡是涉及垂直方向的排版或者对齐的，都离不开最基本的基线（baseline）。例如，`line-height` 行高的定义就是两基线的间距，`vertical-align` 的默认值就是基线，其他中线顶线一类的定义也离不开基线，基线甚至衍生出了很多其他基线概念（如图 5-1 所示）。

a. "字母"基线（英文） b. "悬挂"基线（印度文） c. "表意"基线（中文）

图 5-1 一些基线示意

那大家知道基线又是如何定义的吗？基线的定义就离不开本文的主角 x。

字母 x 的下边缘（线）就是我们的基线。

对，是字母 x，不是 s 之类下面有尾巴的字母，参见如图 5-2 所示的标示。

图 5-2　CSS 中的基线示意

### 5.1.2　字母 x 与 CSS 中的 `x-height`

字母 x 与 CSS 的故事远不止基线这么简单。CSS 中有一个概念叫作 `x-height`，指的是字母 x 的高度。

有人可能会有疑问了："一个字母的高度跟 CSS 布局排版有什么关系啊？"实际上关系可大了。

首先需要了解一下 `x-height` 的含义。通俗地讲，`x-height` 指的就是小写字母 x 的高度，术语描述就是基线和等分线（mean line）（也称作中线，midline）之间的距离。

维基上有一个示意图，如图 5-3 所示。`x-height` 的示意范围一目了然。

图 5-3　`x-height` 示意

图 5-3 中还出现了其他的名词，这里简单说一下我的理解。

- ascender height：上行线高度。
- cap height：大写字母高度。
- median：中线。
- descender height：下行线高度。

CSS 中有些属性值的定义就和这个 `x-height` 有关，最典型的代表就是 `vertical-align:middle`。这里的 `middle` 是中间的意思。注意，跟上面的 `median`（中线）不是一个意思。在 CSS 世界中，`middle` 指的是基线往上 1/2 `x-height` 高度。我们可以近似理解为字母 x 交叉点那个位置。

由此可见，`vertical-align:middle` 并不是绝对的垂直居中对齐，我们平常看到的 `middle` 效果只是一种近似效果。原因很简单，因为不同的字体在行内盒子中的位置是不一样的，比如，"微软雅黑"就是一个字符下沉比较明显的字体，所有字符的位置都比其他字体要偏下一点儿。也就是说，"微软雅黑"字体的字母 x 的交叉点是在容器中分线的下面一点。此时，我们就不难理解为什么 vertical-align:middle 不是相对容器中分线对齐的了，因为在毕竟 CSS 世界中文字内容是主体，所以，对于内联元素垂直居中应该是对文字，而非居外部的块级容器所言。

### 5.1.3 字母 x 与 CSS 中的 ex

字母 x 衍生出了 x-height 概念，并在这个基础上深耕细作，进一步衍生出了 ex。注意，这里的 ex 是 CSS 中地地道道的一个尺寸单位。

大家可能都听过和用过 em、px 和 rem，但对连 IE6 都老早支持的 ex 单位却很陌生。

ex 是 CSS 中的一个相对单位，指的是小写字母 x 的高度，没错，就是指 x-height。

那这个单位有什么实际用途呢？存在必有价值！用得少，并不表示其没有作用，只是因为我们并没有好好地理解它、挖掘它。我们细细思考字母 x 在 CSS 世界中扮演的角色，就会发现 ex 的价值所在。

注意，虽然说 em、px 这类单位的主要作用是限定元素的尺寸，但是，由于字母 x 受字体等 CSS 属性影响大，不稳定，因此 ex 不太适合用来限定元素的尺寸。那问题来了：ex 连自己的本职工作都做不好，难道还指望其副业开挂？

没错，ex 的价值就在其副业上——不受字体和字号影响的内联元素的垂直居中对齐效果。

我们都知道，内联元素默认是基线对齐的，而基线就是 x 的底部，而 1ex 就是一个 x 的高度。设想一下，假如图标高度就是 1ex，同时背景图片居中，岂不是图标和文字天然垂直居中，而且完全不受字体和字号的影响？因为 ex 就是一个相对于字体和字号的单位。

文字表述比较苍白，我们来看一个例子。图 5-4 所示的文字后面跟着一个小三角形图标的效果是非常常见的。现在，要让该图标和文字中间位置对齐，你会如何实现？设定好尺寸，然后使用 vertical-align:middle？这样虽然也有效果，但是，实际上啰嗦了，借助 ex 单位，我们直接利用默认的 baseline 基线对齐就可以实现这个效果。

每页显示 15 ∨

图 5-4 文字与小三角图标

CSS 代码如下：

```
.icon-arrow {
  display: inline-block;
  width: 20px;
  height: 1ex;
  background: url(arrow.png) no-repeat center;
}
```

然后就对齐了，完全没有 vertical-align 出场的机会。

眼见为实，手动输入 http://demo.cssworld.cn/5/1-1.php 或者扫右侧的二维码。你会发现，就算我们把字体修改，把字号设置得很大，对齐依然良好，如图 5-5 所示。

zhangxinxu

图 5-5　使用 ex 单位对齐不受字体和字号影响

## 5.2 内联元素的基石 line-height

本节中 line-height 的内容会涉及很多内联盒模型的知识，因此，务必先要掌握 3.4.2 节关于内联盒模型的知识。另外，下文中所有的“行高”指的就是 line-height。

### 5.2.1 内联元素的高度之本——line-height

先思考下面这个问题：默认空<div>高度是 0，但是一旦里面写上几个文字，<div>高度就有了，请问这个高度由何而来，或者说是由哪个 CSS 属性决定的？

如果仅仅通过表象来确认，估计不少人会认为<div>高度是由里面的文字撑开的，也就是 font-size 决定的，但本质上是由 line-height 属性全权决定的，尽管某些场景确实与 font-size 大小有关。

我们不妨设计一个简单的例子来看看真相究竟是什么。例如：

```
<div class="test1">我的高度是？</div>
.test1 {
  font-size: 16px;
  line-height: 0;
  border: 1px solid #ccc;
  background: #eee;
}
```

和

```
<div class="test2">我的高度是？</div>
.test1 {
  font-size: 0;
  line-height: 16px;
  border: 1px solid #ccc;
  background: #eee;
}
```

这两段代码的区别在于一个 line-height 行高为 0，一个 font-size 字号为 0。结果，第一段代码，最后元素的高度只剩下边框那么丁点儿，而后面一段代码，虽然文字小到都看不见了，但是 16px 的内部高度依然坚挺，如图 5-6 所示。

我的高度是？

图 5-6　文字高度本质上由行高决定

很显然，从上面这个例子可以看出，<div>高度是由行高决定的，而非文字。

眼见为实，手动输入 http://demo.cssworld.cn/5/2-1.php 或者扫右侧的二维码。

下面要说一些很有意思的结论，对于非替换元素的纯内联元素，其可视高度完全由 line-height 决定。注意这里的措辞——“完全”，什么 padding、border 属性对可视高度是没有任何影响的，这也是我们平常口中的“盒模型”约定俗成说的是块级元素的原因。

因此，对于文本这样的纯内联元素，line-height 就是高度计算的基石，用专业说法就是指定了用来计算行框盒子高度的基础高度。比方说，line-height 设为 16px，则一行文字高度是 16px，两行就是 32px，三行就是 48px，所有浏览器渲染解析都是这个值，1 像素都不差。

那如果是替换元素，又或者是块级元素，line-height 在其中又扮演什么角色呢？

在回答这个问题之前，我们最好先把 line-height 作用于内联元素的细节给搞明白。

通常，line-height 的高度作用细节都是使用“行距”和“半行距”来解释的。那么什么是“行距”，什么又是“半行距”呢？

首先大家需要明确这一点：字体设计以及文字排版是门很深入的学问，英文和中文又有很多不同之处，但是，我们平常构建页面无须如此事无巨细的知识。因此，这里只简单介绍部分知识，方便大家理解某些行为和特性，更多内容会在第 8 章中披露。

我个人是这么认为的：内联元素的高度由固定高度和不固定高度组成，这个不固定的部分就是这里的“行距”。换句话说，line-height 之所以起作用，就是通过改变“行距”来实现的。

中国古代四大发明之一的活字印刷术使用的是雕刻好的胶泥字模，大家可以回忆一下北京奥运会开幕式上活字印刷术表演中那些凸起的方块，它使用的字体是宋体，注意，是宋体。然而，如果这些方块都是密密麻麻无缝隙铺在一起，印出来的文字就是方方正正的一团，那么我们会无法一眼看出应该横着读还是竖着念。要知道古人的排版是竖排的，但我们去看古人的印刷作品却不会错误地横着看，为什么呢？因为印出来的文字垂直方向确实一个接着一个，但是，水平方向，列与列之间却有着明显的间隙，如图 5-7 所示，这个间隙其实就是“行距”。

图 5-7 活字印刷之列间距

所以，“行距”的作用是可以瞬间明确我们的阅读方向，让我们阅读文字更轻松。在 CSS 世界中，“行距”其实也是类似的东西，但还是有些差别的。以水平阅读流举例，传统印刷的“行距”是上下两行文字之间预留的间隙，是个独立的区域，也就意味着第一行文字的上方是没有“行距”的；但是在 CSS 中，“行距”分散在当前文字的上方和下方，也就是即使是第一行文字，其上方也是有“行距”的，只不过这个“行距”的高度仅仅是完整“行距”高度的一半，因此，也被称为“半行距”。

人总是先入为主，尤其是前端人员，排版知识的获取基本上都是从 CSS 实际工作中来，就会很自然地认为“间距就是应该上下等分啊”，实际上太天真了，且先不说传统印刷的“行距”在中间，著名的排版软件 Adobe InDesign 的“行距”就是加在文字上方的，所以没有什么理所当然。

现在知道了 CSS 的“半行距”，那么哪里到哪里才是“半行距”的高度范围呢？一般业界的共识是：行距 = 行高− em-box。转换成 CSS 语言就是：行距 = `line-height` - `font-size`。其中 em-box 是 CSS 世界中比较虚的一个概念，说“虚”并不是胡编乱造的意思，而是我们无法有效感知这个盒子具体的位置在哪里，但是有一点可以明确，就是其高度正好就是 `1em`。`em` 是一个相对 `font-size` 大小的 CSS 单位，因此 `1em` 等用于当前一个 `font-size` 大小，这就是“行距 = `line-height - font-size`”这个公式的由来。有了“行距”，我们一分为二，就有了“半行距”，分别加在 em-box 上面和下面就构成了文字的完整高度了。话虽这么讲，但一旦不弄清楚 em-box 究竟在什么位置，我们就无法在脑中形成关于行高的具象认知，知识很容易遗忘。

人很容易被肉眼所见的东西迷惑，因此，很多人会把文字图形区域看成是 em-box 范围，实际上这是不正确的，比方说，一些带尾巴的英文字符 `q` 或者 `g`，其小尾巴是在 em-box 范围之外的，而对于汉字，很多字体图形高度实际上要小于 em-box 高度的。

此时，就轮到内容区域（content area）出马了。在本书中，内容区域可以近似理解为 Firefox/IE 浏览器下文本选中带背景色的区域。这么理解的重要原因之一就是可见，这对于我们深入理解内联元素知识非常有帮助。

大多数场景下，内容区域和 em-box 是不一样的，内容区域高度受 `font-family` 和 `font-size` 双重影响，而 em-box 仅受 `font-size` 影响，通常内容区域高度要更高一些。除了下面这种情况，也就是“当我们的字体是宋体的时候，内容区域和 em-box 是等同的”，因为宋体是一种正统的印刷字体，方方正正，所以千万不要小看宋体。

于是，利用我们平常不待见的宋体，就能准确揪出“半行距”的藏身之所了，测试代码如下：

```
.test {
  font-family: simsun;
  font-size: 80px;
  line-height: 120px;
  background-color: yellow;
}
.test > span {
  background-color: white;
}
<div class="test">
  <span>sphinx</span>
</div>
```

此时，平常虚无的 em-box 借助内容区域（图 5-8 中字符 sp 的选中区域）暴露出了庐山真面目，“半行距”也准确显现出来了，如图 5-8 右侧标注。

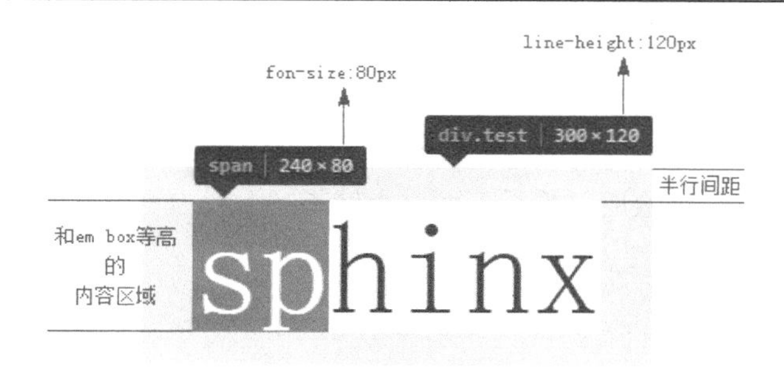


图 5-8　半行间距

眼见为实，手动输入 http://demo.cssworld.cn/5/2-2.php。

学习基础理论知识的好处之一就是可以更准确地进行技术实践，比方说这里，我们知道“半行距”的位置和范围，就可以更准确地帮助我们还原设计。

可能是由于 CSS 开发人员不够专注细致，外加规范设计本身的原因，设计师往往会对各个元素间的距离间隙标注得很清晰。但是，设计师并不是开发人员，他们并没有把网页中无处不在行间距考虑在内，所有与文字相关的间距都是从文字的上边缘和下边缘开始标注的。除非我们全局行高设置为 `line-height:1`，否则这些标注的距离和我们使用的 `margin` 间距都是不一致的。

但是，如果我们理解了半行距，结合我们网页中的设置的 `line-height` 大小，就能根据标注获取准确的间距值。举个例子，假设 `line-height` 是 `1.5`，`font-size` 大小是 `14px`，那么我们的半行距大小就是（套用上面的行距公式再除以 `2`）：`(14px * 1.5 - 14px) / 2 = 14px * 0.25 = 3.5px`。`border` 以及 `line-height` 等传统 CSS 属性并没有小数像素的概念（从 CSS3 动画的细腻程度可以看出），因此，这里的 `3.5px` 需要取整处理，如果标注的是文字上边距，则向下取整；如果是文字下边距，则向上取整，因为绝大多数的字体在内容区域中都是偏下的。所以，假设设计师标注了文字字形上边缘到图片下边缘间距 `20px`，则我们实际的 `margin-top` 值应该是 `17px`，因为 `3.5px` 向下取整是 `3px`。

下面回到最初的问题，`line-height` 如何通过改变行距实现文字排版？当 `line-height` 设为 `2` 的时候，半行距是一半的文字大小，两行文字中间的间隙差不多一个文字尺寸大小；如果 `line-height` 大小是 1 倍文字大小，则根据计算，半行距是 `0`，也就是两行文字会紧密依偎在一起；如果 `line-height` 值是 `0.5`，则此时的行距就是负值，虽然 `line-height` 不支持负值，但是行距可以为负值，此时，两行文字就是重叠纠缠在一起。具体表现如图 5-9 所示。图 5-9 有对应的实例页面，有兴趣的话可以手动输入 http://demo.cssworld.cn/5/2-3.php 或者扫下面的二维码。

第1行 第2行　第1行 第2行　第1行 第2行

图 5-9　`line-height` 通过控制行距实现文字排版

说完了内联元素，下面轮到替换元素和块级元素了。

关于替换元素的高度与 line-height 的关系首先需要弄明白这个问题：line-height 可以影响替换元素（如图片的高度）吗？答案是，不可以！

可能有人会反驳了，不会呀，你看下面这个例子：

```
.box {
  line-height: 256px;
}
<div class="box">
  <img src="1.jpg" height="128">
</div>
```

<div>元素中，就一张图片，其他什么都没有，但此时.box 元素高度却是 256px，难道不是 line-height 把图片占据的高度变高了吗？

不是的，不是 line-height 把图片占据高度变高了，而是把“幽灵空白节点”的高度变高了。图片为内联元素，会构成一个“行框盒子”，而在 HTML5 文档模式下，每一个“行框盒子”的前面都有一个宽度为 0 的“幽灵空白节点”，其内联特性表现和普通字符一模一样，所以，这里的容器高度会等于 line-height 设置的属性值 256px。

实际开发的时候，图文和文字混在一起是很常见的，那这种内联替换元素和内联非替换元素在一起时的高度表现又是怎样的呢？

由于同属内联元素，因此，会共同形成一个“行框盒子”，line-height 在这个混合元素的“行框盒子”中扮演的角色是决定这个行盒的最小高度，听上去似乎有点儿尴尬，对于纯文本元素，line-height 非常威风，直接决定了最终的高度。但是，如果同时有替换元素，则 line-height 的表现一下子弱了很多，只能决定最小高度，对最终的高度表现有望尘莫及之感。为什么会这样呢？一是替换元素的高度不受 line-height 影响，二是 vertical-align 属性在背后作祟。

对于这种混合替换元素的场景，line-height 要想一统江山，需要值足够大才行。但是，实际开发的时候，我们给 line-height 设置的值总是很中规中矩，于是，就会出现类似下面的场景：明明文字设置了 line-height 为 20px，但是，如果文字后面有小图标，最后“行框盒子”高度却是 21px 或是 22px。这种现象背后最大的黑手其实是 vertical-align 属性，我们会在下一章好好深入剖析为什么会有这样的表现。

对于块级元素，line-height 对其本身是没有任何作用的，我们平时改变 line-height，块级元素的高度跟着变化实际上是通过改变块级元素里面内联级别元素占据的高度实现的。

比方说，一个<p>元素中有 10 行图文内容，则这个<p>元素的高度就是由这 10 行内容产生的 10 个“行框盒子”高度累加而成；一个<article>元素中可能会有 20 个<p>元素，则这个<article>元素又是由这 20 个块级<p>元素高度累加而成，同时块级元素还可以通过 height 和 min-height 以及盒模型中的 margin、padding 和 border 等属性改变占据的高度，所有这一切就构成了 CSS 世界完整的高度体系。

因为 line-height 几乎无处不在的继承特性，并且 CSS 世界是为了更好地图文展示，所以 line-height 不仅是内联元素高度的基石，而且还是整个 CSS 世界高度体系的基石。

### 5.2.2　为什么 line-height 可以让内联元素"垂直居中"

坊间流传着这么一种说法："要想让单行文字垂直居中，只要设置 line-height 大小和 height 高度一样就可以了。"类似下面这样的代码：

```
.title {
  height: 24px;
  line-height: 24px;
}
```

从效果上看，似乎验证了这种说法的正确性。但是，实际上，上面的说法对 CSS 初学者会产生两个严重的误导，同时，语句本身也存在不严谨的地方！

误区之一：要让单行文字垂直居中，只需要 line-height 这一个属性就可以，与 height 一点儿关系都没有。也就是说，我们直接：

```
.title {
  line-height: 24px;
}
```

就可以了。坊间传闻的说法会误导大家一定要同时设置 height 属性才可以。

误区二：行高控制文字垂直居中，不仅适用于单行，多行也是可以的。准确的说法应该是"line-height 可以让单行或多行元素近似垂直居中"。稍等，这里有个词似乎和上面的表述有点儿微妙的差异，"近似垂直居中"？没错，一定要加上"近似"二字，这样的说法才足够严谨。换句话说，我们通过 line-height 设置的垂直居中，并不是真正意义上的垂直居中！究竟是怎么一回事？

这里，其实要解答的是两个问题，一个是为何可以"垂直居中"，另一个是为何是"近似"。

正如上一节所说的，没有什么理所当然，行高可以实现"垂直居中"原因在于 CSS 中"行距的上下等分机制"，如果行距的添加规则是在文字的上方或者下方，则行高是无法让文字垂直居中的。

说"近似"是因为文字字形的垂直中线位置普遍要比真正的"行框盒子"的垂直中线位置低，譬如我们拿现在用得比较多的微软雅黑字体举例：

```
p {
  font-size: 80px;
  line-height: 120px;
  background-color: #666;
  font-family: 'microsoft yahei';
  color: #fff;
}

<p>微软雅黑</p>
```

结果，我都不需要标注，肉眼就能看出字形明显偏下，如图 5-10 所示。

由于我们平时使用的 font-size 都比较小，12px～16px 很多，因此，虽然微软雅黑字体有下沉，但也就 1 像素的样子，所以我们往往觉察不到这种“垂直对齐”其实并不是真正意义上的垂直居中，只是感官上看上去像是垂直居中罢了。这也是我总是称 line-height 实现的单行文本垂直居中为“近似垂直居中”的原因。

图 5-10　line-height 与位置下沉的微软雅黑字体

下面再来说说行高实现多行文本或者图片等替换元素的垂直居中效果实现。

多行文本或者替换元素的垂直居中实现原理和单行文本就不一样了，需要 line-height 属性的好朋友 vertical-align 属性帮助才可以，示例代码如下：

```
.box {
  line-height: 120px;
  background-color: #f0f3f9;
}
.content {
  display: inline-block;
  line-height: 20px;
  margin: 0 20px;
  vertical-align: middle;
}
<div class="box">
  <div class="content">基于行高实现的...</div>
</div>
```

效果如图 5-11 所示。眼见为实，手动输入 http://demo.cssworld.cn/5/2-4.php 或者扫下面的二维码。

基于行高实现的多行文字垂直居中效果，需要vertical-align属性帮助。

图 5-11　line-height 与多行文字垂直居中效果

实现的原理大致如下。

（1）多行文字使用一个标签包裹，然后设置 display 为 inline-block。好处在于既能重置外部的 line-height 为正常的大小，又能保持内联元素特性，从而可以设置 vertical-align 属性，以及产生一个非常关键的“行框盒子”。我们需要的其实并不是这个“行框盒子”，而是每个“行框盒子”都会附带的一个产物——“幽灵空白节点”，即一个宽度为 0、表现如同普通字符的看不见的“节点”。有了这个“幽灵空白节点”，我们的 line-height:120px 就有了作用的对象，从而相当于在.content 元素前面撑起了一个高度为 120px 的宽度为 0 的内联元素。

（2）因为内联元素默认都是基线对齐的，所以我们通过对.content 元素设置 vertical-align:middle 来调整多行文本的垂直位置，从而实现我们想要的“垂直居中”效果。如果是要借助 line-height 实现图片垂直居中效果，也是类似的原理和做法。

细心的读者可能发现，上面我解释原理的时候，“垂直居中”这 4 个字加了引号，莫非，这里的“垂直居中”又是“近似”？

你还真说对了，这里实现的“垂直居中”确实也不是真正意义上的垂直居中，也是“近似垂直居中”。还是上面的多行文本垂直居中的例子，如果我们捕获到多行文本元素的尺寸空间，截个图，然后通过尺子工具一量就会发现，上面的留空是 41px，下面的留空是 39px，对啦，原来不是完全的垂直居中，如图 5-12 所示。

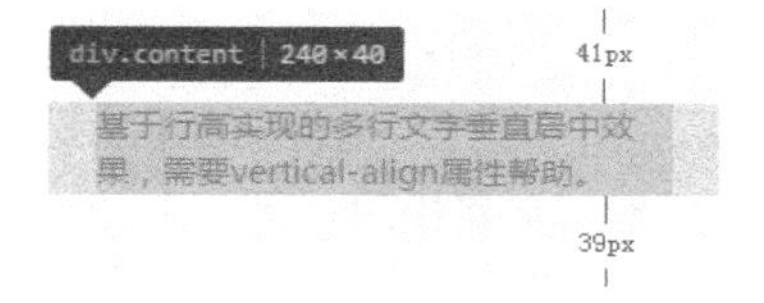

图 5-12 上下留白大小是不一样的

不垂直居中与 line-height 无关，而是 vertical-align 导致的，具体原因我们将在 5.3 节讲解。

### 5.2.3 深入 line-height 的各类属性值

line-height 的默认值是 normal，还支持数值、百分比值以及长度值。

首先了解一下这个看上去一般实际上不一般的 normal。为什么说 line-height 的默认值 normal 不一般呢？因为，本质上，这个 normal 实际上是一个变量。我想，很多人脑中的想法应该是这样的：normal 应该对应一个具体的行高值，按照经验差不多 1 倍多一点儿的样子，具体值多少需要测试一下才知道。实际上非也！normal 实际上是一个和 font-family 有着密切关联的变量值。什么意思呢？比方说，一个<div>元素，有两段对比 CSS 如下：

```
div {
  line-height: normal;
  font-family: 'microsoft yahei';
}

div {
  line-height: normal;
  font-family: simsun;
}
```

此时两段 CSS 中 line-height 的属性值 normal 的计算值是不一样的，表 5-1 给出的是我在几个桌面浏览器的测试数据。

表 5-1 不同字体下的 line-height:normal 解析值

| 字体 | Chrome | Firefox | IE |
| --- | --- | --- | --- |
| 微软雅黑 | 1.32 | 1.321 | 1.32 |
| 宋体 | 1.141 | 1.142 | 1.141 |

可以看到，只要字体确定，各个浏览器下的默认 line-height 解析值基本上都是一样的。然而，关键问题是，不同的浏览器所使用的默认中英文字体并不是一样的，并且不同操作系统的默认字体也不一样，换句话说，就是不同系统不同浏览器的默认 line-height 都是有差异的。因此，在实际开发的时候，对 line-height 的默认值进行重置是势在必行的。下面问题来了，line-height 应该重置为多大的值呢？是使用数值、百分比值还是长度值呢？

要回答这个问题，我们需要先对这几种属性值有一定的了解才行。

- **数值**，如 line-height:1.5，其最终的计算值是和当前 font-size 相乘后的值。例如，假设我们此时的 font-size 大小为 14px，则 line-height 计算值是 1.5*14px=21px。
- **百分比值**，如 line-height:150%，其最终的计算值是和当前 font-size 相乘后的值。例如，假设我们此时的 font-size 大小为 14px，则 line-height 计算值是 150%*14px=21px。
- **长度值**，也就是带单位的值，如 line-height:21px 或者 line-height:1.5em 等，此处 em 是一个相对于 font-size 的相对单位，因此，line-height:1.5em 最终的计算值也是和当前 font-size 相乘后的值。例如，假设我们此时的 font-size 大小为 14px，则 line-height 计算值是 1.5*14px=21px。

乍一看，似乎 line-height:1.5、line-height:150%和 line-height:1.5em 这 3 种用法是一模一样的，最终的行高大小都是和 font-size 计算值，但是，实际上，line-height:1.5 和另外两个有一点儿不同，那就是继承细节有所差别。如果使用数值作为 line-height 的属性值，那么所有的子元素继承的都是这个值；但是，如果使用百分比值或者长度值作为属性值，那么所有的子元素继承的是最终的计算值。什么意思呢？比方说下面 3 段 CSS 代码：

```
body {
  font-size: 14px;
  line-height: 1.5;
}

body {
  font-size: 14px;
  line-height: 150%;
}

body {
  font-size: 14px;
  line-height: 1.5em;
}
```

对于<body>元素而言，上面 3 段 CSS 最终的行高计算值是 21px 是没有任何区别的，但是，如果同时还有子元素，例如：

```
h3, p { margin: 0; }
h3 { font-size: 32px; }
```

```
p { font-size: 20px; }
<h3>标题</h3>
<p>内容</p>
```

结果 line-height:150%和 line-height:1.5em 的最终表现是“标题”文字和“内容”文字重叠在了一起，如图 5-13 所示。

俗话讲“没有对比就没有伤害”，我们来看看 line-height:1.5 的最终表现，排版令人舒畅，如图 5-14 所示。

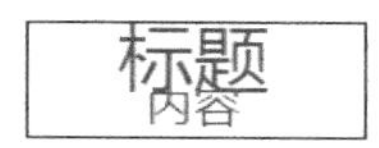


图 5-13　文字重叠

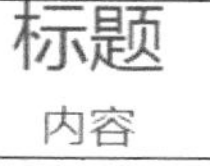


图 5-14　文字正常排版

眼见为实，手动输入 http://demo.cssworld.cn/5/2-5.php 或者扫右侧的二维码。

line-height:150%和 line-height:1.5em 代码下的文字重叠的原因在于<h3>和<p>元素继承的并不是 150%或者 1.5em，而是<body>元素的 line-height 计算值 21px，也就是说，<h3>和<p>元素的行高都是 21px，考虑到<h3>的 font-size 大小为 32px，此时<h3>的半行间距就是-5.5px，因而“标题”文字和下面的“内容”文字发生重叠。

但是 line-height:1.5 的继承则不同，<h3>和<p>元素的 line-height 继承的不是计算值，而是属性值 1.5，因此，对于<h3>元素，此时的行高计算值是 1.5*32px=48px，<p>元素的行高计算值是 1.5*20px=30px，于是，间距合理，排版舒适。

实际上，line-height:150%、line-height:1.5em 要想有类似 line-height:1.5 的继承效果，也是可以实现的，类似下面的 CSS 代码：

```
* {
  line-height: 150%;
}
```

就是使用通配符*匹配所有的元素。有人可能会疑问：既然 line-height 数值可以让元素天然继承相对计算特性，那这里的通配符岂不完全没必要？

其实非也，两者还是有差别的。HTML 中的很多替换元素，尤其表单类的替换元素，如输入框、按钮之类的，很多具有继承特性的 CSS 属性其自己也有一套，如 font-family、font-size 以及这里的 line-height。由于继承是属于最弱的权重，因此 body 中设置的 line-height 是无法影响到这些替换元素的，但是*作为一个选择器，就不一样了，会直接重置这些替换元素默认的 line-height，这其实是我们需要的，因此从道义上讲，使用*通配也是合理的。但又考虑到*的性能以及明明有继承却不好好利用的羞耻感，我们可以折中使用下面的方法：

```
body {
  line-height: 1.5;
```

```
}
input, button {
  line-height: inherit;
}
```

说这么多其实还是为了解决一开始的问题：line-height 应该重置为多大的值呢？是使用数值、百分比值还是长度值呢？

下面是我的答案：如果我们做的是一个重图文内容展示的网页或者网站，如博客、论坛、公众号之类的，那一定要使用数值作为单位，考虑到文章阅读的舒适度，line-height 值可以设置在 1.6～1.8。如果是一个偏重布局结构精致的网站，则在我看来使用长度值或者数值都是可以的，因为，第一，我们的目的是为了兼容；第二，无论使用哪种类型值，都存在需要局部重置的场景。不过，根据我的统计，基本上各大站点都是使用数值作为全局的 line-height 值。不过，这并不表示使用数值就一定是最好的，如果网站内容的样式不是动态不可控的，有时候，固定的长度值反而更利于精确布局。因此，不要盲目跟风。那具体设置的值应该是多大呢？

如果使用的是长度值，我建议直接 line-height:20px，排版时候计算很方便。

如果随大流使用的是数值，我建议最好使用方便计算的行高值，一种是 line-height 属性值本身方便计算，另一种是 line-height 的默认计算值方便计算。比方说，1.3、1.4、1.5 都有大型网站使用，我们就不妨使用 1.5，因为心算 1.4*16px 要比 1.5*16px 难多了，这就是第一种“属性值本身方便计算”；而另外一种“默认计算值方便计算”是我们先得到方便计算的 line-height 计算值，然后倒推 line-height 应该使用的数值是多大，例如 20px 是一个非常方便的计算值，如果<body>默认重置的 font-size 是 14px，则 line-height 数值应该是 20px/14px≈1.4285714285714286 四舍五入的结果，于是得到：

```
body {
  line-height: 1.42857;
  font-size: 14px;
}
```

不好意思，给大家下套子了。注意，在 CSS 中，计算行高的时候，行高值一定不要向下舍入，而要向上舍入。上面虽然 14*1.42857 计算机近乎是 20px，但在 Chrome 浏览器下，依然以 19px 的高度呈现，如果我们向上舍入取 1.42858，则最终所有浏览器行高计算值是 20px，代码示意如下：

```
body {
  line-height: 1.42858;
  font-size: 14px;
}
```

### 5.2.4　内联元素 line-height 的“大值特性”

理解了下面这个案例，就真正理解了内联元素 line-height。因此，放在最后算是对

line-height 的总结和知识测验吧。此例子 HTML 都是一样的：

```
<div class="box">
  <span>内容...</span>
</div>
```

CSS 代码有所不同，分别为

```
.box {
  line-height: 96px;
}
.box span {
  line-height: 20px;
}
```

和

```
.box {
  line-height: 20px;
}
.box span {
  line-height: 96px;
}
```

也就是一个子元素行高是 20px，一个是 96px，假如文字就 1 行，.box 元素的高度分别是多少？

按照我们以前考试做选择题的套路，非 A 即 B：按照经验，子元素行高覆盖父元素，应该高度等于<span>元素的高度，分别是 20px、96px；但由于基本功不够扎实，并不确定内联元素是否支持 line-height，如果不支持，那应该跟着.box 元素的行高走，高度应该是 96px、20px。总之，肯定就这两个答案之间！

好，如果大家也有和上面类似的想法，那么建议还要再细细读一读前面的内容。正确的答案是：全都是 96px 高！

还不信？可以看一下演示示例，手动输入 http://demo.cssworld.cn/5/2-6.php 或者扫下面的二维码。效果如图 5-15 所示（截自 IE 浏览器）。

span: line-height:20px

span: line-height:96px

图 5-15 .box 元素的高度均是 96px

也就是说：无论内联元素 line-height 如何设置，最终父级元素的高度都是由数值大的那个 line-height 决定的，我称之为“内联元素 line-height 的大值特性”。

可能很多人会有疑问：为什么会这样？逻辑上讲不通啊？

首先，要明确一点：内联元素是支持 line-height 的<span>元素上的 line-height

也确实覆盖了.box 元素，但是，在内联盒模型中，存在一些你看不到的东西，没错，就是多次提到的“幽灵空白节点”。

正好再次（也是最后一次）温习一下“内联盒模型”的知识。这里的<span>是一个内联元素，因此自身是一个“内联盒子”，本例就这一个“内联盒子”，只要有“内联盒子”在，就一定会有“行框盒子”，就是每一行内联元素外面包裹的一层看不见的盒子。然后，重点来了，在每个“行框盒子”前面有一个宽度为 0 的具有该元素的字体和行高属性的看不见的“幽灵空白节点”，如果套用本案，则这个“幽灵空白节点”就在<span>元素的前方，如图 5-16 所示。

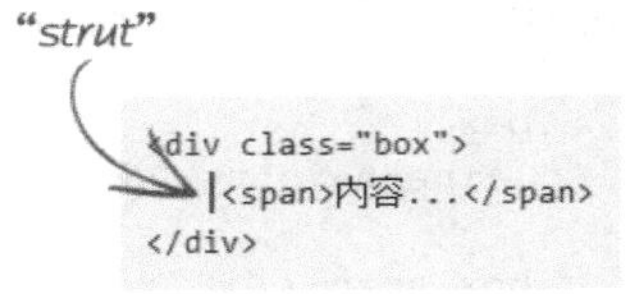

图 5-16 “幽灵空白节点”（又名“strut”）标注

于是，就效果而言，我们的 HTML 实际上等同于：

```
<div class="box">
  字符<span>内容...</span>
</div>
```

这下就好理解了，当.box 元素设置 line-height:96px 时，“字符”高度 96px；当.box 元素设置 line-height:20px 时，<span>元素的高度则变成了 96px，而行框盒子的高度是由高度最高的那个“内联盒子”决定的，这就是.box 元素高度永远都是最大的那个 line-height 的原因。

我们实际开发的时候，是希望<span>元素设置的 line-height:20px 可以生效，这样多行文字显示的时候排版才能正常，不至于行间距过大。理解了上面“大值特性”，这个问题就容易解决了。例如，设置<span>元素 display:inline-block，创建一个独立的“行框盒子”，行高不受前面的“幽灵空白节点”的干扰。此时，再设置<span>元素 verlical-aligh:middle，一个多行文字近似垂直居中的效果就实现了。

## 5.3　line-height 的好朋友 vertical-align

终于轮到 line-height 的好朋友 vertical-align 上场了，为什么说它们是好朋友呢？因为凡是 line-height 起作用的地方 vertical-align 也一定起作用，只是很多时候，vertical-align 默默地在背后起作用，你没有感觉到而已。

很多人都有这样一个错误的认知，认为对于单行文本，只要行高设置多少，其占据高度就是多少。比方说，对于下面非常简单的 CSS 和 HTML 代码：

```
.box { line-height: 32px; }
.box > span { font-size: 24px; }
<div class="box">
  <span>文字</span>
</div>
```

.box 元素的高度是多少？

很多人一定认为是 32px：因为没有设置 height 等属性，高度就由 line-height 决定，与 font-size 无关，所以这里明摆着最终高度就是 32px。

但是事实上，高度并不是 32px，而是要大那么几像素（受不同字体影响，增加高度也不一样），比方说 36px，如图 5-17 所示。图 5-17 截自此示例页面：http://demo.cssworld.cn/5/3-1.php。

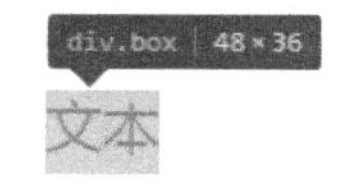


图 5-17 单行文本容器高度不等于行高

这里，之所以最终.box 元素的高度并不等于 line-height，就是因为行高的朋友属性 vertical-align 在背后默默地下了黑手。

vertical-align 知识点比 line-height 要多，我们现在就来一点一点地揭开 vertical-align 属性的层层面纱。

### 5.3.1 vertical-align 家族基本认识

抛开 inherit 这类全局属性值不谈，我把 vertical-align 属性值分为以下 4 类：

- 线类，如 baseline（默认值）、top、middle、bottom；
- 文本类，如 text-top、text-bottom；
- 上标下标类，如 sub、super；
- 数值百分比类，如 20px、2em、20%等。

实际上，“数值百分比类”应该是两类，分别是“数值类”和“百分比类”，这里之所以把它们合在一起归为一类，是因为它们有不少共性，包括“都带数字”和“行为表现一致”。

“都带数字”略带戏谑之意，没什么好说的。“行为表现一致”表示具有相同的渲染规则，具体为：根据计算值的不同，相对于基线往上或往下偏移，到底是往上还是往下取决于 vertical- align 的计算值是正值还是负值，如果是负值，往下偏移，如果是正值，往上偏移。

为了更好地演示 vertical-align 数值类属性值的表现，我特意做了个演示页面，手动输入 http://demo.cssworld.cn/5/3-2.php 或者扫右侧的二维码。

由于 vertical-align 的默认值是 baseline，即基线对齐，而基线的定义是字母 x 的下边缘。因此，内联元素默认都是沿着字母 x 的下边缘对齐的。对于图片等替换元素，往往使用元素本身的下边缘作为基线，因此，进入上面的演示页面，看到的是图 5-18 所示的图文排列效果。

由于是相对字母 x 的下边缘对齐，而中文和部分英文字形的下边缘要低于字母 x 的下边缘，因此，会给人感觉文字是明显偏下的，一般都会进行调整。比方说，我们给文字内容设置 vertical-align:10px，则文字内容就会在当前基线位置再往上精确偏移 10px，效果如图 5-19 所示。

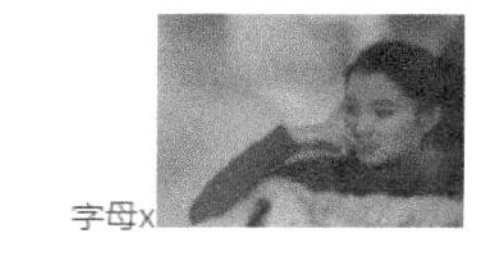


图 5-18 默认的图文对齐表现

图 5-19 vertical-align:10px 偏移后的效果

演示页面还提供了很多其他可供选择的 vertical-align 值，经过一番试验读者就会发现，正如上面所说，负值全部都是往下偏移，正值全部都是往上偏移，而且数值大小全部都是相对于基线位置计算的，因此，从这一点来看，vertical-align:baseline 等同于 vertical-align:0。

说到这里，我就忍不住多说两句。很多即使工作很多年的前端开发人员，也可能不知道 vertical-align 的属性值支持数值，更不知道支持负值，这着实让我很意外。如果实用性差那还好理解，关键是 vertical-align 的数值属性值在实际开发的时候实用性非常强。

一是其兼容性非常好。在之前，vertical-align 属性的兼容性被开发人员诟病已久，因为需要兼容 IE6 和 IE7 浏览器，而这些浏览器的 vertical-align 关键字属性值（如 middle、text-top 等）的渲染规则和其他浏览器大相径庭，很多人不知道 vertical-align 还可以使用数值作为属性值，结果 CSS hack 满天飞。实际上，vertical-align 有一些属性值的渲染一直都很兼容，一个是默认的基线对齐，另一个就是相对于基线的"数值百分比类"属性值偏移定位。也就是说，如果我们使用类似 vertical-align:10px 这样的定位，是不会有任何兼容性问题的，也不需要写 CSS hack。

二是其可以精确控制内联元素的垂直对齐位置。vertical-align 属性的规范和统一从 IE8 浏览器开始，由于我们现在都不需要兼容 IE8 以前的浏览器，middle、text-top 等关键字属性值可以畅快使用，但是这些关键字有一个严重的不足，就是垂直对齐位置是固定的，往往最后并不是我们想要的像素级精确对齐效果，此时，还是需要借助"数值百分比类"属性值才可以。

我们不妨看一个简单的小图标对齐的例子。

假设有一个 display 值为 inline-block 的尺寸为 20 像素×20 像素的小图标，默认状态下，文字是明显偏下的，类似图 5-20 中"请选择"三个字和后面三角图形的位置关系。

这里，我们需要的是垂直居中对齐效果，所以很多人都使用具有强烈语义的 vertical-align:middle 控制图标的垂直位置，然而，由于 middle 并不是真正意义上的垂直居中，因此还是会有像素级别的误差，误差大小与字体和字号均有关。例如，在本例中，图标往下多偏移了 1 像素而导致容器的可视高度变成了 21 像素，如图 5-21 所示。

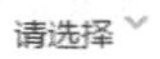

请选择

图 5-20　文字位置比图标低

图 5-21　middle 属性导致过多偏移从而使容器尺寸超出预期

但是，如果我们使用精确的数值，则一切尽在掌控之中。例如，设置 vertical-align:-5px，此时，图标和文字实现了真正意义上的垂直居中，此时容器的可视高度和当前行高 20 像素保持了一致，如图 5-22 所示。眼见为实，手动输入 http://demo.cssworld.cn/5/3-3.php 或者扫下面的二维码。

图 5-22　-5px 实现的完美的垂直居中

说完“数值类”和“百分比类”属性值的行为表现，下面再简单说说平时使用并不多的“百分比类”属性值。

在 CSS 世界中，凡是百分比值，均是需要一个相对计算的值，例如，margin 和 padding 是相对于宽度计算的，line-height 是相对于 font-size 计算的，而这里的 vertical-align 属性的百分比值则是相对于 line-height 的计算值计算的。可见，CSS 世界中的各类属性相互间有着紧密联系而非孤立的个体。

假设某元素的 line-height 是 20px，那么此时 vertical-align:-25%相当于设置 vertical-align:-5px。按照之前学到的知识，会发现百分比值无论什么时候都很实用，因此会给人感觉 vertical-align 的百分比属性值也会非常实用，但是事实上，平时开发中很少使用。原因在于，在如今的网页布局中，line-height 的计算值都是相对固定并且已知的，因此，直接使用具体的数值反而更方便。比方说上面小图标对齐的例子，我们肯定会直接 vertical-align:-5px，而不会使用 vertical-align:-25%，因为后者还要重新计算，并且很多时候是除不尽的，除了装门面以外，我是想不到还有其他使用的理由了。

这就是为什么“百分比类”属性值“简单说说”的原因了。

## 5.3.2 vertical-align 作用的前提

很多人，尤其 CSS 新手，会问这么一个问题：“为什么我设置了 vertical-align 却没任何作用？”

因为 vertical-align 起作用是有前提条件的，这个前提条件就是：只能应用于内联元素以及 display 值为 table-cell 的元素。

换句话说，vertical-align 属性只能作用在 display 计算值为 inline、inline-block，inline-table 或 table-cell 的元素上。因此，默认情况下，<span>、<strong>、<em>等内联元素，<img>、<button>、<input>等替换元素，非 HTML 规范的自定义标签元素，以及<td>单元格，都是支持 vertical-align 属性的，其他块级元素则不支持。

当然，现实世界是没有这么简单的。CSS 世界中，有一些 CSS 属性值会在背后默默地改变元素 display 属性的计算值，从而导致 vertical-align 不起作用。比方说，浮动和绝对定位会让元素块状化，因此，下面的代码组合 vertical-align 是没有理由出现的：

```
.example {
  float: left;
  vertical-align: middle;  /* 没有作用 */
}
.example {
  position: absolute;
  vertical-align: middle;  /* 没有作用 */
}
```

等等，我好像听到有人说：“不是 vertical-align 没有作用，而是下面这种情况。”

```
.box {
  height: 128px;
}
.box > img {
  height: 96px;
  vertical-align: middle;
}
<div class="box">
  <img src="1.jpg">
</div>
```

此时图片顶着.box 元素的上边缘显示，根本没垂直居中，完全没起作用！

这种情况看上去是 vertical-align:middle 没起作用，实际上，vertical-align 是在努力地渲染的，只是行框盒子前面的“幽灵空白节点”高度太小，如果我们通过设置一个足够大的行高让“幽灵空白节点”高度足够，就会看到 vertical-align:middle 起作用了，CSS 代码如下：

```
.box {
  height: 128px;
  line-height: 128px;   /* 关键 CSS 属性 */
}
.box > img {
  height: 96px;
  vertical-align: middle;
}
```

等等，我又听到有人说：“为什么 display:table-cell 却可以无视行高？”

告诉你，那是因为对 table-cell 元素而言，vertical-align 起作用的是 table-cell 元素自身。不妨看下面一段代码：

```
.cell {
  height: 128px;
  display: table-cell;
}
.cell > img {
  height: 96px;
  vertical-align: middle;
}
<div class="cell">
  <img src="1.jpg">
</div>
```

结果图片并没有要垂直居中的迹象，还是紧贴着父元素的上边缘，如图 5-23 所示。

但是，如果 vertical-align:middle 是设置在 table-cell 元素上，CSS 代码如下：

```
.cell {
  height: 128px;
  display: table-cell;
```

```
  vertical-align: middle;
}
.cell > img {
  height: 96px;
}
```

那么图片就有了明显的变化，如图 5-24 所示。

图5-23 图片的 vertical-align: middle 没有效果

图5-24 table-cell 元素 vertical-align: middle 有效果

所以，大家一定要明确，虽然就效果而言，table-cell 元素设置 vertical-align 垂直对齐的是子元素，但是其作用的并不是子元素，而是 table-cell 元素自身。就算 table-cell 元素的子元素是一个块级元素，也一样可以让其有各种垂直对齐表现。

table-cell 垂直对齐有对应的演示页面，手动输入 http://demo.cssworld.cn/5/3-4.php 或者扫右侧的二维码。

## 5.3.3 vertical-align 和 line-height 之间的关系

vertical-align 和 line-height 之间的关系很明确，即“朋友”关系。

最明显的就是 vertical-align 的百分比值是相对于 line-height 计算的，但表面所见的这点关系实际是只是冰山一角，实际是只要出现内联元素，这对好朋友一定会同时出现。

还记不记得一开始容器高度不等于行高的例子（http://demo.cssworld.cn/5/3-1.php）？这就是这对好朋友搞的鬼。这里要为大家深入讲解一下为什么会出现这样的现象。首先，我们仔细看一下相关的代码：

```
.box { line-height: 32px; }
.box > span { font-size: 24px; }
<div class="box">
  <span>文字</span>
</div>
```

其中有一个很关键的点，那就是 24px 的 font-size 大小是设置在<span>元素上的，这就导致了外部<div>元素的字体大小和<span>元素有较大出入。

大家一定还记得图 5-16。这里也是类似的，<span>标签前面实际上有一个看不见的类似字符的“幽灵空白节点”。看不见的东西不利于理解，因此我们不妨使用一个看得见的字符 x 占位，同时“文字”后面也添加一个 x，便于看出基线位置，于是就有如下 HTML：

```
<div class="box">
  x<span>文字 x</span>
</div>
```

此时，我们可以明显看到两处大小完全不同的文字。一处是字母 x 构成了一个“匿名内联盒子”，另一处是“文字 x”所在的<span>元素，构成了一个“内联盒子”。由于都受 line-height:32px 影响，因此，这两个“内联盒子”的高度都是 32px。下面关键的来了，对字符而言，font-size 越大字符的基线位置越往下，因为文字默认全部都是基线对齐，所以当字号大小不一样的两个文字在一起的时候，彼此就会发生上下位移，如果位移距离足够大，就会超过行高的限制，而导致出现意料之外的高度，如图 5-25 所示。

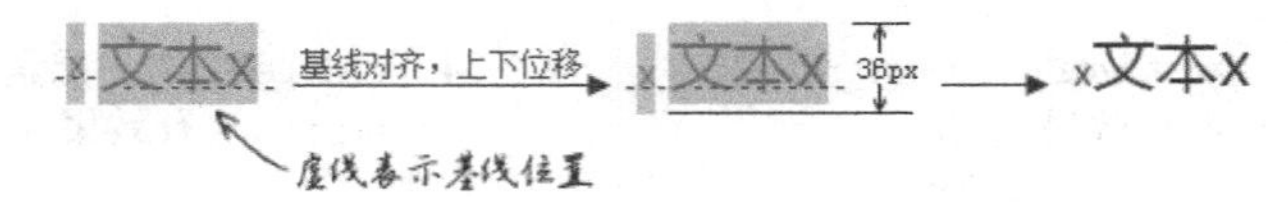


图 5-25　不同字号文字高度超出行高示意

图 5-25 非常直观地说明了为何最后容器的高度会是 36px，而非 line-height 设置的 32px。

知道了问题发生的原因，那问题就很好解决了。我们可以让“幽灵空白节点”和后面<span>元素字号一样大，也就是：

```
.box {
  line-height: 32px;
  font-size: 24px;
}
.box > span { }
```

或者改变垂直对齐方式，如顶部对齐，这样就不会有参差位移了：

```
.box { line-height: 32px; }
.box > span {
  font-size: 24px;
  vertical-align: top;
}
```

搞清楚了大小字号文字的高度问题，对更为常见的图片底部留有间隙的问题的理解就容易多了。现象是这样的：任意一个块级元素，里面若有图片，则块级元素高度基本上都要比图片的高度高。例如：

```
.box {
  width: 280px;
  outline: 1px solid #aaa;
  text-align: center;
}
.box > img {
  height: 96px;
}
```

```
<div class="box">
  <img src="1.jpg">
</div>
```

结果.box 元素的高度可能就会像图 5-26 一样，底部平白无故多了 5 像素。

间隙产生的三大元凶就是“幽灵空白节点”、line-height 和 vertical-align 属性。为了直观演示原理，我们可以在图片前面辅助一个字符 x 代替“幽灵空白节点”，并想办法通过背景色显示其行高范围，于是，大家就会看到如图 5-27 所示的现象。

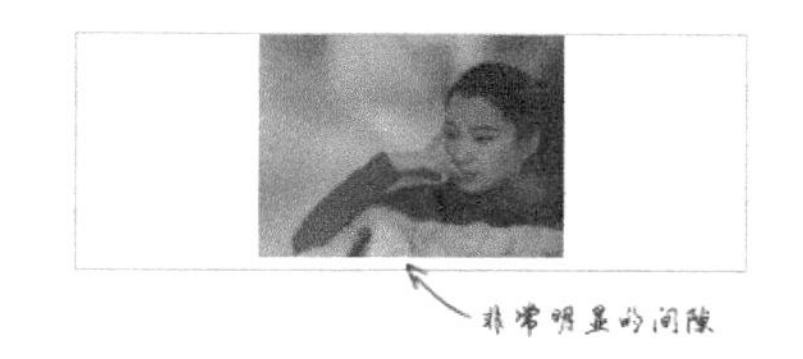


图 5-26　图片底部间隙示意

图 5-27　图片间隙原理示意

当前 line-height 计算值是 20px，而 font-size 只有 14px，因此，字母 x 往下一定有至少 3px 的半行间距（具体大小与字体有关），而图片作为替换元素其基线是自身的下边缘。根据定义，默认和基线（也就是这里字母 x 的下边缘）对齐，字母 x 往下的行高产生的多余的间隙就嫁祸到图片下面，让人以为是图片产生的间隙，实际上，是“幽灵空白节点”、line-height 和 vertical-align 属性共同作用的结果。

知道了原理，要清除该间隙，就知道如何对症下药了。方法很多，具体如下。

（1）图片块状化。可以一口气干掉“幽灵空白节点”、line-height 和 vertical-align。

（2）容器 line-height 足够小。只要半行间距小到字母 x 的下边缘位置或者再往上，自然就没有了撑开底部间隙高度空间了。比方说，容器设置 line-height:0。

（3）容器 font-size 足够小。此方法要想生效，需要容器的 line-height 属性值和当前 font-size 相关，如 line-height:1.5 或者 line-height:150%之类；否则只会让下面的间隙变得更大，因为基线位置因字符 x 变小而往上升了。

（4）图片设置其他 vertical-align 属性值。间隙的产生原因之一就是基线对齐，所以我们设置 vertical-align 的值为 top、middle、bottom 中的任意一个都是可以的。

以上所有方法在演示页面中均有对应的效果展示，手动输入 http://demo.cssworld.cn/5/3-5.php 或者扫右侧的二维码。

在 4.3.5 节最后提到了一个“内联特性导致的 margin 无效”的案例，代码如下：

```
<div class="box">
  <img src="mm1.jpg">
</div>
.box > img {
  height: 96px;
```

```
  margin-top: -200px;
}
```

此时，按照理解，-200px 远远超过图片的高度，图片应该完全跑到容器的外面，但是，图片依然有部分在.box 元素中，而且就算 margin-top 设置成-99999px，图片也不会继续往上移动，完全失效。其原理和上面图片底部留有间隙实际上是一样的，图片的前面有个“幽灵空白节点”，而在 CSS 世界中，非主动触发位移的内联元素是不可能跑到计算容器外面的，导致图片的位置被“幽灵空白节点”的 vertical-align:baseline 给限死了。我们不妨把看不见的“幽灵空白节点”使用字符 x 代替，原因就一目了然了，如图 5-28 所示。

因为字符 x 下边缘和图片下边缘对齐，字符 x 非主动定位，不可能跑到容器外面，所以图片就被限死在此问题，margin-top 失效。

图 5-28　vertical-align 导致 margin 负值无效

最后，我们再看一个更为复杂的示例。text-align:justify 声明可以帮助我们实现兼容的列表两端对齐效果，但是 text-align:justify 两端对齐需要内容超过一行，同时为了让任意个数的列表最后一行也是左对齐排列，我们需要在列表最后辅助和列表宽度一样的空标签元素来占位，类似下面 HTML 代码的<i>标签：

```
.box {
  text-align: justify;
}
.justify-fix {
  display: inline-block;
  width: 96px;
}
<div class="box">
  <img src="1.jpg" width="96">
  <img src="1.jpg" width="96">
  <img src="1.jpg" width="96">
  <img src="1.jpg" width="96">
  <i class="justify-fix"></i>
  <i class="justify-fix"></i>
  <i class="justify-fix"></i>
</div>
```

空的 inline-block 元素的高度是 0，按照通常的理解，下面应该是一马平川，结果却有非常大的空隙存在，如图 5-29 所示。

为了便于大家看个究竟，我把占位<i>元素的 outline 属性用虚外框标示一下，此时效果如图 5-30 所示。

结果发现，上面巨大的空隙是由占位<i>元素上面和下面的间隙共同组成的。

于是，问题来了：上面的间隙是如何产生的？下面的间隙是如何产生的？如果去除这些间隙呢？

很多时候，复杂问题是由简单问题组合而成的。实际上，这里的间隙现象和上面的图片间隙现象本质一样，都是 vertical-align 和 line-height 共同作用的结果。

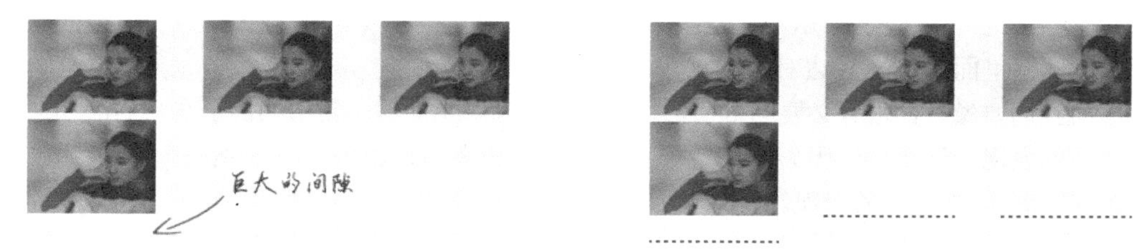


图 5-29　列表下面留有巨大的间隙　　　　图 5-30　占位的<i>元素位置示意

按照之前解决问题的方法，我们可以直接给.box 元素来个 line-height:0 解决垂直间隙问题，结果，这样设置之后的效果却如图 5-31 所示。图片和图片之间的间隙是没有了，但是图片和最后的占位元素之间依然有几像素的间距，真有些让人抓狂了。这究竟是为什么？

图 5-31　line-height:0 去除间隙的效果图

简单现象的背后往往有大的学问，要明白其原因，就需要说到 inline-block 元素和基线 baseline 之间的一些纠缠的关系。

## 5.3.4　深入理解 vertical-align 线性类属性值

### 1. inline-block 与 baseline

vertical-align 属性的默认值 baseline 在文本之类的内联元素那里就是字符 x 的下边缘，对于替换元素则是替换元素的下边缘。但是，如果是 inline-block 元素，则规则要复杂了：一个 inline-block 元素，如果里面没有内联元素，或者 overflow 不是 visible，则该元素的基线就是其 margin 底边缘；否则其基线就是元素里面最后一行内联元素的基线。

还是没反应过来？那看下面这个例子，应该就能知道什么意思了。

两个同尺寸的 inline-block 水平元素，唯一区别就是一个是空的，一个里面有字符，代码如下：

```
.dib-baseline {
  display: inline-block;
  width: 150px; height: 150px;
  border: 1px solid #cad5eb;
  background-color: #f0f3f9;
}
<span class="dib-baseline"></span>
<span class="dib-baseline">x-baseline</span>
```

结果如图 5-32 所示。

你会发现，明明尺寸、display 水平都是一样的，结果两个却不在一个水平线上对齐，为什么呢？上面的规范已经说明了一切。第一个框里面没有内联元素，因此基线就是容器的

margin 下边缘，也就是下边框下面的位置；而第二个框里面有字符，纯正的内联元素，因此第二个框就是这些字符的基线，也就是字母 x 的下边缘了。于是，我们就看到了左边框框下边缘和右边框框里面字符 x 底边对齐的好戏。

下面我们要做一件很有必要的事情，来帮助我们理解上面这个复杂的例子在 line-height 值为 0 后的表现。什么事情呢？同情境模拟，我们也设置右边框的 line-height 值为 0，于是，就有所图 5-33 所示的表现。

图 5-32 相同 display 计算值相同尺寸却不对齐　　图 5-33 右侧设置 line-height:0 后的对齐表现

因为字符实际占据的高度是由 line-height 决定的，当 line-height 变成 0 的时候，字符占据的高度也是 0，此时，高度的起始位置就变成了字符内容区域的垂直中心位置，于是文字就有一半落在框的外面了。由于文字字符上移了，自然基线位置（字母 x 的底边缘）也往上移动了，于是两个框的垂直落差就更大了。

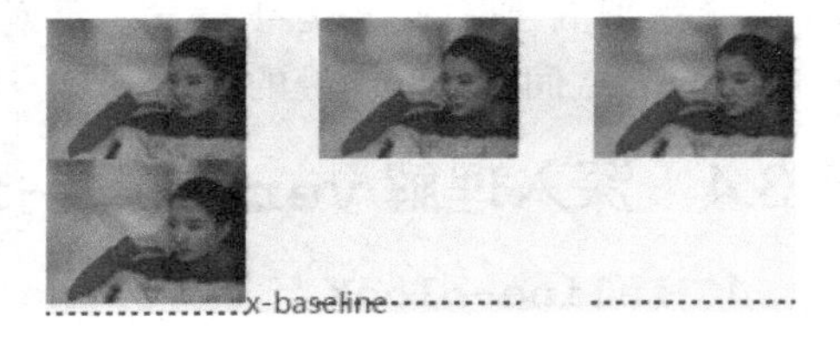


图 5-34 line-height:0 同时添加 x-baseline 字符后的效果图

明白了这个简单例子，也就能明白上面的两端对齐的复杂例子。紧接着上面的复杂例子，如果我们在最后一个占位的<i>元素后面新增同样的 x-baseline 字符，则结果如图 5-34 所示。

这样大家是不是就可以明白为何<i>元素上面还有一点间隙了？

居然还有人皱眉头？那我再用文字解释下：现在行高 line-height 是 0，则字符 x-baseline 行间距就是-1em，也就是高度为 0，由于 CSS 世界中的行间距是上下等分的，因此，此时字符 x-baseline 的对齐点就是当前内容区域（可以看成文字选中背景区域，如图 5-35 所示，截自 Firefox 浏览器）的垂直中心位置。由于图 5-34 中的 x-baseline 使用的是微软雅黑字体，字形下沉明显，因此，内容区域的垂直中心位置大约在字符 x 的上面 1/4 处，而这个位置就是字符 x-baseline 和最后一行图片下边缘交汇的地方。

理解了 x-baseline 的垂直位置表现，间隙问题就很好理解了。由于前面的<i class="justify-fix"></i>是一个 inline-block 的空元素，因此基线就是自身的底部，于是下移了差不多 3/4 个 x 的高度，这个下移的高度就是上面产生的间隙高度。

好了，一旦知道了现象的本质，我们就能轻松对症下药了！要么改变占位<i>元素的基线，要么改造“幽灵空白节点”的基线位置，要么使用其他 vertical-align 对齐方式。

首先来个最有意思的方法，即改变占位<i>元素的基线。这个很简单，只要在空的<i>元

素里面随便放几个字符就可以了。例如，塞一个空格 :

```
.box {
  text-align: justify;
  line-height: 0;
}
<div class="box">
  <img src="1.jpg" width="96">
  <img src="1.jpg" width="96">
   <img src="1.jpg" width="96">
  <img src="1.jpg" width="96">
  <i class="justify-fix"> </i>
  <i class="justify-fix"> </i>
  <i class="justify-fix"> </i>
</div>
```

这时会发现间隙没有了！为什么呢？因为此时<i>元素的基线是里面字符的基线，此基线也正好和外面的“幽灵空白节点”的基线位置一致，没有了错位，自然就不会有间隙啦！效果如图 5-36 所示。

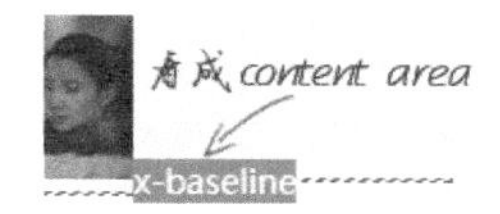


图 5-35 x-baseline 字符 content area 示意

图 5-36 字符去除间隙

改造“幽灵空白节点”的基线位置可以使用 font-size，当字体足够小时，基线和中线会重合在一起。什么时候字体足够小呢？就是 0。于是，如下 CSS 代码（line-height 如果是相对 font-size 的属性值，line-height:0 也可以省掉）：

```
.box {
  text-align: justify;
  font-size: 0;
}
```

效果如图 5-37 所示。

图 5-37 font-size:0 去除间隙

看上去好像效果类似，都是没有间隙，但是 font-size:0 下的各类对齐效果都更彻底。

使用其他 vertical-align 对齐方式就是让<i>占位元素 vertical-align:top/bottom 之类，当前，前提还是先让容器 line-height:0，例如：

```
.box {
  text-align: justify;
  line-height: 0;
```

```
}
.justify-fix {
  vertical-align: bottom;  /* top、middle 都可以 */
}
```

关于此复杂案例有对应的原型示意，手动输入 http://demo.cssworld.cn/5/3-6.php 或者扫右侧的二维码。

准确了解 inline-block 与 baseline 之间多变的关系，除了便于理解一些令人抓狂的现象外，还可以专门利用其来简化我们的开发，比方说一直很头疼的背景小图标和文字对齐的问题。我这里再给大家介绍一个 vertical-align 负值以外的其他处理技巧。

例如，要实现一个删除小图标，通常的做法无非是下面两种。第一种是：

```
<i class="icon-delete"></i> 删除
```

第二种是直接一个按钮图标，里面包含文本内容，保证可访问性：

```
<i class="icon-delete">删除</i>
```

而以上两种实现基本上图标元素的基线都是元素的下边缘，之前讲过 inline-block 元素的基线规则：一个 inline-block 元素，如果里面没有内联元素，或者 overflow 不是 visible，则该元素的基线就是其 margin 底边缘。

上面的第一种做法中，<i class="icon-delete"></i>是一个空标签，里面无内联元素，因此，基线是底边缘；而第二种做法中，虽然里面有文字，但是此文字是不显示的，因此开发者习惯设置 overflow:hidden，这又导致基线是底边缘。而正是由于基线是元素底边缘，才导致图标和文字默认严重不对齐！但是，我们不妨反过来试想下，如果图标和后面的文字高度一致，同时图标的基线和文字基线一样，那岂不是图标和文字天然对齐，根本就不需要 margin 或 vertical-align 的垂直偏移了？

完全可行，这里分享一下我总结的一套基于 20px 图标对齐的处理技巧，该技巧有下面 3 个要点。

（1）图标高度和当前行高都是 20px。很多小图标背景合并工具都是图标宽高多大生成的 CSS 宽高就是多大，这其实并不利于形成可以整站通用的 CSS 策略，我的建议是图标原图先扩展成统一规格，比方说这里的 20px×20px，然后再进行合并，可以节约大量 CSS 以及对每个图标对齐进行不同处理的开发成本。

（2）图标标签里面永远有字符。这个可以借助:before 或:after 伪元素生成一个空格字符轻松搞定。

（3）图标 CSS 不使用 overflow:hidden 保证基线为里面字符的基线，但是要让里面潜在的字符不可见。

于是，最终形成的最佳图标实践 CSS 如下：

```
.icon {
  display: inline-block;
  width: 20px; height: 20px;
```

```
  background: url(sprite.png) no-repeat;
  white-space: nowrap;
  letter-spacing: -1em;
  text-indent: -999em;
}
.icon:before {
  content: '\3000';
}
/* 具体图标 */
.icon-xxx {
  background-position: 0 -20px;
}
...
```

现在，我们套用这里的 20px 处理的策略，看看上面两种删除小图标处理的对齐效果如何，手动输入 http://demo.cssworld.cn/5/3-7.php 或者扫下面的二维码。对齐效果如图 5-38 所示（手机截屏剪辑）。

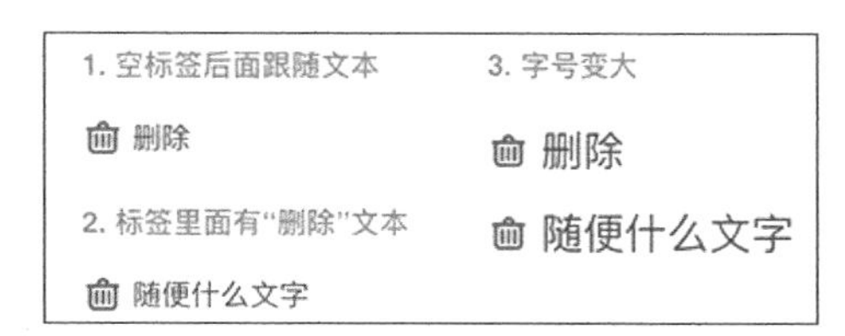


图 5-38　基于内联基线的小图标对齐效果截图

可以看到，小图标和文字对齐完全不受 font-size 大小的影响。可以说，整个网站所有小图标的对齐问题都可以解决了，节省了大量 CSS 代码，降低了大量开发和维护成本，是个好处非常明显的处理技巧。

最后有必要说明一下，这里 20px 只是一种经验取值，因为目前的常见站点的字号和行间距比较合乎这个大小。如果你的项目设计很大气，字号默认都是 16px，那么图标规格和默认行号可能 24px 会更合适一点。

### 2. 了解 vertial-align:top/bottom

vertial-align:top 和 vertial-align:bottom 基本表现类似，只是一个“上”一个“下”，因此合在一起讲。

顾名思义，vertial-align:top 就是垂直上边缘对齐，具体定义如下。

- *内联元素*：元素顶部和当前行框盒子的顶部对齐。
- table-cell *元素*：元素顶 padding 边缘和表格行的顶部对齐。

用更通俗的话解释就是：如果是内联元素，则和这一行位置最高的内联元素的顶部对齐；如果 display 计算值是 table-cell 的元素，我们不妨脑补成<td>元素，则和<tr>元素上边缘对齐。

vertial-align:bottom 声明与此类似，只是把“顶部”换成“底部”，把“上边缘”换成“下边缘”。

需要注意的是，内联元素的上下边缘对齐的这个“边缘”是当前“行框盒子”的上下边缘，并不是块状容器的上下边缘。

vertial-align 属性中的 top 和 bottom 值可以说是最容易理解的 vertial-align 属性值了，并且表现相当稳定，不会出现难以理解的现象，在实际开发的时候也相当常用。

末了，出个小题测试下大家：已知一个<div>元素中有两张图片，其中后面一张图片设置了 vertial-align:bottom，请问这两张图片的底边缘是对齐的吗？

图 5-39 两张图片底部不对齐

答案：是不对齐的。因为图片所在行框盒子的最低点是“幽灵空白节点”的底部，所以最后的表现会如图 5-39 所示。

### 3. vertial-align:middle 与近似垂直居中

在 5.2 节已提到，line-height 和 vertial-align: middle 实现的多行文本或者图片的垂直居中全部都是“近似垂直居中”，原因与 vertial- align:middle 的定义有关。

- *内联元素*：元素的垂直中心点和行框盒子基线往上 1/2 x-height 处对齐。
- table-cell *元素*：单元格填充盒子相对于外面的表格行居中对齐。

table-cell 元素的 vertial-align:middle 中规中矩，没什么好说的，倒是内联元素的 vertial-align:middle 有很多说不完的故事。定义中“基线往上 1/2 x-height 处”，指的就是 middle 的位置，仔细品味一下，“基线”就是字符 x 底边缘，而 x-height 就是字符 x 的高度。考虑到大部分字体的字符 x 上下是等分的，因此，从“基线往上 1/2x-height 处”我们就可以看出是字符 x 中心交叉点的位置。换句话说就是，vertial-align:middle 可以让内联元素的真正意义上的垂直中心位置和字符 x 的交叉点对齐。

基本上所有的字体中，字符 x 的位置都是偏下一点儿的，font-size 越大偏移越明显，这才导致默认状态下的 vertial-align:middle 实现的都是“近似垂直居中”。

为了更直观地表示上面的解释，我特意做了个演示页面，手动输入 http://demo.cssworld.cn/5/3-8.php 或者扫下面的二维码。演示页面有两条水平线，其中，图片上线显示的是图片垂直中心位置，而贯穿整个容器的线就是容器的垂直中心位置，可以看到，默认状态下，两根线就不在一个水平线上，如图 5-40 所示。

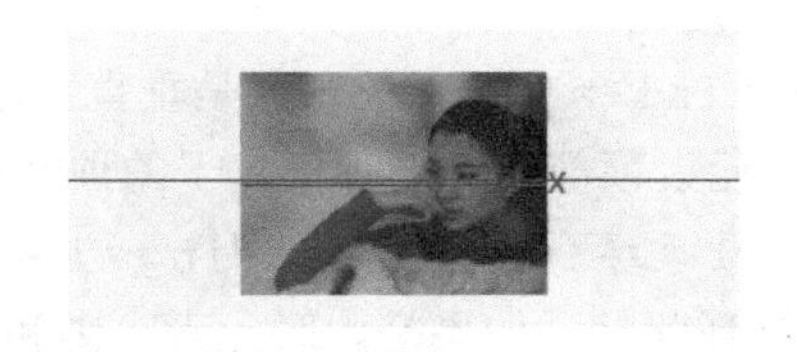


图 5-40 两条垂直中心线示意

因为图片上的那根线趋向于和字符 x 的中心靠近，而不是容器的垂直中心。如果我们把 font-size 改大，如 48px，则效果更加明显，如图 5-41 所示。

如果想要实现真正意义上的垂直居中对齐，只要想办法让字符 x 的中心位置就是容器的垂直中心位置即可，通常的做法是设置 font-size:0，整个字符 x 缩小成了一个看不见的点，根据 line-height 的半行间距上下等分规则，这个点就正好是整个容器的垂直中心位置，这样就可以实现真正意义上的垂直居中对齐了。

图 5-41 大字号下两条垂直中心线距离更明显

不过话又说回来，平常我们开发的时候，font-size 可能就 12px 或 14px，虽然最终的效果是“近似垂直居中”，但偏差也就 1px～2px 的样子，普通用户其实是很难觉察到其中的差异的，因此，是否非要真正意义上垂直居中，还是要根据项目的实现情况权衡做出决策。

## 5.3.5 深入理解 vertical-align 文本类属性值

文本类属性值指的就是 text-top 和 text-bottom，定义如下。

- **vertical-align:text-top：** 盒子的顶部和父级内容区域的顶部对齐。
- **vertical-align:text-bottom：** 盒子的底部和父级内容区域的底部对齐。

其中，理解的难点在于“父级内容区域”，这是个什么东西呢？

内容区域从 3.4.2 节开始就有多次提及，在本书中，其可以看成是 Firefox/IE 浏览器文本选中的背景区域，或者默认状态下的内联文本的背景色区域。而所谓“父级内容区域”指的就是在父级元素当前 font-size 和 font-family 下应有的内容区域大小。

因此，这个定义又可以理解为（以 text-top 举例）：假设元素后面有一个和父元素 font-size、font-family 一模一样的文字内容，则 vertical-align:text-top 表示元素和这个文字的内容区域的上边缘对齐。

我特意制作了一个很直观的演示页面来示意 text-top 和 text-bottom 属性值的样式表现，手动输入 http://demo.cssworld.cn/5/3-9.php 或者扫右侧的二维码。此演示页面有 3 个不同 font-size，分别是 16px、24px 和 32px。父元素默认是 16px，我们可以清晰地看到图片的上边缘和 16px 文字的内容区域的上边缘对齐了，如图 5-42 所示。点击其他单选按钮，改变父级元素的 font-size 大小，如 24px，就会看到图片上边缘（对齐线）和 24px 字号大小的文字的内容区域的上边缘对齐了，如图 5-43 所示。

图 5-42 图片上边缘和 16px 文字的内容区域的上边缘对齐

图 5-43 图片上边缘和 24px 文字的内容区域的上边缘对齐

好了，现在我们深入理解了文本类属性值的表现规则，这对我们实际开发有什么用呢？我这里郑重地告诉大家：没有任何作用。准确地讲，应该是其和其他垂直定位属性相比没有任何的优势，尽管理论上讲其特点明确，并且具有以下几个明显的优势。

首先，文本类属性值的垂直对齐与左右文字大小和高度都没有关系，而所有线性类属性值的定位都会受到兄弟内联元素的影响。

其次，文本类属性值的垂直对齐可以像素级精确控制。通常而言，无论是图文对齐还是文字和文字对齐，文字大小或图片的高度都是固定的，不可能说为了对齐效果，把设计师设计好的 16px 文字改成 14px，因此，线性类属性值中的 baseline 和 middle 实现的对齐我们是无法精确控制其垂直对齐位置的，因为这两个值的对齐是和字符走的。但是，text-top 和 text-bottom 则无此问题：如果是图文对齐，我们可以通过改变父元素的 font-size 大小精确控制对齐位置；如果是文字和文字对齐，我们可以改变文字的 line-height，也就是通过改变元素的高度（上下边缘位置）精确控制对齐位置。

然而，命运就是如此不公，有些 CSS 属性设计的初衷可能很简单，结果却满天飞；有些属性值理论应该有大成，实际却无人问津。vertical-align 的文本类属性值就是代表之一。它为什么会有这样糟糕的际遇呢？

我认为原因很多，具体有以下几个。

（1）*使用场景缺乏*。当前 CSS 重构以精致布局为主流，“对齐文本”的场景相比旧时代要少很多。

（2）*文本类垂直对齐理解成本高*。我发现这样一个现象，当需要调整内联元素垂直位置的时候，有人往往会使用非设计本意的 margin 定位甚至 relative 定位去纠正不对齐的问题；或者更资深一点儿的开发人员会配合具体场景使用合适的 vertical-align 数值进行定位。为什么呢？因为后面这 3 种垂直定位策略显然要比 text-top 和 text-bottom 属性值容易理解得多，简单才是王道。

（3）*内容区域不直观且易变*。如今实际对外的项目布局都讲求精确布局、像素级还原。而内容区域默认是看不见的，需要根据经验或者其他手段才能呈现，这么麻烦的事情显然是会影响开发效率的；然后最大的问题还在于“易变”，内容区域的大小是和字体 font-family 密切相关的，要知道，不同的系统、不同的平台使用的字体往往都是不一样的，比方说，Windows 系统下使用“微软雅黑”字体，那能保证 OS X 系统或者手机系统还有“微软雅黑”字体吗？一旦字体不一样，内容区域大小就会不一样，导致的就是不同设备下对齐的位置是不一样的，也就是我们所说的“不兼容”。如果对视觉要求较高，这显然就是一个比较严重的问题了。

于是，这一系列的原因导致文本类属性值虽然理论上强大，但实际实用价值却有限，至少我没发现什么场景下其具有明显的使用优势。

### 5.3.6　简单了解 vertical-align 上标下标类属性值

vertical-align 上标下标类属性值指的就是 sub 和 super 两个值，分别表示下标和上标。在 HTML 代码中，有两个标签语义就是下标和上标，分别是上标<sup>和下标<sub>，因为这两个 HTML 标签长得很类似，所以很多人经常记不清到底哪个是上标哪个是下标。我告诉大家一个记忆方法，就是看 p 和 b 两个字母的圈圈位置，如果圈圈在上面，就是“上标”，如果圈圈在下面，就是“下标”。

实际上，这两个 HTML 标签不仅语义上和 sub 和 super 类似，长相上也很像，只是我一直没想明白：为什么 CSS 的 vertical-align 属性的下标是 sub，和 HTML 标签<sub>一样，而上标 super 却多了个 er，和 HTML 标签<sup>不一样了呢？

最后，HTML 标签<sup>和<sup>的 vertical-align 属性也和 super 和 sub 有着非同一般的关系，那就是<sup>标签默认的 vertical-align 属性值就是 super，<sub>标签默认的 vertical-align 属性值就是 sub。上标常用作标注，如图 5-44 所示。

对应 HTML 如下：

```
zhangxinxu<sup>[1]</sup>
```

下标在数学公式、化学表达式中用得比较多，如图 5-45 所示。对应 HTML 如下：

```
NH<sub>4</sub>HCO<sub>3</sub>
```

图 5-44　上标效果示意

图 5-45　下标效果示意

基本上，vertical-align 上标下标类属性值的实际应用价值也就上面这点儿了，设计本意之外的使用价值几乎就是零。看看这两个属性值的定义，就知道我为什么这么说了。

- vertical-align:super：提高盒子的基线到父级合适的上标基线位置。
- vertical-align:sub：降低盒子的基线到父级合适的下标基线位置。

没想到规范中也会出现“合适”这样模棱两可的名词，这就让人很茫然了。所以，想利用此属性精确定位和布局显得困难重重，只能用来实现对垂直位置要求不高的上标下标效果。

然后，有一点需要注意，vertical-align 上标下标类属性值并不会改变当前元素的文字大小，千万不要被 HTML 标签中的<sup>和<sub>误导，因为这两个 HTML 标签默认 font-size 是 smaller，如图 5-46 中所示的 Chrome 浏览器内置 CSS 设置。

```
sub {                                user agent stylesheet
   vertical-align: sub;
   font-size: smaller;
}
```

图 5-46　Chrome 浏览器<sub>内置 CSS 声明截图

## 5.3.7　无处不在的 vertical-align

本节算是对之前内容的一个必要的总结。对于内联元素，如果大家遇到不太好理解的现象，请一定要意识到，有个“幽灵空白节点”以及无处不在的 vertical-align 属性。

虽然同属线性类属性值，但是 top/bottom 和 baseline/middle 却是完全不同的两个帮派，前者对齐看边缘看行框盒子，而后者是和字符 x 打交道。因此，细细考究，两者的行为表现实则大相径庭，一定要注意区分。

vertical-align 属性值的理解可以说是 CSS 世界中的最难点。首先，需要深入了解内联盒模型；其次，不同属性值定义完全不同，且很多属性在 table-cell 元素那里有着不同的定义；同时最终表现与字符 x、line-height，和 font-size、font-family 属性密切相关，如果要通透，需要对这些属性都有比较深入的了解，因此，本章的内容是值得反复研读的。

本章目前给出的所有示例都是展示单属性值和默认值 baseline 如何作用的，但是实际开发的时候，经常会出现前后两个内联元素同时设置 baseline 以外属性值的情况，有些人可能会手足无措，毕竟单个属性值的理解就够呛，多个属性一起岂不脑子都转不过来？实际上，根据我的反复测试和确认，vertical-align 各类属性值不存在相互冲突的情况，虽然某个 vertical-align 属性值确实会影响其他元素的表现，但是这种作用并不是直接的。所以，在分析复杂场景的时候，仅需要套用定义分析当前 vertical-align 值的作用就可以了。

### 5.3.8　基于 vertical-align 属性的水平垂直居中弹框

最后，推荐一个我自己觉得非常棒的 vertical-align 属性实践，就是使用纯 CSS 实现大小不固定的弹框永远居中的效果，并且如果伪元素换成普通元素，连 IE7 浏览器都可以兼容。

其 HTML 结构很简单，一个 container，显示半透明背景，然后里面的子元素就是弹框主体，假设类名是 dialog，则 HTML 如下：

```
<div class="container">
  <div class="dialog"></div>
</div>
```

核心 CSS 代码如下：

```
.container {
  position: fixed;
  top: 0; right: 0; bottom: 0; left: 0;
  background-color: rgba(0,0,0,.5);
  text-align: center;
  font-size: 0;
  white-space: nowrap;
  overflow: auto;
}
.container:after {
  content: '';
  display: inline-block;
  height: 100%;
  vertical-align: middle;
}
.dialog {
  display: inline-block;
  vertical-align: middle;
  text-align: left;
  font-size: 14px;
  white-space: normal;
}
```

此时，无论浏览器尺寸是多大，也无论弹框尺寸是多少，我们的弹框永远都是居中的。眼见为实，手动输入 http://demo.cssworld.cn/5/3-10.php 或者扫右侧的二维码。

目前主流实现，尤其传统 PC 端页面，几乎都是根据浏览器的尺寸和弹框大小使用 JavaScript 精确计算弹框的位置。相比传统的 JavaScript 定位，这里的方法优点非常明显。

（1）节省了很多无谓的定位的 JavaScript 代码，也不需要浏览器 `resize` 事件之类的处理，当弹框内容动态变化的时候，也无须重新定位。

（2）性能更改、渲染速度更快，毕竟浏览器内置 CSS 的即时渲染显然比 JavaScript 的处理要更好。

（3）可以非常灵活控制垂直居中的比例，比方说设置：

```
.container:after {
  height: 90%;
}
```

则弹框不是垂直居中对齐，而是近似上下 2:3 这种感觉的对齐，反而会让人有视觉上居中的感觉。

（4）容器设置 `overflow:auto` 可以实现弹框高度超过一屏时依然能看见屏幕外的内容，传统实现方法则比较尴尬。

然后，这里的技巧还有一个关键点是半透明黑色蒙层和弹框元素是在一起的父子关系。所以，上面的示例代码中，半透明黑色蒙层效果借助 `rgba` 半透明背景色实现，对于不支持 `rgba` 的 IE8 浏览器，我建议制作一个例如 10 像素×10 像素的同等效果的半透明 PNG 图片，然后作为 base64 URL 地址直接使用，可参考上面的演示 3-10，或者也可以使用 IE 的渐变滤镜实现。

此方法实现的原理关键就是两个 `vertical-align:middle`，前面“图片近似垂直居中”那里只图片一个元素 `vertical-align:middle` 就实现了垂直居中，原因就是 `line-height` 大小设置得恰到好处，但是对于弹框，高度不确定，显然不能使用某个具体的行高值创建足够高的内联元素。于是，这里借助伪元素创建了一个和外部容器一样高的宽度为 `0` 的 `inline-block` 元素。有种“幽灵空白节点”的感觉。

下面是原理作用的关键部分，在 5.3.7 节讲过如何分析多个 `vertical-align` 的作用，根据定义专注当前元素即可。`vertical-align:middle` 定义是元素的中线和字符 x 中心点对齐。

（1）在本例中，由于 `font-size` 设置为 `0`，所以 x 中心点位置就是 `.container` 的上边缘，此时，高度 `100%` 的宽度为 `0` 的伪元素和这个中心点对齐。如果中心点位置不动，这个伪元素上面一半的位置应该在 `.container` 的外面，但是 CSS 中默认是左上方排列对齐的，所以，伪元素和这个原本在容器上边缘的 x 中心点一起往下移动了半个容器高度，也就是此时 x 中心点就在容器的垂直中心线上。

（2）弹框元素 `.dialog` 也设置了 `vertical-align:middle`。根据定义，弹框的垂直中心位置和 x 中心点位置对齐，此时，x 中心点就在容器的垂直中心位置，于是 `.dialog` 元素就和容器的垂直中心位置对齐了，从而实现了垂直居中效果。

（3）水平居中就 text-align:center 实现，非常好理解。

按照初衷，块级元素负责布局，内联元素设置内容。但是，这里的弹框居中却是把块级元素内联化，利用一些内联属性实现垂直居中效果，这也是不得已而为之，因为 vertical-align 等内联属性确实比块级属性强悍，也正因为 CSS 世界在布局上的弱势，后来多栏布局、弹性盒子布局以及栅格布局一个一个都出来补强了。

# 第6章

# 流的破坏与保护

CSS 世界中正常的流内容或者流布局虽然也足够强大，但是实现的总是方方正正、规规矩矩的效果，有时候我们希望有一些特殊的布局表现，例如，文字环绕效果，或者元素固定在某个位置，要实现这样的效果，正常的流就有些捉襟见肘。因此，CSS 中有一类属性，专门通过破坏正常的“流”来实现一些特殊的样式表现。当然，所谓生生相克，既然有破坏，就有保护其他元素不被破坏的属性，本章就来介绍那些“破坏流”和“保护流”的 CSS 属性。

## 6.1 魔鬼属性 `float`

### 6.1.1 `float` 的本质与特性

CSS 世界中的 `float` 属性是一个年代非常久远的属性。说这句话是什么意思呢？有时候，要了解某一事物，最好先弄清楚其诞生的时代背景。对于新手 CSS 开发人员，尤其桌面端 Web 产品开发人员，`float` 属性可以说是用得最频繁的布局属性了，所以他们很可能会对 `float` 属性有误解，认为 `float` 属性就是为各种块状布局而设计的，实际上不是的。在 Web 诞生之初，带宽就那么一点点，我们能够做到的也只是展示文字以及零星图片而已，怎么可能浮动设计的目的就是为了实现各种砖头式的复杂布局呢？那个年代复杂布局都是用`<table>`实现的。既然这样，那 `float` 属性设计的目的究竟是什么呢？

很简单，一句话：*浮动的本质就是为了实现文字环绕效果*。而这种文字环绕，主要指的就是文字环绕图片显示的效果。前文多次提到，CSS2 属性的设计都是为图文展示服务的，float 也是如此。所以，大家应该也多少对为什么老 IE 浏览器与浮动相关的 bug 一火车都装不下有些了解了吧！人家的功能本来就很单纯，只是让文字可以绕着图片跑，你偏要各种布局，结果撑不住了吧！

很显然，从 `float` 属性的设计初衷来看，当下那些漫天飞舞的浮动属性完全就是滥用了。

这其实不难理解。当你手中只有一把锤子的时候，你往往会把一切问题都看成钉子。浮动属性用来布局非常符合现实世界的认知，什么认知呢？就是搭积木或者说垒砖头砌墙，反映在代码实现上就是把元素一个一个定宽定高，通过浮动一个一个堆积起来，理论上一个`float:left`声明几乎就可以把整个页面结构都弄出来（如图6-1所示），而且内联元素的间隙问题、`margin`合并问题都没有，对于新手而言，不知道多开心！易学又好用，比“流”这种玄玄乎乎的东西靠谱多了。

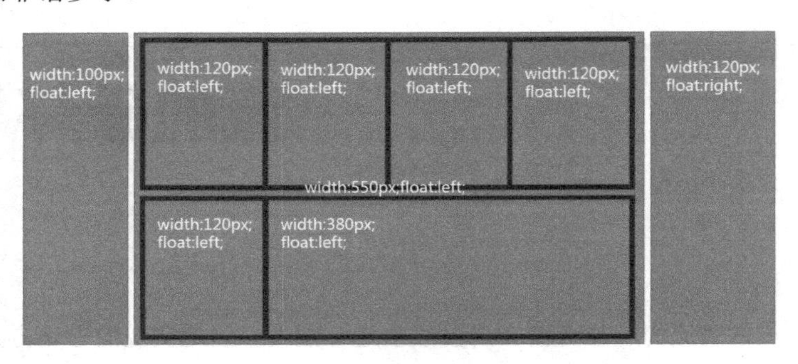


图6-1　全浮动属性搭建网页结构

乍一看，`float`好像也能满足我们布局页面的需求，但是实际上，这种砌砖头式的布局方式就像妙脆角，一碰就碎，主要在于其缺少弹性。举个例子，一旦某个列表高度变高了，则下面的列表就可能发生不愿看到的布局错位，抑或是日后我们需要增加某个元素的宽度，则牵一发而动全身，其他元素也必须跟着调整，否则样式必乱，也就是说布局的容错性很糟糕。

如果说得再远一点，这其实是典型的“刚与柔”的思想博弈。网页布局如同我们构建高楼大厦，总是需要应付各种突发状况，所以，好的网页应该如同好的建筑。传统的楼房是典型的“刚”式结构，砖头加楼板，问题不言而喻，一个小小的地震可能就被夷为平地；而好的楼房应该是有“柔”在其中，也就是高质量的钢筋结构，当地震导致房屋摇晃的时候，可以通过钢筋的“柔性”卸力而保障整体结构的稳固。台风袭来，很少见到说柔弱的柳树被吹倒，反而会经常看到坚固的电线杆被风吹倒的消息，道理其实也类似。

说这么多就是要告诉大家：浮动是魔鬼，少砌砖头、少浮动，要更多地去挖掘CSS世界本身的“流动性”和“自适应性”，以构建能够适用于各种环境的高质量的网页布局。

我们在移动端开发的时候，不可避免要面对各种设备尺寸的问题，加上横竖屏切换，其可变的外部环境非常之多，尤其在初期，很多人有这样的想法：固定宽度320像素，然后左右留白；抑或是320像素布局，然后根据比例缩放整个页面以100%填满屏幕宽度。这些想法最大的问题在于思维方式还是“刚”式思维。记住，CSS设计的初衷就是表现如水流，富有弹性，“砖头式思维”是逆道而行，是绝不可取的。

如果进一步深究，“刚”式思维的主要原因还在于开发人员对CSS的了解不够深入，没有能够了解到其表层属性之下更深入的流动性和自适应性。这其实是一个很大的问题，因为虽然前端从业人员众多，但是仍有很大一部分人不会得到这些深入的知识和技能，也就很难跳出这些固定布局的思维方式。好在 CSS 的设计总是因需求而生，CSS2 的设计是面向图文展示，CSS3 的设计则是为了更绚丽的视觉效果和更丰富的网页布局，所以，CSS3 出现了类似 flex 弹性盒子布局这种更表层、更上层、更浅显、更直白的 CSS 属性，以另外一种更加简单的方式让大家不得不以自适应的方式去实现布局。

在第 3 章介绍 width 属性时曾提到过我总结的一套“鑫三无准则”，即“无宽度，无图片，无浮动”！之所以要“无浮动”，一个原因是纯浮动布局容错性差，容易出现比较严重的布局问题，还有一个原因就是 float 本身就是魔鬼属性，容易出现意料之外的情况，这里的意料之外除了 float 属性自身特性（如父元素高度塌陷）导致的布局问题外，还包括诸多兼容性问题。千万不要以为只要不用管 IE6 和 IE7 浏览器就可以高枕无忧了，实际上，当下 float 属性还是存在一些兼容性问题的（6.5 节中会有演示）。

如果更进一步深入分析我们就会发现，float 属性的种种归根结底还是由于自身各种特性导致的。float 都有哪些有意思的特性呢？具体如下：

- 包裹性；
- 块状化并格式化上下文；
- 破坏文档流；
- 没有任何 margin 合并；

“包裹性”在 3.2.1 节有详细阐述，可能很多人都忘记了，这里再简单提一下。所谓“包裹性”，由“包裹”和“自适应性”两部分组成。

（1）包裹。假设浮动元素父元素宽度 200px，浮动元素子元素是一个 128px 宽度的图片，则此时浮动元素宽度表现为“包裹”，就是里面图片的宽度 128px，代码如下：

```
.father { width: 200px; }
.float { float: left; }
.float img { width: 128px; }
<div class="father">
  <div class="float">
    <img src="1.jpg">
  </div>
</div>
```

（2）自适应性。如果浮动元素的子元素不只是一张 128px 宽度的图片，还有一大波普通的文字，例如：

```
<div class="father">
  <div class="float">
    <img src="1.jpg">我是帅哥，好巧啊，我也是帅哥，原来看这本书的人都是帅哥~
  </div>
</div>
```

则此时浮动元素宽度就自适应父元素的 200px 宽度，最终的宽度表现也是 200px。

当然，要想最大宽度自适应父元素宽度，一定是在浮动元素的“首选最小宽度”比父元素的宽度要小的前提下，比方说上面示意的“我是帅哥”等文字全是一连串超长的英文字母，则浮动元素的宽度显然就不是 200px 了。如果还不理解，建议再次深入 3.2 节的内容，这里不再赘述。

块状化的意思是，元素一旦 float 的属性值不为 none，则其 display 计算值就是 block 或者 table。举个例子，打开浏览器控制台，输入如下 JavaScript 代码：

```
var span = document.createElement('span');
document.body.appendChild(span);
console.log('1. ' + window.getComputedStyle(span).display);
// 设置元素左浮动
span.style.cssFloat = 'left';
console.log('2. ' + window.getComputedStyle(span).display);
```

结果如图 6-2 所示。

```
> var span = document.createElement('span');
  document.body.appendChild(span);
  console.log('1. ' + window.getComputedStyle(span).display);
  span.style.cssFloat = 'left';
  console.log('2. ' + window.getComputedStyle(span).display);
  1. inline
  2. block
```

图 6-2　浮动让元素块状化

因此，没有任何理由出现下面的样式组合：

```
span {
  display: block;   /* 多余 */
  float: left;
}
span {
  float: left;
  vertical-align: middle;    /* 多余 */
}
```

也不要指望使用 text-align 属性控制浮动元素的左右对齐，因为 text-align 对块级元素是无效的。

float 属性与 display 属性值转换关系如表 6-1 所示。

表 6-1　**float 与 display 转换关系表**

| 设定值 | 计算值 |
| --- | --- |
| inline | block |
| inline-block | block |
| inline-table | table |
| table-row | block |
| table-row-group | block |
| table-column | block |

续表

| 设定值 | 计算值 |
| --- | --- |
| table-column-group | block |
| table-cell | block |
| table-caption | block |
| table-header-group | block |
| table-footer-group | block |

除了 inline-table 计算为 table 外，其他全都是 block。至于 float 元素的块状格式化上下文特性，参见 6.3 节。

最后着重讲一下 float 特性的精髓——“破坏文档流”，这可以说是 float 属性的万恶之源，但也是 float 属性的立命之本，是其作用机制之所在。

### 6.1.2 float 的作用机制

float 属性有个著名的特性表现，就是会让父元素的高度塌陷，大多数场景下，这种特性会影响“正常的”布局，这里我特意把“正常的”三个字加了引号，因为站在 CSS 属性的角度讲，我们希望的结果反而是一种不正常，高度塌陷才是正常。甚至有些人会问这样的问题：“如何解决浮动让父元素高度塌陷的 bug？”

bug？别逗了。一定要明确这一点，浮动使高度塌陷不是 bug，而是标准！有人可能会有疑问了：怎么会有规范让人“干坏事”的？

还记不记得上面说过的 float 属性的原本作用“只是为了实现文字环绕效果”？所以，假如你是 CSS 世界的设计者，你会如何利用古老的 CSS 盒模型规则实现文字环绕效果？

CSS 的设计者就想到了“破坏文档流”这一招，具体招式可参见下面的图例讲解，故事的背景是这样的：我们的男主人公不仅人长得帅，而且心地非常善良，总是去外面给流浪的小猫小狗喂食，但是给小动物喂食非常耗费时间，影响学业，因此主人公的父亲把男主锁在家里，就像图 6-3 所示这样，一个框把男主人公给限制住了。HTML 结构如下：

```
<div class="father">
  <img src="me.jpg">
</div>
<p class="animal">小猫 1，小猫 2，...</p>
```

但是，天天学习谁也受不了，为了摆脱父亲的限制，男主附加了魔鬼属性 float，这种属性的作用之一就是可以使父元素的高度塌陷（如图 6-4 所示），于是男主就这么摆脱了父亲的限制。没有了父亲的限制，男主就可以和外面的小动物接触了，如图 6-5 所示。

从上面的故事可以看出，float 属性让父元素高度塌陷的原因就是为了实现文字环绕效果。但是，后来事情的发展超出了 CSS 设计者的意料，图文展示只是新时代 Web 展示的一小部分，而文字环绕这种上世纪风格的效果现在已然不流行了，于是 float 很少发挥其原本的作用，反而被大肆使用满屏布局。显然，布局的时候是不需要父元素塌陷的。于是，高度塌陷这种特性反而成为了 float 属性一个不得不重视的坑。

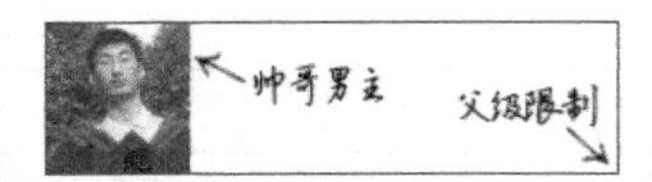

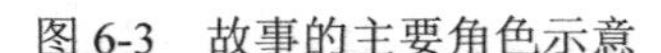

图 6-3　故事的主要角色示意

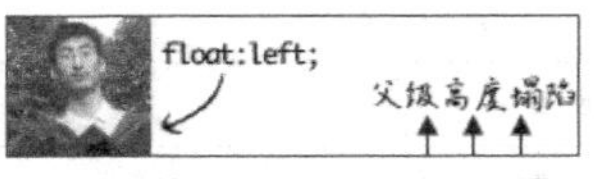


图 6-4　男主浮动，父元素高度开始塌陷

然而，“高度塌陷”只是让跟随的内容可以和浮动元素在一个水平线上，但这只是实现“环绕效果”的条件之一，要想实现真正的“环绕效果”，就需要另外一个平时大家不太在意的特性，那就是“行框盒子和浮动元素的不可重叠性”，也就是“行框盒子如果和浮动元素的垂直高度有重叠，则行框盒子在正常定位状态下只会跟随浮动元素，而不会发生重叠”。

注意，这里说的是“行框盒子”，也就是每行内联元素所在的那个盒子，而非外部的块状盒子。实际上，由于浮动元素的塌陷，块状盒子是和图片完全重叠的，例如，我们给环绕的<p>元素设置个背景色，同时把图片搞透明，则效果如图 6-6 所示。

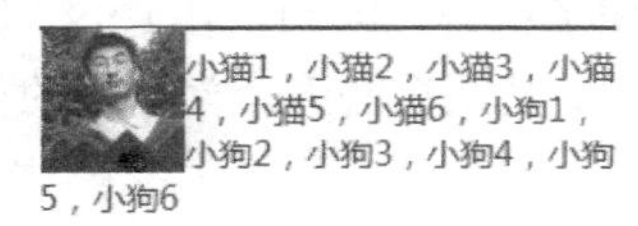


图 6-5　小动物们环绕效果

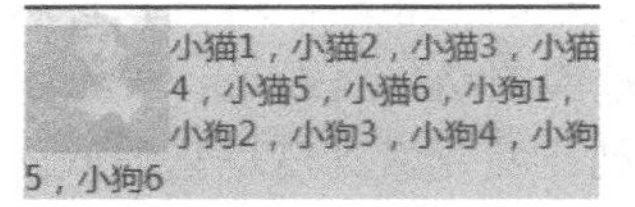


图 6-6　块元素区域和图片完全重叠

但是，块状盒子中的“行框盒子”却被浮动元素限制，没有任何的重叠，我们可以借助::first-line 伪元素暴露第一行的“行框盒子”区域，CSS 代码如下：

```
.animal:first-line {
  background: red;
  color: white;
}
```

结果如图 6-7 所示。

这种“限制”是根深蒂固的，也就是“行框盒子”的区域永远就这么大，只要不改变当前布局方式，我们是无法通过其他 CSS 属性改变这个区域大小的。这就是在 4.3 节提到的浮动后面元素 margin 负无穷大依然无效的原因。例如，这里再新增如下 CSS 代码：

```
.animal {
  margin-left: -100px;
}
```

就会发现，只有外部的块状容器盒子尺寸变大，而和浮动元素垂直方向有重叠的“行框盒子”依然被限死在那里，如图 6-8 所示。

至此，浮动作用的基本机制算是介绍完了。那么了解 float 属性的作用机制有什么用呢？很有用，除了下一节会着重介绍基于 float 属性的流体布局之外，还有很有用的一点就是让我们一下子知道一些意料之外场景发生的原因以及如何快速对症下药。

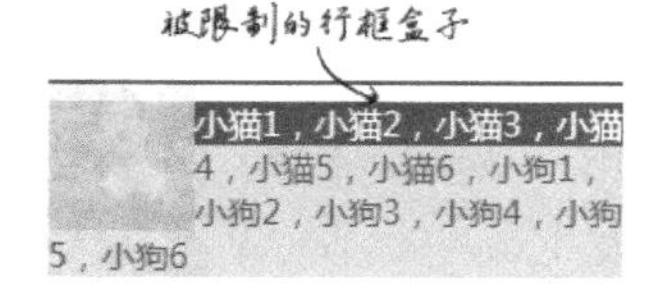


图 6-7　第一行背景显示了行框盒子的区域

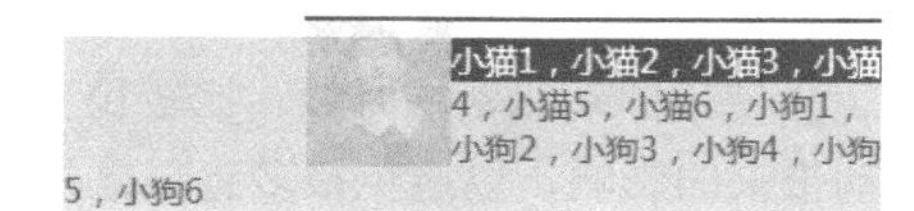


图 6-8　行框盒子区域固定

我们不妨看下面这个很有学习价值的例子。很多人会有这样的想法，就是认为一个元素只要设置了具体的高度值，就不需要担心 float 属性造成的高度塌陷的问题了，既然有了高度，何来“高度塌陷”。这句话对不对呢？是对的。但是，其中也隐含了陷阱，因为“文字环绕效果”是由两个特性（即“父级高度塌陷”和“行框盒子区域限制”）共同作用的结果，定高只能解决“父级高度塌陷”带来的影响，但是对“行框盒子区域限制”却没有任何效果，结果导致的问题是浮动元素垂直区域一旦超出高度范围，或者下面元素 margin-top 负值上偏移，就很容易使后面的元素发生“环绕效果”，代码示意如下：

```
<div class="father">
  <div class="float">
    <img src="zxx.jpg">
  </div>
  我是帅哥，好巧啊，我也是帅哥，原来看这本书的人都是帅哥~
</div>
<div>虽然你很帅，但是我对你不感兴趣。</div>
.father {
  height: 64px;
  border: 1px solid #444;
}
.float {
  float:left;
}
.float img {
  width: 60px; height: 64px;
}
```

从这段代码可以看出父级元素.father 高度设置的和图片高度一模一样，都是 64px。按道理，下面的“虽然你很帅，但是我对你不感兴趣。”这些文字应该居左显示，但最后的结果却是图 6-9 所示的这样。

口口声声说“不感兴趣”，最后却依旧环绕在帅哥图片周围。为什么会出现这种现象呢？

图 6-9　意料之外的文字环绕效果

虽然肉眼看上去容器和图片一样高，但是，大家都读过 5.3 节，应该都知道内联状态下的图片底部是有间隙的，也就是.float 这个浮动元素的实际高度并不是 64px，而是要比 64px 高几像素，带来的问题就是浮动元素的高度超出.father 几像素。于是，下面的文字就遭殃了，因为“虽然你很帅……”这段文字所在的“行框盒子”和浮动元素在垂直位置有了重叠，尽管就那么几像素。于是，区域被限制，形成了图 6-9 所示的“被环绕”效果。

眼见为实，如果不相信上面帅哥的魅力，可以手动输入 http://demo.cssworld.cn/6/1-1.php 或者扫右侧的二维码感受一下。

因此，当使用浮动元素的时候，比较稳妥的做法还是采用一些手段干净地清除浮动带来的影响，以避免很多意料之外的样式问题的发生。

### 6.1.3　`float` 更深入的作用机制

实际项目开发中不可能总是浮动元素在正常流元素的前面，下面来看一个例子。例如，有一个标题，代码如下：

```
<h3>标题</h3>
```

一直用得好好的，突然来了一个需求，要在右侧加一个“更多”链接，于是 HTML 变成下面这样（我们这里先忽略语义是否得当的问题）：

```
<h3>标题<a href="#">更多</a></h3>
```

请问：我们直接让`<a>`元素 `float:right` 可不可以？

考虑到本书的目标浏览器是 IE8 及以上版本浏览器，因此，答案是：可以。但是，如果你的项目很不幸还需要兼容 IE7 之类的浏览器，则不能这样处理，因为“更多”文字会浮动在下一行内容的右边，而非标题的右边。

以前不少人问我为什么 IE6 和 IE7 浮动元素会下一行显示，但却没有人问为什么 IE8 及以上版本浏览器是在一行显示，可见，似乎同行显示更符合大家的直观认知。好在规范也确实约定了浮动元素和内联元素在一行显示，但是，如果我问大家具体的作用机制是什么，恐怕鲜有人能回答清楚！

单靠感性认知而非具体原理理解 CSS 的样式表现很多时候是不靠谱的。比方说，还是这个例子，假设这里的“标题”内容非常长，超过了一行内容，请问：这里的“更多”`<a>`链接元素该如何显示？是图 6-10 所示的这样吗？答案是：不是的。正确表现应该如图 6-11 所示。

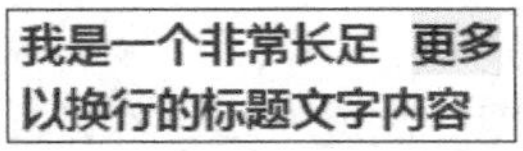

我是一个非常长足　更多
以换行的标题文字内容

图 6-10　假想浮动效果图

我是一个非常长足以换
行的标题文字内容　更多

图 6-11　真实浮动效果图

为什么呢？要想解释透彻，那话又多了。首先，我们需要了解两个和 `float` 相关的术语，一是“浮动锚点”（float anchor），二是“浮动参考”（float reference）。

- 浮动锚点是 `float` 元素所在的“流”中的一个点，这个点本身并不浮动，就表现而言更像一个没有 `margin`、`border` 和 `padding` 的空的内联元素。
- 浮动参考指的是浮动元素对齐参考的实体。

在 CSS 世界中，`float` 元素的“浮动参考”是“行框盒子”，也就是 `float` 元素在当前“行框盒子”内定位。再强调一遍，是“行框盒子”，不是外面的包含块盒子之类的东西，因为

CSS 浮动设计的初衷仅仅是实现文字环绕效果。在 CSS 新世界中，float 被赋予了更多的作用和使命，“浮动参考”就不仅仅是“行框盒子”了，不过此非本书重点，就不展开了。

正是因为 float 定位参考的是“行框盒子”，所以“更多”才会在第二行显示。还没理解？那再具体解释一下：每一行内联元素都有一个“行框盒子”，这个例子中标题文字比较多，两行显示了，因此有上下两个“行框盒子”，而“更多”所在的<a>元素是在标题文字后面，位于第二行，因此，这里设置了 float:right 的<a>元素是相对于第二行的“行框盒子”对齐的，也就是图 6-11 所示的效果。

趁热打铁，假如说我们的标题文字再多两个字，正好两行，请问：“更多”两字又当如何显示呢？估计不少人已经可以脑补出最终的样式表现了，“更多”会孤零零地显示在第三行的右边，但容器高度仍然是两行文字的高度，如图 6-12 所示。

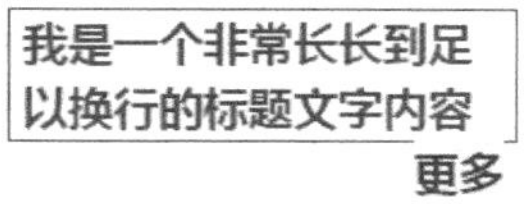

我是一个非常长长到足
以换行的标题文字内容
更多

图 6-12 “更多”显示在第 3 行

然而，上面的解释有一个很大的漏洞就是，如果 float 元素前后全是块元素，那根本没有“行框盒子”，何来对齐的说法？此时，就需要上面提到的“浮动锚点”出马了。“浮动锚点”这个术语名称本身很具有欺骗性，看上去应该与 float 的定位位置有关，实际上关系浅薄，在我看来，其作用就是产生“行框盒子”，因为“浮动锚点”表现如同一个空的内联元素，有内联元素自然就有“行框盒子”，于是，float 元素对齐的参考实体“行框盒子”对于块状元素也同样适用了，只不过这个“行框盒子”由于没有任何内容，所以无尺寸，看不见也摸不着罢了。

### 6.1.4 float 与流体布局

float 通过破坏正常 CSS 流实现 CSS 环绕，带来了烦人的“高度塌陷”的问题，然而，凡事都具有两面性，只要了解透彻，说不定就可以变废为宝、化腐朽为神奇。例如。我们可以利用 float 破坏 CSS 正常流的特性，实现两栏或多栏的自适应布局。

还记不记得之前小动物环绕的例子？其实我们稍加改造，就能变成一侧定宽的两栏自适应布局，HTML 和 CSS 代码如下：

```
<div class="father">
  <img src="me.jpg">
  <p class="animal">小猫 1，小猫 2，...</p>
</div>
.father {
  overflow: hidden;
}
.father > img {
  width: 60px; height: 64px;
  float: left;
}
.animal {
  margin-left: 70px;
}
```

和文字环绕效果相比，区别就在于`.animal`多了一个`margin-left:70px`，也就是所有小动物都要跟男主保持至少 70px 的距离，由于图片宽度就 60px，因此不会发生环绕，自适应效果达成。

原理其实很简单，`.animal`元素没有浮动，也没有设置宽度，因此，流动性保持得很好，设置`margin-left`、`border-left`或者`padding-left`都可以自动改变 content box 的尺寸，继而实现了宽度自适应布局效果。

我们不妨对比一下环绕效果的背景区域和这里自适应效果的背景区域（见图 6-13），理解起来应该会更加直白。

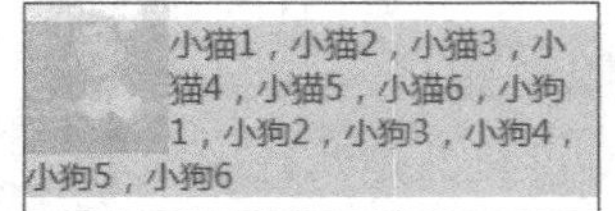


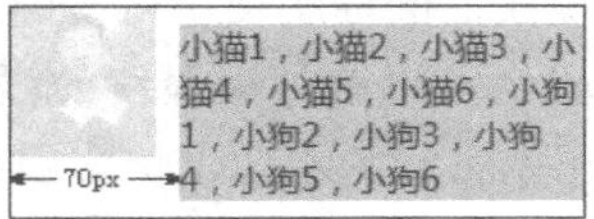


图 6-13　环绕效果和自适应效果背景区域对比图

没有对比就没有震撼。很多人实现这样的效果会采用下面这样的砖头式的浮动布局：

```
.animal {
  width: 170px;
  float: right;
}
```

乍一看，效果一样，但是实际上这容错性和可拓展性就差远了。一旦我们的容器宽度发生了变化，那么这个布局就基本作废，宽度小了，两栏内容上下错位，宽度变大，中间间隙宽到可以撑船，就是因为浮动和宽度破坏了 CSS 的流动性。这种感觉就像是把记忆合金变成了死板砖头。在我看来，这类布局是没有任何理由使用这种“砌砖头”式的技术方案的。一个简简单单的`margin-left`岂不比需要计算、代码量多、可维护性差的一堆 CSS 代码好很多！

关于此自适应布局效果，可以手动输入 http://demo.cssworld.cn/6/1-2.php 或者扫右侧的二维码感受一下。

一般而言，上面的技巧适用于一侧定宽一侧自适应：如果是宽度不固定，也有办法处理，这会在 6.3.2 节中介绍。如果是百分比宽度，则也是可以的，例如：

```
.left {
  float: left;
  width: 50%;
}
.right {
  margin-left: 50%;
}
```

如果是多栏布局，也同样适用，尤其图 6-14 所示的这种布局。

« 上一章　　**第112章 动物环绕**　　下一章 »

图 6-14　中间内容居中的左中右布局

假设 HTML 结构如下：

```
<div class="box">
  <a href class="prev">&laquo; 上一章</a>
  <a href class="next">下一章 &raquo;</a>
  <h3 class="title">第 112 章 动物环绕</h3>
</div>
```

则 CSS 可以如下：

```
.prev {
  float: left;
}
.next {
  float: right;
}
.title {
  margin: 0 70px;
  text-align: center;
}
```

也就是说，`.title` 所在的`<h3>`标题元素直接左右 `margin`，借助流体特性，保证不会和两个文字链接重叠。

# 6.2 float 的天然克星 clear

## 6.2.1 什么是 clear 属性

生生相克，`float` 这个魔鬼属性也不例外。CSS 有一个专门用来处理 `float` 属性带来的高度塌陷等问题的属性，这个属性就是 `clear`。其语法如下：

```
clear: none | left | right | both
```

如果单看字面意思，`clear:left` 应该是“清除左浮动”，`clear:right` 应该是“清除右浮动”的意思，实际上，这种解释是有问题的，因为浮动一直还在，并没有清除。没错，并没有清除。

官方对 `clear` 属性的解释是：“元素盒子的边不能和前面的浮动元素相邻。”

虽然有些拗口，但是有一点是可以体会出来的，就是设置了 `clear` 属性的元素自身如何如何，而不是让 `float` 元素如何如何，有种“己所不欲勿施于人”的意味在里面。因此，我对 `clear` 属性值的理解是下面这样的。

- `none`：默认值，左右浮动来就来。
- `left`：左侧抗浮动。
- `right`：右侧抗浮动。
- `both`：两侧抗浮动。

大家有没有发现，我们平时除了 clear:both 这个声明比较多以外，left 和 right 这两个属性值几乎无人问津，是因为 left 和 right 这两个值没有作用吗？

我的答案非常直白：没错，确实没有什么用！凡是 clear:left 或者 clear:right 起作用的地方，一定可以使用 clear:both 替换！

举个例子，假设容器宽度足够宽，有 10 个<li>元素，设置了如下 CSS 代码：

```
li {
  width: 20px; height: 20px;
  margin: 5px;
  float: left;
}
li:nth-of-type(3) {
  clear: both;
}
```

也就是说，第三个<li>设置了 clear:both，请问表现是怎样的？或者这么问吧：列表最后是 1 行显示、2 行显示，还是 3 行显示呢？

我们很容易被 both 这个单词误导，因为其字面意思是“同时”，所以很多人会认为是 3 行，但实际上只会显示 2 行，如图 6-15 所示。

图 6-15　列表 2 行显示

原因在于，clear 属性是让自身不能和前面的浮动元素相邻，注意这里“前面的”3 个字，也就是 clear 属性对“后面的”浮动元素是不闻不问的，因此才 2 行显示而非 3 行。

更进一步，考虑到 float 属性要么就 left 要么就 right，不可能同时存在，同时由于 clear 属性对“后面的”浮动元素不闻不问，因此，当 clear:left 有效的时候，clear:right 必定无效，也就是此时 clear:left 等同于设置 clear:both；同样地，clear:right 如果有效也是等同于设置 clear:both。由此可见，clear:left 和 clear:right 这两个声明就没有任何使用的价值，至少在 CSS 世界中是如此，直接使用 clear:both 吧。

## 6.2.2　成事不足败事有余的 clear

clear 属性只有块级元素才有效的，而::after 等伪元素默认都是内联水平，这就是借助伪元素清除浮动影响时需要设置 display 属性值的原因。

```
.clear:after {
  content: '';
  display: table;    // 也可以是'block'，或者是'list-item'
  clear: both;
}
```

然而，利用伪元素或者直接使用下面 HTML，有时候也会产生一些意想不到的问题：

```
<div style="clear:both;"></div>
```

继续前面那个小动物环绕的例子，如果我们在右侧自适应内容里面使用了类似这样的样式，则可能会发生右边的内容跑到图片下边的情况，HTML 代码如下：

```
<div class="father">
  <img src="me.jpg">
  <div class="animal">
    小猫 1，小猫 2，
    <div class="clear"></div>
    小猫 3，小猫 4，...
  </div>
</div>
```

结果却是如图 6-16 所示。眼见为实，手动输入 http://demo.cssworld.cn/6/2-1.php 或者扫下面的二维码。

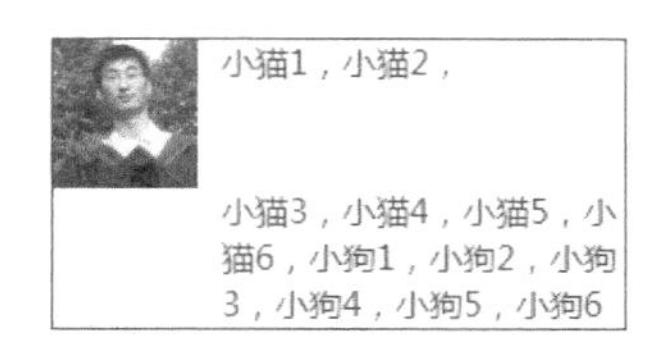

图 6-16 clear:both 导致自适应布局错位示意

由于 clear:both 的作用本质是让自己不和 float 元素在一行显示，并不是真正意义上的清除浮动，因此 float 元素一些不好的特性依然存在，于是，会有类似下面的现象。

（1）如果 clear:both 元素前面的元素就是 float 元素，则 margin-top 负值即使设成-9999px，也不见任何效果。

（2）clear:both 后面的元素依旧可能会发生文字环绕的现象。举个例子，如下 HTML 和 CSS：

```
<div class="father">
  <img src="zxx.jpg">
  我是帅哥，好巧啊，我也是帅哥，原来看这本书的人都是帅哥~
</div>
<div>虽然你很帅，但是我对你不感兴趣。</div>
.father:after {
  content: '';
  display: table;
  clear: both;
}
.father img {
  float:left;
  width: 60px; height: 64px;
}
.father + div {
  margin-top: -2px;
}
```

我是帅哥，好巧啊，我也是帅哥，原来看这本书的人都是帅哥~

虽然你很帅，但是我对你不感兴趣。

图 6-17 clear:both 依然发生布局错位示意图

虽然.father 父元素的最后设置了 clear:both 来阻止浮动对后面元素的影响，但是最后结果错位依然发生了，如图 6-17 所示。

由此可见，clear:both 只能在一定程度上消除浮动的影响，要想完美地去除浮动元素的影响，还需要使用其他 CSS 声明。那应该使用哪些 CSS 声明呢？请看 6.3 节。

## 6.3 CSS 世界的结界——BFC

### 6.3.1 BFC 的定义

BFC 全称为 block formatting context，中文为“块级格式化上下文”。相对应的还有 IFC，也就是 inline formatting context，中文为“内联格式化上下”。不过 IFC 作用和影响比较隐晦，我们就不介绍了，我们将学习重点放在 BFC 上。

关于 BFC 各种特性什么的，说起来很啰嗦，而我喜欢用“CSS 世界的结界”这种称谓概括 BFC 的特性。“结界”这个词大家应该都理解的，指通过一些特定的手段形成的封闭空间，里面的人出不去，外面的人进不来，具有极强的防御力。BFC 的特性表现如出一辙。

大家请记住下面这个表现原则：如果一个元素具有 BFC，内部子元素再怎么翻江倒海、翻云覆雨，都不会影响外部的元素。所以，BFC 元素是不可能发生 margin 重叠的，因为 margin 重叠是会影响外面的元素的；BFC 元素也可以用来清除浮动的影响，因为如果不清除，子元素浮动则父元素高度塌陷，必然会影响后面元素布局和定位，这显然有违 BFC 元素的子元素不会影响外部元素的设定。

那什么时候会触发 BFC 呢？常见的情况如下：

- <html>根元素；
- float 的值不为 none；
- overflow 的值为 auto、scroll 或 hidden；
- display 的值为 table-cell、table-caption 和 inline-block 中的任何一个；
- position 的值不为 relative 和 static。

换言之，只要元素符合上面任意一个条件，就无须使用 clear:both 属性去清除浮动的影响了。因此，不要见到一个<div>元素就加个类似.clearfix 的类名，否则只能暴露你孱弱的 CSS 基本功。

### 6.3.2 BFC 与流体布局

BFC 的结界特性最重要的用途其实不是去 margin 重叠或者是清除 float 影响，而是实现更健壮、更智能的自适应布局。

我们还是从最基本的文字环绕效果说起。还是那个小动物环绕的例子：

```
<div class="father">
  <img src="me.jpg">
  <p class="animal">小猫 1，小猫 2，...</p>
</div>
img { float: left; }
```

效果如图 6-18 所示。此时.animal 的内容显然受到了设置了 float 属性值的图片的影响而被环绕了。此时如果我们给.animal 元素设置具有 BFC 特性的属性，如 overflow:hidden，如下：

```
.animal { overflow: hidden; }
```

则根据 BFC 的表现原则，具有 BFC 特性的元素的子元素不会受外部元素影响，也不会影响外部元素。于是，这里的.animal 元素为了不和浮动元素产生任何交集，顺着浮动边缘形成自己的封闭上下文，如图 6-19 所示（垂直虚线为辅助示意）。

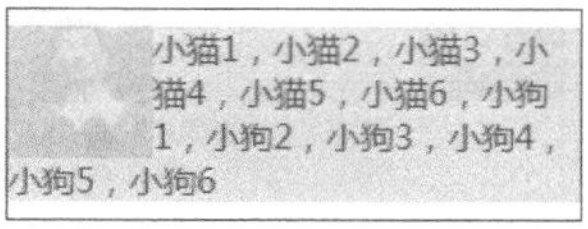

图 6-18　文字环绕基本效果示意

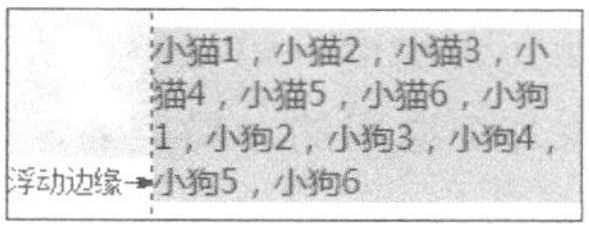

图 6-19　overflow:hidden 下的布局标注

也就是说，普通流体元素在设置了 overflow:hidden 后，会自动填满容器中除了浮动元素以外的剩余空间，形成自适应布局效果，而且这种自适应布局要比纯流体自适应更加智能。比方说，我们让图片的尺寸变小或变大，右侧自适应内容无须更改任何样式代码，都可以自动填满剩余的空间。例如，我们把图片的宽度从 60px 改成 30px，结果如图 6-20 所示。

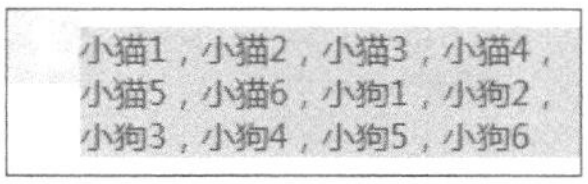

图 6-20　浮动元素宽度变小后内容自动完美填充

实际项目开发的时候，图片和文字不可能靠这么近，如果想要保持合适的间距，那也很简单，如果元素是左浮动，则浮动元素可以设置 margin-right 或透明 border-right 或 padding-right；又或者右侧 BFC 元素设置成透明 border-left 或者 padding-left，但不包括 margin-left，因为如果想要使用 margin-left，则其值必须是浮动元素的宽度加间隙的大小，就变成动态不可控的了，无法大规模复用。因此，套用上面例子的 HTML，假设我们希望间隙是 10px，则下面这几种写法都是可以的：

- `img { margin-right: 10px; }`
- `img { border-right: 10px solid transparent; }`
- `img { padding-right: 10px; }`
- `.animal { border-left: 10px solid transparent; }`
- `.animal { padding-left: 10px; }`

一般而言，我喜欢通过在浮动元素上设置 margin 来控制间距，也就是下面的 CSS 代码：

```
img {
  float: left;
  margin-right: 10px;
}
.animal {
  overflow: hidden;
}
```

布局效果如图 6-21 所示。

和基于纯流体特性实现的两栏或多栏自适应布局相比，基于 BFC 特性的自适应布局有如下优点。

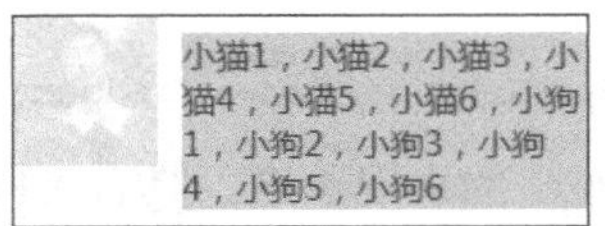


图 6-21　设置合适间距后的效果

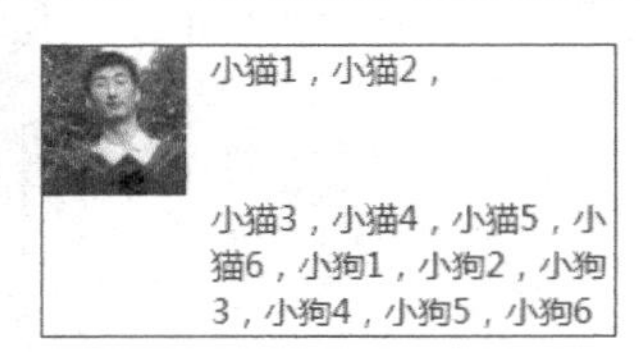


图6-22　clear:both 导致自适应布局错位示意图

（1）自适应内容由于封闭而更健壮，容错性更强。比方说，内部设置 clear:both 不会与 float 元素相互干扰而导致错位，也就不会发生类似于图 6-22 所示的问题。

（2）自适应内容自动填满浮动以外区域，无须关心浮动元素宽度，可以整站大规模应用。比方说，抽象几个通用的布局类名，如：

```
.left { float: left; }
.right { float: right; }
.bfc { overflow: hidden; }
```

于是，只要遇到两栏结构，直接使用上面的结构类名就可以完成基本的布局。HTML 示意如下：

```
<div class="bfc">
  <img src="me.jpg" class="left">
  <p class="bfc">小猫 1，小猫 2，...</p>
</div>
```

上面的类名只是示意，具体可根据自己项目的规范设定，甚至直接用.l 或者.r 这样的极短命名也是可以的。

而纯流体布局需要大小不确定的 margin 或 padding 等值撑开合适间距，无法 CSS 组件化。例如，前面出现的 70px，其他类似布局可能就是 90px，无法大规模复用：

```
.animal { margin-left: 70px; }
```

两种不同原理的自适应布局策略的高下一看便知。甚至可以这么说，有了 BFC 自适应布局，纯流体特性布局基本上没有了存在的价值。然而，只是理论上如此。如果 BFC 自适应布局真那么超能，那为何并没有口口相传呢？

那我们就得进一步深入理解了。

理论上，任何 BFC 元素和 float 元素相遇的时候，都可以实现自动填充的自适应布局。但是，由于绝大多数的触发 BFC 的属性自身有一些古怪的特性，所以，实际操作的时候，能兼顾流体特性和 BFC 特性来实现无敌自适应布局的属性并不多。下面我们一个一个来看，每个 CSS 属性选一个代表来进行说明。

（1）float:left。浮动元素本身 BFC 化，然而浮动元素有破坏性和包裹性，失去了元素本身的流体自适应性，因此，无法用来实现自动填满容器的自适应布局。不过，其因兼容性还算良好，与搭积木这种现实认知匹配，上手简单，因此在旧时代被大肆使用，也就是常说的“浮动布局”，也算阴差阳错地开创了自己的一套布局。

（2）position:absolute。这个脱离文档流有些严重，过于清高，和非定位元素很难玩到一块儿去，我就不说什么了。

（3）overflow:hidden。这个超棒！不像浮动和绝对定位，玩得有点儿过。其本身还是一个很普通的元素，因此，块状元素的流体特性保存得相当完好，附上 BFC 的独立区域特性，可谓如虎添翼、宇宙无敌！而且 overflow:hidden 的 BFC 特性从 IE7 浏览器开始就支持，兼容性也很不错。唯一的问题就是容器盒子外的元素可能会被隐藏掉，一定程度上限制了这种特性的大规模使用。不过，溢出隐藏的交互场景比例不算很高，所以它还是可以作为常用 BFC 布局属性使用的。

（4）display:inline-block。这是 CSS 世界最伟大的声明之一，但是用在这里，就有些捉襟见肘了。display:inline-block 会让元素尺寸包裹收缩，完全就不是我们想要的 block 水平的流动特性。只能是一声叹息舍弃掉！然而，峰回路转，世事难料。大家应该知道，IE6 和 IE7 浏览器下，block 水平的元素设置 display:inline-block 元素还是 block 水平，也就是还是会自适应容器的可用宽度显示。于是，对于 IE6 和 IE7 浏览器，我们会阴差阳错得到一个比 overflow:hidden 更强大的声明，既 BFC 特性加身，又流体特性保留。

```
.float-left {
  float: left;
}
.bfc-content {
  display: inline-block;
}
```

当然，*zoom: 1 也是类似效果，不过只适用于低级的 IE 浏览器，如 IE7。

（5）display:table-cell。其让元素表现得像单元格一样，IE8 及以上版本浏览器才支持。跟 display:inline-block 一样，它会跟随内部元素的宽度显示，看样子也是不合适的命。但是，单元格有一个非常神奇的特性，就是宽度值设置得再大，实际宽度也不会超过表格容器的宽度。第 3 章单元格一柱擎天的例子利用的就是这种特性，如图 6-23 所示。

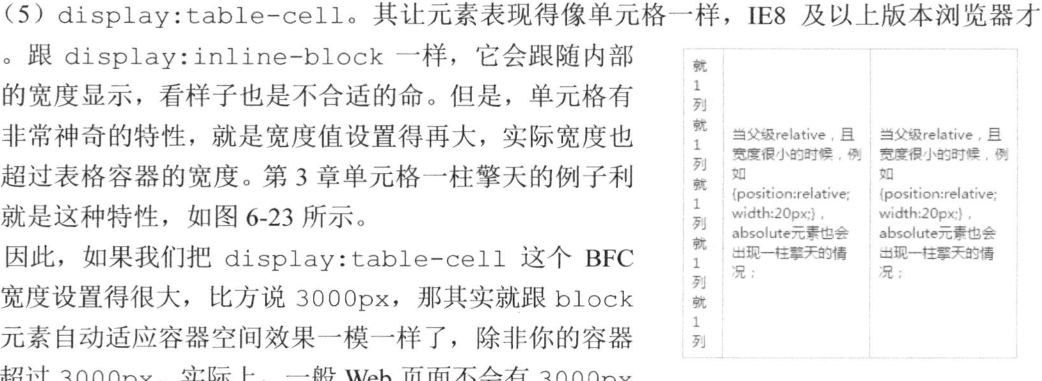


图 6-23 单元格中的一柱擎天效果

因此，如果我们把 display:table-cell 这个 BFC 元素宽度设置得很大，比方说 3000px，那其实就跟 block 水平元素自动适应容器空间效果一模一样了，除非你的容器宽度超过 3000px。实际上，一般 Web 页面不会有 3000px 宽的模块，所以，要是实在不放心，设个 9999px 好了！

```
.float-left {
  float: left;
}
.bfc-content {
  display: table-cell; width: 9999px;
}
```

看上去好像还不错。但是，还是有两点制约，一是需要 IE8 及以上版本的浏览器；二是应付连续英文字符换行有些吃力。但是，总体来看，其适用的场景要比 overflow:hidden 更为广泛。

（6）display:table-row。对 width 无感，无法自适应剩余容器空间。

（7）display:table-caption。此属性一无是处。

还有其他声明对这里的自适应布局效果而言也都是一无是处，就不全部展开了。

总结一下，我们对 BFC 声明家族大致过了一遍，能担任自适应布局重任的也就是以下几个。

- overflow:auto/hidden，适用于 IE7 及以上版本浏览器；
- display:inline-block，适用于 IE6 和 IE7；
- display:table-cell，适用于 IE8 及以上版本浏览器。

最后，我们可以提炼出两套 IE7 及以上版本浏览器适配的自适应解决方案。

（1）借助 overflow 属性，如下：

```
.lbf-content { overflow: hidden; }
```

（2）融合 display:table-cell 和 display:inline-block，如下：

```
.lbf-content {
  display: table-cell; width: 9999px;
  /* 如果不需要兼容 IE7，下面样式可以省略 */
  *display: inline-block; *width: auto;
}
```

这两种基于 BFC 的自适应方案均支持无限嵌套，因此，多栏自适应可以通过嵌套方式实现。这两种方案均有一点不足，前者如果子元素要定位到父元素的外面可能会被隐藏，后者无法直接让连续英文字符换行。所以，大家可以根据实际的项目场景选择合适的技术方案。

最后，关于 display:table-cell 元素内连续英文字符无法换行的问题，事实上是可以解决的，就是使用类似下面的 CSS 代码：

```
.word-break {
  display: table;
  width: 100%;
  table-layout: fixed;
  word-break: break-all;
}
```

## 6.4 最佳结界 overflow

要想彻底清除浮动的影响，最适合的属性不是 clear 而是 overflow。一般使用 overflow:hidden，利用 BFC 的“结界”特性彻底解决浮动对外部或兄弟元素的影响。虽然有很多其他 CSS 声明也能清除浮动，但基本上都会让元素的宽度表现为“包裹性”，也就是会影响原来的样式布局，而 overflow:hidden 声明不会影响元素原先的流体特性或宽度表现，因此在我看来是最佳“结界”。

不过话又说回来，overflow 属性原本的作用指定了块容器元素的内容溢出时是否需要裁剪，也就是“结界”只是其衍生出来的特性，“剪裁”才是其本职工作。

### 6.4.1 overflow 剪裁界线 border box

一个设置了 overflow:hidden 声明的元素，假设同时存在 border 属性和 padding 属性，类似于下面的 CSS 代码：

```
.box {
  width: 200px; height: 80px;
  padding: 10px;
  border: 10px solid;
  overflow: hidden;
}
```

则当子元素内容超出容器宽度高度限制的时候，剪裁的边界是 border box 的内边缘，而非 padding box 的内边缘，如图 6-24 所示。眼见为实，手动输入 http://demo.cssworld.cn/6/4-1.php 或者扫下面的二维码。

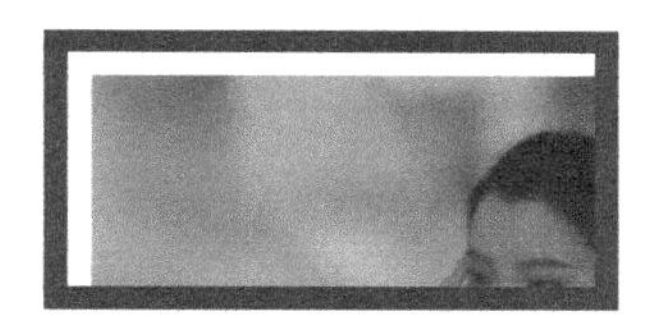

图 6-24　元素剪裁与 border 内边缘

如果想实现元素剪裁同时四周留有间隙的效果的话，可以试试使用透明边框，此时内间距 padding 属性是无能为力的。这里举这个实例并不只是为了传授这个小技能，也是为了以此为契机，深入探讨一下 overflow 属性的一个很经典的不兼容问题，即 Chrome 浏览器下，如果容器可滚动（假设是垂直滚动），则 padding-bottom 也算在滚动尺寸之内，IE 和 Firefox 浏览器忽略 padding-bottom。例如，上面的.box，我们把 overflow 属性值改成 auto（亦可点击实例页面图片），滚动到底部会发现，Chrome 浏览器下面是有 10 像素的空白的，如图 6-25 所示。Firefox 和 IE 却没有，Firefox 浏览器呈现的效果如图 6-26 所示。

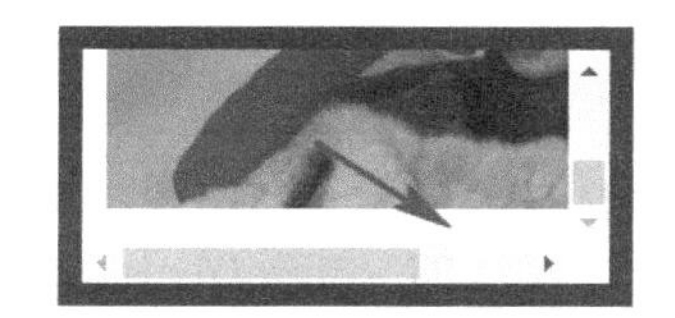

图 6-25　Chrome 浏览器滚动高度包含 padding-bottom

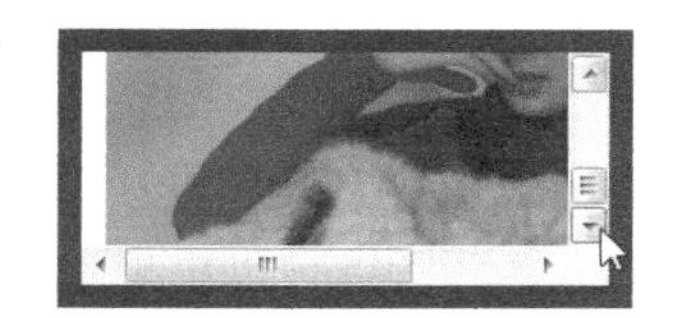

图 6-26　Firefox 浏览器滚动高度不包含 padding-bottom

曾经有人写邮件和我交流过这个问题，认为 Chrome 浏览器的解析是正确的，IE 和 Firefox 浏览器则是不准确的。在我看来，Chrome 浏览器的解析反而是不准确的，只是 Chrome 浏览器的渲染表现是我们开发所需要的，我们就会偏心地认为 Chrome 是正确的。但是，正如一开始的例子所展示的，overflow 的剪裁或者滚动的边界是 border box 的内边缘，而非 padding box 的内边缘，因此，忽略 padding-bottom 才是符合解析规则的渲染行为。

但是事已至此，争辩到底谁对谁错其实并没有多大的意义，重要的是我们知道了这种不兼容性，所以我们在实际项目开发的时候，要尽量避免滚动容器设置 padding-bottom 值，除了样式表现不一致外，还会导致 scrollHeight 值不一样，这往往会给开发带来难以察觉的麻烦，需要引起注意。

## 6.4.2 了解 overflow-x 和 overflow-y

自 IE8 以上版本的浏览器开始，overflow 属性家族增加了两个属性，就是这里的 overflow-x 和 overflow-y，分别表示单独控制水平或垂直方向上的剪裁规则。

支持的属性值和 overflow 属性一模一样。

- visible：默认值。
- hidden：剪裁。
- scroll：滚动条区域一直在。
- auto：不足以滚动时没有滚动条，可以滚动时滚动条出现。

这种相似性很容易让大家产生一个误区，认为只要 overflow-x 和 overflow-y 设置了上面的属性值，就一定会是这样的表现，实际上 overflow-x 和 overflow-y 的表现规则要比看上去复杂些：如果 overflow-x 和 overflow-y 属性中的一个值设置为 visible 而另外一个设置为 scroll、auto 或 hidden，则 visible 的样式表现会如同 auto。也就是说，除非 overflow-x 和 overflow-y 的属性值都是 visible，否则 visible 会当成 auto 来解析。换句话说，永远不可能实现一个方向溢出剪裁或滚动，另一方向内容溢出显示的效果。

因此，下面 CSS 代码中的 overflow-y:auto 是多余的：

```
html {
  overflow-x: hidden;
  overflow-y: auto;  /* 多余 */
}
```

但是，scroll、auto 和 hidden 这 3 个属性值是可以共存的。

## 6.4.3 overflow 与滚动条

HTML 中有两个标签是默认可以产生滚动条的，一个是根元素<html>，另一个是文本域<textarea>。之所以可以出现滚动条，是因为这两个标签默认的 overflow 属性值不是 visible，从 IE8 浏览器开始，都使用 auto 作为默认的属性值。这也就意味着，从 IE8 浏览器开始，默认状态下是没有滚动栏的，尺寸溢出才会出现，对于 IE7 浏览器，其样式表现就好像设置了 overflow-y:scroll 一般。

关于浏览器的滚动条，有以下几个小而美的结论。

（1）在 PC 端，无论是什么浏览器，默认滚动条均来自<html>，而不是<body>标签。验证很简单，新建一个空白页面，此时<body>标签的默认 margin 值是.5em，如果滚动条是由<body>标签产生的，那么效果应该如图 6-27 所示这般边缘留有间隙。但是最后实现结果却是图 6-28 所示的这样没有间隙。

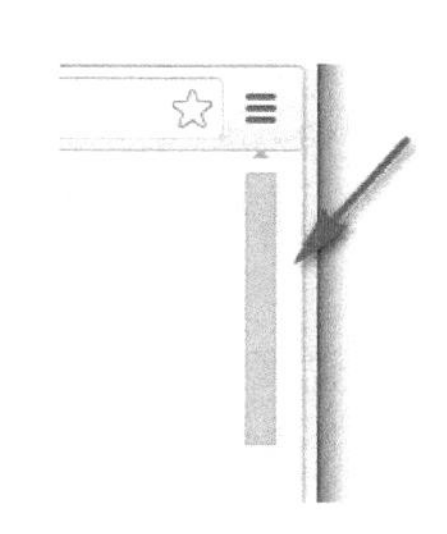

图 6-27 <body>产生滚动条的假想效果

图 6-28 实际效果无间隙，滚动条由<html>产生

所以，如果我们想要去除页面默认滚动条，只需要：

```
html { overflow: hidden; }
```

而没必要把<body>也拉下水：

```
html, body { overflow: hidden; }
```

注意，上述规则只对 PC 端有效，对于移动端并不一定适用。例如，在 PC 端，对<html>标签设置 overflow:hidden 可以隐藏滚动条禁止滚动，但是在移动端基本上无效。在 PC 端，窗体滚动高度可以使用 document.documentElement.scrollTop 获取，但是在移动端，可能就要使用 document.body.scrollTop 获取。

（2）滚动条会占用容器的可用宽度或高度。假设一个元素的宽度是 400px，CSS 代码如下：

```
.box {
  width: 400px; height: 100px;
  overflow: auto;
}
```

当子元素高度超过 100px 出现滚动条的时候，子元素可用的实际宽度实际上要小于 400px，因为滚动条（准确地说应该是滚动栏）占据了一定的宽度。当然这还要看操作系统，比方说在移动端就不会有这样的问题，因为移动端的屏幕尺寸本身就有限，滚动条一般都是悬浮模式，不会占据可用宽度，但是在 PC 端，尤其 Windows 操作系统下，几乎所有浏览器的滚动栏都会占据宽度，而且这个宽度大小是固定的。我通过在 Windows 7 系统下的测试和对比发现，IE7 及以上版本 IE、Chrome、Firefox 浏览器滚动栏所占据的宽度均是 17px，注意，很精准的是 17px，我不知道网上那些误人子弟的 20px、14px 是从哪里来的。当然，随着以后操作系统的升级，滚动栏的宽度发生变化也是有可能的。

要知道自己浏览器的滚动栏宽度是多少其实很简单，代码如下：

```
.box { width: 400px; overflow: scroll; }
<div class="box">
  <div id="in" class="in"></div>
</div>
console.log(400 - document.getElementById("in").clientWidth);
```

这种滚动栏占据宽度的特性有时候会给我们的布局带来不小的麻烦。比方说，布局直接错位，如宽度设定死的浮动布局；又或者布局不对齐，如我们希望实现一个表格头固定、表格主体可以滚动的效果，常见的实现方法是使用双<table>，表格头是一个独立的<table>，主体也是一个独立的<table>元素，放在一个 overflow:auto 的<div>元素中，这种实现，如果滚动条不出现还好，两个表格的表格列可以完美对齐，但是一旦滚动条出现，主体表格可用宽度被压缩，表格列往往就无法完美对齐了。

常用的解决方法有下面两种：一种是<table>元素使用固定的宽度值，但是距离右侧留有 17px 的间隙，这样即使滚动条出现，也不会产生任何的宽度影响；另一种就是表格的最后一列不设定宽度（文字最好左对齐），前面每一列都定死宽度，这样最后一列就是自适应结构，就算滚动条出现，也只是自身有一些宽度变小，对整体对齐并无多大影响。

然而，滚动栏占据宽度的特性最大的问题就是页面加载的时候水平居中的布局可能会产生晃动，因为窗体默认是没有滚动条的，而 HTML 内容是自上而下加载的，就会发生一开始没有滚动条，后来突然出现滚动条的情况，此时页面的可用宽度发生变化，水平居中重新计算，导致页面发生晃动，这个体验是非常不好的。比较简单的做法是设置如下 CSS：

```
html {
  overflow-y: scroll;
}
```

如果页面注定会很高，这种做法也是可以接受的，但是如果是 404 页面这种不足一屏高度的页面，右侧也依然有个滚动栏，那就有种回到解放前的感觉了。

这里分享一个可以让页面滚动条不发生晃动的小技巧，即使用如下 CSS 代码：

```
html {
  overflow-y: scroll;   /* for IE8 */
}
:root {
  overflow-y: auto;
  overflow-x: hidden;
}
:root body {
  position: absolute;
}
body {
  width: 100vw;
  overflow: hidden;
}
```

基本上药到病除，而且后遗症非常少，大家不妨试试！

滚动条是可以自定义的。因为IE浏览器的自定义效果实在是比原生的还要难看，就不浪费大家时间了，就此打住。

倒是支持-webkit-前缀的浏览器可以说说。例如，对于Chrome浏览器：

- 整体部分，::-webkit-scrollbar；
- 两端按钮，::-webkit-scrollbar-button；
- 外层轨道，::-webkit-scrollbar-track；
- 内层轨道，::-webkit-scrollbar-track-piece；
- 滚动滑块，::-webkit-scrollbar-thumb；
- 边角，::-webkit-scrollbar-corner。

但是我们平时开发中只用下面3个属性：

```
::-webkit-scrollbar {      /* 血槽宽度 */
  width: 8px; height: 8px;
}
::-webkit-scrollbar-thumb {      /* 拖动条 */
  background-color: rgba(0,0,0,.3);
  border-radius: 6px;
}
::-webkit-scrollbar-track {      /* 背景槽 */
  background-color: #ddd;
  border-radius: 6px;
}
```

在目标浏览器下的滚动条效果就会如图6-29所示这般。

图6-29 自定义滚动条效果示意

## 6.4.4 依赖 overflow 的样式表现

在CSS世界中，很多属性要想生效都必须要有其他CSS属性配合，其中有一种效果就离不开 overflow:hidden 声明，即单行文字溢出点点点效果。虽然效果的核心是 text-overflow:ellipsis，效果实现必需的3个声明如下：

```
.ell {
  text-overflow: ellipsis;
  white-space: nowrap;
  overflow: hidden;
}
```

这3个声明缺一不可。

目前，对-webkit-私有前缀支持良好的浏览器还可以实现多行文字打点效果，但是却无须依赖 overflow:hidden。比方说，最多显示2行内容，再多就打点的核心CSS代码如下：

```
.ell-rows-2 {
   display: -webkit-box;
   -webkit-box-orient: vertical;
   -webkit-line-clamp: 2;
}
```

## 6.4.5 overflow 与锚点定位

锚点，通俗点的解释就是可以让页面定位到某个位置的点。其在高度较高的页面中经常见到，如百度百科页面中标题条目的快速定位效果，如图 6-30 所示。点击其中任意一个标题链接，比如说“发展历程”，页面就会快速定位到“发展历程”这一块内容，同时地址栏中的 URL 地址最后多了一个#1，如图 6-31 所示。

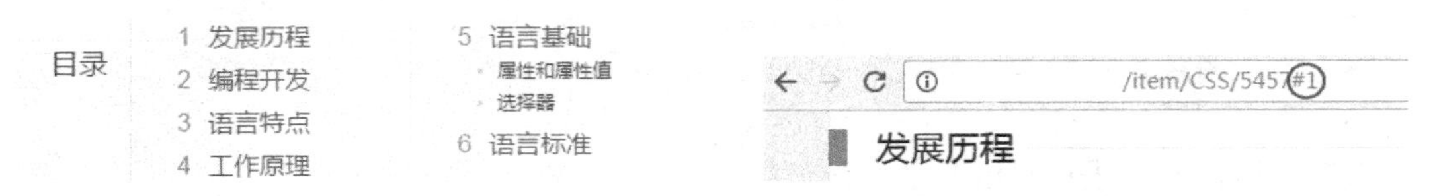


图 6-30　百科中的目录标题链接条目　　　图 6-31　定位效果与 URL 地址变化

我所知道的基于 URL 地址的锚链（如上面的#1，可以使用 location.hash 获取）实现锚点跳转的方法有两种，一种是<a>标签以及 name 属性，还有一种就是使用标签的 id 属性。百度百科就是使用<a>标签的 name 属性实现锚点跳转的，其代码如图 6-32 所示。

```
▼<div class="anchor-list">
   <a name="1" class="lemma-anchor para-title"></a>
   <a name="sub5236733_1" class="lemma-anchor "></a>
   <a name="发展历程" class="lemma-anchor "></a>
 </div>
```

图 6-32　使用<a>标签以及 name 值实现锚点定位

使用更精练的代码表示就是：

```
<a href="#1">发展历程></a>

<a name="1"></a>
```

就我个人而言，我更喜欢使用下面的做法，也就是利用标签的 id 属性，因为 HTML 会显得更干净一些，也不存在任何兼容性问题：

```
<a href="#1">发展历程></a>

<h2 id="1">发展历程</h2>
```

下面思考这两个问题：锚点定位行为是基于什么条件触发的？锚点定位作用的发生本质上是什么在起作用？

### 1. 锚点定位行为的触发条件

下面两种情况可以触发锚点定位行为的发生：

（1）URL 地址中的锚链与锚点元素对应并有交互行为；

（2）可 focus 的锚点元素处于 focus 状态。

上面百度百科的例子就是基于 URL 地址的锚链与锚点实现的，定位效果的发生需要行为触发。比方说，点击一个链接，改变地址栏的锚链值，或者新打开一个链接，后面带有一个锚链值，当然前提是这个锚链值可以找到页面中对应的元素，并且是非隐藏状态，否则不会有任何的定位行为发生。如果我们的锚链就是一个很简单的#，则定位行为发生的时候，页面是定位到顶部的，所以我们一般实现返回顶部效果都是使用这样的 HTML：

```
<a href="#">返回顶部</a>
```

然后配合 JavaScript 实现一些动效或者避免点击时候 URL 地址出现#，而很多人实现返回顶部效果的时候使用的是类似下面的 HTML：

```
<a href="javascript:">返回顶部</a>
```

然后使用 JavaScript 实现定位或者加一些平滑动效之类。显然我是推荐上面那种做法的，因为锚点定位行为的发生是不需要依赖 JavaScript 的，所以即使页面 JavaScript 代码失效或者加载缓慢，也不会影响正常的功能体验，也就是用户无论在什么状态下都能准确地返回顶部。

“focus 锚点定位”指的是类似链接或者按钮、输入框等可以被 focus 的元素在被 focus 时发生的页面重定位现象。

举个很简单的例子，在 PC 端，我们使用 Tab 快速定位可 focus 的元素的时候，如果我们的元素正好在屏幕之外，浏览器就会自动重定位，将这个屏幕之外的元素定位到屏幕之中。再举一个例子，一个可读写的<input>输入框在屏幕之外，则执行类似下面的 JavaScript 代码的时候：

```
document.querySelector('input').focus();
```

这个输入框会自动定位在屏幕之中，这些就是“focus 锚点定位”。

同样，“focus 锚点定位”也不依赖于 JavaScript，是浏览器内置的无障碍访问行为，并且所有浏览器都是如此。

虽然都是锚点定位，但是这两种定位方法的行为表现还是有差异的，“URL 地址锚链定位”是让元素定位在浏览器窗体的上边缘，而“focus 锚点定位”是让元素在浏览器窗体范围内显示即可，不一定是在上边缘。

**2．锚点定位作用的本质**

锚点定位行为的发生，本质上是通过改变容器滚动高度或者宽度来实现的。由于平时大多数页面都是垂直滚动，且水平滚动与之类似，因此接下来的内容我都是以垂直滚动示意。

注意，这里说的是容器的滚动高度，而不是浏览器的滚动高度，这一点小小区分非常重要。没错，非常重要。由于我们平常接触锚点定位都是浏览器窗体滚动条级别的，因此很容易被一些表象迷惑而产生一些错误的认识。

首先，锚点定位也可以发生在普通的容器元素上，而且定位行为的发生是由内而外的。什么意思呢？例如，我们的页面上有一个<div>元素设置了 overflow:auto，且子元素高度超出其自身高度限制，代码示意 CSS 和 HTML 如下：

```
.box {
  height: 120px;
  border: 1px solid #bbb;
```

```
  overflow: auto;
}
.content {
  height: 200px;
  background-color: #eee;
}
<div class="box">
  <div class="content"></div>
  <h4 id="title">底部标题</h4>
</div>
<p><a href="#title">点击测试</a></p>
```

由于.content 元素高度超过.box 容器，因此<h4>元素必然不可见，如图 6-33 所示。然后，我们点击下面的“点击测试”链接，则滚动条位置变化（实际上改变了 scrollTop 值），“底部标题”自动出现了，如图 6-34 所示。

图 6-33　标题不可见示意

图 6-34　标题可见示意

“由内而外”指的是，普通元素和窗体同时可滚动的时候，会由内而外触发所有可滚动窗体的锚点定位行为。继续上面的例子，假设我们的浏览器窗体也是可滚动的，则点击“点击测试”链接后，“底部标题”先触发.box 容器的锚点定位，也就是滚动到底部，然后再触发窗体的锚点定位，“底部标题”和浏览器窗口的上边缘对齐，如图 6-35 所示（图中最上方一条线就是浏览器窗体上边缘）。

图 6-35　标题可见触发两个可滚动容器锚点定位示意

其次就是设置了 overflow:hidden 的元素也是可滚动的，这也是本小节的核心。说得更干脆点儿就是：overflow:hidden 跟 overflow:auto 和 overflow: scroll 的差别就在于有没有那个滚动条。元素设置了 overflow:hidden 声明，里面内容高度溢出的时候，滚动依然存在，仅仅滚动条不存在！

有人肯定会反驳：不会呀，元素设置了 overflow:hidden，同时高度溢出，我的鼠标无论怎么滚，都没有滚动行为发生啊！

对，你说的那是表现，表面看起来确实是那样，但是如果发生锚点定位，你就会发现滚动发生了。还是上面的例子，假设.box 元素的 CSS 变成下面这样，overflow 属性值不是 auto，而是 hidden：

```
.box {
  height: 120px;
```

```
  border: 1px solid #bbb;
  overflow: hidden;
```

我们点击下面的“点击测试”链接时，标题同样发生了重定位，如图 6-36 所示。

图 6-36　overflow:hidden 依然锚点重定位

锚点定位本质上是改变了 scrollTop 或 scrollLeft 值，因此，上面的定位效果等同于执行了下面的 JavaScript 代码：

```
document.querySelector('.box').scrollTop = 200;   // 随便一个足够大的值即可
```

什么？浏览器的锚点定位实现了类似 JavaScript 的效果？那岂不是我们可以利用这种兼容的浏览器行为实现更复杂的无 JavaScript 的交互效果？例如，实现选项卡切换效果，手动输入 http://demo.cssworld.cn/6/4-2.php 或者扫下面的二维码。这个示例是基于 URL 地址的锚链触发锚点定位实现的选项卡切换效果。例如，点击切换按钮 3，效果如图 6-37 所示。

图 6-37　选项卡 3 选中效果

HTML 和核心 CSS 代码如下：

```
<div class="box">
  <div class="list" id="one">1</div>
  <div class="list" id="two">2</div>
  <div class="list" id="three">3</div>
  <div class="list" id="four">4</div>
</div>
<div class="link">
  <a href="#one">1</a>
  <a href="#two">2</a>
  <a href="#three">3</a>
  <a href="#four">4</a>
</div>
.box {
   height: 10em;
   border: 1px solid #ddd;
   overflow: hidden;
}
.list {
   line-height: 10em;
   background: #ddd;
}
```

容器设置了 overflow:hidden，且每个列表高度和容器的高度一样高，这样保证永远只显示一个列表。当我们点击按钮，如第三个按钮，会改变 URL 地址的锚链为#three，从而触发 id 为 three 的第三个列表发生的锚点定位，也就是改变容器滚动高度让列表 3 的上边缘和滚动容器上边缘对齐，从而实现选项卡效果。我自己画了个简单的原理图，如图 6-38 所示。

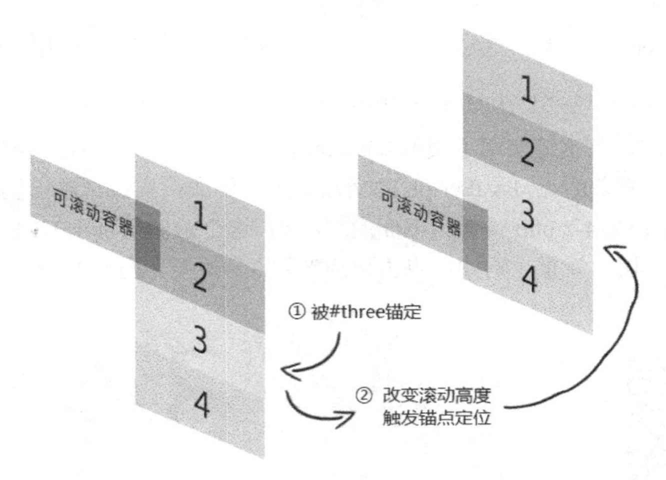


图 6-38　锚点定位实现选项卡原理示意

此效果乍一看很酷，但却有不少不足之处：其一，容器高度需要固定；其二，也是最麻烦的，就是“由内而外”的锚点定位会触发窗体的重定位，也就是说，如果页面也是可以滚动的，则点击选项卡按钮后页面会发生跳动，这种体验显然是非常不好的。那有没有什么解决办法呢？

有，还记不记得前面提过有两种方法可以触发锚点定位，其中有一种方法就是“focus 锚点定位”，只要定位的元素在浏览器窗体中，就不会触发窗体的滚动，也就是选项卡切换的时候页面不会发生跳动。

访问基于“focus 锚点定位”实现的无 JavaScript 选项卡切换效果实例页面，手动输入 http://demo.cssworld.cn/6/4-3.php 或者扫下面的二维码。点击切换按钮 3，效果如图 6-39 所示。

图 6-39　选项卡 3 选中效果

可以发现，就算页面窗体就有滚动条，绝大多数情况下，也都不会发生跳动现象，HTML 和核心 CSS 代码如下：

```
<div class="box">
   <div class="list"><input id="one">1</div>
   <div class="list"><input id="two">2</div>
   <div class="list"><input id="three">3</div>
   <div class="list"><input id="four">4</div>
</div>
<div class="link">
   <label class="click" for="one">1</label>
   <label class="click" for="two">2</label>
   <label class="click" for="three">3</label>
   <label class="click" for="four">4</label>
</div>
.box {
   height: 10em;
   border: 1px solid #ddd;
   overflow: hidden;
}
.list {
   height: 100%;
   background: #ddd;
   position: relative;
}
.list > input {
  position: absolute; top:0;
  height: 100%; width: 1px;
  border:0; padding: 0; margin: 0;
  clip: rect(0 0 0 0);
}
```

原理其实很简单，就是在每个列表里塞入一个肉眼看不见的`<input>`输入框，然后选项卡按钮变成`<label>`元素，并通过 `for` 属性与`<input>`输入框的 `id` 相关联，这样，点击选项按钮会触发输入框的 `focus` 行为，触发锚点定位，实现选项卡切换效果。

这种原理实现的选项卡还有一个优点就是，我们可以直接使用 Tab 键来切换、浏览各个选项面板的内容，传统的选项卡实现并没有如此便捷的可访问性。

然而，上面这种技术要想用在实际项目中还离不开 JavaScript 的支持，一个是选项卡按钮的选中效果，另一个就是处理列表部分区域在浏览器外面时依然会跳动的问题。相关处理类似下面的做法，即使用 jQuery 语法，：

```
$('label.click').removeAttr('for').on('click', function() {
  $('.box').scrollTop(xxx);    'xxx'表示滚动数值
});
```

于是，就算 JavaScript 出现异常或者加载缓慢，选项卡点击功能依然正常，并且直接用 Tab 键浏览选项卡内容的超级便捷的可访问性也保留下来了。综合来看，这是非常不错的一种选项卡实现技巧，这种技巧实际上是我自己私藏的专利小技术，这里首次公开。

同样，这一技术只适用于高度固定的选项卡效果，如各大站点首页经常出现的幻灯片广告切换效果等。

实际上，如果不用考虑 IE8 浏览器，可以利用:checked 伪类、单选按钮和<label>标签的点击行为实现选项卡切换，由于本书知识点面向 IE8 及以上版本的浏览器，因此这一技术不做详细介绍。

知道 overflow:hidden 元素依然可以滚动，除了可以帮助我们实现无 JavaScript 的选项卡效果外，还可以帮助我们理解一些现象发生的原因。例如，我之前提到过的使用 margin-bottom 负值加 padding-bottom 正值以及父元素 overflow:hidden 配合实现的等高布局，在大多数情况下，这种布局使用是没有任何问题的，但是如果使用 dom.scrollIntoView() 或者触发窗体视区范围之外的内部元素的锚点定位行为，布局就会飞掉，没错，布局就像长了翅膀一样飞掉了。因为，此时容器的 scrollHeight（视区高度+可滚动高度）要远远大于 clientHeight（视区高度），而锚点定位的本质就是改变容器的滚动高度，因此，容器的滚动高度不是 0，发生了与上面无 JavaScript 的选项卡类似的效果，产生布局问题。

就我自己的切身体会而言，时刻牢记 overflow:hidden 元素依然可以滚动这一点，可以让我们以更简单、更原生的方式实现一些交互效果。举个例子，实现自定义的滚动条效果，因为 Windows 系统下浏览器的滚动条会占据宽度，而且长得不好看，所以就存在实现自定义滚动条的需求，也就是类似移动端的悬浮式滚动条。

传统实现都是父容器设置 overflow:hidden，然后子元素使用一个大的<div>包起来，设置绝对定位，然后通过改变 top 值，或者使用 transform 进行偏移。

但是在我看来，最推荐的实现还是基于父容器自身的 scrollTop 值改变来实现自定义滚动条效果，其好处有如下这些。

（1）实现简单，无须做边界判断。因为就算 scrollTop 设为-999，浏览器依然按照 0 来渲染，要想滚动到底部，直接一个很大的 scrollTop 值就可以了，无须任何计算。例如：

```
container.scrollTop = 99999;
```

列表滚动了多少直接就是 scrollTop 值，实时获取，天然存储。传统实现要变量以及边界更新，很啰嗦。

（2）可与原生的 scroll 事件天然集成，无缝对接。例如，我们的滚动延迟加载图片效果就可以直接应用，因为图片位置的计算往往都是和 scrollTop 值相关联的，所以传统实现 scrollTop 值一直是 0，很可能导致这类组件出现异常。

（3）无须改变子元素的结构。传统实现为了定位方便，会给所有的列表元素外面包一层独立的<div>元素，这可能会导致某些选择器（类似于.container > .list{}）失效，但是，基于父容器本身的 scrollTop 滚动实现则无此问题，即使子元素全是兄弟元素也是可以的。

当然，没有哪种技术是万能的，基于改变 overflow:hidden 父容器的 scrollTop 实现自定义滚动条效果也有几点不足：一是无法添加类似 Bounce 回弹这种动效；二是渲染要比一般的渲染慢一些，但大多数场景下用户都是无感知的。

大家可根据自己项目的实际情况自行取舍，选择合适的技术。

## 6.5 float 的兄弟 position:absolute

我一直认为 position:absolute（下简称 absolute）和 float:left/float:right（下简称 float）是兄弟关系，都兼具"块状化""包裹性""破坏性"等特性，不少布局场合甚至可以相互替代。有人可能会疑惑：一个属性名是 position，一个是 float，"姓"都不一样，还兄弟呢？

实际上是这样的，absolute 和 float 可以看作是"同父异母"的兄弟关系。它们的父亲是同一个人，是 CSS 世界的大魔王，属于魔界；但母亲不是一个人，absolute 的母亲来自魔界，而 float 的母亲来自人界。

但是，absolute 从不承认它有一个半魔半人的兄弟 float，两人是水火不容。由于 absolute 血脉更纯，能力更霸道，因此，当 absolute 和 float 同时存在的时候，float 属性是无任何效果的。因此，没有任何理由 absolute 和 float 同时使用：

```
.brother {
  position: absolute;
  float: left;      // 无效
}
```

虽然嘴上不承认，但事实摆在那里，毕竟有那么多共性，这兄弟关系是跑不了了。

例如，"块状化"和浮动类似，元素一旦 position 属性值为 absolute 或 fixed，其 display 计算值就是 block 或者 table。例如，<span>元素默认是 inline 水平，但是一旦设置 position:absolute，其 display 计算值就变成了 block，我们可以使用简单的 JavaScript 代码验证上面的观点。打开浏览器控制台，输入如下 JavaScript 代码：

```
var span = document.createElement('span');
document.body.appendChild(span);
console.log('1. ' + window.getComputedStyle(span).display);
// 设置元素绝对定位
span.style.position = 'absolute';
console.log('2. ' + window.getComputedStyle(span).display);
```

执行后的结果如图 6-40 所示。

又比方说"破坏性"，指的是破坏正常的流特性。和 float 类似，虽然 absolute 破坏正常的流来实现自己的特性表现，但本身还是受普通的流体元素布局、位置甚至一些内联相关的 CSS 属性影响的，这部分内容会在 6.5.2 节介绍。

又比方说两者都能"块状格式化上下文"，也就是 BFC。

```
> var span = document.createElement('span');
  document.body.appendChild(span);
  console.log('1. ' +
  window.getComputedStyle(span).display);
  span.style.position = 'absolute';
  console.log('2. ' +
  window.getComputedStyle(span).display);
  1. inline                                   VM94:3
  2. block                                    VM94:5
```

图 6-40　绝对定位让元素块状化

又比方说两者都具有“包裹性”，也就是尺寸收缩包裹，同时具有自适应性。有些人知道 display:inline-block 声明具有“包裹性”，希望绝对定位元素也如此，就有了下面这样的设置：

```
.wrap {
  display: inline-block;     // 没有必要
  position: absolute;
}
```

实际上 absolute 天然具有“包裹性”，因此没有必要使用 display:inline-block，如果要让元素显示或者“无依赖定位”，可以试试更简短的 display:inline。但是，和 float 或其他“包裹性”声明带来的“自适应性”相比，absolute 有一个平时不太被人注意的差异，那就是 absolute 的自适应性最大宽度往往不是由父元素决定的，本质上说，这个差异是由“包含块”的差异决定的。换句话说，absolute 元素具有与众不同的“包含块”。

## 6.5.1 absolute 的包含块

包含块（containing block）这个概念实际上大家一直都有接触，就是元素用来计算和定位的一个框。比方说，width:50%，也就是宽度一半，那到底是哪个“元素”宽度的一半呢？注意，这里的这个“元素”实际上就是指的“包含块”。有经验的人应该都知道，普通元素的百分比宽度是相对于父元素的 content box 宽度计算的，而绝对定位元素的宽度是相对于第一个 position 不为 static 的祖先元素计算的。实际上，大家已经和“包含块”打过交道了，对于这些计算规则，规范是有明确定义的，具体如下（剔除了不常用的部分内容）。

（1）根元素（很多场景下可以看成是<html>）被称为“初始包含块”，其尺寸等同于浏览器可视窗口的大小。

（2）对于其他元素，如果该元素的 position 是 relative 或者 static，则“包含块”由其最近的块容器祖先盒的 content box 边界形成。

（3）如果元素 position:fixed，则“包含块”是“初始包含块”。

（4）如果元素 position:absolute，则“包含块”由最近的 position 不为 static 的祖先元素建立，具体方式如下。

> 如果该祖先元素是纯 inline 元素，则规则略复杂：
>
> - 假设给内联元素的前后各生成一个宽度为 0 的内联盒子（inline box），则这两个内联盒子的 padding box 外面的包围盒就是内联元素的“包含块”；
> - 如果该内联元素被跨行分割了，那么“包含块”是未定义的，也就是 CSS2.1 规范并没有明确定义，浏览器自行发挥。
>
> 否则，“包含块”由该祖先的 padding box 边界形成。

如果没有符合条件的祖先元素，则“包含块”是“初始包含块”。

可以看到，和常规元素相比，absolute 绝对定位元素的“包含块”有以下 3 个明显差异：

（1）内联元素也可以作为“包含块”所在的元素；

（2）“包含块”所在的元素不是父块级元素，而是最近的 position 不为 static 的祖先元素或根元素；

（3）边界是 padding box 而不是 content box。

首先讲第一点差异，也就是内联元素可以作为“包含块”。这一点估计很多人都不知道，因为平时使用得少。为何平时用得少？原因如下。

（1）我们一旦使用 absolute 绝对定位，基本上都是用来布局，而内联元素主要的作用是图文展示，所谓道不同不相为谋，因此两者很难凑到一块儿。

（2）理解和学习成本比较高。内联元素的“包含块”不能按照常规块级元素的“包含块”来理解。举个例子，如下 HTML 代码：

```
<span style="position:relative;">
   我是<big style="font-size:200%;">字号很大</big>的文字！
</span>
```

其效果如图 6-41 所示。请问：此时<span>元素的“包含块”范围是什么？

如果对定义理解不够，很容易误认为包含块的上下边缘被其中“字号很大”的<big>元素给撑大了。实际上，此时元素的“包含块”范围与<big>元素毫无关系，就算其字号大小设置得再大，“包含块”范围依然是图 6-42 虚线所示的那么大。原因很简单，内联元素的“包含块”是由“生成的”前后内联盒子决定的，与里面的内联盒子细节没有任何关系。

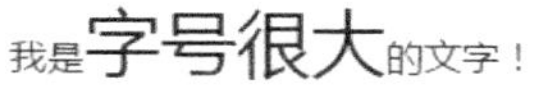

我是字号很大的文字！

图 6-41　简单的文字呈现效果

虚框是“包含块”

我是字号很大的文字！

图 6-42　实际的“包含块”范围大小

我根据自己的进一步测试发现，内联元素的“包含块”可以受::first-line 伪元素影响，但不受::first-letter 伪元素影响。

可以看出，内联元素的“包含块”范围相对稳固，不会受 line-height 等属性影响，因此，理论上其还是有实用价值的。

（3）兼容性问题。无论内联元素是单行还是跨行都存在兼容性问题。单行的兼容性问题存在于“包含块”是一个空的内联元素的时候。例如，按照我们的理解，下面的代码实现的效果应该是图片在容器的右上角对齐：

```
<p>
  <span>
    <img src="1.jpg">
  </span>
</p>

p { text-align: right; }
p > span { position: relative; }
p > span > img {
```

```
  position: absolute;
  right: 0;
}
```

但是根据我的测试，在 IE8 至 IE10 浏览器下，图片完全在<p>容器的左侧外部显示了，IE Edge 中则无此问题。需要给空的<span>元素设置 border 或 padding 让“幽灵空白节点”显现或者直接插入字符才能表现一致。

跨行的兼容性问题在于规范对此行为并未定义，导致浏览器在实现上各有差异。主要差异在于，Firefox 浏览器的“包含块”仅覆盖第一行，而 IE 和 Chrome 浏览器“包含块”的表现完全符合定义，由第一行开头和最后一行结尾的内联盒子共同决定。差异如图 6-43 所示。

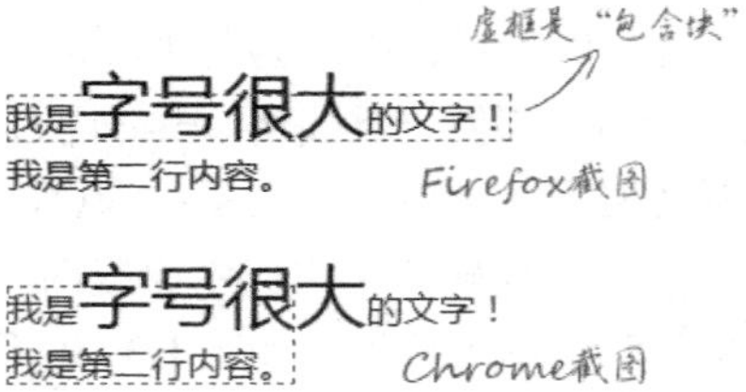

图 6-43 Firefox 和 Chrome 跨行内联元素“包含块”对比

个人认为，IE（包括 IE8）和 Chrome 浏览器的渲染规则是更准确的，但这种渲染可能会带来另外一个疑惑：如果内联元素最后一个内联盒子的右边缘比第一个内联盒子的左边缘还要靠左，那岂不是“包含块”宽度要为负了？眼见为实，例如，我们修改一下 HTML，让“包含块”从后面的文字开始算起：

```
我是<big style="font-size:200%;">字号很大</big>
<span style="position:relative;">的文字！我是第二行内容。</span>
```

结果“包含块”的宽度按照 0 来处理了，起始位置为第一个内联盒子所在的位置，如图 6-44 所示。

图 6-44 “包含块”表现为宽度 0 示意

然后讲第二点差异，也就是绝对定位元素计算的容器是第一个 position 不为 static 的祖先元素。这个很多人知道，因为平时 left、top 定位用得很频繁，用着用着就知道了百分比宽度、高度以及定位什么的和普通元素不一样。这也衍生出了另外一个有意思的小问题，就是 height:100%和 height:inherit 的区别。对于普通元素，两者确实没什么区别，但是对于绝对定位元素就不一样了。height:100%是第一个具有定位属性值的祖先元素的高度，而 height:inherit 则是单纯的父元素的高度继承，在某些场景下非常好用。

然后就是很多人并没有注意到的，也是本节的重点内容，那就是绝对定位元素的“包裹性”中的“宽度自适应性”其实也是相对于“包含块”来表现的。

我们先从一个简单的例子说起，代码如下：

```
.box { position: absolute; }
<div class="box">文字内容</box>
```

请问：.box 元素的宽度是多少？文字会换行吗？如果.box 元素中有满满 1000 个汉字，文字会换行吗？如果换行，在哪里换行？

很简单的例子，很简单的问题，但是能够准确地回答清楚的人恐怕并不多。

在通常场景下，.box 元素宽度就是里面文字的宽度，不会换行；随着文字越来越多，如果文字足够多，.box 元素宽度会越来越大，但是不会无限制大下去，因为超过一定限制是会自动换行的，而这个限制就是.box 元素的“包含块”。

注意这里的几个措辞，第一个是“通常场景下”，第二个是“会自动换行”。“会自动换行”说的就是“包裹性”中的“宽度自适应性”。举个简单的例子，假设.box 元素有一个宽度 200px 同时 position 为 relative 的容器元素，CSS 代码如下：

```
.container {
  width: 200px;
  border: 1px solid;
  position: relative;
}
.box { position: absolute; }
```

同时.box 元素里面的文字内容非常多，此时，.box 元素的“包含块”就是.container 元素，因此，.box 元素最终的宽度就是 200px（见图 6-45），也就是说，绝对定位元素默认的最大宽度就是“包含块”的宽度。

.container 高度塌陷是因为 absolute 破坏了正常的 CSS 流，此乃“破坏性”；宽度被 relative 限制在最大 200px，此乃“包裹性”，因此，对于弹框这种绝对定位或固定定位的元素是没有必要设置 max-width:100%的：

```
dialog {
  position: absolute;
  max-width: 100%;    /* 多余 */
}
```

而“通常场景下”说的是，有可能我们的“包含块”（或者“包含块”剩余的空间）小到不足以放下“文字内容”这 4 个汉字。于是，一些“怪异”的现象就很好理解了，比方说纯 CSS 定位或 JavaScript 计算定位实现的提示效果一柱擎天的问题。

先看 CSS 实现，演示地址为 http://demo.cssworld.cn/6/5-1.php。我们的目标效果是鼠标 hover 图标出现类似于如图 6-46 所示的效果。

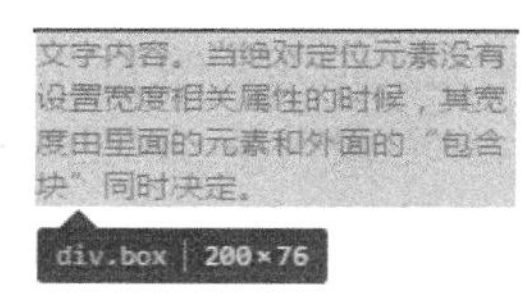

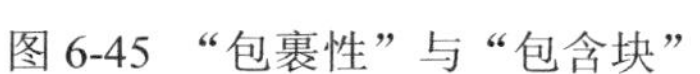


图 6-45 “包裹性”与“包含块”

图 6-46 计划实现的提示效果

我们可以利用::before 和::after 伪元素实现我们想要的效果，一个实现三角，一个实现矩形区。为了不干扰布局，显然实现提示效果的两个伪元素会使用 absolute 绝对定位，为了定位准确，我们会给小图标元素设置 position:relative。此时问题来了：由于提示信息的内容有长有短，我们不可能给提示元素设置一个特定的宽度，于是宽度表现走“包裹性”，也就是最大宽度不超过“包含块”的宽度，但是恰好此时“包含块”就是我们的小图标元素，并且宽度往往都不超过 20 像素，也就是我们的提示信息只能够在 20 像素宽的区域内显示，这就导致了最终的文字内容“一柱擎天”，如图 6-47 所示。

要修复这一问题其实很简单，只要改变默认的宽度显示类型就可以，添加 `white-space: nowrap`，让宽度表现从“包裹性”变成“最大可用宽度”，点击演示页面的删除图标可看到修复“一柱擎天”问题后的效果。

绝对定位元素“包裹性”的“包含块”限制不仅出现在宽度不足的时候，有时候就算“包含块”的宽度足够大，也依然会出现“一柱擎天”。眼见为实，还是提示信息效果，不过这次我们使用 JavaScript 实现，黑色提示条相关的 HTML 内容直接插入<body>标签中，此时“包含块”的宽度就是浏览器窗体的宽度，按道理讲，是不会出现“一柱擎天”效果的，但是人算不如天算，不该发生的还是发生了！

演示地址为 http://demo.cssworld.cn/6/5-2.php。当我们的小图标在浏览器窗体靠近右侧边缘的时候，“一柱擎天”的悲剧同样发生了，如图 6-48 所示。

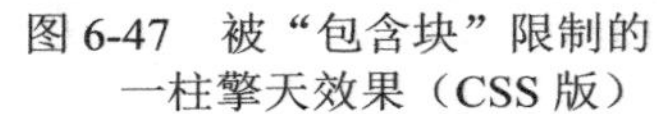

图 6-47 被“包含块”限制的一柱擎天效果（CSS 版）

图 6-48 被“包含块”限制的一柱擎天效果（JavaScript 版）

原因不难理解。虽然说黑色的提示元素的“包含块”宽度是整个浏览器窗体宽度，放几个文字绰绰有余，但是，由于我们的图标位于浏览器的右边缘，JavaScript 定位的时候，就会设置一个很大的 `left` 属性值，导致“包含块”剩余的空间不足，也就是提示元素的“自适应宽度”不足，导致文字只能竖着显示，从而出现“一柱擎天”。

要修复此问题其实很简单，只要改变默认的宽度显示类型就可以，添加 `white-space: nowrap`，让宽度表现从“包裹性”变成“最大可用宽度”，点击演示页面的删除图标可看到修复“一柱擎天”问题后的效果。当然，实际开发的时候，最好改变提示的方向，例如右边缘的时候，左侧提示。

最后讲第三点差异，也就是计算和定位是相对于祖先定位元素的 padding box。为何绝对定位的定位要相对于 padding box 呢？这其实和 `overflow` 隐藏也是 padding box 边界类似，都是由使用场景决定的。

举个例子，在移动端，为了实现良好的视觉感受，列表或者模块的信息内容主体距离窗体两侧都有一定的空白，这个空白一般都会使用 `padding` 撑开的，而不是 `margin`，原因在于这些列表是链接，外部一定会使用<a>元素，而为了准确反馈响应区域，<a>元素在 `tap` 的时候会由加深的背景块示意（参见微信列表 `tap` 时候的反馈），所以，如果左右的间距使用 `margin` 撑开，就会出现列表的点击反馈背景区域左右边距透明的问题，视觉效果和体验都是不好的，因为 margin box 永远是透明的。

现在来需求了：需要在列表或者模块的右上角显示一个明显的标签，如“精华”“皇冠”之类。此时，我们无须任何计算，直接使用数值 `0` 定位在列表的右上角即可，代码示意如下：

```
.list {
  padding: 1rem;
}
.tag {
  position: absolute;
  top: 0; right: 0;
}
```

但是，如果我们的定位是相对于 content box 计算的，则 CSS 代码应该类似这样：

```
.list {
  padding: 1rem;
}
.tag {
  position: absolute;
  top: 1rem; right: 1rem;
}
```

看上去好像没什么问题，但实际上增加了我们日后开发维护的成本，因为绝对定位元素的定位值和列表容器的 padding 值耦合在一起了：当我们对 padding 间距进行调整的时候，绝对定位元素的 right、top 值也一定要跟着一起调整，否则就会出现样式问题，而实际开发的时候，忘记调整绝对定位元素的定位值是非常常见的，bug 继而出现。

对一个项目而言，间距并非一成不变，列表间的上下左右间距会因为内容或者场景的不同而不同，这就导致每一次出现有差异的布局，我们都需要重新额外写一个定位样式。例如：

```
.list-2 {
  padding: .75rem;
}
.tag-2 {
  position: absolute;
  top: .75rem; right: .75rem;
}
```

这显然增加了一定的开发成本。而相对于 padding box 定位，列表的 padding 属性值是多少对我们的样式表现没有任何影响。眼见为实，扫下面的二维码访问。点击列表下面的按钮改变列表的 padding 值大小会发现，我们的标签在右上角微丝不动，如图 6-49 所示。

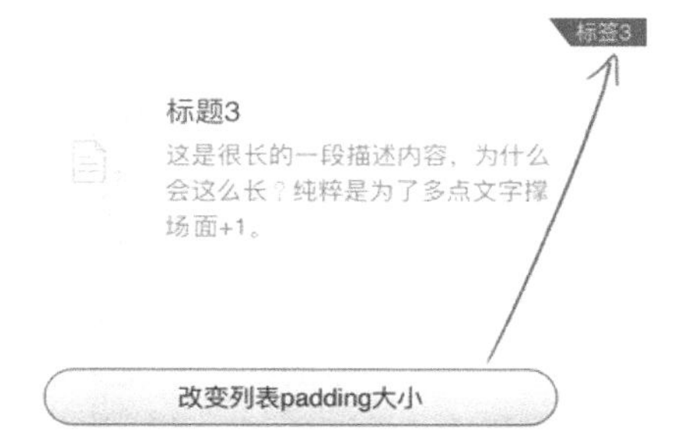


图 6-49　padding 变大后绝对定位元素位置依旧稳固

然而，实际项目场景千变万化，有时候，我们需要的效果并不是定位在列表的边缘，而是定位在内容的边缘，很多人不假思索就直接使用类似下面的代码实现：

```
.list {
  padding: 1rem;
}
.tag {
  position: absolute;
  top: 1rem; right: 1rem;
}
```

效果虽然达成了，但是底子还是不够稳固，因为 top、right 属性值大小和 padding 属性值耦合在了一起。实际上，有小技巧可以使其不耦合，那就是间距不是使用 padding 撑开，而是使用透明的 border 撑开。例如：

```
.list {
  border: 1rem solid transparent;
}
.tag {
  position: absolute;
  top: 0; right: 0;
}
```

top、right 属性值都是 0，被固定了下来，于是当间距发生变化的时候，只需要改变 border 宽度就可以，示意如下：

```
.list-2 {
  border: .75rem solid transparent;
}
```

此技巧唯一需要注意的就是尽量不要设置 overflow:hidden。

## 6.5.2　具有相对特性的无依赖 absolute 绝对定位

即使写了很多年 CSS 代码的人也可能会错误地回答下面这个问题：一个绝对定位元素，没有任何 left/top/right/bottom 属性设置，并且其祖先元素全部都是非定位元素，其位置在哪里？

很多人都认为是在浏览器窗口左上方。实际上，还是当前位置，不是在浏览器左上方。

这是关于 absolute 绝对定位最典型的错误认知。正是这种错误认知导致凡是使用 absolute 绝对定位的地方，一定父容器 position:relative，同时 left/top 等属性定位，甚至必同时使用 z-index 属性设置层级。

在我看来，这是非常严重的认知和使用错误！

请牢记下面这句话：absolute 是非常独立的 CSS 属性值，其样式和行为表现不依赖其他任何 CSS 属性就可以完成。

言语是苍白的，我们来看一个例子感受一下。图 6-50 左上角有一个“TOP1”的图形标志，请问如何布局？

想必很多人是这么实现的：

```
.father {
  position: relative;
}
.shape {
  position: absolute;
  top: 0; left: 0;
}
```

图 6-50　左上角有“TOP1”图形目标效果示意

如果你也是这么实现的，就要注意了，因为这说明你对 absolute 认知还是太浅薄了。实际上，只用下面一行 CSS 就足够了：

```
.shape {
  position: absolute;
}
```

没错，就这一行，而且兼容性好得出奇。眼见为实，手动输入 http://demo.cssworld.cn/6/5-4.php 或者扫右侧的二维码。

看到没？absolute 定位效果实现完全不需要父元素设置 position 为 relative 或其他什么属性就可以实现，我把这种没有设置 left/top/right/bottom 属性值的绝对定位称为“无依赖绝对定位”。很多场景下，“无依赖绝对定位”要比使用 left/top 之类属性定位实用和强大很多，因为其除了代码更简洁外，还有一个很棒的特性，就是“相对定位特性”。

明明 absolute 是‘绝对定位’的意思，怎么又扯到‘相对定位特性’了呢？没错，“无依赖绝对定位”本质上就是“相对定位”，仅仅是不占据 CSS 流的尺寸空间而已。

“相对性”和“不占据空间”这两个特性在实际开发的时候非常有用，除了上面左上角加“TOP1”图形标志的案例，我再举几个实用例子，展示一下“无依赖绝对定位”的强大之处。

### 1. 各类图标定位

我们经常会在导航右上方增加一个“NEW”或者“HOT”这样的小图标，如图 6-51 所示。要实现在导航文字右上方的定位很简单，直接对加图标这个元素进行样式设定就可以了，原来纯文字导航时的样式完全不需要有一丁点儿的修改。下面以“HOT”图标为例：

图 6-51　导航文字右上方图标示意

```
.icon-hot {
  position: absolute;
  margin: -6px 0 0 2px;
  width: 28px; height: 11px;
  background: url(hot.gif);
}
```

一个简简单单的 position:absolute，然后通过 margin 属性进行定位，效果即达成，包括 IE6 在内的浏览器都是兼容良好的。

日后这个图标下架了，我们只需要把图标对应的 HTML 代码和 CSS 删掉就可以，原来的代码完全不需要改动。不仅代码简洁，日后的维护也很方便，更关键的是，即使导航中的文字长度发生了变化，我们的图标依然定位良好，因为“无依赖绝对定位”的图标是自动跟在文字后面显示的。

设想一下，如果给父元素设置 position:relative，然后 right/top 定位，文字长度一旦发生变化，CSS 代码就要重新调整，这维护成本显然要比前一种方法高了很多。眼见为实，手动输入 http://demo.cssworld.cn/6/5-5.php 或者扫下面的二维码。实际上，即使是普通的水平对齐的图标也可以使用“无依赖绝对定位”实现，类似图 6-52 所示效果。

邮箱格式不准确

图 6-52　图片和文字水平对齐

我们可以这么处理：

```
<span class="icon-x">
  <i class="icon-warn"></i>邮箱格式不准确
</span>
.icon-x {
  line-height: 20px;
  padding-left: 20px;
}
.icon-warn {
  position: absolute;
  margin-left: -20px;
  width: 20px; height: 20px;
  background: url(warn.png) no-repeat center;
}
```

同样是 position:absolute，然后简单的 margin 偏移实现。此方法兼容性很好，与 inline-block 对齐相比的好处在于，inline-block 对齐最终行框高度并不是 20px，因为中文下沉，图标居中，要想视觉上水平，图标 vertical-align 对齐要比实际低一点儿，这就会导致最终整个行框的高度不是预期的 20px，而是 21px 或者更大。但是，如果使用“无依赖绝对定位”实现，则完全不要担心这一问题，因为绝对定位元素不会改变正常流的尺寸空间，就算我们的图标有 30px 大小，行框高度依然是纯文本所在的 20px 高度。

### 2．超越常规布局的排版

图 6-53 给出的是一个常见的注册表单，为了保证视觉舒适，我们往往会让表单水平居中对齐。例如，这里宽度 300 多像素，于是有：

```
.box {
  width: 356px;
  margin: auto;
}
```

图 6-53 水平居中对齐的注册表单

通过设置 margin:auto 实现水平居中效果，乍一看效果达成，但是实际开发的时候还有提示或报错等交互效果。有一种做法是提示信息放在输入框的下面，但这样做会带来一种不好的体验，那就是提示信息出现和隐藏的时候，整个容器的高度会突然变化；还有一种做法就是在输入框的后面显示，但是为了让默认状态下表单水平居中，外面容器的宽度不是很大，因此如果在后面显示，就会有宽度不够的问题。如果我们使用“无依赖绝对定位”，那这个问题就不再是问题了。假设提示文字内容元素的类名是.remark，则有 CSS 代码如下：

```
remark {
  position: absolute;
  margin-left: 10px;
}
```

就这么简简单单的 CSS 代码，效果即达成，既在输入框的后面显示，又跳出了容器宽度的限制，同时显隐不会影响原先的布局。

眼见为实，输入后面的演示页面地址体验：http://demo.cssworld.cn/6/5-6.php。效果如图 6-54 所示。

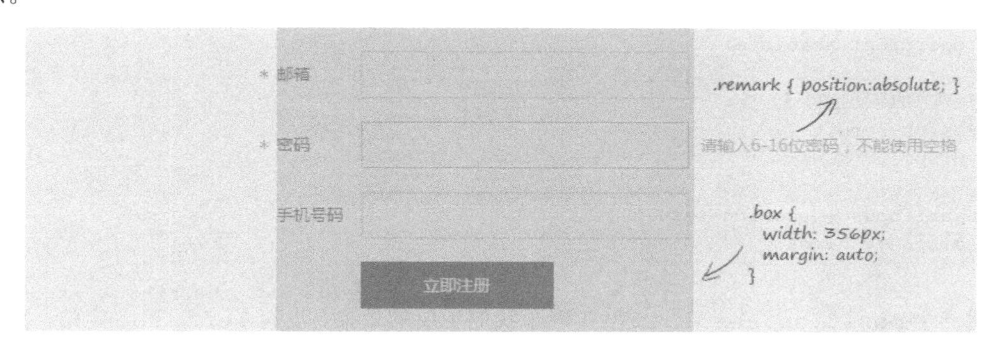


图 6-54 “无依赖绝对定位”提示信息布局示意

更为关键的是，提示信息的位置智能跟随输入框。例如，我们这里把输入框的宽度改小，会看到提示信息会自动跟着往前走，如图 6-55 所示。与容器设置 position:relative 再通过 left 属性实现的定位相比，其代码更简洁，容错性更强，维护成本更低。

此外，页面中的星号也是典型的“无依赖绝对定位”，自身绝对定位，然后通过 margin-left 负值偏移实现，从而保证所有输入信息头左对齐，同时又不会影响原先的布局，也就是星号有没有对布局没有任何影响。

### 3. 下拉列表的定位

在实现静态下拉效果的时候，也是可以使用“无依赖绝对定位”的。演示页面地址 http://demo.cssworld.cn/6/5-7.php 给出了一个例子。当我们 focus 输入框的时候，下拉列表会呈现，如图 6-56 所示。

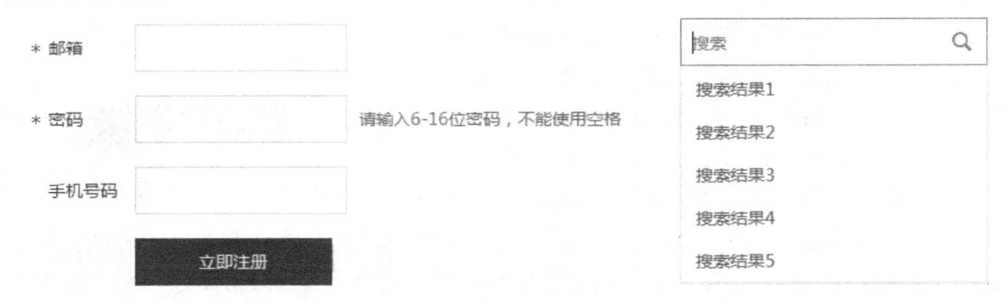


图 6-55 “无依赖绝对定位”智能跟随示意　　图 6-56 “无依赖绝对定位”下拉列表效果

这里，这个下拉列表的定位采用的就是“无依赖绝对定位”，相关 HTML 和 CSS 代码如下：

```
<input>
<div class="result">
  <div class="datalist">
    <a href>搜索结果 1</a>
    ...
  </div>
</div>
/* 下拉列表的无依赖绝对定位 */
.datalist {
  position: absolute;
}
/* 列表的显隐控制 */
.search-result {
  display: none;
}
input:focus ~ .search-result {
  display: block;
}
```

就一个 position:absolute 就实现了我们想要的效果，没有 left、top 定位，父元素也没有 position:relative 设定，效果就达成了，而且兼容性好到 IE6 都完美定位。

除了代码少这个好处外，维护成本也在一定程度上降低了，比方说，输入框的高度发生了变化，我们不需要修改任何 CSS 代码，列表依然在输入框的底部完美对齐显示。不仅如此，没有了父元素 position:relative 限定，我们的 z-index 层级管理规则更简单了，并且也无须担心父元素设置 oveflow:hidden 会裁剪下拉列表。

不过这里我有必要补充一点，虽然“无依赖绝对定位”好处多多，但建议只用在静态交互效果上，比方说，导航二级菜单的显示与定位。如果是动态呈现的列表，建议还是使用 JavaScript 来计算和定位。

### 4．占位符效果模拟

IE9 及其以下浏览器不支持 placeholder 占位符效果，实际开发的时候，针对这些浏览器，需要进行模拟。比较好的做法是使用<label>标签和输入框关联并覆盖在输入框上面，好处是点击占位文字输入框天然 focus，并且不会污染输入框的 value。

这里的覆盖效果也可以使用“无依赖绝对定位”实现，好处是组件化的时候适用性更广，因为不会对父级元素进行定位属性限制。用下面的代码简单演示一下实现原理：

```
<label class="placeholder" for="test">占位符</label>
<input id="test">
/* 和输入框一样的样式 */
.placeholder, input {
  ...
}
/* 占位符元素特有样式 */
.placeholder {
  position: absolute;
  ...
}
```

由于“无依赖绝对定位”本质上就是一个不占据任何空间的相对定位元素，因此这里我们让占位符元素和输入框的布局样式一模一样，再设置绝对定位，就可以和输入完美重叠定位。当然有一些样式是需要重置的，比方说，输入框经常会设置 border 边框样式，那么我们的占位符元素就需要把边框颜色设置成透明的，例如：

```
.placeholder {
  border-color: transparent;
}
```

随着时代的进步和浏览器的发展，这种占位符效果模拟的场景会越来越少，因此这里就不专门做演示页面详细展开讲解了。但是，“无依赖绝对定位”的简约便捷以及健壮性是显而易见的。

### 5．进一步深入“无依赖绝对定位”

虽然说元素 position:absolute 后的 display 计算值都是块状的，但是其定位的位置和没有设置 position:absolute 时候的位置相关。举个简单的例子，有下面两段 HTML 代码：

```
<h3>标题<span class="follow">span</span></h3>
<h3>标题<div class="follow">div</div></h3>
```

其差别就在于“标题”文字后面跟随的标签，一个是内联的<span>，还有一个是块状的<div>，此时，显然 span 字符是跟在“标题”后面显示，div 字符则换行在“标题”下面显示，这个想必大家都知道。好，现在有如下 CSS 代码：

```
.follow {
  position: absolute;
}
```

虽然此时无论是内联的<span>还是块状的<div>，计算值都是 block，但是它们的位置还和没有应用 position:absolute 的时候一样，一个在后面，一个在下面，如图 6-57 所示。

假如 HTML 是下面这样的：

```
<h3>标题</h3><span class="follow">span</span>
<h3>标题</h3><div class="follow">div</div>
```

标题span

标题
div

图 6-57 “无依赖绝对定位”表现规则示意

那么由于非绝对定位状态下 span 和 div 都在“标题”的下面，因此，这里最后的效果也同样是都在“标题”的下面。

看上去，“无依赖绝对定位”的定位原理还是挺简单的，但是在实际开发的时候，有时候会遇到一点问题。

首先，IE7 浏览器下，块状的<div>“无依赖绝对定位”的定位表现如同内联的<span>，也就是无论是块级元素还是内联元素，“无依赖绝对定位”后都和内联元素一行显示。若要保证兼容，可以在外部套一层空的<div>标签来维持原始的块状特性。不过，因为现在很少需要兼容 IE7 浏览器，所以这不算事儿。

其次，前文提到浮动和绝对定位是死对头，当“浮动”和“无依赖绝对定位”相遇的时候，就会发生一些不愉快的事情。HTML 代码如下：

```
<div class="nav">导航 1</div>
<img src="new.png" class="follow">
<div class="nav">导航 2</div>
```

这里.nav 是一个浮动色块，相关 CSS 如下：

```
.follow {
  position: absolute;
}
.nav {
  width: 100px;
  line-height: 40px;
  background-color: #333;
  color: #fff;
  text-align: center;
  float: left;
}
```

结果在 IE 和 Chrome 浏览器下，夹在中间的<img>在中间显示（见图 6-58 上），但是 Firefox 浏览器却是在最后显示（见图 6-58 下）。

此处的浏览器不一致的行为表现应该属于“未定义行为”，没有谁对谁错，只是各自按照自己的渲染规则表现而已。Firefox 浏览器下的定位位置或许比较好理解，因为和没有设置 position:absolute 表现一致，符合我们对上面规则的理解。那为何 IE 和 Chrome 浏览器却在中间显示呢？我认为是这样的：浏览器对于 DOM 元素的样式渲染是从前往后、由外及内的，因此渲染顺序是先“导航 1”，再“图片”，最后是“导航 2”。当渲染到“图片”的时候，由于“导航 1”左浮动，

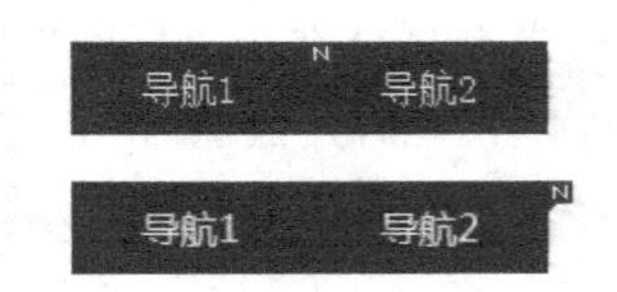


图 6-58 “浮动”和“无依赖绝对定位”不一致的表现

因此内联的图片跟在后面显示，此时由于设置了 position:absolute，因此当前位置定位并不占据任何空间，再渲染“导航 2”的时候，中间的“图片”基本上跟不存在没什么区别，因此也就和“导航 1”紧密相连了，最终形成了“图片”在中间显示的样式表现。

对于上述场景，如果希望各个浏览器的表现都是一样的，<img>外层嵌套一层标签并浮动即可，注意，是外层标签浮动。由于浮动和绝对定位水火不容，本身设置浮动是没有任何效果的。

### 6.5.3 absolute 与 text-align

按道理讲，absolute 和 float 一样，都可以让元素块状化，应该不会受控制内联元素对齐的 text-align 属性影响，但是最后的结果却出人意料，text-align 居然可以改变 absolute 元素的位置。

如下简单的 HTML 和 CSS 代码：

```
<p><img src="1.jpg"></p>
p {
  text-align: center;
}
img {
  position: absolute;
}
```

在 Chrome 和 Firefox 浏览器下，图片在中间位置显示了，但是仅仅是在中间区域显示，并不是水平居中，如果我们给<p>设定尺寸并添加背景色，就会看到如图 6-59 所示的效果。

眼见为实，手动输入 http://demo.cssworld.cn/6/5-8.php 或者扫下面的二维码。

图 6-59　图片在中间位置开始显示

虽然本示例中图片位置确实受 text-align 属性影响，但是并不是 text-align 和 absolute 元素直接发生关系，absolute 元素的 display 计算值是块状的，text-align 是不会有作用的。这里之所以产生了位置变化，本质上是“幽灵空白节点”和“无依赖绝对定位”共同作用的结果。

具体的渲染原理如下。

（1）由于<img>是内联水平，<p>标签中存在一个宽度为 0、看不见摸不着的“幽灵空白节点”，也是内联水平，于是受 text-align:center 影响而水平居中显示。

（2）<img>设置了 position:absolute，表现为“无依赖绝对定位”，因此在“幽灵空白节点”后面定位显示；同时由于图片不占据空间，这里的“幽灵空白节点”当仁不让，正好在<p>元素水平中心位置显示，于是我们就看到了图片从<p>元素水平中间位置显示的效果。

这是非常简约的定位表现。此时，我们只要 margin-left 一半图片宽度负值大小，就可以实现图片的水平居中效果了，与父元素 position:relative 然后定位元素设置 left:50%的方法相比，其优势在于不需要改变父元素的定位属性，避免可能不希望出现的层级问题等。

然而，IE 浏览器的支持不一样导致此方法的场景实用性打了折扣。当然，有小技巧可以使所有浏览器都完美支持，如果只需要兼容 IE Edge（移动端开发时候），额外加下面这一段 CSS 语句就可以了：

```
p:before {
  content: '';
}
```

如果希望兼容 IE8 浏览器，则 CSS 代码还要再多一点儿：

```
p {
  text-align: center;
  font-size: .1px;
  font-size: -webkit-calc(1px - 1px);
}
p:before {
  content: '\2002';
}
img {
  position: absolute;
}
```

其中，\2002 表示某一种空格。通过插入显式的内联字符，而非借助飘渺的“幽灵空白节点”实现所有浏览器下的一致表现。

眼见为实，手动输入 http://demo.cssworld.cn/6/5-9.php 或者扫右侧的二维码。

需要注意的是，只有原本是内联水平的元素绝对定位后可以受 text-align 属性影响，这不难理解，因为块级元素的“无依赖绝对定位”是掉在下面显示的，水平方向上并无可“依赖”的内联元素，text-align 属性自然鞭长莫及。

按照我的经验，利用 text-align 控制 absolute 元素的定位最适合的使用场景就是主窗体右侧的“返回顶部”以及“反馈”等小布局的实现。例如，http://demo.cssworld.cn/6/5-10.php 对应的实例页面效果，核心区域如图 6-60 所示。图 6-60 所示的效果的核心 HTML 和 CSS 代码如下：

图 6-60　主结构右外侧固定定位布局示意

```
<div class="alignright">
   <span class="follow"></span>
</div>
.alignright {
  height: 0;
```

```
  text-align: right;
  overflow: hidden;
}
.alignright:before {
  content: "\2002";
}
.follow {
  position: fixed;
  bottom: 100px;
  z-index: 1;
}
```

使用:before 伪元素在前面插入一个空格，此时.alignright 设置 text-align:right，则此空格对齐主结构的右边缘显示，后面的固定定位元素（同绝对定位元素）由于“无依赖定位”特性，左边缘正好就是主结构的右边缘，天然跑到主结构的外面显示了，而这个效果正是固定在右下角的“返回顶部”以及“反馈”小按钮布局需要的效果。

此方法兼容性很好，层级单纯，唯一的问题就是插入了一个空格，会占据一定的高度，这是不推荐的，最好就是有没有“返回顶部”等元素都不影响主结构的布局。所以，我们要把占据的高度抹掉，方法很简单，设置 height：0 同时 overflow:hidden 即可。

此时，有人可能会惊呼：什么？设置 height:0 同时 overflow:hidden？那岂不是里面所有元素都被剪裁看不见啦？

如果是普通元素确实会如此，但是对于 absolute 绝对定位以及 fixed 固定定位元素，规则要更复杂！

## 6.6 absolute 与 overflow

overflow 对 absolute 元素的剪裁规则用一句话表述就是：*绝对定位元素不总是被父级 overflow 属性剪裁，尤其当 overflow 在绝对定位元素及其包含块之间的时候。*

上面这句话是官方文档的直译，似乎还是有些拗口，我们再换一种方法表述就是：*如果 overflow 不是定位元素，同时绝对定位元素和 overflow 容器之间也没有定位元素，则 overflow 无法对 absolute 元素进行剪裁。*

因此下面 HTML 中的图片不会被剪裁：

```
<div style="overflow: hidden;">
  <img src="1.jpg" style="position: absolute;">
</div>
```

overflow 元素父级是定位元素也不会剪裁，例如：

```
<div style="position: relative;">
  <div style="overflow: hidden;">
    <img src="1.jpg" style="position: absolute;">
  </div>
</div>
```

但是，如果 overflow 属性所在的元素同时也是定位元素，里面的绝对定位元素会被剪裁：

```
<div style="overflow: hidden; position: relative;">
  <img src="1.jpg" style="position: absolute;">   <!-- 剪裁 -->
</div>
```

如果 overflow 元素和绝对定位元素之间有定位元素，也会被剪裁：

```
<div style="overflow: hidden;">
  <div style="position: relative;">
    <img src="1.jpg" style="position: absolute;">   <!-- 剪裁 -->
  </div>
</div>
```

如果 overflow 的属性值不是 hidden 而是 auto 或者 scroll，即使绝对定位元素高宽比 overflow 元素高宽还要大，也都不会出现滚动条。例如，下面的 HTML 和 CSS 代码：

```
<div class="box">
  <img src="1.jpg">
</div>
.box {
  width: 300px; height: 100px;
  background-color: #f0f3f9;
  overflow: auto;
}
.box > img {
  width: 256px; height: 192px;
  position: absolute;
}
```

图片高度 256px 比容器.box 高度 100px 明显高出了一截，但是，没有滚动条出现。

实际开发的时候，绝对定位元素和非绝对定位元素往往可能混杂在一起，虽然绝对定位元素不能让滚动条出现，但是非绝对定位元素可以，于是，就可能出现另外一种很有特色的现象，即当容器滚动的时候，绝对定位元素微丝不动，不跟着滚动，表现类似 fixed 固定定位，如图 6-61 所示，滚动到头和滚动到尾，图片的位置都是一样的。眼见为实，手动输入 http://demo.cssworld.cn/6/5-11.php 或者扫下面的二维码。

图 6-61　绝对定位元素不跟随滚动示意

最后，非常有必要补充一点，那就是由于 `position:fixed` 固定定位元素的包含块是根元素，因此，除非是窗体滚动，否则上面讨论的所有 `overflow` 剪裁规则对固定定位都不适用。这一点后面还会提及。

了解这些特性有什么用呢？

作用一是解决实际问题。例如上一节最后“返回顶部”的案例，保证高度为 `0`，同时里面的定位内容不会被剪裁，或者在局部滚动的容器中模拟近似 `position:fixed` 的效果。作用二是在遇到类似现象的时候知道问题所在，可以“对症下药”，快速解决问题。

然而，虽然实际开发的时候，对于局部滚动，我们经常会有元素不跟随滚动的需求，如表头固定，但是从可维护性的角度讲，建议还是将这个表头元素移动到滚动容器外进行模拟，因为我们总会不小心在某一层标签添加个类似 `position:relative` 的声明，此时，原本的不跟随滚动的表头会因为包含块的变化变得可以滚动了，这显然是我们不愿意看到的。当然，如果 HTML 结构被限制无法修改，则利用 `overflow` 滚动 `absolute` 元素不滚动的特性来实现表头固定的效果则是上上之选，会让人眼前一亮！

在 CSS 世界中，上面说的这些几乎都是完美无瑕的，但是，随着 CSS3 新世界到来的冲击，规则在不经意间发生了一些变化，其中最明显的就是 `transform` 属性对 `overflow` 剪裁规则的影响，CSS3 新世界中 `transform` 属性似乎扮演了原本“定位元素”的角色，但是这种角色扮演并不完全。什么意思呢？我们先看下面我统计的出现 `transform` 属性时 `overflow` 剪裁绝对定位元素的数据。

`overflow` 元素自身 `transform`：

- IE9 及以上版本浏览器、Firefox 和 Safari（OS X、iOS）剪裁；
- Chrome 和 Opera 不剪裁。

`overflow` 子元素 `transform`：

- IE9 及以上版本浏览器、Firefox 和 Safari（OS X、iOS）剪裁；
- Chrome 和 Opera 剪裁。

可以看到 `overflow` 元素自身 `transform` 的时候，Chrome 和 Opera 浏览器下的 `overflow` 剪裁是无效的，这是唯一和有定位属性时的 `overflow` 剪裁不一样的地方，因此才有“角色扮演并不完全”的说法。

`transform` 除了改变 `overflow` 属性原有规则，对层叠上下文以及 `position:fixed` 的渲染都有影响。因此，当大家遇到 `absolute` 元素被剪裁或者 `fixed` 固定定位失效时，可以看看是不是 `transform` 属性在作祟。

## 6.7 absolute 与 clip

CSS 世界中有些属性或者特性必须和其他属性一起使用才有效，比方说剪裁属性 `clip`。`clip` 属性要想起作用，元素必须是绝对定位或者固定定位，也就是 `position` 属性值必须是 `absolute` 或者 `fixed`。

`clip` 属性语法如下：

```
clip: rect(top right bottom left)
```

实际上，标准语法应该是：

```
clip: rect(top, right, bottom, left)
```

但是我个人还是习惯使用没有逗号的语法，因为其兼容性更好，IE6 和 IE7 也支持，而且字符更少。

就顺序而言，top→right→bottom→left 在 CSS 世界中是一脉相承的，和 margin/border-width 等属性的 4 个值的顺序一样，都是从 top 开始，顺时针旋转。不过这里的 4 个值有一个明显不一样的地方，就是不能缩写，且和 border-width 类似，是不支持百分比值的。

那具体是如何剪裁的呢？我们看一个例子，CSS 如下：

```
clip: rect(30px 200px 200px 20px)
```

可以想象，我们手中有一把剪刀，面前有一块画布，rect(30px 200px 200px 20px)表示的含义就是：距离画布上边缘 30px 的地方剪一刀，距离画布左边缘 200px 的地方剪一刀，距离画布上边缘 200px 的地方剪一刀，距离画布左边缘 20px 的地方剪一刀。最终我们就得到一个新的剪裁好的矩形画布，如图 6-62 所示。

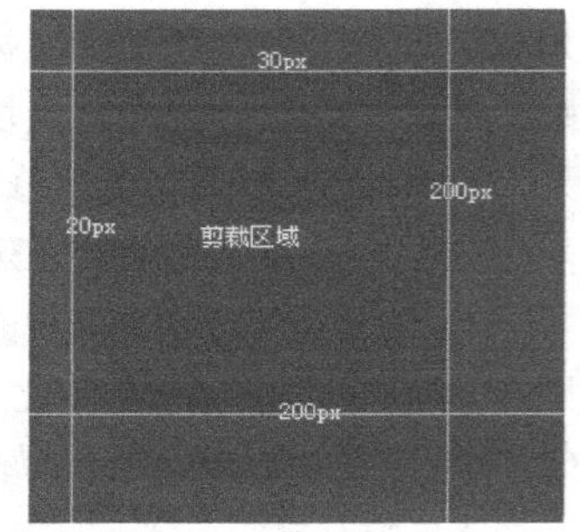


图 6-62　画布剪裁示意

## 6.7.1　重新认识的 clip 属性

非常多的人都不知道 CSS 中还有抱大腿的 clip 剪裁属性，就算见到，也认为它是一个非常冷门、生僻的 CSS 属性，作用和价值不大。实际上，clip 剪裁非常有用，在以下两种场景下具有不可替代的地位。

### 1．fixed 固定定位的剪裁

对于普通元素或者绝对定位元素，想要对其进行剪裁，我们可以利用语义更明显的 overflow 属性，但是对于 position:fixed 元素，overflow 属性往往就力不能及了，因为 fixed 固定定位元素的包含块是根元素，除非是根元素滚动条，普通元素的 overflow 是根本无法对其进行剪裁的。怎么办呢？

此时就要用到名不经传的 clip 属性了。再嚣张的固定定位，clip 属性也能立马将它剪裁得服服帖帖的。例如：

```
.fixed-clip {
  position: fixed;
  clip: rect(30px 200px 200px 20px);
}
```

### 2．最佳可访问性隐藏

所谓“可访问性隐藏”，指的是虽然内容肉眼看不见，但是其他辅助设备却能够进行识别和访问的隐藏。

举个例子，很多网站左上角都有包含自己网站名称的标识（logo），而这些标识一般都是图片，为了更好地 SEO 以及无障碍识别，我们一般会使用<h1>标签写上网站的名称，代码如下：

```
<a href="/" class="logo">
  <h1>CSS 世界</h1>
</a>
```

如何隐藏<h1>标签中的“CSS 世界”这几个文字，通常有以下一些技术选型。

- 下策是 display:none 或者 visibility:hidden 隐藏，因为屏幕阅读设备会忽略这里的文字。
- text-indent 缩进是中策，但文字如果缩进过大，大到屏幕之外，屏幕阅读设备也是不会读取的。
- color:transparent 是移动端上策，但却是桌面端中策，因为原生 IE8 浏览器并不支持它。color:transparent 声明，很难用简单的方式阻止文本被框选。
- clip 剪裁隐藏是上策，既满足视觉上的隐藏，屏幕阅读设备等辅助设备也支持得很好。

```
.logo h1 {
  position: absolute;
  clip: rect(0 0 0 0);
}
```

clip 剪裁被我称为“最佳可访问性隐藏”的另外一个原因就是，它具有更强的普遍适应性，任何元素、任何场景都可以无障碍使用。例如，我定义一个如下的 CSS 语句块：

```
.clip {
  position: absolute;
  clip: rect(0 0 0 0);
}
```

就可以整站使用，哪里需要“可访问性隐藏”就加一个类名.clip 即可，无论是图片、文字还是块级元素，都可以满足隐藏需求（与文字透明、缩进等方法相比）。同时，clip 语法简单，功能单一，与其他 CSS 属性相比，和元素原本 CSS 样式冲突的概率更低。

不仅如此，元素原本的行为特性也很好用。例如，依然可以被 focus，而且非常难得的是就地剪裁，因为属于“无依赖的绝对定位”。这一点很重要，我们来看下面这个实用案例。

众所周知，如果<form>表单元素里面有一个 type 为 submit 或者 image 类型的按钮，那么表单自动有回车提交行为，可以节约大量啰嗦的键盘相关的事件的代码。但是，submit 类型按钮在 IE7 下有黑框，很难所有浏览器（包括 Firefox 在内的浏览器）UI 完全一致，对视觉呈现是个一挑战。于是就有了下面这个使用<label>元素李代桃僵的经典策略：

```
<form>
  <input type="submit" id="someID" class="clip">
  <label for="someID">提交</label>
</form>
```

原本的 submit 按钮隐藏，肉眼所见的按钮 UI 实际上是<label>标签渲染。由于<label>是非替换元素，没有内置的 UI，因此兼容性非常好。

这里使用的 clip 剪裁隐藏是我工作这么多年大浪淘沙筛选后的最佳实践，有对比才能显出好在何处。

- display:none 或者 visibility:hidden 隐藏有两个问题，一个是按钮无法被 focus 了，另外一个是 IE8 浏览器下提交行为丢失，原因应该与按钮 focus 特性丢失有关。
- 透明度 0 覆盖也是一个不错的实践。如果是移动端项目，建议这么做；但如果是桌面端项目，则完全没有必要。使用透明度 0 覆盖的问题是每一个场景都需要根据环境的不同重新定位，以保证点击区域的准确性，成本较高，但 clip 隐藏直接用一个类名加一下就好。
- 还有一种比较具有适用性的"可访问隐藏"是下面这种屏幕外隐藏：

```
.abs-out {
  position: absolute;
  left: -999px; top: -999px;
}
```

然而，在本例中，会出现一个比较麻烦的问题。在 6.4 节讲过，当一个控件元素被 focus 的时候，浏览器会自动改变滚动高度，让这个控件元素在屏幕内显示。假如说我们的<label>"提交"按钮在第二屏，则点击按钮的时候浏览器会自动跳到第一屏置顶，因为按钮隐藏在了屏幕外，于是发生了非常糟糕的体验问题。而 clip 就地剪裁，就不会有"页面跳动"的体验问题。于是，权衡成本和效果，clip 隐藏成为了最佳选择，特别是对于桌面端项目。

## 6.7.2 深入了解 clip 的渲染

上面关于 clip 的知识多浮于表层，如果我们进一步深入，去尝试了解 clip 属性是如何渲染的，就会发现一些有意思的事情！

我们先看一个示例：

```
.box {
  width: 300px; height: 100px;
  background-color: #f0f3f9;
  position: relative;
  overflow: auto;
}
.box > img {
  width: 256px; height: 192px;
  position: absolute;
}
```

此时 .box 为定位元素，因此，滚动条显示得很好，如图 6-63 所示。

如果对图片进行 clip 剪裁，那效果又将怎样呢？

```
.box > img {
  width: 256px; height: 192px;
  position: absolute;
  clip: rect(0 0 0 0);
}
```

图片显然看不见了，但是注意，在 Chrome 浏览器下，.box 元素的滚动条依旧存在，如图 6-64 所示。

图 6-63 绝对定位图片可滚动

图 6-64 Chrome 下绝对定位图片 clip 隐藏后依旧可滚动

这个现象很有意思，它说明，至少在 Chrome 浏览器下，clip 仅仅是决定了哪一部分是可见的，对于原来占据的空间并无影响。然而，并不是所有浏览器都这么认为，在 IE 和 Firefox 浏览器下是没有滚动条的，只有光秃秃的一小撮背景色在那里。这又是“未定义行为”的表现，看起来 IE 和 Firefox 对于 clip 渲染采用的是另外的方式。

但是无论怎样，下面这些特性大家的认识都是一致的：使用 clip 进行剪裁的元素其 clientWidth 和 clientHeight 包括样式计算的宽高都还是原来的大小，从这一点看，Chrome 的渲染似乎更合理。虽然尺寸还是原来的尺寸，但是，隐藏的区域是无法影响我们的点击行为的，说明 clip 隐藏还是很干脆的。

最后总结一下：clip 隐藏仅仅是决定了哪部分是可见的，非可见部分无法响应点击事件等；然后，虽然视觉上隐藏，但是元素的尺寸依然是原本的尺寸，在 IE 浏览器和 Firefox 浏览器下抹掉了不可见区域尺寸对布局的影响，Chrome 浏览器却保留了。

Chrome 浏览器的这种特性表现实际上让 clip 隐藏有了瑕疵，好在通常使用场景是看不到这个差异的，故影响甚微。

## 6.8 absolute 的流体特性

### 6.8.1 当 absolute 遇到 left/top/right/bottom 属性

当 absolute 遇到 left/top/right/bottom 属性的时候，absolute 元素才真正变成绝对定位元素。例如：

```
.box {
  position: absolute;
  left: 0; top: 0;
}
```

表示相对于绝对定位元素包含块的左上角对齐，此时原本的相对特性丢失。但是，如果我们仅设置了一个方向的绝对定位，又会如何呢？例如：

```
.box {
  position: absolute;
  left: 0;
}
```

此时，水平方向绝对定位，但垂直方向的定位依然保持了相对特性。

## 6.8.2 absolute 的流体特性

说到流体特性，我们通常第一反应就是<div>之类的普通块级元素。实际上，绝对定位元素也具有类似的流体特性，当然，不是默认就有的，而是在特定条件下才具有，这个条件就是“对立方向同时发生定位的时候”。

left/top/right/bottom 是具有定位特性元素专用的 CSS 属性，其中 left 和 right 属于水平对立定位方向，而 top 和 bottom 属于垂直对立定位方向。

当一个绝对定位元素，其对立定位方向属性同时有具体定位数值的时候，流体特性就发生了。例如：

```
<div class="box"></div>
.box {
  position: absolute;
  left: 0; right: 0;
}
```

如果只有 left 属性或者只有 right 属性，则由于包裹性，此时.box 宽度是 0。但是在本例中，因为 left 和 right 同时存在，所以宽度就不是 0，而是表现为“格式化宽度”，宽度大小自适应于.box 包含块的 padding box，也就是说，如果包含块 padding box 宽度发生变化，.box 的宽度也会跟着一起变。

因此，假设.box 元素的包含块是根元素，则下面的代码可以让.box 元素正好完全覆盖浏览器的可视窗口，并且如果改变浏览器窗口大小，.box 会自动跟着一起变化：

```
.box {
  position: absolute;
  left: 0; right: 0; top: 0; bottom: 0;
}
```

绝对定位元素的这种流体自适应特性从 IE7 就开始支持了，但是出于历史习惯或者其他什么原因，很多同行依然使用下面这样的写法：

```
.box {
  position: absolute;
  left: 0; top: 0;
  width: 100%; height: 100%;
}
```

好像也能覆盖浏览器的可视窗口，并且用得挺好。那问题来了：这两种实现有什么区别呢？

乍一看，效果都是一样的，但是骨子里却已经严重分化了。后者，也就是设定宽高都是 100% 的那个 .box，实际上已经完全丧失了流动性，我们可以通过添加简单的 CSS 声明让大家一眼就看出差别。例如，对两者都添加 padding:30px：

```
.box {
  position: absolute;
  left: 0; right: 0; top: 0; bottom: 0;
  padding: 30px;
}

.box {
  position: absolute;
  left: 0; top: 0;
  width: 100%; height: 100%;
  padding: 30px;
}
```

前者此时宽高依然是窗体可视区域的宽高，但是，后者此时的尺寸是 100%+60px，多出了 60px。有人可能会立马想到使用 box-sizing:border-box，这样确实可以让 padding 表现保持一致，但是，如果添加的是 margin:30px 呢？

```
.box {
  position: absolute;
  left: 0; right: 0; top: 0; bottom: 0;
  margin: 30px;
}

.box {
  position: absolute;
  left: 0; top: 0;
  width: 100%; height: 100%;
  margin: 30px;
}
```

前者自动上下左右留白 30px，但是后者的布局已经跑到窗体外面去了，并不支持 margin box 的 box-sizing 此时也无能为力。

通过上面几个例子可以看到，设置了对立定位属性的绝对定位元素的表现神似普通的 <div>元素，无论设置 padding 还是 margin，其占据的空间一直不变，变化的就是 content box 的尺寸，这就是典型的流体表现特性。

所以，如果想让绝对定位元素宽高自适应于包含块，没有理由不使用流体特性写法，除非是替换元素的拉伸。而绝对定位元素的这种流体特性比普通元素要更强大，普通元素流体特性只有一个方向，默认是水平方向，但是绝对定位元素可以让垂直方向和水平方向同时保持流动性。

有人可能还没意识到垂直方向也保持流动性的好处，实际上，其对我们的布局非常有价值。举个最简单的例子，因为子元素的 height 百分比值可以生效了（IE8 及以上版本浏览器），所以高度自适应、高度等比例布局等效果都可以从容实现了。

### 6.8.3 absolute 的 margin:auto 居中

当绝对定位元素处于流体状态的时候，各个盒模型相关属性的解析和普通流体元素都是一模一样的，margin 负值可以让元素的尺寸更大，并且可以使用 margin:auto 让绝对定位元素保持居中。

绝对定位元素的 margin:auto 的填充规则和普通流体元素的一模一样：

- 如果一侧定值，一侧 auto，auto 为剩余空间大小；
- 如果两侧均是 auto，则平分剩余空间。

唯一的区别在于，绝对定位元素 margin:auto 居中从 IE8 浏览器开始支持，而普通元素的 margin:auto 居中很早就支持了。

如果项目不需要管 IE7 浏览器的话，下面这种绝对定位元素水平垂直居中用法就可以直接淘汰了：

```
.element {
  width: 300px; height: 200px;
  position: absolute; left: 50%; top: 50%;
  margin-left: -150px;     /* 宽度的一半 */
  margin-top: -100px;      /* 高度的一半 */
}
```

如果绝对定位元素的尺寸是已知的，也没有必要使用下面这种用法，因为按照我的经验，在有些场景下，百分比 transform 会让 iOS 微信闪退，还是尽量避免的好。

```
.element {
  width: 300px; height: 200px;
  position: absolute; left: 50%; top: 50%;
  transform: translate(-50%, -50%);    /* 50%为自身尺寸的一半 */
}
```

首推的方法就是利用绝对定位元素的流体特性和 margin:auto 的自动分配特性实现居中，例如：

```
.element {
  width: 300px; height: 200px;
  position: absolute;
  left: 0; right: 0; top: 0; bottom: 0;
  margin: auto;
}
```

具体分配细节在 4.3 节已经详细解释，这里不再赘述。

我可以负责任地告诉大家，这种方法非常好用，屡试不爽。

## 6.9 position:relative 才是大哥

如果说 float 和 absolute 是同父异母的兄弟关系，那么 position:relative（下面

简称 relative）则是 absolute 的亲大哥。

故事是这样的：当年魔界圣母 position 生了好几个儿子，其中一个就是法力很强也很霸道的 absolute，考虑到日后 absolute 会找 float 的麻烦而去正常流世界，以其个性和霸道的能力，一定会影响正常流世界的秩序，于是圣母 position 让其性格敦实的大儿子 relative 直接在正常流世界生活，帮忙盯着 absolute，不要让 absolute 这个小魔鬼到处惹是生非。

知道了故事背景，对 relative 的诸多特性我们就很好理解了。

### 6.9.1 relative 对 absolute 的限制

虽然说 relative/absolute/fixed 都能对 absolute 的“包裹性”以及“定位”产生限制，但只有 relative 可以让元素依然保持在正常的文档流中。就好像虽然唐僧、观世音菩萨、如来佛祖都能限制孙悟空，但只有唐僧是凡界中的凡人，可以不动声色地把孙悟空驯教得服服帖帖。

下面举个简单例子示意一下 relative 对 absolute 的限制。下面的 CSS 代码之前出现过，是冲着覆盖整个浏览器可视窗体去的，这出手甚为霸气。

```
.box {
  position: absolute;
  left: 0; right: 0; top: 0; bottom: 0;
}
```

现在有如下的小图标样式：

```
.icon {
  width: 20px; height: 20px;
  position: relative;
}
```

并且 HTML 结构关系如下：

```
<div class="icon">
  <div class="box"></div>
</div>
```

请问，此时.box 尺寸多少？

原本霸气的窗体尺寸一下子被限制到这里的小不溜丢的 20px×20px，瞬间从天上掉到地上。最根本的原因是，此时.box 元素的包含块变成了.icon。

### 6.9.2 relative 与定位

relative 的定位有两大特性：一是相对自身；二是无侵入。

故事继续。话说 absolute 被 relative 限制得没脾气，于是便想尽想办法要套套其大哥 relative 的技能，看看有没有什么漏洞可钻。

于是， absolute 跑过去找 relative，一番寒暄后开口道：“大哥，听三弟说你定位技能和我们不一样，我想看看……”。

“可以啊，难得你主动找我！”relative 毫不犹豫地答道。

“那好，我数一二三，然后我们同时 top:0;left:0 瞬身定位。”

“好！”

“一二，开始！”

只听“嗖”的一声，absolute 瞬间跑到了结界的左上角，很是得意，此时 absolute 发现其大哥依然原地不动，心想可能是大哥技能发动时间比较长吧。然后 5 分钟过去了，absolute 实在忍不住了：“大哥，你怎么还不定位啊？”

“你在扯什么啊，我早就已经 left:0;top:0 定位了啊！”

absolute 的额头上瞬间挂下来 5 条黑线和一滴汗。他缓了缓自己的尴尬，继续道：“那我们换成同时 top:100px;left:100px 定位吧！”

“可以呀！”

“那好，一，开始！”

只听“嗖”的一声，absolute 瞬间跑到了结界的左上角 100px 的地方，回头一看大哥，只见其慢悠悠地往右侧和下方各移动了 100px（见图 6-65）！absolute 立马竖起来大拇指：“原来大哥定位是这样子的呀，是相对于自身进行偏移定位的，小弟我学习了！”

“其实不瞒你说，这是为了限制你，我特意练就的定位，虽然活动半径小了点儿，但是为了看好你，这点儿牺牲是值得的。也正因为这个，我被世人称为‘相对定位’。”

“这……”absolute 的额头上瞬间又多了几根黑线。

“无侵入”的意思是，当 relative 进行定位偏移的时候，一般情况下不会影响周围元素的布局。

故事继续。absolute 后来仔细回想大哥的定位技能，总觉得在哪里见过，后来总算想起来，好像激进的 margin 属性定位跟大哥的很像，这事情有必要验证一下。于是数日后，absolute 威逼利诱 margin 前来和 relative 进行切磋，而自己则躲在暗中观察。

relative 敦实厚重，与人为善，看 margin 前来自然非常欢迎，于是，就有了下面切磋的一幕，同时往上偏移 50px。

切磋开始之前，大家位置什么的都是一样的，如图 6-66 所示。

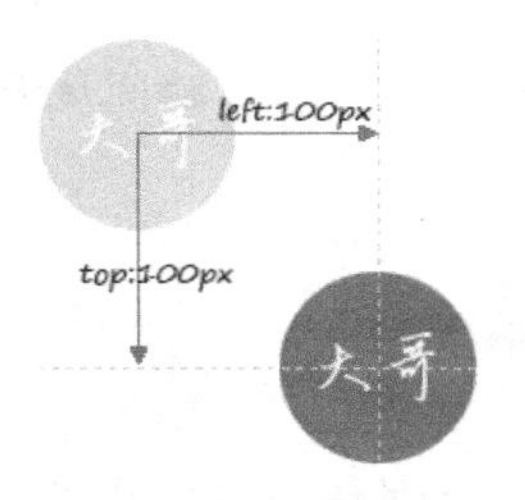


图 6-65 相对自身定位偏移示意

图 6-66 margin/relative 定位的初始态对比

margin 使用的 CSS 如下：

```
.pk-1 {
  margin-top: -50px;
}
```

relative 则是：

```
.pk-2 {
  position: relative;
  top: -50px;
}
```

作用于图片上，结果从视觉效果看，图片最终定位的位置是一样的，但是，图片后面的元素却表现出了明显的差异：margin 定位的图片后面的文字跟着上来了，而使用 relative 定位的图片后面的文字依然在原地纹丝不动，中间区域留出了一大块空白，如图 6-67 所示。眼见为实，手动输入 http://demo.cssworld.cn/6/6-1.php 或者扫下面的二维码。

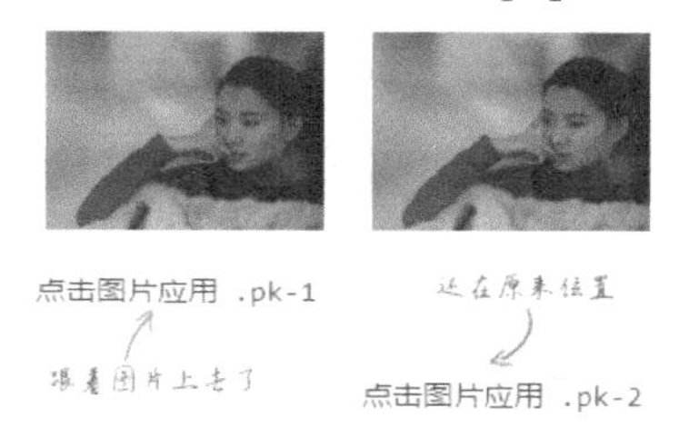


图 6-67　margin/relative 定位对比

relative 的定位还有另外两点值得一提：相对定位元素的 left/top/right/bottom 的百分比值是相对于包含块计算的，而不是自身。注意，虽然定位位移是相对自身，但是百分比值的计算值不是。

top 和 bottom 这两个垂直方向的百分比值计算跟 height 的百分比值是一样的，都是相对高度计算的。同时，如果包含块的高度是 auto，那么计算值是 0，偏移无效，也就是说，如果父元素没有设定高度或者不是“格式化高度”，那么 relative 类似 top:20% 的代码等同于 top:0。

当相对定位元素同时应用对立方向定位值的时候，也就是 top/bottom 和 left/right 同时使用的时候，其表现和绝对定位差异很大。绝对定位是尺寸拉伸，保持流体特性，但是相对定位却是“你死我活”的表现，也就是说，只有一个方向的定位属性会起作用。而孰强孰弱则是与文档流的顺序有关的，默认的文档流是自上而下、从左往右，因此 top/bottom 同时使用的时候，bottom 被干掉；left/right 同时使用的时候，right 毙命。

```
.example {
  position: relative;
  top: 10px;
  right: 10px;      /* 无效 */
  bottom: 10px;     /* 无效 */
  left: 10px;
}
```

### 6.9.3 relative 的最小化影响原则

“relative 的最小化影响原则”是我自己总结的一套更好地布局实践的原则，主要分为以下两部分：

（1）尽量不使用 relative，如果想定位某些元素，看看能否使用“无依赖的绝对定位”；

（2）如果场景受限，一定要使用 relative，则该 relative 务必最小化。

第一点前文有重点介绍，应该很好理解，关键是第二点，“relative 最小化”是什么意思？

我们可以看一个简单的例子。例如，我们希望在某个模块的右上角定位一个图标，初始 HTML 结构如下：

```
<div>
  <img src="icon.png">
  <p>内容 1</p>
  <p>内容 2</p>
  <p>内容 3</p>
  <p>内容 4</p>
  ...
</div>
```

如果让大家去实现的话，我估计十有八九都会如下面这样实现：

```
<div style="position:relative;">
  <img src="icon.png" style=
     "position:absolute;top:0;right:0;">
  <p>内容 1</p>
  <p>内容 2</p>
  <p>内容 3</p>
  <p>内容 4</p>
  ...
</div>
```

但是，如果采用“relative 的最小化影响原则”则应该是如下面这般实现：

```
<div>
  <div style="position:relative;">
    <img src="icon.png" style="position:absolute;top:0;right:0;">
  </div>
  <p>内容 1</p>
  <p>内容 2</p>
  <p>内容 3</p>
  <p>内容 4</p>
  ...
</div>
```

差别在于，此时 relative 影响的元素只是我们的图标，后面的“内容 1”之类的元素依然保持开始时干净的状态。

有人可能会有疑问：为什么要多此一举呢？之前的实现效果蛮好的，大家都这么使用的，不照样脸上洋溢着灿烂的笑容！

真的是这样吗？我想大家或多或少都经历过一些关于层级的问题，在大部分场景下，上面的两种实现并没有什么差异，但是页面一旦复杂，第一种实现方法就会留下隐患。因为一个普通元素变成相对定位元素，看上去长相什么的没有变化，但是实际上元素的层叠顺序提高了，甚至在 IE6 和 IE7 浏览器下无须设置 `z-index` 就直接创建了新的层叠上下文，会导致一些绝对定位浮层无论怎么设置 `z-index` 都会被其他元素覆盖。当然，`z-index` 无效已经算是比较严重的问题了。

这里我们不妨看一个看似无伤大雅的小问题。场景是这样的：A 模块下方有一个"B 模块"，这个"B 模块"设置了 `margin-top:-100px`，希望可以覆盖"A 模块"后面的部分内容，此时两种实现的差异就显现出来了。

如果是前面 `position:relative` 设置在容器上的实现，会发现"B 模块"并没有覆盖"A 模块"，反而是被"A 模块"覆盖了！原因很简单，相比普通元素，相对定位元素的层叠顺序是"鬼畜"级别的，自然"A 模块"要覆盖"B 模块"。如果要想实现目标效果，就需要给"B 模块"也设置 `position:relative`。唉，冤冤相报何时了？

但是，如果是后面"`relative` 的最小化影响原则"的实现，由于 `relative` 只影响右上角的图标，"A 模块"后面的内容都还是普通元素，那么，最终的效果就是我们希望的"B 模块"覆盖"A 模块"，不动一兵一卒就达到了预期目的，岂不爽哉！

"`relative` 的最小化影响原则"不仅规避了复杂场景可能出现样式问题的隐患，从日后的维护角度讲也更方便，比方说过了一个月，我们不需要右上角的图标了，直接移除这个 `relative` 最小化的单元即可！但是，如果 `relative` 是这个容器上的，这段样式代码你敢删吗？万一其他元素定位也需要呢？万一 `relative` 还有提高层叠顺序的作用呢？留着没问题，删掉可能出 bug，我想大多数的开发者一定会留着的，这也是为什么随着项目进程的推进代码会越来越冗余的原因。

从这一点可以看出来，项目代码越来越臃肿、越来越冗余，归根结底还是一开始实现项目的人的技术水平和能力火候还不够。实现时"洋溢着灿烂的笑容"没什么好得意的，能够让日后维护甚至其他人接手项目维护的时候也"洋溢着灿烂的笑容"，那才是真厉害！

## 6.10 强悍的 position:fixed 固定定位

定位属性值三兄弟的老三 `position:fixed` 固定定位是三人中最强悍的，一副天不怕地不怕的感觉，主要表现为把 `absolute` 管得服服帖帖的 `relative` 对 `fixed` 是一点儿办法都没有，普通元素想要 `overflow:hidden` 剪裁 `position:fixed` 也是痴人说梦。固定定位之所以这么强悍，根本原本是其"包含块"和其他元素不一样。

### 6.10.1 position:fixed 不一样的"包含块"

`position:fixed` 固定定位元素的"包含块"是根元素，我们可以将其近似看成`<html>`元素。换句话说，唯一可以限制固定定位元素的就是`<html>`根元素，而根元素就这么一个，也就是全世界只有一个人能限制 position:fixed 元素，可见人家强悍还是有强悍的资本的。

所以，如果想把某个元素固定定位在某个模块的右上角，下面这种做法是没有用的：

```
<div class="father">
  <div class="son"></div>
</div>
.father {
  width: 300px; height: 200px;
  position: relative;
}
.son {
  width: 40px; height: 40px;
  position: fixed;
  top: 0; right: 0;
}
```

.son 元素只会跑到窗体的右上角，是不会在.father 的右上角的，relative 对 fixed 定位没有任何限制作用。

但是，并不是说我们无法把.son 元素精确定位到.father 的右上角，事实上是可以实现的，如何实现呢？

和“无依赖的绝对定位”类似，就是“无依赖的固定定位”，利用 absolute/fixed 元素没有设置 left/top/right/bottom 的相对定位特性，可以将目标元素定位到我们想要的位置，处理如下：

```
<div class="father">
  <div class="right">
     <div class="son"></div>
  </div>
</div>
.father {
  width: 300px; height: 200px;
  position: relative;
}
.right {
  height: 0;
  text-align: right;
  overflow: hidden;
}
.son {
  display: inline;
  width: 40px; height: 40px;
  position: fixed;
  margin-left: -40px;
}
```

### 6.10.2 position:fixed 的 absolute 模拟

有时候我们希望元素既有不跟随滚动的固定定位效果，又能被定位元素限制和精准定位，那该怎么办呢？

我们可以使用 position:absolute 进行模拟，原理其实很简单：页面的滚动使用普通元素替代，此时滚动元素之外的其他元素自然就有了“固定定位”的效果了。

常规的 HTML 结构和 CSS 代码是下面这样的：

```
<html>
  <body>
    <div class="fixed"><div>
  </body>
</html>
.fixed {
  position: fixed;
}
```

使用 position:absolute 进行模拟则需要一个滚动容器，假设类名是.page，则有：

```
<html>
  <body>
    <div class="page">固定定位元素<div>
    <div class="fixed"><div>
  </body>
</html>
html, body {
  height: 100%;
  overflow: hidden;
}
.page {
  height: 100%;
  overflow: auto;
}
.fixed {
  position: absolute;
}
```

整个网页的滚动条由.page 元素产生，而非根元素，此时.fixed 元素虽然是绝对定位，但是并不在滚动元素内部，自然滚动时不会跟随，如同固定定位效果，同时本身绝对定位。因此，可以使用 relative 进行限制或者 overflow 进行裁剪等。

然而，将网页的窗体滚动变成内部滚动，很多窗体滚动相关的小 JavaScript 组件需要跟着进行调整，并且可能会丢失其他一些浏览器内置行为，需要谨慎使用。

### 6.10.3 position:fixed 与背景锁定

蒙层弹窗是网页中常见的交互，其中黑色半透明全屏覆盖的蒙层基本上都是使用 position:fixed 定位实现的。但是，如果细致一点儿就会发现蒙层无法覆盖浏览器右侧的滚动栏，并且鼠标滚动的时候后面的背景内容依然可以被滚动，并没有被锁定，体验略打折扣。

如果希望背景锁定，该如何实现呢？

要想解决一个问题，可以从发生这个问题的原因入手。position:fixed 蒙层之所以出现背景依然滚动，那是因为滚动元素是根元素，正好是 position:fixed 的“包含块”。所以，如果希望背景被锁定，可以借鉴“absolute 模拟 fixed 定位”的思路，让页面滚动条由内部的普通元素产生即可。

如果网站的滚动结构不方便调整，则需要借助 JavaScript 来实现锁定。

如果是移动端项目，阻止 touchmove 事件的默认行为可以防止滚动；如果是桌面端项目，可以让根元素直接 overflow:hidden。但是，Windows 操作系统下的浏览器的滚动条都是占据一定宽度的，滚动条的消失必然会导致页面的可用宽度变化，页面会产生体验更糟糕的晃动问题，那怎么办呢？很简单，我们只需要找个东西填补消失的滚动条就好了。那该找什么东西填充呢？这时候就轮到功勋卓越的 border 属性出马了——消失的滚动条使用同等宽度的透明边框填充！

于是，在蒙层显示的同时执行下面的 JavaScript 代码：

```
var widthBar = 17, root = document.documentElement;
if (typeof window.innerWidth == 'number') {
   widthBar = window.innerWidth - root.clientWidth;
}
root.style.overflow = 'hidden';
root.style.borderRight = widthBar + 'px solid transparent';
```

隐藏的时候执行下面的 JavaScript 代码：

```
var root = document.documentElement;
root.style.overflow = '';
root.style.borderRight = '';
```

就可以实现我们期望的锁定效果了。

# 第 7 章

# CSS 世界的层叠规则

所谓“层叠规则”，指的是当网页中的元素发生层叠时的表现规则。

在现实世界，凡事都有个先后顺序，凡物都有个论资排辈。例如，食堂排队打饭，讲求先到先得，总不可能一拥而上；先入学的是学长学姐，先拜师的是师兄师姐。

在 CSS 界也是如此。只是，一般情况下众生平等，看不出什么差异。但是，当产生冲突或纠葛的时候，显然是不可能做到完全平等的。对 CSS 世界中的元素而言，所谓的“冲突”指什么呢，其中很重要的一个层面就是“层叠显示冲突”。

默认情况下，网页内容是没有偏移角的垂直视觉呈现，当内容发生层叠的时候，一定会有一个前后的层叠顺序产生，有点儿类似于真实世界中“论资排辈”的感觉。

## 7.1 z-index 只是 CSS 层叠规则中的一叶小舟

说到层叠，很多人第一反应就是 z-index 属性，人如其名，“z 轴顺序”明摆着就是和层叠规则有关。

在 CSS 世界中，z-index 属性只有和定位元素（position 不为 static 的元素）在一起的时候才有作用，可以是正数也可以是负数。理论上说，数值越大层级越高，但实际上其规则要复杂很多，这个后面会深入介绍。

但随着 CSS3 新世界的到来，z-index 已经并非只对定位元素有效，flex 盒子的子元素也可以设置 z-index 属性，不过本书并不予以讨论。

要知道，网页中绝大部分元素是非定位元素，并且影响层叠顺序的属性远不止 z-index 一个，因此大家千万不要以为 z-index 属性就可以代表 CSS 世界的层叠规则，实际上 z-index 只是 CSS 层叠规则中的一叶小舟，CSS 层叠规则的体量要比大家想象的要大得多。

# 7.2 理解 CSS 世界的层叠上下文和层叠水平

## 7.2.1 什么是层叠上下文

层叠上下文，英文称作 stacking context，是 HTML 中的一个三维的概念。如果一个元素含有层叠上下文，我们可以理解为这个元素在 *z* 轴上就“高人一等”。

这里出现了一个名词——*z* 轴，它指的是什么呢？其表示的是用户与显示器之间这条看不见的垂直线，即图 7-1 中的这条水平线。

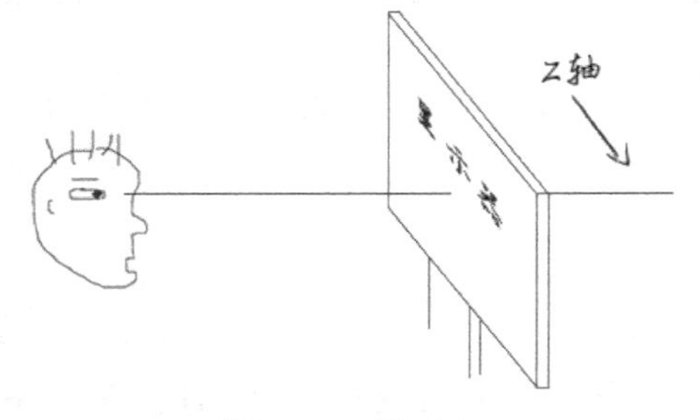


图 7-1　*z* 轴示意

层叠上下文是一个概念，跟“块状格式化上下文”（BFC）类似。然而，概念这个东西是比较虚、比较抽象的，要想轻松理解，我们需要将其具象化。

怎么个具象化法呢？我们可以把层叠上下文理解为一种“层叠结界”，自成一个小世界。这个小世界中可能有其他的“层叠结界”，而自身也可能处于其他“层叠结界”中。

## 7.2.2 什么是层叠水平

再来说说“层叠水平”。层叠水平，英文称作 stacking level，决定了同一个层叠上下文中元素在 *z* 轴上的显示顺序。level 这个词很容易让我们联想到现实世界中的论资排辈。现实世界中，每个人都是独立的个体，包括同卵双胞胎，有差异就有区分。例如，双胞胎虽然长得像一个模子里出来的，但实际上出生时间还是有先后的，先出生的那个就大，是大哥或大姐。网页中的元素也是如此，页面中的每个元素都是独立的个体，它们一定是会有一个类似的排名顺序的存在。而这个排名顺序、论资排辈就是这里所说的“层叠水平”。

显而易见，所有的元素都有层叠水平，包括层叠上下文元素，也包括普通元素。然而，对普通元素的层叠水平探讨只局限在当前层叠上下文元素中。为什么呢？因为不如此就没有意义。层叠上下文本身就是一个强力的“层叠结界”，而普通元素的层叠水平是无法突破这个结界和结界外的元素去较量层叠水平的。

需要注意的是，诸位千万不要把层叠水平和 CSS 的 `z-index` 属性混为一谈。尽管某些情况下 `z-index` 确实可以影响层叠水平，但是只限于定位元素以及 `flex` 盒子的孩子元素；而层叠水平所有的元素都存在。

# 7.3 理解元素的层叠顺序

再来说说层叠顺序。层叠顺序，英文称作 stacking order，表示元素发生层叠时有着特定的垂直显示顺序。注意，这里跟上面两个不一样，上面的“层叠上下文”和“层叠水平”是概念，而这里的“层叠顺序”是规则。

在 CSS 2.1 的年代，在 CSS3 新世界还没有到来的时候（注意这里的前提），层叠顺序规则如图 7-2 所示。

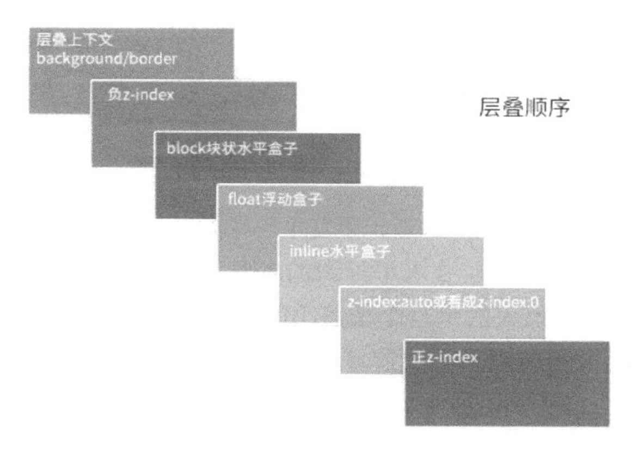


图 7-2 CSS 世界层叠顺序规则

关于图 7-2 这里有一些补充说明。

（1）位于最下面的 `background/border` 特指层叠上下文元素的边框和背景色。每一个层叠顺序规则仅适用于当前层叠上下文元素的小世界。

（2）`inline` 水平盒子指的是包括 `inline/inline-block/inline-table` 元素的“层叠顺序”，它们都是同等级别的。

（3）单纯从层叠水平上看，实际上 `z-index:0` 和 `z-index:auto` 是可以看成是一样的。注意这里的措辞——“单纯从层叠水平上看”，实际上，两者在层叠上下文领域有着根本性的差异。

下面我要问一个有意思的问题：大家有没有想过，为什么内联元素的层叠顺序要比浮动元素和块状元素都高？

为什么呢？我明明感觉浮动元素和块状元素要更强一点啊。我就不卖关子了，直接看图 7-3 中的标注说明。

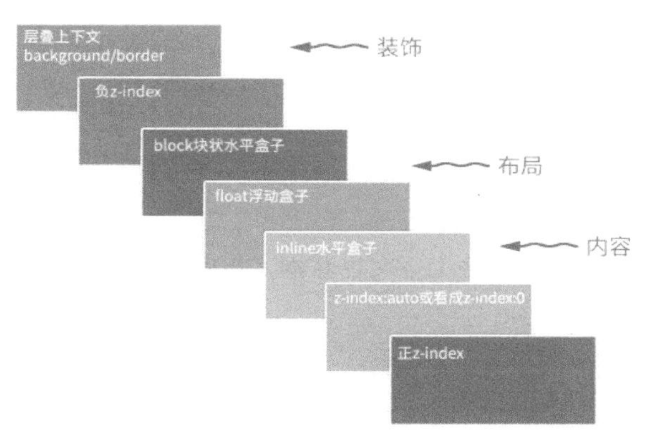


图 7-3 CSS 世界层叠顺序类型标注

`background`/`border` 为装饰属性，浮动和块状元素一般用作布局，而内联元素都是内容。网页中最重要的是什么？当然是内容了！尤其是 CSS 世界是为更好的图文展示而设计的，因此，一定要让内容的层叠顺序相当高，这样当发生层叠时，重要的文字、图片内容才可以优先显示在屏幕上。例如，文字和浮动图片重叠的时候，如图 7-4 所示。

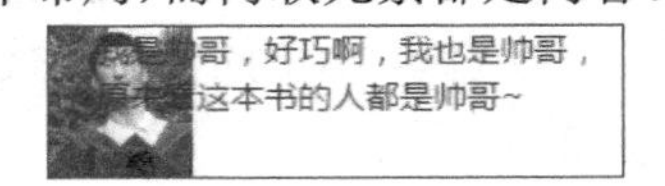


图 7-4　浮动元素和文字重叠时文字在上面

# 7.4　务必牢记的层叠准则

下面这两条是层叠领域的黄金准则。当元素发生层叠的时候，其覆盖关系遵循下面两条准则：

（1）谁大谁上：当具有明显的层叠水平标识的时候，如生效的 `z-index` 属性值，在同一个层叠上下文领域，层叠水平值大的那一个覆盖小的那一个。

（2）后来居上：当元素的层叠水平一致、层叠顺序相同的时候，在 DOM 流中处于后面的元素会覆盖前面的元素。

在 CSS 和 HTML 领域，只要元素发生了重叠，都离不开上面这两条黄金准则。因为后面会有多个实例说明，这里就到此为止。

# 7.5　深入了解层叠上下文

## 7.5.1　层叠上下文的特性

层叠上下文元素有如下特性。

- 层叠上下文的层叠水平要比普通元素高（原因后面会说明）。
- 层叠上下文可以阻断元素的混合模式（参见 http://www.zhangxinxu.com/wordpress/?p=5155 的这篇文章的第二部分说明）。
- 层叠上下文可以嵌套，内部层叠上下文及其所有子元素均受制于外部的“层叠上下文”。
- 每个层叠上下文和兄弟元素独立，也就是说，当进行层叠变化或渲染的时候，只需要考虑后代元素。
- 每个层叠上下文是自成体系的，当元素发生层叠的时候，整个元素被认为是在父层叠上下文的层叠顺序中。

## 7.5.2　层叠上下文的创建

和块状格式化上下文一样，层叠上下文也基本上是由一些特定的 CSS 属性创建的。我将其总结为 3 个流派。

（1）天生派：页面根元素天生具有层叠上下文，称为根层叠上下文。

（2）正统派：`z-index` 值为数值的定位元素的传统“层叠上下文”。

（3）扩招派：其他 CSS3 属性。

### 1. 根层叠上下文

根层叠上下文指的是页面根元素，可以看成是<html>元素。因此，页面中所有的元素一定处于至少一个“层叠结界”中。

### 2. 定位元素与传统层叠上下文

对于 position 值为 relative/absolute 以及 Firefox/IE 浏览器（不包括 Chrome 浏览器）下含有 position:fixed 声明的定位元素，当其 z-index 值不是 auto 的时候，会创建层叠上下文。

知道了这一点，有些现象就好理解了。

HTML 代码如下：

```
<div style="position:relative; z-index:auto;">
  <!-- 美女 -->
  <img src="1.jpg" style="position:absolute; z-index:2;">
</div>
<div style="position:relative; z-index:auto;">
  <!-- 美景 -->
  <img src="2.jpg" style="position:relative; z-index:1;">
</div>
```

结果如图 7-5 所示。效果符合预期，毕竟“美女”图片的 z-index 值是 2，而“美景”图片的 z-index 是 1。

下面我们对父级简单调整一下，把 z-index:auto 改成层叠水平一样高的 z-index:0。代码如下：

```
<div style="position:relative; z-index:0;">
  <!-- 美女 -->
  <img src="1.jpg" style="position:absolute; z-index:2;">
</div>
<div style="position:relative; z-index:0;">
  <!-- 美景 -->
  <img src="2.jpg" style="position:relative; z-index:1;">
</div>
```

结果会发现覆盖关系居然反过来了，此时“美景”图片覆盖在了“美女”图片之上，如图 7-6 所示。

图 7-5 “美女”覆盖在“美景”之上

图 7-6 “美景”覆盖在“美女”之上

眼见为实，手动输入 http://demo.cssworld.cn/7/5-1.php 或者扫右侧的二维码。

为什么小小的改变会产生相反的结果呢？差别就在于，z-index: auto 所在的<div>元素是一个普通定位元素，于是，里面的两个<img>元素的层叠比较就不受父级的影响，两者直接套用“层叠黄金准则”。这里，两个<img>元素有着明显不一的 z-index 值，因此遵循“谁大谁上”的准则，于是，z-index 为 2 的那个“美女”就显示在 z-index 为 1 的“美景”上面了。

而 z-index 一旦变成数值，哪怕是 0，就会创建一个层叠上下文。此时，层叠规则就发生了变化。层叠上下文的特性里面最后一条是自成体系。两个<img>元素的层叠顺序比较变成了优先比较其父级层叠上下文元素的层叠顺序。这里，由于外面的两个<div>元素都是 z-index:0，两者层叠顺序一样大，此时遵循“层叠黄金准则”的另外一个准则“后来居上”，根据在 DOM 文档流中的位置决定谁在上面，于是，位于后面的“美景”就自然而然显示在“美女”上面了。对，没错，<img>元素上的 z-index 没起作用！

有时候，我们在网页重构的时候会发现 z-index 嵌套错乱，这时要看看是不是受父级的层叠上下文元素干扰了，可能就豁然开朗了。但我还是提一下，IE6 和 IE7 浏览器有个 bug，就是 z-index:auto 的定位元素也会创建层叠上下文。这就是过去 IE6 和 IE7 的 z-index 会折腾死人的原因。

我再提一下 position:fixed。在过去，position:fixed 和 relative/ absolute 在层叠上下文这一块是一样的，都是需要 z-index 为数值才行。但是，不知道什么时候起，Chrome 等 WebKit 内核浏览器下，position:fixed 元素天然层叠上下文元素，无须 z-index 为数值。根据我的测试，目前 IE 和 Firefox 仍是老套路。

### 3. CSS3 与新时代的层叠上下文

CSS3 新世界的出现除了带来了新属性，还对过去的很多规则发出了挑战，其中对层叠上下文规则的影响显得特别突出。

（1）元素为 flex 布局元素（父元素 display:flex|inline-flex），同时 z-index 值不是 auto。

（2）元素的 opacity 值不是 1。

（3）元素的 transform 值不是 none。

（4）元素 mix-blend-mode 值不是 normal。

（5）元素的 filter 值不是 none。

（6）元素的 isolation 值是 isolate。

（7）元素的 will-change 属性值为上面 2～6 的任意一个（如 will-change:opacity、will-chang:transform 等）。

（8）元素的-webkit-overflow-scrolling 设为 touch。

本书主要介绍 CSS 世界的知识，因此关于 CSS3 新世界的内容就说这么多。

### 7.5.3 层叠上下文与层叠顺序

本章多次提到，一旦普通元素具有了层叠上下文，其层叠顺序就会变高。那它的层叠顺序究竟在哪个位置、哪个级别呢？

这里需要分两种情况讨论：

（1）如果层叠上下文元素不依赖 z-index 数值，则其层叠顺序是 z-index:auto，可看成 z:index:0 级别；

（2）如果层叠上下文元素依赖 z-index 数值，则其层叠顺序由 z-index 值决定。

我们上面提供的层叠顺序图实际上还缺少其他重要信息。我又花工夫重新绘制了一个更完整的 7 阶层叠顺序图，如图 7-7 所示。

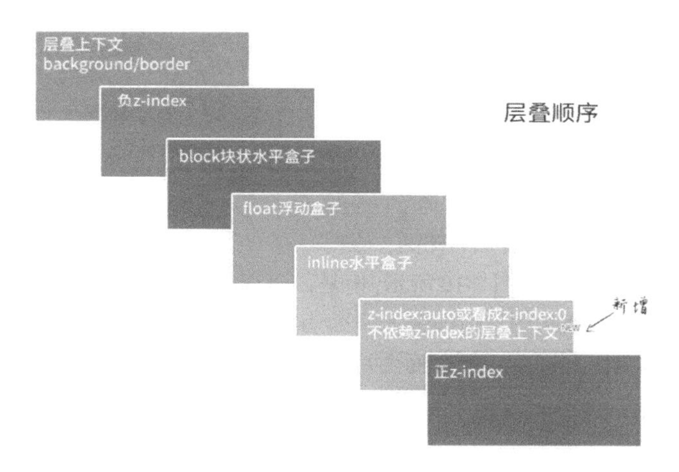


图 7-7 新的层叠顺序规则

这下大家应该知道为什么定位元素会层叠在普通元素的上面了吧？其根本原因就是：元素一旦成为定位元素，其 z-index 就会自动生效，此时其 z-index 就是默认的 auto，也就是 0 级别，根据上面的层叠顺序表，就会覆盖 inline 或 block 或 float 元素。而不支持 z-index 的层叠上下文元素天然是 z-index:auto 级别，也就意味着，层叠上下文元素和定位元素是一个层叠顺序的，于是当它们发生层叠的时候，遵循的是“后来居上”准则。

我们可以看一个例子：

```
<img src="1.jpg" style="position:relative">
<img src="2.jpg" style="transform:scale(1);">
```

这符合“后来居上”准则，“美景”覆盖在“美女”之上，如图 7-8 所示。

```
<img src="2.jpg" style="transform:scale(1);">
<img src="1.jpg" style="position:relative">
```

这同样符合“后来居上”准则，“美女”覆盖在“美景”之上，如图 7-9 所示。

你会发现，两者样式一模一样，只是在 DOM 流中的位置不一样，这导致它们的层叠表现不一样，后面的图片在前面的图片的上面显示。这就说明层叠上下文元素的层叠顺序就是 z-index:auto 级别。

最后分享一个与层叠上下文相关的有趣现象。

图 7-8 “美景”覆盖在“美女”之上

图 7-9 “美女”覆盖在“美景”之上

在实际项目中，我们可能会渐进使用 CSS3 的 fadeIn 淡入 animation 效果增强体验，于是我们可能就会遇到类似下面的现象，手动输入 http://demo.cssworld.cn/7/5-2.php 或者扫右侧的二维码。有一个绝对定位的黑色半透明层覆盖在图片上，默认显示如图 7-10 所示。但是，一旦图片开始走 fadeIn 淡出的 CSS3 动画，文字就跑到图片后面去了，因为文字一直是 100%透明的纯白色，文字变淡是因为跑到图片后面，而图片半透明，文字穿透显示而已，如图 7-11 所示。

图 7-10　默认的黑色半透明覆盖

图 7-11　图片淡出，文字跑到图片后面

为什么会这样？实际上，学了本节的内容后就很容易理解了。fadeIn 动画本质是 opacity 透明度的变化：

```
@keyframes fadeIn {
  0% {
    opacity: 0;
  }
  100% {
    opacity: 1;
  }
}
```

要知道，opacity 的值不是 1 的时候，是具有层叠上下文的，层叠顺序是 z-index:auto 级别，跟没有 z-index 值的 absolute 绝对定位元素是平起平坐的。而本实例中的文字元素在图片元素的前面，于是，只要 CSS3 动画不是最终一瞬间的 opacity:1，位于 DOM 流后面的图片就会遵循“后来居上”准则而覆盖文字。

知道原因，想要解决这个问题就很简单了：

（1）调整 DOM 流的先后顺序；

（2）提高文字的层叠顺序，例如，设置 z-index:1。

## 7.6 z-index 负值深入理解

首先明确一点，z-index 是支持负值的，例如 z-index:-1 或者 z-index:-99999 都是可以的。按照我多年面试新人的结果来看，非常多的人都不知道 z-index 属性支持负值，这让人很意外——这可以说是 CSS 世界的常识啊！我想了一下，或许因为这些人的知识都是源自项目，如果项目用不到自然就不知道。

确实，你不知道 z-index 支持负值并不影响现在的开发，需求可以通过其他方式实现，但是存在既有道理，你不知道并不表示没有用。一旦掌握透彻了，你会发现，本来很麻烦的实现原来可以这么简单地实现；你会发现，当遇到一些棘手问题的时候，多了一种解题思路；如此等等。

那 z-index 具体的表现规则又是怎样的呢？

很多人（包括我）一开始的时候，以为一个定位元素设置 z-index 负值，就会跑到页面的背后，隐藏掉，看不到了。结果实际上是有时候确实隐藏了，但有时候又隐藏不掉。为什么会这样？

因为 z-index 负值的最终表现并不是单一的，而是与“层叠上下文”和“层叠顺序”密切相关。前面展示的层叠顺序规则 7 阶图，其中最下面的 2 阶是理解 z-index 负值表现的关键，如图 7-12 所示。

图 7-12 “层叠顺序”最底层 2 阶

图 7-12 中已经很明显地标明了，z-index 负值元素的层级是在层叠上下文元素上面、block 元素的下面，也就是 z-index 虽然名为负数层级，但依然无法突破当前层叠上下文所包裹的小世界。

我们通过下面几个小例子加深一下理解。首先 HTML 都是一致的，如下：

```
<div class="box">
  <img src="1.jpg">
</div>
```

先看下面的 CSS 代码：

```
.box {
  background-color: blue;
}
.box > img {
```

```
  position: relative;
  z-index: -1;
  right: -50px;
}
```

此时.box 是一个普普通通的元素，图片元素所在的层叠上下文元素一定是.box 的某个祖先元素。好了，知道这么多足够了，现在再回顾一下刚刚出现的图 7-13 所示的这张图。

图 7-13 中非常明显地标明了 z-index 负值在 block 元素的下面。本例中，图片是 z-index 负值元素，.box 是 block 元素，也就是图片应该在.box 元素的后面显示，因此，图片会被.box 元素的蓝色背景覆盖。最后的结果确实如此，如图 7-14 所示。

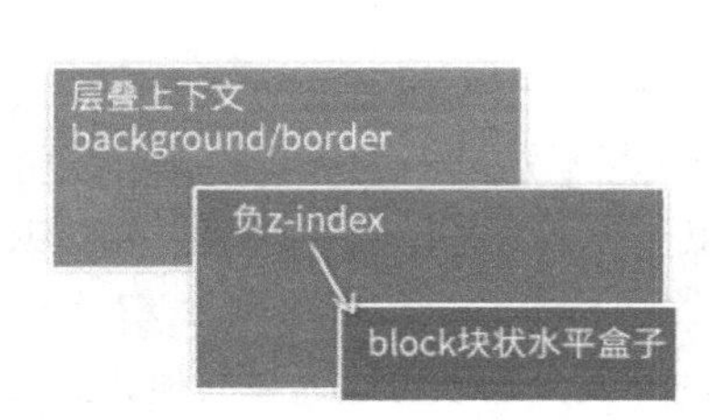


图 7-13　z-index 负值在 block 元素下面

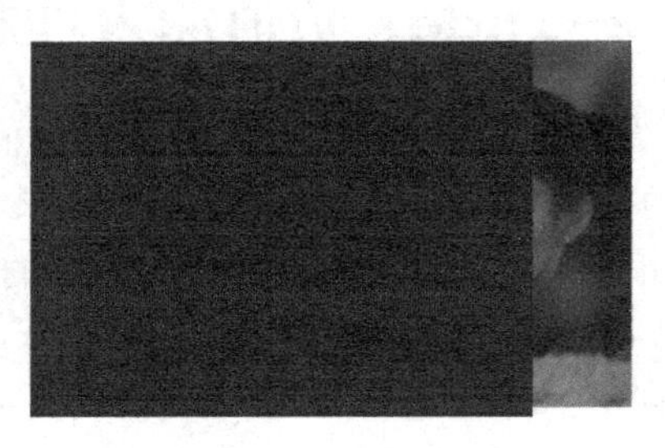

图 7-14　图片在蓝色背景色之下

现在，我们给.box 元素加个样式，使其具有层叠上下文。很多 CSS 属性都可以，我们这里就使用不影响视觉表现的 transform 属性示意如下：

```
.box {
  background-color: blue;
  transform: scale(1);
}
.box > img {
  position: relative;
  z-index: -1;
  right: -50px;
}
```

CSS3 transform 可以让元素具有新的层叠上下文，于是，对照图 7-15，非常明显地标明了 z-index 负值在层叠上下文元素的背景色之上，也就是说，这里 z-index 是负值的图片元素应该在.box 元素的上面。最后的结果确实如此，如图 7-16 所示。

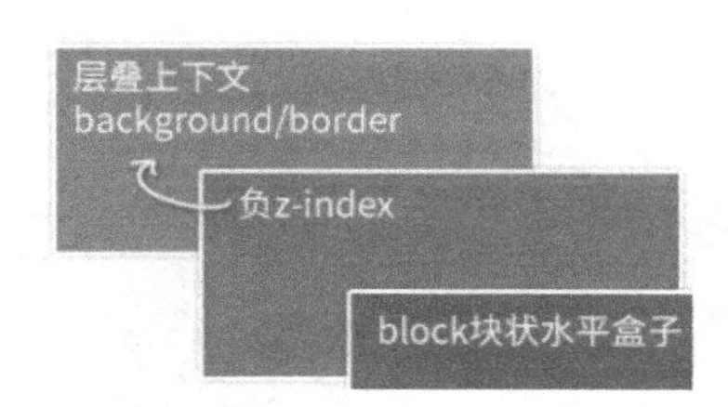


图 7-15　z-index 负值在“层叠上下文”之上

图 7-16　图片在蓝色背景色之上

眼见为实，手动输入 http://demo.cssworld.cn/7/6-1.php 或者扫右侧的二维码。

可以这么说，z-index 负值渲染的过程就是一个寻找第一个层叠上下文元素的过程，然后层叠顺序止步于这个层叠上下文元素。

明白了这一点，就可以理解为何 z-index 负值隐藏元素有时候确实隐藏，但有时候又隐藏不掉了。

那 z-index 负值在实际项目中有什么用呢？具体作用如下。

（1）可访问性隐藏。z-index 负值可以隐藏元素，只需要层叠上下文内的某一个父元素加个背景色就可以。它与 clip 隐藏相比的一个优势是，元素无须绝对定位，设置 position:relative 也可以隐藏，另一个优势是它对原来的布局以及元素的行为没有任何影响，而 clip 隐藏会导致控件 focus 的焦点发生细微的变化，在特定条件下是有体验问题的。它的不足之处就是不具有普遍适用性，需要其他元素配合进行隐藏。

（2）IE8 下的多背景模拟。CSS3 中有一个多背景特性，就是一个 background 可以写多个背景图。虽然 IE8 浏览器不支持多背景特性，但是 IE8 浏览器支持伪元素，于是，IE8 理论上也能实现多背景，这个背景最多 3 个，好在绝大多数场景 3 个背景图足矣。最麻烦的其实是这个伪元素生成的背景一定是使用 absolute 绝对定位，以免影响内容的布局。于是问题来了，绝对定位会覆盖常规的元素，此时则必须借助 z-index 负值，核心 CSS 代码如下：

```
.box {
  background-image: (1.png);
  position: relative;
  z-index: 0;      /* 创建层叠上下文 */
}
.box:before,
.box:after {
  content: '';
  position: absolute;
  z-index: -1;
}
.box:before {
  background-image: (2.png);
}
.box:after {
  background-image: (3.png);
}
```

此时，就算.box 元素里面是纯文字，伪元素图片照样在文字下面，如此广泛的适用场景使上面的处理几乎可以作为通用的多背景模拟实现准则来实现了：

```
<div class="box">我是一段纯文字...</div>
```

（3）定位在元素的后面。我们直接看一个模拟纸张效果的例子，该效果的亮点是纸张的边角有卷起来的效果，因为底边的阴影看起来更有角度，如图 7-17 所示。如果图 7-17 因打印原因看得不真切的话，可以手动输入 http://demo.cssworld.cn/7/6-2.php 或者扫下面的二维码亲自感受一下效果。

图 7-17　纸张边角卷起来的阴影

HTML 结构大致如下：

```
<div class="container">
   <div class="page">标题和内容</div>
</div>
```

其中，.container 是灰色背景元素，.page 是黄色背景的纸张元素，关键 CSS 如下：

```
.container {
  background-color: #666;
  /* 创建层叠上下文 */
  position: relative;
  z-index: 0;
}
.page {
  background-color: #f4f39e;
  position: relative;
}
/* 边角卷边阴影 */
.page:before, .page:after {
  content: "";
  width: 90%; height: 20%;
  box-shadow: 0 8px 16px rgba(0,0,0,.3);
  position: absolute;
  /* 层叠上下文（灰色背景）之上，定位元素（黄色纸张）之下 */
  z-index: -1;
}
/* 边角卷边阴影定位和角度控制 */
.page:before {
  transform: skew(-15deg) rotate(-5deg);
  transform-origin: left bottom;
  left: 0; bottom: 0;
}
.page:after {
  transform: skew(15deg) rotate(5deg);
  transform-origin: right bottom;
  right: 0; bottom: 0;
}
```

.container 灰色背景通过 position:relative;z-index:0 创建了层叠上下文，.page

仅有 position:relative 而没有设置 z-index 值，因此只能算 z-index:auto 程度的定位元素，于是，z-index:-1 两个边角阴影就完美地藏在了层叠上下文（灰色背景）之上、普通定位元素（黄色纸张）之下（如图 7-18 所示标注），隐藏了丑陋的细节，展示了完美的边角阴影，实现了最终细腻的样式效果。

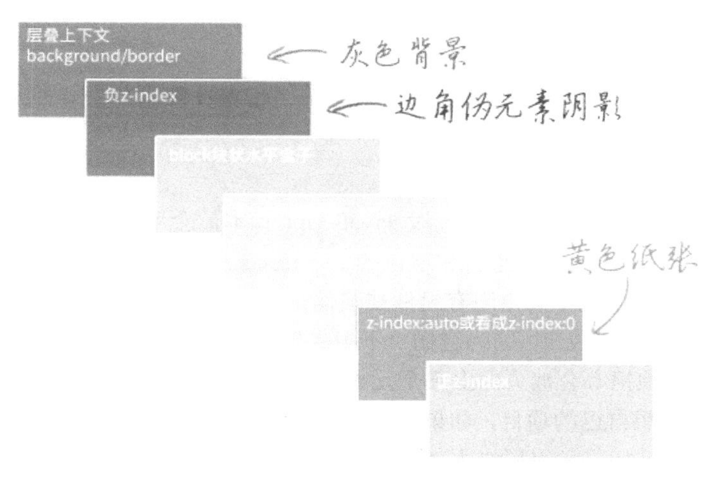


图 7-18　z-index:-1 边角阴影在本案例中的层叠顺序位置

## 7.7　z-index“不犯二”准则

此准则内容如下：对于非浮层元素，避免设置 z-index 值，z-index 值没有任何道理需要超过 2。由于 z-index 不能超过 2，因此，我称其为“不犯二”准则。

这是一条经验准则，可以有效降低日后遇到 z-index 样式问题的风险。

先讲一下为什么需要这个准则。

（1）定位元素一旦设置了 z-index 值，就从普通定位元素变成了层叠上下文元素，相互间的层叠顺序就发生了根本的变化，很容易出现设置了巨大的 z-index 值也无法覆盖其他元素的问题。

（2）避免 z-index“一山比一山高”的样式混乱问题。此问题多发生在多人协作以及后期维护的时候。例如，A 小图标定位，习惯性写了个 z-index:9；B 一看，自己原来的实现被覆盖了，立马写了个 z-index:99；结果比弹框组件层级还高，那还得了，立马弹框组件来一个 z-index:999999；谁知后来，弹框中又要有出错提示效果……显然，最后项目的 z-index 层级管理就是一团糟。

如果真的了解了本章的内容，你就会发现，原来自己的代码中很大一部分 z-index 设置都是多余的，不仅浪费代码，还埋下样式问题风险，尤其那种使用 absolute 绝对定位必使用 z-index 的做法是最愚蠢的。

如果 DOM 顺序确实无法调整，不得不使用 z-index 值，请记住，z-index 不要超过 2，不是不能，而是没有必要。我从业这么多年，遇到很多很复杂的与定位相关的交互场景，但 z-index 最多止步于 2。如果你的定位发现必须 z-index:3 或者以上才能满足效果，建议你检查自己的代码，试试应用“relative 的最小化原则”来实现，试试利用元素原生的层叠顺序进行层级控制，等等。

很重要的一点，我这里的“不犯二”准则，并不包括那些在页面上飘来飘去的元素定位，弹框、出错提示、一些下拉效果等都不受这一准则限制。

对于这类 JavaScript 驱动的浮层组件，我会借助“层级计数器”来管理，原因如下：

（1）总会遇到意想不到的高层级元素；

（2）组件的覆盖规则具有动态性。

所谓“层级计数器”，实际上就是一段 JavaScript 脚本，会遍历所有<body>处于显示状态的子元素，并得到最大 z-index 值，和默认的 z-index 做比较。如果超出，则显示的组件的 z-index 自动加 1，这样就不会出现有组件被其他组件覆盖的问题；如果不超出，就使用默认的 z-index 值，我习惯设成 9，因为遵循“不犯二”准则的情况下，9 已经是个足够安全的值了，浮层组件根本无须担心会被页面上某个元素层级覆盖。

此刻大家不妨想想自己的项目，如果所有的浮层相关的组件容器的 z-index 默认值是 9，会不会出现样式问题。如果觉得层级太低不敢想象，则说明你的项目层级这块还有较大改进的空间。

页面上主体元素遵循 z-index“不犯二”准则，浮层元素使用 z-index“层级计数器”，双管齐下，从此和 z-index 问题说拜拜！

# 第 8 章

# 强大的文本处理能力

时势造英雄。在我上学那会儿，网络带宽受限，电脑性能低下，在这种大背景下，重文字内容的展示是比较符合现实情况的，要是去搞个直播网站，多半"卡巴斯基（卡吧死机）"，所以在那个时代背景下，什么技术能够非常方便地进行文本处理和文本展示，那这个技术一定能够普及和兴盛。

CSS 就是凭借自身强大的文本处理和文本展示能力成为样式布局的标杆语言的。同时代的 SVG 的优势在于图形展示，它在文本处理这一块实在是不敢恭维。比方说简单的文字边缘自动换行，在 CSS 流的概念里几乎可以说是天生的、理所当然的，但在 SVG 里面，完全就是撞了南墙也不回头啊！必须要手动点拨一下才行。

当然，随着现在软硬件的提升，人们对互联网的需求已经不仅仅局限于简单的图文展示了，此时，SVG 以及 canvas 等技术开始迎来自己的春天。

CSS 文本处理能力之所以强大，一方面是其基础概念，例如块级盒模型和内联盒模型，就是为了让文本可以如文档般自然呈现；另一方面是有非常非常多与文本处理相关 CSS 属性的支持。而本章就将着重介绍这些 CSS 属性一些可能不为人知的地方。

## 8.1 line-height 的另外一个朋友 font-size

第 5 章介绍过 line-height 和 vertical-align 的好朋友关系，实际上，font-size 也和 line-height 是好朋友，同样也无处不在，并且纸面上 line-height 的数值属性值和百分比值属性值都是相对于 font-size 计算的，其关系可谓不言而喻。

现在有意思了，所谓朋友的朋友也是朋友，那 font-size 和 vertical-align 是不是也是朋友呢？

### 8.1.1 font-size 和 vertical-align 的隐秘故事

line-height 的部分类别属性值是相对于 font-size 计算的，vertical-align 百分

比值属性值又是相对于 line-height 计算的，于是，看上去八辈子都搭不上边的 vertical-align 和 font-size 属性背后其实也有有着关联的。

例如，下面的 CSS 代码组合：

```
p {
  font-size: 16px;
  line-height: 1.5;
}
p > img {
  vertical-align: -25%;
}
```

此时，p > img 选择器对应元素的 vertical-align 计算值应该是：

```
16px * 1.5 * -25% = -6px
```

也就是上面的 CSS 代码等同于：

```
p {
  font-size: 16px;
  line-height: 1.5;
}
p > img {
  vertical-align: -6px;
}
```

但是两者又有所不同，很显然，-25%是一个相对计算属性值，如果此时元素的 font-size 发生变化，则图片会自动进行垂直位置调整。我们可以看一个无论 font-size 如何变化、后面图标都垂直居中对齐的例子，手动输入 http://demo.cssworld.cn/8/1-1.php 或者扫下面的二维码。可以看到，无论文字字号是大还是小，后面的图标都非常良好地垂直居中对齐，如图 8-1 所示。

图 8-1 永远垂直居中对齐的图标示意

核心 CSS 代码如下：

```
p > img {
  width: 16px; height: 16px;
  vertical-align: 25%;
  position: relative;
  top: 8px;
}
```

原理如下：内联元素默认基线对齐，图片的基线可以看成是图片的下边缘，文字内容的基线是字符 x 下边缘，因此，本例中，图片下边缘默认和“中文”两个汉字字形底边缘往上一点的位置对齐。然后，我们通过 vertical-align:25%声明让图片的下边缘和中文汉字的中心线对齐。此时，图标和文字的状态应该如图 8-2 所示。

图 8-2 完全就是实例效果注释 top:8px 后的截图标注，没有任何加工。看上去似乎上面小，实际上是视觉误差，分隔线上下完全均等，1 像素不差。

图 8-2 图片下边缘和文字中心线对齐标注示意

由于我们这里的图标是固定的像素尺寸，因此，通过偏移自身 1/2 高度来实现真正的居中，可以使用 CSS3 transform 位移，我这里为了兼容性，使用了 relative 相对定位。

其居中原理本质上和绝对定位元素 50%定位加偏移自身 1/2 尺寸实现居中是一样的，只不过这里的偏移使用的是 vertical-align 百分比值。

这么一看，vertical-align 百分比属性值似乎还是有点用的！如果再联想到 vertical-align:middle 实现垂直居中效果经常不尽如人意，说不定还能找到一块更好的宝。但我要告诉你，其实还有更好的实现，那就是使用单位 ex。例如，将前面例子中的 vertical-align:25%改成 vertical-align:.6ex，效果基本上就是一样的，并且还多了一个优点，就是使用 vertical-align:.6ex 实现的垂直居中效果不会受 line-height 变化影响，而使用 vertical-align:25%，line-height 一旦变化，就必须改变原来的 vertical-align 大小、重新调整垂直位置，这容错性明显就降了一个层次。

因此，虽然例子演示的是 vertical-align 百分比值，实际上是推荐使用与 font-size 有着密切关系的 ex 单位。

说到这里，忍不住想介绍另外一些和 font-size 有着密切的关系的东西。

### 8.1.2 理解 font-size 与 ex、em 和 rem 的关系

ex 是字符 x 高度，显然和 font-size 关系密切，font-size 值越大，自然 ex 对应的大小也就大，对此本书前面已经有介绍，这里不赘述。

下面来看看单位 em。如果说 ex 是字符 x 高度，那是不是 em 就是字符 m 的高度？

我的回答是“不是的”，但是 em 和字符 m 确实有关。em 在传统排版中指一个字模的高度（可以脑补下活字印刷的字模），注意是字模的高度，不是字符的高度。其一般由'M'的宽度决定（因为宽高相同），所以叫 em。也就是说，之所以叫作 em 完全取决于 M 的字形，毕竟英文 26 个字母方方正正的不算多。如果按照这种说法，那方方正正的汉字岂不是每一个字都正好一个 em？没错，确实是这样，尤其作为印刷体的宋体效果最为明显，这种表现在 CSS 中也有非常明显的体现。

例如，浏览器默认 font-size 大小是 16px，假设一个<div>宽度是 160px，则正好可以放下 10 个汉字不换行；如果是 159px 像素，第十个汉字就会掉下来；如果再同时设置 line-height:1 和一个背景色，代码如下：

```
div {
  width: 160px;
  line-height: 1;
```

```
  background-color: #eee;
}
```

我们就会发现中文汉字的尺寸就可以看作 em 单位的代名词，尤其在高度这一块，简直分毫不差，如图 8-3 所示。

中文中文中文中文中文

图 8-3 汉字尺寸和 em 单位关系示意

也就是说，em 就是'中'等汉字的高度！于是，我们对 em 的理解就更加简单了，直接看一个很容易理解错误的题目，在 Chrome 浏览器下，<h1>元素有如下的默认 CSS：

```
h1 {
  font-size: 2em;
  -webkit-margin-before: 0.67em;
  -webkit-margin-after: 0.67em;
}
```

那么，假设页面没有任何 CSS 重置，根元素 font-size 就是默认的 16px，请问：此时<h1>元素 margin-before 的像素计算值是多少？

如果对 em 了解不够，很容易认为 1em 大小就是 16px，于是计算值是 16px×0.67 = 10.72px，实际上这是错误的。

我们可以这样想，假设<h1>里面有汉字，此时汉字的高度是多少？这个高度就是此时 1em 大小。<h1>元素此时 font-size 是 2em，算一下就是 32px，因此，此时里面汉字的高度应该是 32px，也就是说，此时<h1>元素的 1em 应该是 32px，于是 margin-before 的像素计算值为 32px×0.67 = 21.44px，和浏览器自己的计算值一样，如图 8-4 所示。

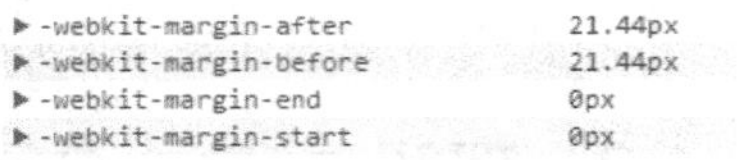

▶ -webkit-margin-after 21.44px
▶ -webkit-margin-before 21.44px
▶ -webkit-margin-end 0px
▶ -webkit-margin-start 0px

图 8-4 Chrome 浏览器<h1>元素 margin 计算值

乍一看，似乎出现了死循环悖论：font-size:2em，于是 1em 变成 32px，那此时的 2em 不又是 64px，然后又……

正如前面提到过的一样，CSS 世界的渲染是一次渲染，是不会有死循环的。这里是先计算 font-size，然后再计算给其他使用 em 单位的属性值大小。

总结如下：在 CSS 中，1em 的计算值等同于当前元素所在的 font-size 计算值，可以将其想象成当前元素中（如果有）汉字的高度。

所有相对单位的好处都是一样的，样式表现更具有弹性。例如，理论上，有一个布局，希望小屏时整体缩小，大屏时再弹性扩大，此时就可以让所有元素宽高尺寸等都使用 em，于是，最后只要改变布局祖先元素的 font-size 大小就可以实现整体的弹性变化。

这种策略很棒，也确实可行，但是有一个比较麻烦的事情，它和上面<h1>元素计算一样的麻烦，em 是根据当前 font-size 大小计算的，一旦布局中出现标题这种跟基础 font-size 大小不一样的场景的时候，标题里面所有元素 em 都要重新计算一遍，甚为麻烦，最终的成品维护成本就比较高了。

正是由于这种局限性，另外一个和 font-size 密切相关的单位出现了，就是 rem，即 root em，顾名思义，就是根元素 em 大小。em 相对于当前元素，rem 相对于根元素，本质差别在于当前元素是多变的，根元素是固定的，也就是说，如果使用 rem，我们的计算值不会受当前元素 font-size 大小的影响，假设<h1>的默认 CSS 是这样：

```
h1 {
  font-size: 2em;
  -webkit-margin-before: 0.67rem;
  -webkit-margin-after: 0.67rem;
}
```

那么 2em 的 font-size 计算值会被忽略，直接使用根元素的 16px 进行计算，于是 margin-before 计算值是 16 像素×0.67 = 10.72 像素。

因此，要想实现带有缩放性质的弹性布局，使用 rem 是最佳策略，但 rem 是 CSS3 单位，IE9 以上浏览器才支持，需要注意兼容性，我这里就不再多介绍了。

回到 em 单位。em 实际上更适用于图文内容展示的场景，对此进行弹性布局。例如，<h1>～<h6>以及<p>等与文本内容展示的元素的 margin 都是用 em 作为单位，这样，当用户把浏览器默认字号从“中”设置成“大”或改成“小”的时候，上下间距也能根据字号大小自动调整，使阅读更舒服。

再举个适用于 em 的场景，如果我们使用 SVG 矢量图标，建议设置 SVG 宽高如下：

```
svg {
  width: 1em; height: 1em;
}
```

这样，无论图标是个大号文字混在一起还是和小号文字混在一起，都能和当前文字大小保持一致，既省时又省力。

### 8.1.3 理解 font-size 的关键字属性值

font-size 支持长度值，如 1em，也支持百分比值，如 100%。这两点想必众所周知，但 font-size 还支持关键字属性值这一点怕是就有不少人不清楚了。

font-size 的关键字属性值分以下两类。

（1）相对尺寸关键字。指相对于当前元素 font-size 计算，包括：

- larger：大一点，是<big>元素的默认 font-size 属性值。
- smaller：小一点，是<small>元素的默认 font-size 属性值。

（2）绝对尺寸关键字。与当前元素 font-size 无关，仅受浏览器设置的字号影响。注意这里的措辞，是“浏览器设置”，而非“根元素”，两者是有区别的。

- xx-large：好大好大，和<h1>元素计算值一样。
- x-large：好大，和<h2>元素计算值一样。
- large：大，和<h3>元素计算值近似（“近似”指计算值偏差在 1 像素以内，下同）。
- medium：不上不下，是 font-size 的初始值，和<h4>元素计算值一样。为了解决大家可能有的疑问，这里有必要多说几句。如果 font-size 默认值是 medium，而 medium 计算值仅与浏览器设置有关，那为何我们平时元素 font-size 总是受环境影响变来变去呢？

这完全是因为 font-size 属性的继承性，实际开发的时候，我们常常会对<html>或<body>重置 font-size 大小，例如：

```
body {
  font-size: 14px;
}
```

于是，受继承性影响，大多数后代元素的 font-size 计算值也变成了 14px，medium 这个初始值受继承性影响而被覆盖了。

- small：小，和<h5>元素计算值近似。
- x-small：好小，和<h6>元素计算值近似。
- xx-small：好小好小，无对应的 HTML 元素。

其中，相对尺寸关键字 larger 和 smaller 由于计算的系数在不同浏览器下差异很大，因此实用价值有限，只有类似文档页、帮助页这类对文字尺寸要求不高的场合才有用；而绝对尺寸关键字的实用性要大一些，而且在某些场合是推荐使用的关键字属性值，这个要慢慢讲。

首先，我抛出一个简单的问题：下面两个 CSS 代码有什么区别？

```
html {
  font-size: 14px;
}
html {
  font-size: 87.5%;
}
```

在绝大多数场景下，两者没有差别，全都计算为 14px，但是如果用户对浏览器的字号进行了调整，例如，把默认的“中”设置成了“大”，如图 8-5 所示（截自 Chrome 浏览器），那么此时，font-size:14px 计算值还是 14px，但 font- size:87.5%的计算值则大了一圈，于是差别就出现了。如果是像素单位 font-size，用户改变浏览器的默认字号后，页面会微丝不动；如果是百分比值 font-size，则字号相应放大，这就涉及用户体验和可访问性问题了。

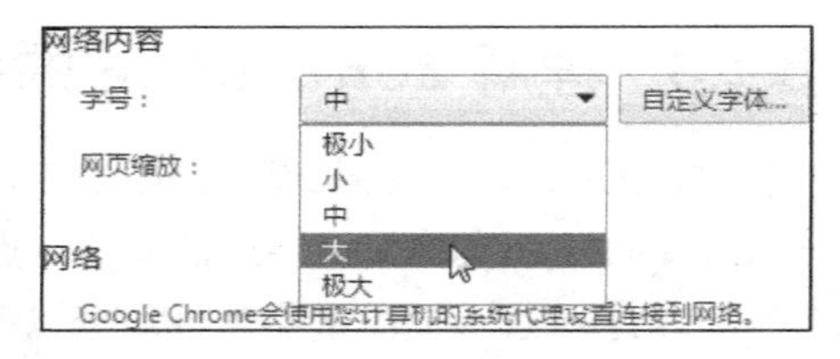


图 8-5 Chrome 浏览器设置网页内容的字号为大

正常情况下，14 像素的文字大小是足够的，但是，如果是高度近视的用户，或者上班急急忙忙忘记戴眼镜，或者在投影仪上投影网页内容，此时就有大字号浏览网页的需求，如果使用固定的像素单位，显然对这些使用场景是不友好的。

好在浏览器还提供了“网页缩放”功能，但是此功能也是有局限性的：如果网页是定宽非响应式的，则网页放大后窗体以外的内容就看不到了，在 Chrome/Firefox 浏览器下甚至连个水平滚动条都没有，说不定重要信息就会看不到。由此可见，我们是不能轻易忽视浏览器字号设置功能的。

然而，现代网页设计得很精致，要想网页布局跟随字体内容缩放实在两难，要么使用 em，但 em 计算与当前 font-size 耦合，不好维护；要么使用 rem，但 IE8 不支持，桌面端使用尴尬。因此，现实的压迫导致我们只能使用 px 进行布局，尤其桌面端网页。

如何权衡“易于实现维护”“视觉还原”“可访问性”这三者，我这里有两个珍藏的建议。

（1）即使是定宽的传统桌面端网页，也需要做响应式处理，尤其是针对 1200 像素宽度设计的网页，但只需要响应到 800 像素即可，可以保证至少有 1.5 倍的缩放空间，如果做到这一步，那么是否需要响应浏览器的字号设置这一点就可以忽略。

（2）如果因各种原因无法做响应式处理，也没有必要全局都使用相对单位，毕竟成本等现实问题摆在那里，其实只需要在图文内容为主的重要局部区域使用可缩放的 font-size 处理即可。例如，小说网站的阅读页、微信公众号文章展示区、私信对话内容区、搜索引擎的落地页、评论区等，都强烈建议摒弃 px 单位，而采用下面的实践策略。

- 容器设置 font-size:medium，此时，这个局部展示区域的字号就跟着浏览器的设置走了，默认计算值是 16px。
- 容器内的文字字号全部使用相对单位，如百分比值或者 em 都可以，然后基于 16px 进行转换。例如：

```
.article {
  font-size: medium;
}
.article h1 {
  font-size: 2em;
  margin: .875em 0;
}
.article p {
  font-size: 87.5%;   /* 默认字号下计算值是 14px */
  margin: 1em 0;
}
```

  同时使用自适应流体布局，间距什么的也使用相对单位，例如上面 margin 使用的是 em 单位。于是，当用户改变了浏览器的字号后，整个阅读区域的所有字样甚至布局都会跟着放大，文字一下子就看清楚了。这种局部处理的好处在于，页面的导航、侧边栏这些不需要长时间阅读的模块还是原来的像素布局，还是那么精致，丝毫不受影响。就这么很微小的变动，就可以让你的网页在可访问性这一块超越大多数的网站，何乐而不为？

可以看到，绝对尺寸关键字在实际项目中还有很有价值的，但有价值的仅仅是 medium，至于其他关键字，作用仅限于字面上的那点儿，大家了解一下即可。

### 8.1.4 font-size:0 与文本的隐藏

桌面 Chrome 浏览器下有个 12px 的字号限制，就是文字的 font-size 计算值不能小于 12px，我猜是因为中文，如宋体，要是小于 12px，就会挤成成一团，略丑，Chrome 看不下去，就直接禁用了。

正是这种限制导致我们在使用 em 或 rem 进行布局的时候，不能这么处理：

```
html {
  font-size: 62.5%;
}
```

理论上，此时根字号计算值是 16px*0.625=10px，于是，width:14px 可以写成 width:1.4em，省了很多计算的麻烦。但是，在 Chrome 下，由于 12px 的限制，根字号计算值实际不是 10px，而是 12px，所以，可以试试处理成这样：

```
html {
  font-size: 625%;
}
```

此时根字号计算值是 100px，既计算无忧，又没有 12px 的最小字号限制。

但是我个人建议还是不要这样处理，尤其使用 em 的时候，因为 font-size 属性和 line-height 属性一样，由于继承性的存在，会影响贯穿整个网页，100px 的环境 font-size 一定会将平时不显山露水的底边对齐问题、间隙问题等放大，导致出现一些明显的样式问题，如果对 CSS 了解不是很深刻，怕是很难明白为什么会发生这样的问题。同时这样做也限制了 px 等其他单位的使用，有时候是比较要命的。

因此，我的建议是仍基于浏览器默认的字号进行相对计算，也就是 medium 对应的 16px，16 这个数字是一定可以整除的，因此计算成本还行，或者使用 Sass 或 Less 之类的工具辅助计算。

还是回到字号限制的问题。实际上，并不是所有小于 12px 的 font-size 都会被当作 12px 处理，有一个值例外，那就是 0，也就是说，如果 font-size:0 的字号表现就是 0，那么文字会直接被隐藏掉，并且只能是 font-size:0，哪怕设置成 font-size:0.0000001px，都还是会被当作 12px 处理的。

因此，如果希望隐藏 logo 对应元素内的文字，除了 text-indent 缩进隐藏外，还可以试试下面这种方法：

```
.logo {
  font-size: 0;
}
```

## 8.2 字体属性家族的大家长 font-family

CSS 世界中的有很多属性都是以 font-开头的，如 font-style、font-weight 和这里要介绍的 font-family，我把所有这些以 font-开头的 CSS 属性统称为“字体属性家族”。就最终的深度、广度和应用程度来看，font-family 有点儿神似“字体属性家族”的大家长，其实从其名字上就能看出点味道来，顾名思义，font-family 就是“字体家族”的意思。

font-family 默认值由操作系统和浏览器共同决定，例如 Windows 和 OS X 下的 Chrome

默认字体不一样，同一台 Windows 系统的 Chrome 和 Firefox 浏览器默认字体也不一样。

`font-family` 支持两类属性值，一类是“字体名”，一类是“字体族”。“字体名”很好理解，就是使用的对应字体的名称。例如：

```
body {
  font-family: simsun;
}
```

就表示使用的是“宋体”。如果字体名包含空格，需要使用引号包起来。例如：

```
body {
  font-family: 'Microsoft Yahei';
}
```

根据我的实践，可以不用区分大小写。如果有多个字体设定，从左往右依次寻找本地是否有对应的字体即可。例如：

```
body {
  font-family: 'PingFang SC', 'Microsoft Yahei';
}
```

就是先寻找是否本地有 PingFang SC 字体；如果没有，则继续寻找本地是否有 Microsoft Yahei 字体；如果都没找到，就使用默认值。

但是，“字体族”分为很多类，MDN 上文档分类如下：

```
font-family: serif;
font-family: sans-serif;
font-family: monospace;
font-family: cursive;
font-family: fantasy;
font-family: system-ui;
```

具体含义解释如下。

- `serif`：衬线字体。
- `sans-serif`：无衬线字体。
- `monospace`：等宽字体。
- `cursive`：手写字体。
- `fantasy`：奇幻字体。
- `system-ui`：系统 UI 字体。

对于中文网站，`cursive` 和 `fantasy` 应用场景有限，因此这里不予探讨，这里着重介绍一下衬线字体、无衬线字体和等宽字体。

### 8.2.1 了解衬线字体和无衬线字体

字体分衬线字体和无衬线字体。所谓衬线字体，通俗讲就是笔画开始、结束的地方有额外装饰而且笔画的粗细会有所不同的字体。网页中常用中文衬线字体是“宋体”，常用英文衬线字体有 Times New Roman、Georgia 等。无衬线字体没有这些额外的装饰，而且笔画的粗细差不多，如中文的“雅黑”字体，英文包括 Arial、Verdana、Tahoma、Helivetica、Calibri 等。

以前人们排正文喜欢使用衬线字体，但是如今，不知是审美疲劳还是人们更加追求简洁干净的缘故，更喜欢使用无衬线字体，如“微软雅黑”或者“苹方”之类的字体。

在 CSS 世界中，字体是有对应的属性值的，如下：

```
font-family: serif;  /* 衬线字体 */
font-family: sans-serif;  /* 无衬线字体 */
```

我们在移动端 Web 开发的时候，虽然设备的默认中文字体不一样，但都是无衬线，都挺好看的，因此可以直接使用下面的 CSS 代码：

```
body {
  font-family: sans-serif;
}
```

没有必要特别指定中文字体，否则说不定会画蛇添足。

`serif` 和 `sans-serif` 还可以和具体的字体名称写在一起，例如：

```
body {
  font-family: "Microsoft Yahei", sans-serif;
}
```

但是需要注意的是，`serif` 和 `sans-serif` 一定要写在最后，因为在大多数浏览器下，写在 `serif` 和 `sans-serif` 后面的所有字体都会被忽略。例如：

```
body {
  font-family: sans-serif, "Microsoft Yahei";
}
```

在 Chrome 浏览器下，后面的 Microsoft Yahei 字体是不会被渲染的。据我的推测，有可能浏览器认为当前“字体族”已经满足了文本渲染的需要，没必要再往后解析了。

### 8.2.2 等宽字体的实践价值

所谓等宽字体，一般是针对英文字体而言的。据我所知，东亚字体应该都是等宽的，就是每个字符在同等 `font-size` 下占据的宽度是一样的。但是英文字体就不一定了，我随便写一个单词，就 iMac 吧，大家很明显地发现这个字符 i 要比 M 占据的宽度小。如果这样看着还不够清楚，那我换一种呈现方式，上下两行，上一行 6 个 i，下一行 6 个 M，如下：

iiiiii

MMMMMM

实际的两行文本的宽度可能就如图 8-6 所示这般差异明显。

但是，如果是等宽字体（可以让英文字符同等宽度显示的字体就称为“等宽字体”），如 Consolas、Monaco、monospace，则宽度表现就不一样了，如图 8-7 所示。

iiiiii

MMMMMM

图 8-6 非等宽字体效果

iiiiii

MMMMMM

图 8-7 等宽字体下的效果

等宽字体在 Web 中有什么用呢？

### 1．等宽字体与代码呈现

首先等宽字体利于代码呈现。对于写代码的人来说，无论是什么语言，易读是第一位，使用等宽字体，我们阅读起来会更轻松舒服。因此，一般编辑器使用的字体或者 Web 上需要呈现源代码的字体都是等宽字体。例如，即将出现的演示页面的源代码如图 8-8 所示。

```
边框类型：<select class="monospaced">
    <option value="solid" selected>-------</option>
    <option value="dashed">-------</option>
    <option value="dotted">·······</option>
</select>

<div id="border" class="border"></div>
```

图 8-8 某源代码展示片段

### 2．等宽字体与图形呈现案例一则

假设某工具有这么一个功能：通过下拉选择，可以改变元素的边框样式，也就是 `borderStyle` 在 `solid/dashed/dotted` 间切换。

大家都知道，原生的`<select>`的`<option>`元素的 `innerHTML` 只能是纯 `text` 字符，不能有 `html`，也不支持伪元素，因此，要模拟 `solid`、`dashed` 和 `dotted`，只能使用字符，而字符有长有短，可以模拟成像样的规整的图形吗？

可以的，试试使用等宽字体。手动输入 http://demo.cssworld.cn/8/2-1.php 或者扫下面的二维码。最终效果如图 8-9 所示。

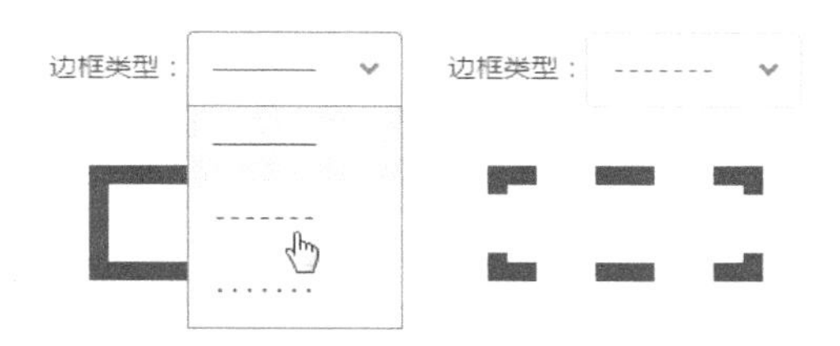


图 8-9 等宽字体模拟边框类型示意

### 3．ch 单位与等宽字体布局

`ch` 和 `em`、`rem`、`ex` 一样，是 CSS 中和字符相关的相对单位。和 `ch` 相关的字符是 0，没错，就是阿拉伯数字 0。`1ch` 表示一个 0 字符的宽度，所以 6 个 `0` 所占据的宽度就是 `6ch`。

但是我们网页内容的字符不可能都是 `0`，所以这个单位乍看就显得很鸡肋。但是，如果和等宽字体在一起使用，它就可以发挥不一样的威力。

由于 `ch` 是个 CSS3 单位，且 IE9 浏览器的宽度和其他浏览器明显不一样，因此此处不展开，但可以提一提一些不错的应用场景。例如，有些输入框是输入手机号的，在中国，手机号是 11 位，因此我们可以设置该输入框宽度为 `11ch`，同时让字体等宽，则用户一眼就能看出自己是否少输入或者多输入了 1 位数字。又如，我们想实现一个屏幕上代码一个一个出现的动效，如果代码是等宽字体，此时使用 `ch` 单位来控制宽度，配合 `overflow` 属性和 CSS animation 就能在完全不使用 JavaScript 的情况下将此效果模拟出来。当然，还有其他一些应用场景，不一一说明。

## 8.2.3　中文字体和英文名称

虽然一些常见中文字体，如宋体、微软雅黑等，直接使用中文名称作为 CSS font-family 的属性值也能生效，但我们一般都不使用中文名称，而是使用英文名称，主要是为了规避乱码的风险。还有一些中文字体直接使用中文名称作为 CSS font-family 的属性值是没有效果的，如思源黑体、兰亭黑体等，需要使用字体对应的英文名称才可以生效。

总而言之一句话，要想使用中文字体，就必须要知道其对应的英文名称。下面就是我整理的一些常见中文字体对应的 font-family 英文属性名称。

（1）Windows 常见内置中文字体和对应英文名称见图 8-10。

（2）OS X 系统内置中文字体和对应英文名称见图 8-11。

| 字体中文名 | 字体英文名 |
|---|---|
| 宋体 | SimSun |
| 黑体 | SimHei |
| 微软雅黑 | Microsoft Yahei |
| 微软正黑体 | Microsoft JhengHei |
| 楷体 | KaiTi |
| 新宋体 | NSimSun |
| 仿宋 | FangSong |

图 8-10　Windows 中常见内置中文字体和对应英文名称

| 字体中文名 | 字体英文名 |
|---|---|
| 苹方 | PingFang SC |
| 华文黑体 | STHeiti |
| 华文楷体 | STKaiti |
| 华文宋体 | STSong |
| 华文仿宋 | STFangsong |
| 华文中宋 | STZhongsong |
| 华文琥珀 | STHupo |
| 华文新魏 | STXinwei |
| 华文隶书 | STLiti |
| 华文行楷 | STXingkai |

| | |
|---|---|
| 冬青黑体简 | Hiragino Sans GB |
| 兰亭黑-简 | Lantinghei SC |
| 翩翩体-简 | Hanzipen SC |
| 手札体-简 | Hannotate SC |
| 宋体-简 | Songti SC |
| 娃娃体-简 | Wawati SC |
| 魏碑-简 | Weibei SC |
| 行楷-简 | Xingkai SC |
| 雅痞-简 | Yapi SC |
| 圆体-简 | Yuanti SC |

图 8-11　OS X 常见内置中文字体和对应英文名称

（3）Office 软件安装新增中文字体和对应英文名称见图 8-12。

（4）其他一些中文字体和对应英文名称见图 8-13。

| 字体中文名 | 字体英文名 |
|---|---|
| 幼圆 | YouYuan |
| 隶书 | LiSu |
| 华文细黑 | STXihei |
| 华文楷体 | STKaiti |
| 华文宋体 | STSong |
| 华文仿宋 | STFangsong |
| 华文中宋 | STZhongsong |
| 华文彩云 | STCaiyun |
| 华文琥珀 | STHupo |
| 华文新魏 | STXinwei |
| 华文隶书 | STLiti |
| 华文行楷 | STXingkai |
| 方正舒体 | FZShuTi |
| 方正姚体 | FZYaoti |

图 8-12 Office 安装新增中文字体和对应英文名称

| 字体中文名 | 字体英文名 |
|---|---|
| 思源黑体 | Source Han Sans CN |
| 思源宋体 | Source Han Serif SC |
| 文泉驿微米黑 | WenQuanYi Micro Hei |

图 8-13 其他一些中文字体和对应英文名称

### 8.2.4 一些补充说明

微软正黑体是一款全面支持 ClearType 技术的 TrueType 无衬线字体，用于繁体中文系统。相对应地，中国大陆地区用的是微软雅黑。对于微软雅黑和微软正黑，不好简单地用简体或者繁体来区分，因为这两套字体都同时包含了比较完整的简体和繁体汉字，以确保在简体和繁体混排的页面上能够完美地显示。但由于中国大陆和中国港、澳、台地区在各自的文字规范中对汉字的写法规定有很多细节上的不同，所以这两套字形在正式场合是不能混淆使用的。

我们平常所说的“宋体”，指的都是“中易宋体”，英文名称 SimSun，“黑体”类似的是“中易黑体”。在 OS X 常见内置中文字体中我罗列了一个“宋体-简”，需要注意的是，这个“宋体-简”和我们平常所说的“宋体”并不是同一个字体，其英文名称是“Songti SC”，字形表现也有差异，要注意甄别。

在 OS X 也就是苹果操作系统的字体名称中经常会出现“SC”，这个“SC”指的是“简体”（simplified chinese）的意思，相对应的还有“TC”，指的是“繁体”（traditional chinese）的意思。

Windows 系统本身默认的中文字体并不多，和 OS X 操作系统相比逊色很多，尤其是 OS X 操作系统中的“翩翩体”“手札体”等几个手写体就非常棒！但是好在 Windows 操作系统安装 Office 的比例相当高，因此如果不是要求非常严格的话，我们还是可以使用很多中文字体的，如“华文行楷”“华文新魏”“华文隶书”等华文字体。其中，“华文黑体”和“华文细黑”有一段故事：OS X 10.6 版本之前，“华文黑体”由“华文细黑”（STXihei）和“华文黑体”（STHeiti）这两个字重组成，但 OS X 10.6 之后“华文黑体”重组，就没有“华文细黑”这么一说了。因此，我把“华文细黑”归在了 Office 安装字体一类，而将“华文黑体”归在 OS X 之中。根据我的测试，这两个字体并不能随意互通有无，而且似乎还与浏览器有关系：OS X 系统下，似乎 Safari 能够向下兼容“华文细黑”，Chrome 却不可以；反过来，Windows 系统下，无法识别“华文黑体”（STHeiti）。又或者是使用“圆体”，Windows 系统下有个“幼圆”，OS X 下有个“圆体-简”，都是统一风格的字体，也是可以在实际项目中尝试使用的。

所有英文名称大小写都经过一定的考量，并不是随便设定的，虽然说 CSS `font-family` 对名称的大小写不怎么敏感，但是根据我的经验，最好至少首字母要大写，否则在使用 CSS `unicode-range` 的时候可能会遇到一些麻烦。

“思源黑体”和“思源宋体”是 Adobe 与 Google 合作推出的开源字体。其设计目标是可以广泛用于多种用途的计算机字体，比如用于手机、平板或者桌面的用户界面、网页浏览或者电子书阅读等，均包含 7 个字重。因为思源黑体和思源宋体字体集成到 Google 的泛 Unicode 字体系列（称为 Noto）中，所以不少网站及资料会显示“思源黑体”英文名称是“Noto Sans CJK SC”，这是 Google 的称呼。然而，根据我的测试，这种英文名称在 Windows 和 OS X 系统下都是无效的，Adobe 的名称“Source Han Sans CN”可以正常显示。

“文泉驿微米黑”是 Google Droid 的开源衍生字体。Droid 字体系是 Google 包含在著名的开源手机平台 Android 系统中的默认字体，其中的 Droid Sans Fallback 包含 CJK 标准汉字 16000 余个，是目前所知为数不多的开源中文字体之一（也是继文泉驿正黑之后第二个开源中文黑体）。由于该字体的设计目标是手机等嵌入式设备，与其他常见中文字体比较，其一个显著的优点是文件极为精简，只有不到 3 MB。

本节目前所展示的或是系统字体，或是开源字体，如果希望知道一些需要付费购买的版权字体的英文名称，如某些汉仪字体或者方正字体，可以参见我的博客文章：http://www.zhangxinxu.com/wordpress/?p=5474。

## 8.3　字体家族其他成员

### 8.3.1　貌似粗犷、实则精细无比的 font-weight

`font-weight` 表示“字重”，通俗点讲，就是表示文字的粗细程度。

对于 font-weight 这个属性，我们平时使用都相当粗犷，无非就是下面这两个 CSS 声明：

```
font-weight: normal;
font-weight: bold;
```

以至于很多人就误认为 font-weight 的作用就是让文字加粗或者正常，但实际上，font-weight 这个属性可谓“张飞穿针”——粗中有细，而且是精细无比！

首先让我们大致了解一下 font-weight 都支持哪些属性值。具体如下：

```
/* 平常用的最多的 */
font-weight: normal;
font-weight: bold;

/* 相对于父级元素 */
font-weight: lighter;
font-weight: bolder;

/* 字重的精细控制 */
font-weight: 100;
font-weight: 200;
font-weight: 300;
font-weight: 400;
font-weight: 500;
font-weight: 600;
font-weight: 700;
font-weight: 800;
font-weight: 900;
```

可以看到，font-weight 支持十多个属性值，normal 和 bold 这两个关键字仅仅是众多属性值的冰山一角。

所有这些属性值，都可以从 font-weight:100 至 font-weight:900 说起。

- 100：文字很细，细如发丝。
- 200：文字很轻，轻如鸿毛。
- 300：文字较轻，轻如飞燕。
- 400：文字正常，等同 normal。
- 500：文字不粗不细，不轻不重。
- 600：文字略粗，粗如小腿。
- 700：文字加粗，等同 bold。
- 800：文字超粗，粗如大腿。
- 900：文字很重，重如泰山。

有人可能会有疑问：我是不是可以自创一个 font-weight:550 的写法？答案是：不可以。如果使用数值作为 font-weight 属性值，必须是 100～900 的整百数。因为这里的数值仅仅是外表长得像数值，实际上是一个具有特定含义的关键字，并且这里的数值关键字和字母关键字之间是有对应关系的，例如，font-weight:400 实际上等同于 font-weight:

normal，font-weight:700 等同于 font-weight:bold。因此，如果我们希望让某些文字的粗细变得正常，也可以使用 font-weight:400，与使用 normal 相比少了 3 个字母；同样，如果希望文字加粗，也可以使用 font-weight:700，与使用 bold 相比少了 1 个字母。

因此，很显然，400 和 700 是文字粗细与否的重要临界点，加上最小的 100 和最大的 900，就构成了 font-weight 完整的字重临界点。知道这个有什么意义呢？意义就在于，lighter 和 bolder 这两个具有相对特定的关键字就是基于这 4 个临界点进行解析和渲染的。

这里有必要再强调一下，lighter 和 bolder 是基于临界点进行解析的，千万不要想当然地认为是根据当前字重上下 100 加加减减后的效果。例如，先 font-weight:100，然后再 font-weight:bolder 后的 font-weight 计算大小是 400，而不是 100。完整解析关系参见表 8-1。

表 8-1　**lighter 和 bolder 解析规则表**

| 继承的值 | bolder | lighter |
|---|---|---|
| 100 | 400 | 100 |
| 200 | 400 | 100 |
| 300 | 400 | 100 |
| 400 | 700 | 100 |
| 500 | 700 | 100 |
| 600 | 900 | 400 |
| 700 | 900 | 400 |
| 800 | 900 | 700 |
| 900 | 900 | 700 |

下面关键问题来了。很多人会发现，font-weight 无论是设置 300、400、500 还是 600，文字的粗细都没有任何变化，只有到 700 的时候才会加粗一下，感觉浏览器好像不支持这些数值，那么搞这么多档位不就是多余的吗？

实际上，所有这些数值关键字浏览器都是支持的，之所以没有看到任何粗细的变化，是因为我们的系统里面缺乏对应粗细的字体。尤其我们做桌面端项目时，大部分用户都是使用 Windows 系统，而 Windows 系统中的中文字体粗细就一个型号，如“宋体”，或者说“微软雅黑”，因此，最终的效果就是 CSS 层面的“加粗”和“正常尺寸”两种表现。

假如我们的操作系统安装了该字体家族全部的字重字体，则设置 300、400、500 时，彼此之间就能看出明显的变化了。例如，OS X 系统中的“苹方”，又如我这里即将要演示的“思源黑体”。“思源黑体”是一款免费的开源字体，我自己电脑上的版本有 7 个字重，如图 8-14 所示。

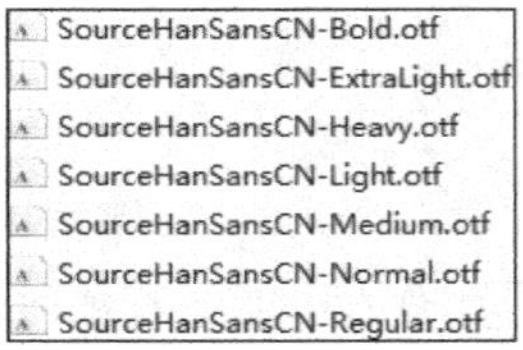

图 8-14　“思源黑体”7 个不同字重的字体

此时，应用如下 HTML 和 CSS 代码：

```
<p class="f100">轻如鸿毛，重如泰山</p>
<p class="f200">轻如鸿毛，重如泰山</p>
<p class="f300">轻如鸿毛，重如泰山</p>
<p class="f400">轻如鸿毛，重如泰山</p>
<p class="f500">轻如鸿毛，重如泰山</p>
<p class="f600">轻如鸿毛，重如泰山</p>
<p class="f700">轻如鸿毛，重如泰山</p>
<p class="f800">轻如鸿毛，重如泰山</p>
<p class="f900">轻如鸿毛，重如泰山</p>
p { font-family: 'Source Han Sans CN'; }
.f100 { font-weight: 100; }
.f200 { font-weight: 200; }
.f300 { font-weight: 300; }
.f400 { font-weight: 400; }
.f500 { font-weight: 500; }
.f600 { font-weight: 600; }
.f700 { font-weight: 700; }
.f800 { font-weight: 800; }
.f900 { font-weight: 900; }
```

结果可以看到明显的字重变化，而不是单纯的加粗和正常两种形态，如图 8-15 所示。

也就是说，`font-weight` 要想真正发挥潜力，问题不在于 CSS 的支持，而在于是否存在对应的字体文件。如果没有对应的字体文件，我又想有多档字重效果，该怎么办呢？可以试试去 8.5 节看看能不能找到答案。

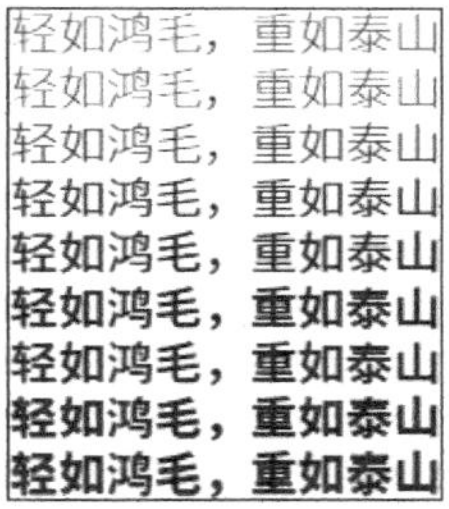

轻如鸿毛，重如泰山
轻如鸿毛，重如泰山
轻如鸿毛，重如泰山
轻如鸿毛，重如泰山
轻如鸿毛，重如泰山
轻如鸿毛，重如泰山
轻如鸿毛，重如泰山
轻如鸿毛，重如泰山
轻如鸿毛，重如泰山

图 8-15 “思源黑体”在 CSS 不同 `font-weight` 值下的效果

## 8.3.2 具有近似姐妹花属性值的 `font-style`

`font-style` 表示文字造型是斜还是正，与 `font-weight` 相比，其属性值就要少很多，如下：

```
font-style: normal;
font-style: italic;
font-style: oblique;
```

其中，`italic` 和 `oblique` 这两个关键字都表示“斜体”的意思，可以说是一对姐妹花属性。但就好比双胞胎一样，就算长得再像也会有差别，那么 `italic` 和 `oblique` 这两个关键字的差别在哪里呢？

差别在于：`italic` 是使用当前字体的斜体字体，而 `oblique` 只是单纯地让文字倾斜。如果当前字体没有对应的斜体字体，则退而求其次，解析为 `oblique`，也就是单纯形状倾斜。

我们平常在 Web 上使用比较多的中文字体，如“宋体”“微软雅黑”等，是没有专门的倾斜字体的，因此，从最终表现上来看 `font-style:italic` 和 `font-style:oblique` 是没有区别的。但是，对于一些英文字体，如“Georgia”，情况就不一样了，因为“Georgia”有一个专门设计的斜体字体文件。我们不妨简单测试一下， HTML 和 CSS 代码如下：

```
<p class="i">Georgia italic</p>
<p class="o">Georgia oblique</p>
<p>Georgia normal</p>
p { font-size: 50px; font-family: Georgia; }
.i { font-style: italic; }
.o { font-style: oblique; }
```

结果可以看出，两个“倾斜”有着明显的不同，例如非常明显的字母 g，属性值为 italic 时长得像鱼钩，而为 oblique 时长得像糖葫芦，如图 8-16 所示。

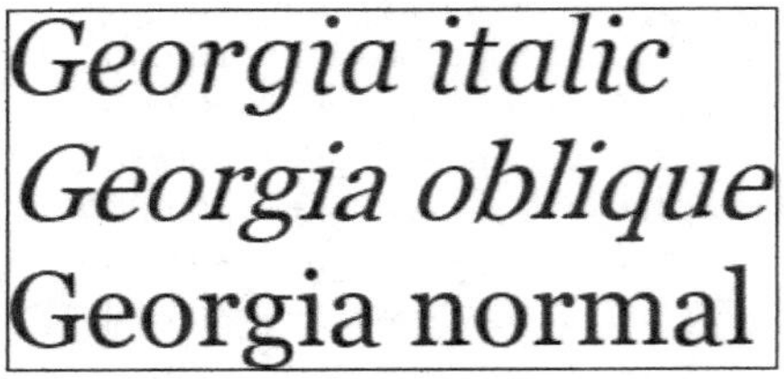

*Georgia italic*
*Georgia oblique*
Georgia normal

图 8-16 “Georgia”字体不同的“倾斜”效果

之所以会专门为一个字体设计倾斜字体，就是因为单纯倾斜的时候不好看，比方说上面的“Georgia”字体，当字号比较小同时文字倾斜的时候，字符会挤作一团，疏密不规则，可读性比较糟糕。相比之下，专门设计的“Georgia”斜体阅读体验就要好很多。再加上没有斜体字体时 italic 表现会和 oblique 一致，因此，我们在实际开发的时候，几乎没有任何理由需要使用 font-style:oblique。

### 8.3.3 不适合国情的 font-variant

font-variant 是一个从 IE6 时代就过来的 CSS 属性，对于我们大中华用户，其支持的属性值和作用让我们这些汉字用户觉得有些头疼，实现小体型大写字母，两个属性值要么 normal，要么 small-caps，font-variant:small-caps 就是可以让英文字符表现为小体型大写字母。

代码示意如下：

```
http://www.<span style="font-variant:small-caps">css-world.com</span>/
```

结果如下：

http://www.CSS-WORLD.COM/

也就是大小跟小写字母一样，但样式是大写，我想在母语是英文的国家这个属性估计都用得不多，所以，大家简单了解一下就可以了。

## 8.4 font 属性

### 8.4.1 作为缩写的 font 属性

如果在一段 CSS 代码中发现了 font 属性，八九不离十就是利用 font 属性进行文本相关样式的缩写。可以缩写在 font 属性中的属性非常多，包括 font-style、font-variant、font-weight、font-size、line-height、font-family 等。完整语法为：

```
[ [ font-style || font-variant || font-weight ]? font-size [ / line-height ]?
font-family ]
```

||表示或，?和正则表达式中的?的含义一致，表示 0 个或 1 个。仔细观察上面的语法，会发现 font-size 和 font-family 后面没有问号，也就是说是必需的，是不可以省略的。这和 background 属性不一样，background 属性虽然也支持缩写，但是并没有需要两个属性值同时存在的限制。

因此，如果你的 font 属性缩写无效，检查一下 font-size 和 font-family 这两个属性是否同时存在。例如，下面 CSS 语句看上去写了很多属性，实际却是无效的，因为缺字体：

```
.font { font: normal 700 14px/20px; }
```

而下面这个反而是有效的：

```
.font { font: 14px '☺'; }
```

需要注意的是，font 缩写会破坏部分属性的继承性。举个简单的例子，假设你的页面行高是 20px，当你使用了下面的 CSS 后：

```
.font { font: 400 30px 'Microsoft Yahei'; }
```

.font 元素的行高 line-height 属性值就被重置为了 normal，而不同浏览器上 line-height:normal 是不一样的，因此，在使用 font 缩写的时候，如果不设定行高值，一定会出现不兼容的问题。换句话说，如果你的 CSS 代码原本就没有 line-height 属性，使用 font 缩写反而是不推荐的。

另外，还有一个令人很头疼的问题，就是 font 缩写必须要带上 font-family，然而，原本真实继承的 font-family 属性值可能会很长，每次 font 缩写后面都挂一个长长的字体列表，令人很是不悦，有什么小技巧可以避免吗？

这里有两个方法。

方法一：我们可以随便找一个系统根本不存在的字体名占位，如字母 a，或者特殊一点，用笑脸表情☺，然后再设置 font-family:inherit 来重置这个占位字体。例如，我们想把字号和行高合并缩写，就可以这样：

```
.font {
  font: 30px/30px '☺';
  font-family: inherit;
}
```

是不是有点拆东墙补西墙的感觉？这么做主要是因为 font 缩写不能使用 inherit 等全局关键字。

方法二：利用@font face 规则将我们的字体列表重定义为一个字体，这是兼容性很好、效益很高的一种解决方法，会在 8.5 节详细介绍。

### 8.4.2 使用关键字值的 font 属性

font 属性除了缩写用法，还支持关键字属性值，这个怕是很多人都不知道的。其语法如下：

```
font:caption | icon | menu | message-box | small-caption | status-bar
```

如果将 font 属性设置为上面的一个值，就等同于设置 font 为操作系统该部件对应的 font，也就是说直接使用系统字体。

根据 W3C 官方维基的解释，以及我自己在 Windows 系统下的测试，各个关键字的含义如下。

- caption：活动窗口标题栏使用的字体。
- icon：包含图标内容所使用的字体，如所有文件夹名称、文件名称、磁盘名称，甚至浏览器窗口标题所使用的字体。
- menu：菜单使用的字体，如文件夹菜单。
- message-box：消息盒里面使用的字体。
- small-caption：调色板标题所使用的字体。
- status-bar：窗体状态栏使用的字体。

使用示例：

```
.menu { font: menu; }
```

需要注意的是，使用关键字作为属性值的时候必须是独立的，不能添加 font-family 或者 font-size 之类的，这和 font 属性缩写不是一个路子。如果混用，例如：

```
.menu { font: 14px menu; }
```

则此时的 menu 是作为自定义的字体名称存在的，而不是表示系统的 menu 菜单字体。

实际上，font 关键字属性值本质上也是一种缩写，里面已经包含了诸如 font-size 等信息，如图 8-17～图 8-19 所示。

使用的系统字体关键字是：caption
使用的系统字体关键字是：icon
使用的系统字体关键字是：menu
使用的系统字体关键字是：message-box
使用的系统字体关键字是：small-caption
使用的系统字体关键字是：status-bar

图 8-17　Windows 7 Chrome 下 font 关键字属性值效果

使用的系统字体关键字是：caption
使用的系统字体关键字是：icon
使用的系统字体关键字是：menu
使用的系统字体关键字是：message-box
使用的系统字体关键字是：small-caption
使用的系统字体关键字是：status-bar

图 8-18　Windows 7 IE 浏览器 font 关键字属性值效果

这 3 张图透露出不少重要的信息。从 Windows 下 Chrome 和 IE 浏览器部分关键字的字体和字号表现不一样可以看出，同一系统下浏览器的表现是有差异的。就这么一说，好像也没什么，但是如果我们深入思考，就会发现这背后是有问题的：既然 font 关键字属性值的样式表现是跟着系统走的，那为何同一系统下不同浏览器的表现会不一样呢？显然是某个浏览器出现

使用的系统字体关键字是：caption　font-size:13px;
使用的系统字体关键字是：icon　font-size:13px;
使用的系统字体关键字是：menu　font-size:13px;
使用的系统字体关键字是：message-box　font-size:13px;
使用的系统字体关键字是：small-caption　font-size:12px;
使用的系统字体关键字是：status-bar　font-size:12px;

图 8-19　OS X Chrome 下 font 关键字属性值效果

了问题。后来，通过设置修改 Windows 系统相关控件的默认字体我发现，这次是 Chrome 浏览器拖了后腿。caption、icon、message-box 这 3 个关键字在 Windows 系统下的 Chrome 浏览器中似乎是无效的，并不会实时跟着系统字体走，也就是说，就算手动修改了操作系统的字体，这 3 个关键字还是显示浏览器默认的宋体，就算浏览器重启、浏览器升级外加系统重启也没有用；而且，menu 这个关键字表示的并不是“菜单”，而是“调色板标题”small-caption。而所有这些问题在 Firefox 和 IE 浏览器中一个都没有，表现非常一致，非常符合预期，例如，修改“图标”字体为“思源黑体”，如图 8-20 所示，则所有文件名称全部变成了“思源黑体”，同时 font:icon 所在元素 font-family 计算值也成了“思源黑体”，如图 8-21 所示。

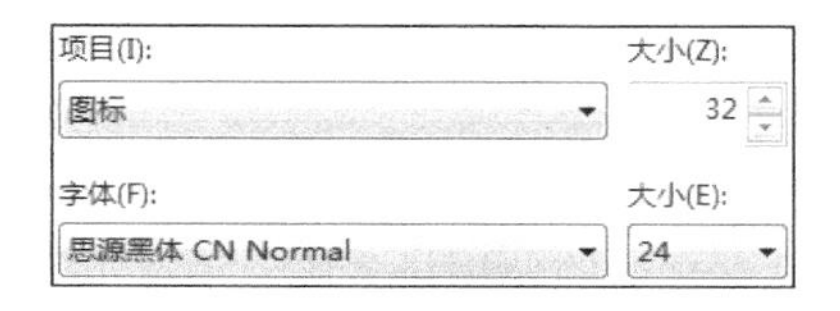


使用的系统字体关键字是：icon font-size:12px; font-family:思源黑体 CN Normal;

图 8-20 设置系统“图标项目”字体为“思源黑体” 图 8-21 font:icon 表现为“思源黑体”

考虑到 Chrome 浏览器的市场占有率，我们在使用 font 属性的时候，要避开 caption、icon 和 message-box 这 3 个关键字。

对于不同的操作系统，字体表现不一样，这是预料之中的，毕竟使用系统字体，而不同系统默认字体肯定是不一样的；然后字体大小也不一样。例如，在 Windows 下 Chrome 的 caption 字体大小 16px，而在 OS X 下却只有 13px。因此，在实际使用时，我们还需要在一下面再设定一下 font-size 大小来保证一致性。照理讲，直接这样设置就可以了：

```
html {
  font: menu;
  font-size: 16px;
}
```

但是，实际上，IE8 浏览器会莫名其妙地忽略这里的 font-size:16px，因此，一般都是下面这样处理：

```
html { font: menu; }
body { font-size: 16px; }
```

除了 caption、icon、menu、message-box、small-caption 和 status-bar，还有很多其他非标准的关键字，如 button、checkbox、checkbox-group、combo-box、desktop、dialog、document、field、hyperlink、list-menu、menu-item、menubar、outline-tree、password、pop-up-menu、pull-down-menu、push-button、radio-button、radio-group、range、signature、tab、tooltip、window 和 workspace。不过，这些关键字浏览器大多不支持，尽管 Firefox 浏览器支持一部分，但是需要添加私有前缀-moz-。例如：

```
font: -moz-button;
```

因此，它们的实际应用价值不大。另外，WebKit 浏览器还支持其他关键字，如 `font: -webkit-control`，如图 8-22 所示。

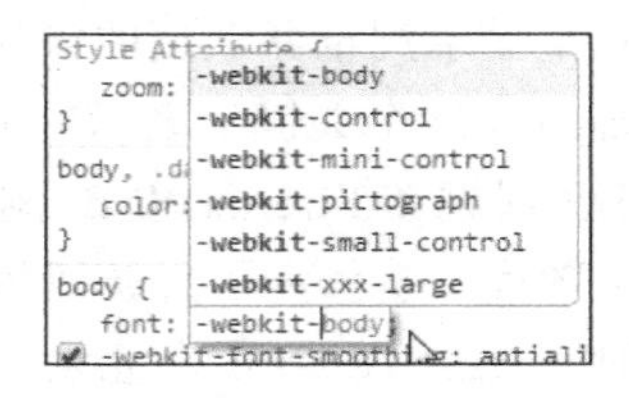


图 8-22　WebKit 支持的 `font` 关键字属性值

这些私有关键字的价值仅限于了解。

### 8.4.3　font 关键字属性值的应用价值

说了这么多，`font` 关键字属性值的价值如何呢？有没有合适的使用场景呢？有，并且相当适合！

目前，非常多网站的通用 `font-family` 直接就是：

```
html { font-family: 'Microsoft YaHei'; }
```

知道问题在哪里吗？这样一设置，就意味着所有操作系统下的所有浏览器都要使用“微软雅黑”字体。假如说用户的 iMac 或者 macbook 因为某些原因安装了“微软雅黑”字体，那岂不是这些系统原本更加漂亮的中文字体就不能使用了？

于是，人们就会有这样的需求：希望非 Windows 系统下不要使用“微软雅黑”字体，而是使用其系统字体。怎么处理呢？

一种方法是可以试试使用非标准的`-apple-system` 等关键字字体，具体方法如下：

```
html { font-family: -apple-system, BlinkMacSystemFont, 'Microsoft YaHei'; }
```

这能够一定程度上满足我们的需求，但是毕竟是非标准的属性值，说不定哪天就被浏览器舍弃了，因此若非迫不得已，还是少用为妙。

顺便多说两句，实际上还真有标准的系统字体关键字，叫作 `system-ui`，使用示例如下：

```
html { font-family: system-ui; }
```

在我写这段内容的时候，仅 Chrome 浏览器支持它（从版本 56 开始），并且，根据我的在 Windows 电脑上的测试，Chrome 浏览器的 `system-ui` 指的就是“调色板标题”对应关键字 `small-caption` 使用的字体，有点儿出乎我的意料。

压轴的总在最后，显然还有个更好的方法就是使用这里的 `font` 关键字，这是标准属性，10 年前浏览器就支持了，可以放心使用。CSS 代码如下（三选一即可）：

```
html { font: menu; }
body { font-size: 16px; }
```

```
html { font: small-caption; }
body { font-size: 16px; }

html { font: status-bar; }
body { font-size: 16px; }
```

没有洋洋洒洒的字体列表，简简单单的几个声明就可以让各个系统使用各自引以为傲的字体。有人说“我有选择恐惧症，不知该使用哪一个”，那就选最短最好记的那个：

```
html { font: menu; }
body { font-size: 16px; }
```

最后，我要对 font 关键字属性值的用法做一个点评。

让网页的字体跟系统走，对设计师而言，其实是一个比较冒险的做法，因为最终呈现的字体是不可控的。举个例子，某女生非常喜欢可爱风格，于是就把她的电脑主题变成了非常可爱的风格，菜单栏的字体全部变成那种很可爱的字体，此时，font:menu 所呈现的就不是“微软雅黑”，而是这个用户定义的“可爱字体”，这可能不是设计师想看到的，因为往往会跟自己的网页设计风格不一致。但是，转念一想，万一这是用户想看到的呢？既然用户把自己的主题设为该字体，那就说明这个用户对这个字体并不排斥，而是喜欢。当她浏览网页的时候，发现就你的网站呈现出了她喜欢的那种字体，你说会不会给用户一种“你懂我的心”的感觉呢？对用户而言，反而成了一种情感化的设计！

另外，让网页的字体跟系统走，还有一个更加长远的好处。随着软件的不断发展，我们的操作系统的默认中文字体一定是越来越好看，如果网页的 font-family 定死为某个字体，用户就无法及时享受到新系统新字体带来的愉悦的视觉感受。举个例子，OS X 的默认中文字体其实已经变过好多次了，例如，你今天写了个页面，字体设置为很潮的“苹方”，过两年说不定会出来更好的名叫“梨方”的字体，我打包票，网站绝对是不会跟进的，因为大多数的线上项目维护都不会管 font-family 这种边边角角的事情，因此，就算很多年过去了，网站使用的依然是老字体。但是，如果使用的是 font 关键字属性值，就完全不会有这样的问题，网站字体能时时刻刻与时俱进。

## 8.5 真正了解@font face 规则

很多人只要一提到@font face 规则，心中就会不由自主“哦”地一声：“这个我知道，可以用来生成自定义字符小图标！”话是没错，问题在于很多人以为生成字符小图标就是@font face 规则的全部，实际上这只是其功能之一，一旦真正了解@font face 规则，你会发现，@font face 规则可以做的事情其实非常多。

### 8.5.1 @font face 的本质是变量

虽然说 CSS3 新世界中才出现真正意义上的变量 var，但实际上，在 CSS 世界中已经出现了本质上就是变量的东西，@font face 规则就是其中之一。@font face 本质上就是一个定义字体或字体集的变量，这个变量不仅仅是简单地自定义字体，还包括字体重命名、默认字体样式设置等。

@font face 规则支持的 CSS 属性有 font-family、src、font-style、font-weigh、unicode-range、font-variant、font-stretch 和 font-feature-settings。例如：

```
@font-face {
  font-family: 'example';
  src: url(example.ttf);
  font-style: normal;
  font-weight: normal;
  unicode-range: U+0025-00FF;
  font-variant: small-caps;
  font-stretch: expanded;
  font-feature-settings: "liga1" on;
}
```

属性还是挺多的，而且有些属性估计是他认识你，你不认识他。但是从实用角度来讲，有些属性其实可以不用去深究，比如 font-variant、font-stretch 和 font-feature-settings 这 3 个属性。为什么呢？因为按照我的经验，这 3 个属性给我感觉更像是专为英文设计的，所以如果不是有业务需要，可以先放一放。再加上后两个是 CSS3 新属性，本书就不做进一步介绍了。

好，现在，是不是感觉压力一下子小了很多？我们需要在意的可以自定义的属性就只剩下下面这些：

```
@font-face {
  font-family: 'example';
  src: url(example.ttf);
  font-style: normal;
  font-weight: normal;
  unicode-range: U+0025-00FF;
}
```

估计有人会有疑惑：@font-face 规则中的 font-style、font-weight 和 unicode-range 这些属性有什么用，尤其是 font-style 和 font-weight。实际上，这里的每个属性都不是泛泛之辈，都是有故事的。

我们一个一个来介绍。有必要预先说明一下，为了更清晰地示意，下面的 CSS 示意代码都刻意做了简化处理。

**1. font-family**

这里的 font-family 可以看成是一个字体变量，名称可以非常随意，如直接用一个美元符号'$'。例如：

```
@font-face {
  font-family: '$';
```

```
  src: url(example.ttf);
}
```

非 IE 浏览器下甚至可以直接使用纯空格' '。不过有一点需要注意，就是使用这些稀奇古怪的字符或者空格的时候，一定要加引号。

虽然说自己变量名可以很随意，但是有一类名称不能随便设置，就是原本系统就有的字体名称。例如，如果使用下面的代码从此“微软雅黑”字体就变成了这里 example.ttf 对应的字体了。

```
@font-face {
  font-family: 'Microsoft Yahei';
  src: url(example.ttf);
}
```

### 2. src

src 表示引入的字体资源可以是系统字体，也可以是外链字体。如果是使用系统安装字体，则使用 local()功能符；如果是使用外链字体，则使用 url()功能符。由于 local()功能符 IE9 及其以上版本浏览器才支持，非常实用，而本书目标浏览器包含 IE8 浏览器，因此不做展开，有兴趣的读者可以参考我的博客文章：http://www.zhangxinxu.com/ wordpress/?p=6063。

因此，这里着重介绍 url()功能符。

目前在业界，凡是使用自定义字体的，差不多都是下面这种格式：

```
@font-face {
  font-family: ICON;
  src: url('icon.eot') format('eot');
  src: url('icon.eot?#iefix') format('embedded-opentype'),
      url('icon.woff2') format("woff2")
      url('icon.woff') format("woff"),
      url('icon.ttf') format("typetrue"),
      url('icon.svg#icon') format('svg');
  font-weight: normal;
  font-style: normal;
}
```

不知大家有没有思考过：为什么这里需要有两个 src 呢？#iefix 是干什么用的呢？format()功能符有什么作用，可不可以省略？这么多字体格式都是需要的吗？font-weight: normal 和 font-style:normal 是不是多余的？

先解答一下字体格式的问题。上面这段 CSS 代码一共出现了 5 种字体格式，分别是.eot、.woff2、.woff、.ttf 和.svg。

- svg 格式是为了兼容 iOS 4.1 及其之前的版本，考虑到现如今 iOS 的版本数已经翻了一番，所以 svg 格式的兼容代码大可舍弃。
- eot 格式是 IE 私有的。注意，目前所有版本的 IE 浏览器都支持 eot 格式，并不是只有 IE6～IE8 支持。只是，IE6～IE8 仅支持 eot 这一种字体格式。
- woff 是 web open font format 几个词的首字母简写，是专门为 Web 开发而设计的字体格式，显然是优先使用的字体格式，其字体尺寸更小，加载更快。Android 4.4 开始全面支持。

- woff2 是比 woff 尺寸更小的字体，小得非常明显。因此，Web 开发第一首选字体就是 woff2，只是此字体目前仅 Chrome 和 Firefox 支持得比较好。
- ttf 格式作为系统安装字体比较多，Web 开发也能用，就是尺寸大了点儿，优点在于老版本 Android 也支持。

综合上面的分析，我们可以得到如下的结论。

（1）svg 格式果断舍弃。

（2）如果无须兼容 IE8 浏览器，eot 格式果断舍弃。

（3）如果无须兼容 Android 4.3 之前版本手机，ttf 格式果断舍弃。

也就是说，之所以上面会放这么多字体格式，完全是因为“兼容性”这 3 个字。如果你的项目没有那么多兼容顾虑，大可精简一些代码。当然，如果站在用户的角度，字体格式多一点儿也没什么，反正现在都是工具生成的，多了几十个字母而已，又不会产生多余的请求，说不定真有用户使用古董手机呢，那不就赚到了？

上面说的话很在理，但这并不表示上面的代码就没有优化的空间了。正如上面提到的，应当优先使用 woff2，然后是 woff 格式字体。但是，如果我们仔细看上面的代码就会发现，在 IE 浏览器下，使用的永远是 eot 格式的字体（因为排在最前），而 woff 格式字体从 IE9 开始就支持了，浏览器好的特性都没用上啊！但是，我们又不能简单地把 woff 格式提前，否则会影响低版本 IE 浏览器的字体显示。怎么办呢？有一个小技巧如下：

```
@font-face {
  font-family: ICON;
  src: url('icon.eot') format('eot');
  src: local('☺'),
      url('icon.woff2') format("woff2")
      url('icon.woff') format("woff"),
      url('icon.ttf') format("typetrue");
}
```

由于 IE6～IE8 不认识功能符，于是下面一个 src 被完美避开了。此时，IE9 浏览器就可以正大光明地享用 woff 字体格式了！

接下来解答#iefix 有什么用的问题。实际上，#iefix 是没什么用的！“你在开玩笑吗？”没有，这里的#iefix 确实没什么用，真正有用的其实是前面的问号。就跟变魔术一样，吸引我们眼球的往往不是关键所在。是这样的，IE9 之前的版本解析有一个严重的问题，当 src 属性包含多个 url()时，会把长长的字符当作一个地址解析而返回 404 错误。因此把 eot 格式放在第一位，然后在字体文件 url 地址后加上问号，这样 IE9 之前的版本会把问号之后的内容当作 url 的参数。好吧，#iefix 严格来说还是有点儿用的，它可以让请求地址短一些，因此请求地址是不包括锚点标志#及其后面的内容的。如果按照这种说法，那岂不是说 iefix 这几个字符多余？没错，多余！不懂的人不知道是干什么用的，懂的人知道它是没什么用的，因此多余。

下面轮到“为什么需要两个 src”这个问题了。如果是原生的 IE7 和 IE8 浏览器，第一个 src 实际上是多余的，为什么这么讲呢？之所以要放上来，很大一部分原因是为了测试工程师。因为现在测试工程师测试低版本的 IE 浏览器喜欢使用兼容模式，兼容模式的 IE 和原生同版本的 IE 的解析是有区别的，其中区别之一就是兼容模式的 IE7 和 IE8 不认识问号（?）解决方案，导致第二个 src 无法识别，不得已才多了第一行的 src。

font-weight:normal 和 font-style:normal 是不是多余的？我的回答是，如果你没有同字体名的多字体设置，则它就是多余的，至少我在常规项目中删掉这两行 CSS 没有出现任何异常。

最后的问题是：format()功能符有什么作用，可不可以省略？我的回答是最好不要省略。format()功能符的作用是让浏览器提前知道字体的格式，以决定是否需要加载这个字体，而不是加载完了之后再自动判断。举个例子，下面的 CSS 代码在 Chrome 浏览器下就会同时加载 eot 和 ttf 两种格式字体：

```
@font-face {
  font-family: ICON;
  src: url('icon.eot'),
       url('icon.ttf');
}
```

浏览器对文件格式的判断不是基于后缀名，下面这种写法只会加载 ttf 这一种格式字体，因为浏览器提前知道了文件格式是自己无法识别的：

```
@font-face {
  font-family: ICON;
  src: url('icon.eot') format("embedded-opentype"),
       url('icon.ttf');
}
```

于是，综合上面的全部知识会发现，业界常用的这套东西，其实可以优化成下面这样：

```
@font-face {
  font-family: ICON;
  src: url('icon.eot');
  src: local('☺'),
       url('icon.woff2') format("woff2"),
       url('icon.woff') format("woff"),
       url('icon.ttf');
}
```

有一种一周瘦 10 斤的感觉。

### 3. font-style

在 Chrome 浏览器下，@font face 规则设置 font-style:italic 可以让文字倾斜，但是这并不是其作用所在。

@font face 规则中的 font-style 和 font-weight 类似，都是用来设置对应字体样

式或字重下该使用什么字体。因为有些字体可能会有专门的斜体字体，注意这个斜体字体并不是让文字的形状倾斜，而是专门设计的倾斜的字体，所以很多细节会跟物理上的请求不一样。于是，我在 CSS 代码中使用 `font-style:italic` 的时候，就会调用这个对应字体，如下示意：

```
@font-face {
  font-family: 'I';
  font-style: normal;
  src: local('FZYaoti');
}
@font-face {
  font-family: 'I';
  font-style: italic;
  src: local('FZShuTi');
}
```

由于专门的斜体字不太好找，所以我使用"方正姚体"和"方正舒体"代替做示意。我解读一下上面的 CSS 代码：制定一个字体，名叫`'I'`，当文字样式正常的时候，字体表现使用"方正姚体"；当文字设置了 `font-style:italic` 的时候，字体表现为"方正舒体"。

好，现在假设有下面这样的 CSS 和 HTML：

```
.i {
  font-family: I;
}
<p><i class="i">类名是 i，标签是 i</i></p>
<p><span class="i">类名是 i，标签是 span</span></p>
```

请问最终的表现会是怎样的？

由于`<i>`标签天然有 `font-style:italic`，因此理论上，上面一行文字表现为"方正舒体"，下面一行为"方正姚体"，最终结果如何呢？看，完全符合，如图 8-23 所示。

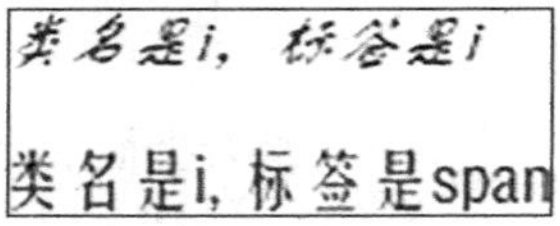

这下大家应该明白`@font face` 规则中的 `font-style` 是干什么用的了吧。

图 8-23　@font face 中 font-style 作用示意

#### 4. font-weight

`font-weight` 和 `font-style` 类似，只不过它定义了不同字重、使用不同字体。对中文而言，这个要比 `font-style` 适用性强很多。我举个比较有代表性的例子演示一下它的作用：版权字体"汉仪旗黑"字重非常丰富，但是这个字体不像"思源黑体"，天然可以根据 `font-weight` 属性值加载对应的字体文件，那怎么办呢？很简单，使用`@font face` 规则重新定义一下即可。例如，使用下面的 CSS 代码：

```
@font-face {
  font-family: 'QH';
  font-weight: 400;
  src: local('HYQihei 40S');
}
```

```
@font-face {
  font-family: 'QH';
  font-weight: 500;
  src: local('HYQihei 50S');
}
@font-face {
  font-family: 'QH';
  font-weight: 600;
  src: local('HYQihei 60S');
}
```

解读一下就是：是一个全新的字体，名为'QH'。当字重 font-weight 为 400 的时候，使用“汉仪旗黑 40S”字重字体；为 500 的时候，使用“汉仪旗黑 50S”字重字体；为 600 的时候，使用“汉仪旗黑 60S”字重字体。

于是，当我们使用如下 CSS 和 HTML 代码的时候：

```
.hy-40s,
.hy-50s,
.hy-60s {
  font-family: 'QH';
}
.hy-40s {
  font-weight: 400;
}
.hy-50s {
  font-weight: 500;
}
.hy-60s {
  font-weight: 600;
}
<ul>
  <li class="hy-40s">汉仪旗黑 40s</li>
  <li class="hy-50s">汉仪旗黑 50s</li>
  <li class="hy-60s">汉仪旗黑 60s</li>
</ul>
```

就可以看到文字粗细错落有致的效果，如图 8-24 所示。

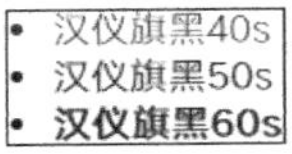

- 汉仪旗黑40s
- 汉仪旗黑50s
- **汉仪旗黑60s**

图 8-24 @font face 中 font-weight 作用示意

如果用在网页开发中，必定会让我们的界面更加细腻，设计更加精致，视觉更加愉悦。然而，此处的案例是基于 local() 功能符的，IE8 浏览器并不支持，因此 font-weight 原本作用的使用场景受到了一定的限制，只能渐进使用。但是，正如很多其他 CSS 属性一样，广泛使用的功能往往并不是其设计之初的功能，而是基于一些特性衍生出来的，由于 font-weight 支持 100～900 足足 9 个字重，而 font-style 仅“正”和“斜”两类，因此，font-weight 就被委以重任来实现“响应式图标”，而 IE7 和 IE8 浏览器都是支持这个的。

所谓“响应式图标”，指的是字号较大时图标字体细节更丰富，字号较小时图标字体更简单的响应式处理。对比效果如图 8-25 所示。

代码示意如下：

```
@font-face {
  font-family: ICON;
  src: url(icon-large.eot);
  src: local("☺"),
      url(icon-large.woff);
  font-weight: 700;
}
@font-face {
  font-family: ICON;
  src: url(icon-medium.eot);
  src: local("☺"),
      url(icon-medium.woff);
  font-weight: 400;
}
@font-face {
  font-family: ICON;
  src: url(icon-small.eot);
  src: local("☺"),
      url(icon-small.woff);
  font-weight: 100;
}
```

图 8-25　“响应式图标”效果示意

此时，不同的 font-weight 会加载不同的图标字体，然后就能根据具体的场景细化我们的图标显示细节。假设有下面的 CSS 设置：

```
.icon {
  font-family: ICON;
}
.icon-large {
  font-weight: 700;
  font-size: 128px;
}
.icon-medium {
  font-weight: 400;
  font-size: 64px;
}
.icon-small {
  font-weight: 100;
  font-size: 16px;
}
```

则下面 HTML 代码中的 3 个<i>标签所显示的效果分别对应“弱化细节的图标”“细节较丰富图标”和“细节最丰富图标”：

```
<i class="icon icon-small">&#x1f3a4;</i>
<i class="icon icon-medium">&#x1f3a4;</i>
<i class="icon icon-large">&#x1f3a4;</i>
```

眼见为实，手动输入 http://demo.cssworld.cn/8/5-1.php 或者扫右侧的二维码。

### 5. unicode-range

unicode-range 的作用是可以让特定的字符或者特定范围的字符使用指定的字体。例如，"微软雅黑"字体的引号左右间隙不均，方向不明，实在是看着不舒服，此时我们就专门指定这两个引号使用其他字体，CSS 代码如下：

```
@font-face {
  font-family: quote;
  src: local('SimSun');
  unicode-range: U+201c, U+201d;
}
.font {
   font-family: quote, 'Microsoft Yahei';
}
```

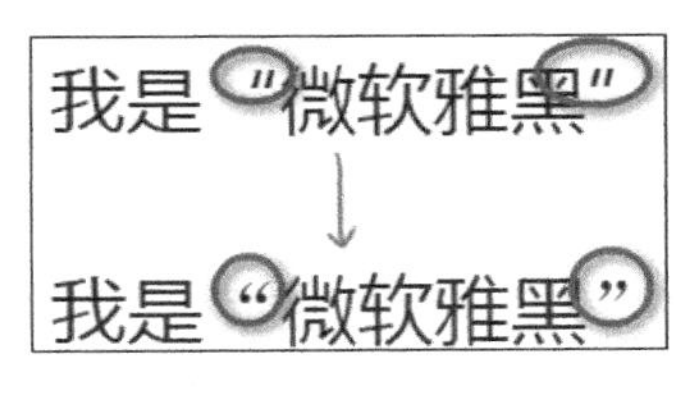


图 8-26 unicode-range 的作用效果示意

此时效果就会如图 8-26 所示。

由于 IE8 浏览器不支持 unicode-range 属性，因此，这里仅简单提及，不做展开，更多内容可参考我写的博客文章：http://www.zhangxinxu.com/wordpress/?p=6063。

## 8.5.2 @font face 与字体图标技术

从面向未来的角度讲，字体图标技术的使用会越来越边缘化，因为和 SVG 图标技术相比，其唯一的优势就是兼容一些老的 IE 浏览器。等再过几年，IE8 等浏览器彻底被淘汰了，我们就没有任何使用字体图标技术的理由了。

SVG 图标同样是矢量的，同样颜色可控，但资源占用更少，加载体验更好，呈现效果更佳，更加符合语义，我个人是非常推崇 SVG 图标的。

目前，对于很多桌面端 Web 项目，IE8 浏览器还是不能忽视的，因此，字体图标技术依然是非常值得推荐的技术选型，因为和传统的图片图标相比，字体图标的尺寸大小和颜色控制非常方便，开发维护方面占用流量小很多，收益是非常明显的。

对字体图标，我们可以手工使用一些软件制作，但这种做法效率非常低下，也不好维护，所以基本上现在都是使用工具来完成，如使用 iconfont.cn 这样的在线工具，或者使用基于 Node.js 的一些开源工具。

根据我的使用经验，这些工具都会生成类似下面这样的 CSS 代码：

```
@font-face {
  font-family: ICON;
  src: url(icon.eot);
  src: url(icon.eot?#iefix) format('embedded-opentype'),
       url(icon.eot.woff2) format('woff2'),
       url(icon.eot.woff) format('woff');
}
.icon {
  font-family: ICON;
}
.icon-microphone:before {
```

```
  content: '\1f3a4'
}
```

这里出现两个需要关注的东西，一个是字体，另一个是字符，而这两个东西就是字体图标技术的本质所在。

我们不妨先来粗略了解一下字体的本质是什么。所谓字体，本质上是字符集和图形的一种映射关系。这么解释似乎还是有些拗口，那我再换个更通俗一点儿的比方吧。一个字体文件就好比一个巨型商品房，里面有很多房间，每个房间都有一个唯一的门牌号，然后这些房间就专门用来挂名画。

这里的"门牌号"就是"字符集"，"房间里的名画"就是我们的"字体图形"。举个例子，"家"这个汉字 Unicode 编码是 `5BB6`，这个 `5BB6` 就是"门牌号"，在中文字体中，这个"门牌号"对应的房间里面的画作就长得是"家"这个肉眼所见的字符形状。也就是说，一个字符编码对应一个形状。

好，现在如果我们通过一定的手段，把挂 `5BB6` 这个"门牌号"房间里面的画作改成一个房屋的形状，那岂不是使用这个字体文件的时候，"家"就不是"家"，而是图 8-27 所示的房子了呢？

图 8-27　房子图形

字体图标技术就是使用类似的原理实现的，即把通常的字符映射成为另外的图标形状，于是，虽然我们眼睛看到的是个图标，但是实际上它本质上就是一个普通的字符。

回到我们上面的示意代码：

```
.icon {
  font-family: ICON;
}
.icon-microphone:before {
  content: '\1f3a4'
}
```

这里，`1f3a4` 就是一个唯一的"门牌号"，在通常的字体下，其字符展示的是一个斜的麦克风，如图 8-28 所示。但是，在 `ICON` 这个字体中，`1f3a4` 的图形被映射成了一个正立的麦克风图形，最后的显示如图 8-29 所示这般。

图 8-28　原来的倾斜麦克风图形

图 8-29　自定义字体下正立的麦克风图形

知道了字体图标技术的原理，我们就能很好地理解一些渲染现象了。

（1）因为原始字符和最终的图形表现相差很大，所以当我们的字体文件加载缓慢的时候，可以明显看到字符变图形的过程，这种加载体验是不太友好的，字体内联在 CSS 文件中可以有效避免这一问题，但往往字体文件体积都比较大，这样处理得不偿失。据我所知，除此之外并没有非常好的解决方法。

（2）原始的字符 x-height 和最终的图形 x-height 往往是不一样的，这会影响内联元素的垂直对齐，因此很容易出现页面高度闪动情况，这种加载体验也是不友好的。

（3）原始字符的 ch 宽度，也就是水平占据的宽度和最终的图形也是不一样的，因此很容易出现内联元素水平方向晃动的问题，这种加载体验也是不友好的，为此图标就需要设定具体宽度值，例如：

```
.icon {
  display: inline-block;
  width: 20px;
  text-align: center;
  font-family: ICON;
}
```

当然也能很好地享用字符的一些特性，如用 font-size 改变尺寸，用 color 改变颜色，用 text-shadow 增加阴影，以及用 writing-mode 实现低版本 IE 浏览器下的旋转效果，等等。

当我们使用工具生成图标字体的时候，无论是在线工具还是本地工具，其中间的媒介都是 SVG 图标，但是并不是所有的 SVG 图标都是可以的，根据我的经验，最好满足下面 3 点。

（1）纯路径，纯矢量，不要有 base64 内联图形。

（2）使用填充而非描边，也尽量避免使用一些高级的路径填充覆盖技巧。

（3）宽高尺寸最好都大于 200，因为字体生成的时候，坐标值会四舍五入，SVG 尺寸过小会导致坐标取值偏差较大，使最终的图标不够精致。

有人可能会问：我可不可以把映射字符直接写在页面中，而不是放在:before 伪元素中？也就是不需要下面的 CSS 代码：

```
.icon-microphone:before {
  content: '\1f3a4'
}
```

而是直接用：

```
<i class="icon">&#x1f3a4;</i>
```

从技术实现的角度来讲这是完全可以的，而且不支持伪元素的 IE7 等浏览器都支持这样做。但是在实际开发的时候，我并不建议这么做，有两点原因：一是不好维护，如果以后字符映射关系改变，而图标 HTML 是散布在各个页面中的，那么我们的改动就会很麻烦；二是从语义角度考虑，图标字符往往是不包含任何意义的，应该没有必要让搜索引擎知道，也无须让辅助设备读取，而伪元素恰好有这样的功能，如果内联在 HTML 中，则反而成了一种干扰。

# 8.6　文本的控制

CSS 有很多属性专门用来对文本进行控制，由于这些属性的作用机制往往是基于内联盒模型的，因此对于内联块状元素同样也是有效果的，这就使得这些 CSS 属性作用范围更广了，甚至可以影响布局。

## 8.6.1　text-indent 与内联元素缩进

顾名思义，text-indent 就是对文本进行缩进控制，其设计之初的作用应该是实现类似图 8-30 所示的缩进效果。

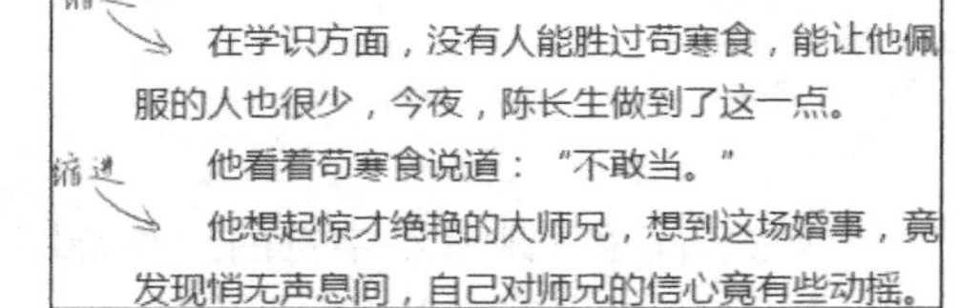


图 8-30　缩进效果示意

但是这种缩进对内容要求比较高，如果段落掺杂英文、数字或者图片等内容，缩进反而可能会给人以参差不齐的感觉，加上现代 Web 形式更加多样，text-indent 在实际项目中的应用已经脱离了它原本的设计初衷。

首先用得比较多的是 text-indent 负值隐藏文本内容。比方说，很多网站的标识（logo）就是网站的名称，从 SEO 的角度讲，我们大可以使用<h1>和<h2>这种级别的标签放置我们的标识，同时写上对应的文字内容。例如：

```
<h1 class="logo">CSS 世界</h1>
```

此时，我们就可以使用 text-indent 负值隐藏这里的文字：

```
.logo {
  width: 120px;
  background: url(logo.png);
  text-indent: -120px;
}
```

很多人喜欢设置一个很大的 text-indent 负值，如 text-indent:-9999em，我是不建议这么做的。首先，这样做在某些设备下有潜在的性能风险，体现在滚屏的时候会发生卡顿；其次，对于一些智能设备的屏幕阅读软件，如 VoiceOver，如果内容缩进在屏幕之外，它是不会读取的，这样就降低了页面的无障碍访问能力。

另外，text-indent 负值缩进在部分浏览器下会影响元素的 outline 区域，通常需要再设置 overflow:hidden。

下面我要向大家提个问题：如果单看最终的 CSS 样式效果，代码

```
.logo {
  width: 120px;
  text-indent: -120px;
}
```

是否等同于

```
.logo {
  width: 120px;
  text-indent: -100%;
}
```

答案是：不等同，而且有着本质上的差异。

text-indent 的百分比值是相对于当前元素的“包含块”计算的，而不是当前元素。由于 text-indent 最终作用的是当前元素里的内联盒子，因此很容易让人误以为 text-indent 的百分比值是相对于当前元素宽度计算的。

眼见为实，手动输入 http://demo.cssworld.cn/8/6-1.php 或者扫下面的二维码。结果 text-indent: -120px 缩进在盒子之外，而 text-indent:-100%早已缩进到天涯海角，连影子都看不到，如图 8-31 所示。①

图 8-31　百分比值缩进计算示意

因此，一些流传很广的 text-indent 隐藏文本 CSS 代码片段其实是有隐患的。例如：

```
.hide-text {
  text-indent: 100%;
  white-space: nowrap;
  overflow: hidden;
}
```

在正常情况下，确实可以隐藏文字，而且无论是一行还是多行都可以非常兼容地隐藏，因为一般情况下“包含块”的宽度都会大于子元素的宽度，所以我们是看不出问题来的。但是一旦“包含块”的宽度反而小了，那么这段代码就会出现样式问题。我举个简单的例子：

```
<div style="position:absolute;">
   <p class="hide-text" style="position:absolute;">坚挺</p>
</div>
```

此时“坚挺”两个字绝对是纹丝不动，绝对定位具有包裹性，而子元素也是绝对定位的，hide-text 所在元素的“包含块”的宽度就是 0，此时 text-indent:100%计算值也是 0，文本缩进隐藏彻底失败。

关于 text-indent 的百分比值，我还想再多说几句，那就是 text-indent 支持百分比值其实算是比较“有个性的”，因为在 CSS 世界中，与文本控制相关的 CSS 属性支持百分比值的并不多，例如，letter-spacing、word-spacing 和 text-shadow 等都不支持。当然，随着 CSS 的发展，以后可能会支持，例如，word-spacing 新草案增加了百分比值并且已有浏览器开始支持。

那么，text-indent 百分比值还有没有实际价值呢？从理论上讲，我们可以使用 text-indent 实现宽度已知内联元素的居中效果，例如：

① Chrome 的 2018 年某一版本之后百分比显示策略改变了，改为按照元素自身宽度计算了，因而文字可以显示。

```
.box {
  text-indent: 50%;
}
.box img {
  width: 256px;
  margin-left: -128px;
}
```

眼见为实，手动输入 http://demo.cssworld.cn/8/6-2.php 或者扫右侧的二维码感受一下居中效果。

但是，由于 text-align 属性的存在，这种居中小技巧平常使用的机会很少，除非是 text-align 不能设置为 center 的场景。

因此说来说去，text-indent 百分比值就是一个扶不起的阿斗，还是固定的长度值用得更多。比如，在标签受限的情况下实现一些特殊的布局效果，CSS 和 HTML 代码如下：

```
p {
  text-indent: -3em;
  padding-left: 3em;
}
<p>提问：问题内容...</p>
<p>回答：回答内容...</p>
<p>提问：问题内容...</p>
<p>回答：回答内容...</p>
```

结果，“问题内容”和“回答内容”都会自然换行对齐，如图 8-32 所示。

另外，text-indent 还有一个比较生僻的应用。在 Chrome 浏览器下，如果<img>标签没有设置 src 属性，则会出现一个灰色的线框，如图 8-33 所示。

提问：你是如何评价text-indent百分比值的？

回答：我其实一开始是对text-indent百分比值抱有很大期望的，希望可以有一些非常犀利的应用，但是后来发现，要么有缺陷，要么鸡肋。或许是自己掌握的还不够吧！

提问：text-indent有什么其他特性吗？

回答：text-indent具有继承性，因此，级别较高的祖先元素慎用；另外，其仅对第一行内联元素有效果。

图 8-32　text-align 与纯文本对齐布局效果

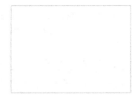

图 8-33　src 属性缺失时候出现的边框

根据研究我发现，此灰色边框是预留给 alt 属性值用的，是内联水平元素，因此可以使用 text-indent 属性隐藏之，例如：

```
img {
  text-indent: -400px;
  overflow: hidden;
}
```

无 src 的<img>本质上就是一个普通元素，因此，此时 overflow:hidden 也是有效的。

最后再说几个你可能不知道的小知识。

（1）text-indent 仅对第一行内联盒子内容有效。

（2）非替换元素以外的 display 计算值为 inline 的内联元素设置 text-indent 值无效，如果计算值是 inline-block/inline-table 则会生效。因此，如果父级块状元素设置了 text-indent 属性值，子 inline-block/inline-table 需要设置 text-indent:0 重置。

（3）<input>标签按钮 text-indent 值无效。

（4）<button>标签按钮 text-indent 值有效，但是存在兼容性差异，IE 浏览器理解为单标签，百分比值按照容器计算，而 Chrome 和 Firefox 浏览器标签内还有其他 Shadow DOM 元素，因此百分比值是按照自身的尺寸计算的。

（5）<input>和<textarea>输入框的 text-indent 在低版本 IE 浏览器下有兼容问题。

## 8.6.2 letter-spacing 与字符间距

letter-spacing 可以用来控制字符之间的间距，这里说的“字符”包括英文字母、汉字以及空格等。例如：

```
.lt {
  letter-spacing: .5em;
}
```

表现就会这样宽松：

l e t t e r   s p a c i n g

letter-spacing 具有以下一些特性。

（1）继承性。

（2）默认值是 normal 而不是 0。虽然说正常情况下，normal 的计算值就是 0，但两者还是有差别的，在有些场景下，letter-spacing 会调整 normal 的计算值以实现更好的版面布局。

（3）支持负值，且值足够大的时候，会让字符形成重叠，甚至反向排列（非 IE 浏览器）。例如：

```
.lt {
  letter-spacing: -2em;
}
```

此时在非 IE 浏览器下，下面的 HTML 从左往右呈现出来的就不是“一二三四五”，而是“五四三二一”：

```
<p class="lt">一二三四五</p>
```

至于 IE 浏览器，最多只能完全重叠，无法反向排列。

另外，letter-spacing 负值仅能让字符重叠，但是不能让替换元素或者 inline-block/

inline-table 元素发生重叠。

（4）和 text-indent 属性一样，无论值多大或多小，第一行一定会保留至少一个字符。letter-spacing 还有一个非常有意思的特性就是，在默认的左对齐情况下，无论值如何设置，第一个字符的位置一定是纹丝不动的。

（5）支持小数值，即使 0.1px 也是支持的，但并不总能看到效果，这与屏幕的密度有关。对普通的桌面显示器，设备像素比是 1，最小渲染单位是 1px，因此，需要至少连续 10 个字符，才能看到 0.1px 产生的 1px 间距变化，如果是 9 个字符，则不会有效果，这很可能会让人误以为 letter-spacing 不支持非常小的数值，实际上是支持的。

（6）暂不支持百分比值。

在实际开发的时候，letter-spacing 除了控制文字内容排版外，还可以修复一些布局上的问题。例如，清除 inline-block 列表由于换行符或者空格产生的空白间隙，使我们的布局控制更精准：

```
.box {
  letter-spacing: -1em;
}
.list {
  letter-spacing: 0;
}
```

此处-1em 换成-100em 也是可以的。正如上面提到的，letter-spacing 的值再小也不会让 inline-block 列表发生重叠。由于 letter-spacing 具有继承性，为了不影响列表里面字符内容的排版，我们可以使用 letter-spacing:0 进行重置，当然，亦可以使用默认值 letter-spacing:normal 重置。从理论上讲，后一种重置更稳妥一些。

由于 letter-spacing 负值的字体重叠特性，我们还可以利用该属性实现一些文本动效，核心 CSS 代码如下：

```
.title {
 animation: textIn 1s both;
}
@keyframes textIn {
  0% {
    letter-spacing: -200px;
  }
  100% {
    letter-spacing: 0;
  }
}
```

这样就可以有文字依次飞入的效果了，如图 8-34 所示。

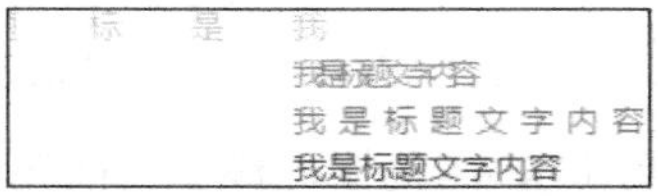

需要注意的是，由于 IE 浏览器的 letter-spacing 负值不会有反向排列效果，因此，此技术目前只适合移动端这类无须关心 IE 浏览器的项目。

图 8-34　字符动效分步示意

如果想亲自感受效果，手动输入 http://demo.cssworld.cn/8/6-4.php 或者扫右侧的二维码。

提示：点击文字内容，动画会重新渲染。

## 8.6.3　word-spacing 与单词间距

word-spacing 和 letter-spacing 名称类似，其特性也有很多共通之处：

（1）都具有继承性。

（2）默认值都是 normal 而不是 0。通常情况下，两者表现并无差异。

（3）都支持负值，都可以让字符重叠，但是对于 inline-block 和 inline-table 元素却存在兼容性差异，Chrome 浏览器下可以重叠，IE 和 Firefox 浏览器下则再大的负值也不会重叠，因此不适合使用 word-spacing 来清除空白间隙。

（4）都支持小数值，如 word-spacing:0.5px。

（5）在目前的 CSS2.1 规范中，并不支持百分比值，但新的草案中新增了对百分值的支持，是根据相对于字符的“步进宽度”（advance width）计算的。这属于新世界内容，本书不做介绍。

（6）间隔算法都会受到 text-align:justify 两端对齐的影响。

当然也有差异。letter-spacing 作用于所有字符，但 word-spacing 仅作用于空格字符。注意，是作用在“空格”上，而不是字面意义上的“单词”。例如，假设有以下 CSS 和 HTML：

```
.wp {
  word-spacing: 20px;
}
<p class="wp">我 love 前端！</p>
```

love 虽然是一个单词，但没有空格，那么很抱歉，word-spacing 无效。

换句话说，word-spacing 的作用就是增加空格的间隙宽度。有空格就有效，可以是 Space 键敲出来的空格（U+0020），也可以是换行符产生的空格（浏览器解析为 U+0020），还可以是 Tab 键敲出来的空格（U+0009），抑或是 非换行空格（U+00A0）。例如：

```
<p class="wp">我有空 格，我……</p>
```

此时，“空”和“格”两个字中间的间隙就是原本的空格宽度+word-spacing 设置的 20px，如图 8-35 所示，但不包括零宽空格（U+200B、U+200C、U+200D）、固宽空格（全角 U+3000、U+2003，半角 U+2000、U+2002）以及窄空格（U+2009）。

我有空　　格，我……

图 8-35　word-spacing 作用效果示意

另外，在命名上，word-spacing 之所以称为 word-spacing 而不是 blank-spacing 之类的，主要原因是此属性当初主要为英文类排版设计，而英文单词和单词之间是以空格分隔的，要想控制单词之间的间距，自然就向“空格”开刀了。

word-spacing 作用于空格的特性可以让我们使用一些简单的方式进行一些布局控制。例如，弹框底部有时候是一个“确认”按钮，有时候“确认”和“取消”按钮同时存在，而且按钮有时候居中对齐，有时候居右对齐，请问：如何设置 CSS，让多按钮的时候中间自动有合适的间距呢？

如果按钮仅仅是居中对齐，我们可以写：

```
button {
  margin: 0 10px;
}
```

但这里要同时满足居中对齐和居右对齐，就需要采用别的方法了。一种方法就是使用 word-spacing：

```
.box {
  word-spacing: 20px;
}
```

两个按钮距离自动分开。在 IE6 时代，这确实是个非常好的方法，但如今下面的做法可能要更合适些：

```
button + button {
  margin-left: 20px;
}
```

与 word-spacing 相比，这样做的优势在于，如果两个<button>标签之间没有空格或者换行，样式依然有效。

## 8.6.4　了解 word-break 和 word-wrap 的区别

准确来讲，本节内容应该是“了解 word-break:break-all 和 word-wrap:break-word 的区别”，但这样太长了，所以标题只露出了属性值。

首先了解一下 word-break 属性，语法如下：

```
word-break: normal;
word-break: break-all;
word-break: keep-all;
```

其中的几个关键字值的含义具体解释如下。

- normal：使用默认的换行规则。
- break-all：允许任意非 CJK（Chinese/Japanese/Korean）文本间的单词断行。
- keep-all：不允许 CJK 文本中的单词换行，只能在半角空格或连字符处换行。非 CJK 文本的行为实际上和 normal 一致。

break-all 这个值所有浏览器都支持，但是 keep-all 就不这样了，虽然有一定的发展和进步，但目前移动端还不适合使用 word-break:keep-all。

另外，Chrome、Safari 以及其他 WebKit 或 Blink 浏览器还支持非官方标准的 break-word 值，其表现就和 word-wrap:break-word 一样，这个知识了解一下即可。

现在轮到另外一个主角——word-wrap 登场了，其语法如下：

```
word-wrap: normal;
```

```
word-wrap: break-word;
```

其中的几个关键字值的含义具体解释如下。

- normal：就是大家平常见得最多的正常的换行规则。
- break-word：一行单词中实在没有其他靠谱的换行点的时候换行。

word-wrap 属性其实也是很有故事的，它之前由于和 word-break 长得太像，难免会让人记不住或搞混，于是在 CSS3 规范里，这个属性的名称被修改了，叫作 overflow-wrap。这个新属性名称显然语义更准确，也更容易区别和记忆。但是，也就 Chrome 和 Safari 等 WebKit 或 Blink 浏览器支持这个新属性。因此，虽然换了个好看好用的新名字，为了兼容性，目前还是乖乖地使用 word-wrap 吧。

下面回到重点：word-break:break-all 和 word-wrap:break-word。首先，两者长相神似，都有 word，都有 break，位置都还一样，一个有两个 break，一个有两个 word；其次，两者的功能作用也类似，这两个声明都能使连续英文字符换行，那么它们的区别到底是什么？

那两者的区别是什么呢？

用实例说话，手动输入 http://demo.cssworld.cn/8/6-5.php 或者扫下面的二维码。对比效果如图 8-36 所示。

图 8-36 word-break:break-all 和 word-wrap:break-word 效果区别

顾名思义，word-break:break-all 的作用是所有的都换行，毫不留情，一点儿空隙都不放过，而 word-wrap:break-word 则带有怜悯之心，如果这一行文字有可以换行的点，如空格或 CJK（中文/日文/韩文）之类的，就不打英文单词或字符的主意了，在这些换行点换行，至于对不对齐、好不好看则不关心，因此，很容易出现一片一片空白区域的情况。

这就是这两个声明的区别所在。

## 8.6.5 white-space 与换行和空格的控制

### 1. white-space 的处理模型

white-space 属性声明了如何处理元素内的空白字符，这类空白字符包括 Space（空格）键、Enter（回车）键、Tab（制表符）键产生的空白。因此，white-space 可以决定图文内容是否在一行显示（回车空格是否生效），是否显示大段连续空白（空格是否生效）等。

其属性值包括下面这些。

- normal：合并空白字符和换行符。
- pre：空白字符不合并，并且内容只在有换行符的地方换行。
- nowrap：该值和 normal 一样会合并空白字符，但不允许文本环绕。
- pre-wrap：空白字符不合并，并且内容只在有换行符的地方换行，同时允许文本环绕。
- pre-line：合并空白字符，但只在有换行符的地方换行，允许文本环绕。

从上面的解释我们可以看出，white-space 的功能分 3 个维度，分别是：是否合并空白字符，是否合并换行符，以及文本是否自动换行。于是我们就可以得到一个更加直观的功能表，如表 8-2 所示。

**表 8-2　white-space 不同属性值功能示意**

| 属性 | 换行 | 空格和制表 | 文本环绕 |
| --- | --- | --- | --- |
| normal | 合并 | 合并 | 环绕 |
| nowrap | 合并 | 合并 | 不环绕 |
| pre | 保留 | 保留 | 不环绕 |
| pre-wrap | 保留 | 保留 | 环绕 |
| pre-line | 保留 | 合并 | 环绕 |

如果合并空格，会让多个空格变成 1 个，也就是我们平常看到的效果，敲了 10 个空格，结果页面就 1 个空格。如果合并换行，会把多个连续换行合并成 1 个，并当作 1 个普通空格处理，就是键盘空格键敲出来的那个空格。如果文本环绕，一行文字内容超出容器宽度时，会自动从下一行开始显示。

有两个属性值 pre-wrap 和 pre-line 是从 IE8 开始支持的。如果大家前端观察敏锐，就会发现很多网站技术文章的代码块显示区域常常会出现一个长长的水平滚动条，其实这样体验一点儿都不好，那为何还要这样设置呢？

这其实是一个历史遗留问题，以前做网站是需要兼容 IE6 和 IE7 浏览器的，而这两个浏览器只支持 white-space:pre，而 white-space:pre 的文本是不环绕的，也就是说源代码如果没有换行的话，它会一行显示到底，不得已只能弄个水平滚动条。但是如今，显然设置 white-space:pre-wrap 显示代码片段要更合适些。

### 2. white-space 与最大可用宽度

当 white-space 设置为 nowrap 的时候，元素的宽度此时表现为"最大可用宽度"，换行符和一些空格全部合并，文本一行显示。

在实际 Web 开发的时候，white-space 的应用非常广泛，下面举几个例子。

（1）"包含块"尺寸过小处理。绝对定位以及 inline-block 元素都具有包裹性，当文本内容宽度超过包含块宽度的时候，就会发生文本环绕现象。还记不记得之前遇到过的"一柱擎天"的例子（见图 8-37）？

图 8-37　被"包含块"限制的一柱擎天效果

可以对其使用 white-space:nowrap 声明让其如预期的那样一行显示。

（2）单行文字溢出点点点效果。text-overflow:ellipsis 文字内容超出打点效果离不开 white-space:nowrap 声明。

（3）水平列表切换效果。水平列表切换是网页中常见的交互效果，如果列表的数目是不固定的，使用 white-space:nowrap 使列表一行显示会是个非常不错的处理。CSS 示意代码如下：

```
.box {
  width: 300px;
  position: relative;
  overflow: hidden;
}
.box > ul {
  position: absolute;
  white-space: nowrap;
}
.box > ul > li {
  display: inline-block;
}
```

使用 white-space:nowrap 而不是使用一个绝对安全的固定宽度值的好处在于没有多余的空间浪费，同时通过一行简单的 box.clientWidth - box.scrollWidth 代码就可以知道最大的滚动宽度。

关于此应用，我专门做了演示页面，手动输入 http://demo.cssworld.cn/8/6-6.php 或者扫右侧的二维码。

## 8.6.6 text-align 与元素对齐

常见的左中右对齐没什么好说的，这里只讲一下 text-align:justify 两端对齐。

因为 CSS 是母语为英语的人发明的，所以在早期的时候，对中文或其他东亚语言并没有考虑得那么细致，从 text-align:justify 的表现上就可以窥见一斑。例如，IE 浏览器（至少到 IE11）到目前为止使用 text-align:justify 都无法让中文两端对齐，而 Chrome、Firefox 和 Safari 等浏览器都是可以的。

就最终的渲染表现来看，Chrome 等浏览器应该对文本内容进行了算法区分，对 CJK 文本使用了 letter-spacing 间隔算法，而对非 CJK 文本使用的是 word-spacing 间隔算法，但 IE 浏览器则就一个 word-spacing 间隔算法。于是就会出现明明左右 padding 大小设置一样，结果右侧空白明显更大的尴尬问题。例如：

```
.content {
  padding: 10px 20px;
}
```

可能最后的效果如图 8-38 所示。

这是一段临时想出来的文案，其中可能参杂了几个英文单词，例如CSS，例如JS等。

图 8-38 左右 padding 设置大小一致实际留白不一致示意

不过，好在 IE 有一个私有的 CSS 属性 `text-justify`（目前也写入规范草案了）可以实现中文两端对齐的。于是，通过使用下面的 CSS 代码组合就可以实现全部浏览器都兼容的中文两端对齐效果：

```
.justify {
  text-align: justify;
  text-justify: inter-ideograph;
}
```

其中，属性值 `inter-ideograph` 的字面意思是“国际象形文字”，非官方非标准，可以放心使用，不用担心以后其他浏览器也支持之后出现新旧渲染不一致的问题。

眼见为实，手动输入 http://demo.cssworld.cn/8/6-7.php 或者扫下面的二维码。实例页面对比效果如图 8-39 所示。

居左对齐

这是一段临时想出来的文案，其中可能参杂了几个英文单词，例如CSS，例如JS等。

两端对齐

这是一段临时想出来的文案，其中可能参杂了几个英文单词，例如CSS，例如JS等。

图 8-39　IE 浏览器的中文两端对齐效果

`text-align:justify` 除了实现文本的两端对齐，还可以实现容错性更强的两端对齐布局效果。

我们先从简单的一行排列说起。例如，要实现如图 8-40 所示的效果。

HTML 结构如下：

```
<ul class="justify">
  <li>
    <img src="1.jpg">
    <p>图标描述 1</p>
  </li>
  <li>
    <img src="1.jpg">
    <p>图标描述 2</p>
  </li>
</ul>
```

我们可以让<li>列表 `inline-block` 化，然后 `text-align:justify` 一步到位即可实现两端对齐效果了！例如：

```
.justify {
  text-align: justify;
}
.justify li {
  display: inline-block;
```

```
  text-align: center;
}
```

但结果却不是想象的那样，而是依旧左侧排列，如图 8-41 所示。为什么会这样呢？

图 8-40 简单的单行两端对齐布局效果

图 8-41 设置 text-align:justify 依然左对齐

那是因为不足一行。在默认设置下，text-align:justify 要想有两端对齐的效果，需要满足两点：一是有分隔点，如空格；二是要超过一行，此时非最后一行内容会两端对齐。

上面的例子满足了第一点，<li>标签中间有换行符，在默认 white-space 属性下会转换成普通空格，但是并不满足第二点，内容并没有超过一行。这就难办了，我们的内容是固定的，不可能再加一个列表，就没有什么好方法了吗？

CSS 世界中有一个 text-align-last 属性，可以规定最后一行内联内容的排列方式，这是从 IE 浏览器过来的。例如：

```
.justify {
  text-align-last: justify;
}
```

相当于把第二点要求直接给否决了，就是"最后一行的对齐就是两端对齐"!

好一个及时雨！然而可惜，Safari 浏览器，包括 Safari 10，都不支持，以至于移动端和桌面端都不能使用，甚是遗憾。

于是，我们只能寻求更加极客一点的技术手段，比方说，借助伪元素自动补一行。例如：

```
.justify {
  text-align: justify;
}
.justify:after {
  content: "";
  display: inline-table;    /* 也可以是 inline-block */
  width: 100%;
}
```

这相当于强制创建一个"看不见"的元素，满足换行这个要求，实现第一行的两端对齐效果。从效果上看，确实两端对齐了，然而，列表下方似乎莫名多了一些高度，如图 8-42 所示。

图 8-42 两端对齐，但底部有莫名高度

关于这个莫名高度如何产生可以参见 4.3 节，其中也提供了修正手段，分为两点：一是容器设置 font-size:0，列表 font-size 再还原；二是辅助两端对齐的内联元素设置 vertical-align:top 或 vertical-align:bottom。例如：

```
.justify {
  text-align: justify;
  font-size: 0;
}
.justify:after {
  content: "";
  display: inline-table;
  width: 100%;
  vertical-align: bottom;
}
.justify li {
  display: inline-block;
  font-size: 14px;
}
```

理论很完美，现实很残酷。在 IE 浏览器下，如果 `font-size` 设为 `0`，其样式表现就好像空格根本不存在一样，无法两端对齐。是不是再次失望了？后来，我经过尝试发现，我们可以设置 `font-size:.1px`，设置字号 0.1 像素，IE 浏览器又认为空格存在了，同时间隙什么的都没有了，美哉！然而，Chrome 浏览器桌面浏览器有一个最小 `12px` 的 `font-size` 限制，设置字号 0.1 像素等同于设置字号 `12px`，此时 Chrome 浏览器间隙问题又出现了！是不是彻底绝望了？

于是，我不得已使用了下面这种比较极客的方法进行处理：

```
.justify {
  text-align: justify;
  font-size: .1px;
  font-size: -webkit-calc(0px + 0px);
}
```

于是，皆大欢喜。上面的 `font-size` 处理就是莫名高度修复的关键技巧所在。

关于上面的两端对齐案例，可以手动输入 http://demo.cssworld.cn/8/6-8.php 或者扫右侧的二维码进行体验。

另外多说一句，如果 `line-height` 设置的是固定值，如 `line-height:20px`，则容器需要同步设置 `line-height:0` 或者改为相对计算的值。

下面有另外一个问题，就是我们的列表排版不可能总是只有 1 行，也不可能只有 2 列，如果还是使用上面的伪元素填充法，可能就会出现图 8-43 所示的布局。

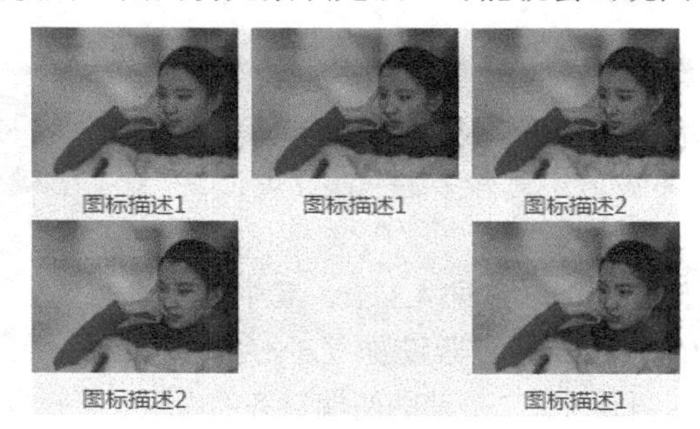


图 8-43　最后一行尴尬地两端对齐

这显然不是我们想要的效果，我们是希望最后一个列表跟在后面，而不是跑到最右边。遇到这种情况，我们可以使用辅助列表占位来实现想要的效果，HTML 代码如下：

```
<ul class="justify">
  <li><img src="1.jpg"><p>描述 1</p></li>
  <li><img src="2.jpg"><p>描述 2</p></li>
  <li><img src="3.jpg"><p>描述 3</p></li>
  <li><img src="4.jpg"><p>描述 4</p></li>
  <li><img src="5.jpg"><p>描述 5</p></li>
  <li class="placeholder"></li>
  <li class="placeholder"></li>
  <li class="placeholder"></li>
</ul>
```

最后 3 个类名为 `placeholder` 的`<li>`标签就是布局辅助元素。假设我们列表宽度是 `128px`，则如下设置即可：

```
.placeholder {
  display: inline-block;
  width: 128px;
  vertical-align: bottom;
}
```

其作用和使用伪元素创建一个宽度 `100%`的内联块级元素是一样的，也同样会存在有额外高度问题，处理方法一模一样，不再赘述。最后补充几点。

（1）关于占位标签的个数。占位标签的个数和列表的列数保持一样就可以了，`100%`实现符合预期的布局效果，多了浪费，少了不行。

（2）关于使用空标签心理障碍。有人对代码有洁癖，原本规整的列表最后加几个空标签，心里难受。这种心理往往出现在新人身上，本质上是因为关注点是代码自身，而不是产品、同事或公司更高层面的东西。于是，当产品经理提需求时，他们想到的是我的代码如何如何，而不是产品收益如何如何。毕竟我们是职场人，很显然，创造收益和价值的意识要远比代码洁癖心理对职业生涯发展帮助更大。回到我们这里，代码排版确实不美了，但是功能很好地实现了，且非常健壮，容错性强，而且对 SEO 没有任何干扰，对辅助设备访问也没有任何干扰，百益无一害，有什么好难受的呢！

### 8.6.7　如何解决 `text-decoration` 下划线和文本重叠的问题

CSS 的 `text-decoration:underline` 可以给内联文本增加下划线，但是，如果对细节要求较高，就会发现，下划线经常会和中文文字的下边缘粘连在一起（如图 8-44 所示），英文的话甚至直接穿过，越看越有心痛的感觉。

图 8-44 中几个中文字下边缘正好都是横线，结果可以看到，文字下边缘和下划线基本上合在一起，分不清谁是谁了，换成微软雅黑字体则似乎变本加厉了，如图 8-45 所示。

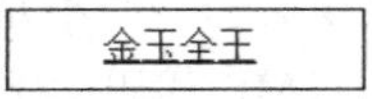

金玉全王

图 8-44　下划线和文字合在一起

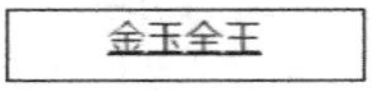

金玉全王

图 8-45　采用微软雅黑字体时文字和下划线重叠

有没有什么办法让下划线不要靠得这么近，或者文字可以完整、清晰地显示呢？有。方法很多，例如，浏览器支持并不好的 `text-decoration-skip` 属性、CSS3 `box-shadow` 或者 `background-image` 模拟，甚至可以走 canvas 和 SVG 滤镜。然而，这些看上去很厉害的技巧其实华而不实。转一圈后你会发现，最好的处理方法就是使用看似普通却功勋卓越的 `border` 属性。例如：

```
a {
  text-decoration: none;
  border-bottom: 1px solid;
}
```

效果如图 8-46 所示。

有人可能会担心：这里增加了下边框，会不会增加高度、影响水平对齐呢？完全不用担心，对于纯内联元素，垂直方向的 `padding` 属性和 `border` 属性对原来的布局定位等没有任何影响。也就是说，就算 `border-bottom` 宽度设为 `100px`，上下行文字的垂直位置依旧纹丝不动。再加上 `border` 兼容性很好，天然使用 `color` 颜色作为边框色，可谓下划线重叠问题解决办法的不二之选。另外，配合 `padding`，我们就可以很有效地调节下边框和文字下边缘的距离，实现我们最想要的效果。使用类似下面的 CSS 代码：

```
a {
  text-decoration: none;
  border-bottom: 1px solid;
  padding-bottom: 5px;
}
```

效果如图 8-47 所示。

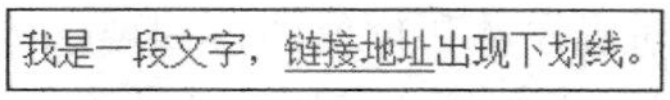

我是一段文字，链接地址出现下划线。

图 8-46　下边框模拟的下划线

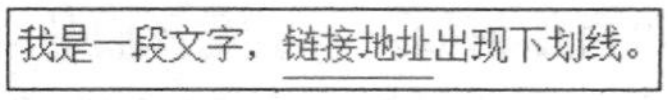

我是一段文字，链接地址出现下划线。

图 8-47　`padding` `border` 配合的下划线效果

另外，使用 `border-bottom` 模拟下划线的时候，`border-color` 最好省略，这样就会使用文字的 `color` 颜色作为边框色，鼠标 `hover` 的时候，下划线会自动和文字一起变色，效果如图 8-48 所示。

使用 `border-bottom` 模拟的另外一个好处就是，我们还可以使用虚线或者点线下划线，如图 8-49 所示。

我是一段文字，链接地址出现下划线。

图 8-48　`border` 模拟下划线，`hover` 颜色跟着变化效果

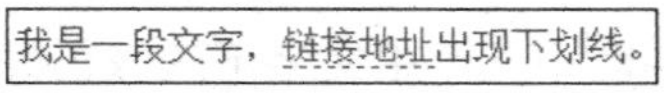

我是一段文字，链接地址出现下划线。

图 8-49　`border` 模拟下划线使用点线下划线效果

text-decoration 除了支持下划线 underline，还支持上划线 overline 和中划线 line-through。其中，上划线我没有在实际项目中有使用过，但是中划线却比较常见，用来表示“删除”，<del>标签默认的 text-decoration 的属性值就是 line-through，因此类似原价删除效果，如图 8-50 所示。直接价格外面套一个<del>标签即可，既样式天然，又易于兼容，没有任何理由使用<span>、<em>之类标签，然后再额外设置 text-decoration: line-through。

¥179 ¥278

图 8-50 原价删除效果

text-decoration 还支持同时设置多个属性。例如，上划线和下划线同时出现：

```
a {
  text-decoration: underline overline;
}
```

text-decoration 是 CSS 世界中为数不多支持多属性值的属性，然而在实际开发中鲜有出场的机会，尤其如今设计风格扁平色块，下划线出场的机会也越来越少了。

在 CSS3 新世界中，text-decoration 还可以是波浪下划线，也可以指定下划线颜色等，但也不知道等到了浏览器全兼容的时代，text-decoration 还有没有出场的机会。

总之，感觉 text-decoration 是个越往后越悲苦的角色。

### 8.6.8 一本万利的 text-transform 字符大小写

text-transform 也是为英文字符设计的，要么全大写 text-transform:uppercase，要么全小写 text-transform:lowercase，似乎没什么值得挖掘的，但有一些场景使用它却会有一本万利的效果。

**1．场景一：身份证输入**

我国的身份证最后一位有可能是字母 X，且各种场合都是指定必须大写。如果我们给输入身份证的<input>输入框设置：

```
input {
  text-transform: uppercase;
}
```

那么就算我们敲进去的是小写 x，出现的也是大写的 X 模样，岂不甚好！

**2．场景二：验证码输入**

图 8-51 给出的是某网站的验证码。这个验证码实际上是不区分大小写的，然而，当用户在输入框输入小写内容的时候，内心实际上是惴惴不安的：会不会区分大小写啊？以至于写验证码的时候同时按下 Shift 键以保证输入的字符与样例一模一样，我按了 Shift 键好多年才发现不用区分大小写。设想一下，如果这里有下面这样的设置：

lmf3 LMF3

图 8-51 验证码和验证码输入效果

```
input {
  text-transform: uppercase;
```

```
}
```

用户惴惴不安的小心思根本就不会出现，因为用户输入小写字母的时候，输入框里面出现的就是和验证码一样的大写内容。

亲自感受一下吧，手动输入 http://demo.cssworld.cn/8/6-9.php 或者扫右侧的二维码。

# 8.7 了解:first-letter/:first-line 伪元素

## 8.7.1 深入:first-letter 伪元素及其实例

很多年前，Chrome 浏览器和 IE9 浏览器还未出现，那时候 first-letter 叫伪类选择器，写法是前面加一个冒号，如:first-letter。那时候的语义要更直白一些，选择第一个字符，然后设置一些样式。后来，伪类和伪元素被划分得更加明确和规范了，::after、::before、::backdrop、::first-letter、::first-line、::selection 等是伪元素，:active、:focus、:checked 等被称为伪类，这就导致::first-letter 的语义发生了一些变化——*首字符作为元素的假想子元素*。

“假想子元素”，听上去有些故弄玄虚的感觉，实际并不是，以这种更加直白通俗的方式解析才更容易理解下面的很多现象。

**1. ::first-letter 伪元素生效的前提**

要想让::first-letter(:first-letter)伪元素生效，是需要满足一定条件的，而且条件乍一看还挺苛刻。

首先，元素的 display 计算值必须是 block、inline-block、list-item、table-cell 或者 table-caption，其他所有 display 计算值都没有用，包括 display:table 和 display:flex 等。

此外，不是所有的字符都能单独作为::first-letter 伪元素存在的。什么意思呢？我们看一个简单的例子， CSS 和 HTML 代码如下：

```
p:first-letter { color: silver; }
<p>? ? ? ? ? ? ? </p>
```

按照我们的认知，第一个问号应该是银色的，但实际上，全部都是默认的黑色，效果如图 8-52 所示。

? ? ? ? ? ? ?

图 8-52 问号全部默认黑色

为什么呢？这是因为常见的标点符号、各类括号和引号在::first-letter 伪元素眼中全部都是“辅助类”字符，有点儿买东西送赠品的感觉，但是赠品本身却不能购买，这里的问号“？”就属于赠品。有些不理解？看一个例子就知道了。假如我们在上面的 HTML 中一堆问号后面写上一些内容字符，比方说中文“辅助”二字，结果效果如图 8-53 所示。

? ? ? ? ? ? ? ? 辅助

图 8-53 全部问号和“辅”字变成银色

“? ? ? ? ? ? ? ? 辅”全部都成银色了！还挺有个性的，要么不变色，要变就一大波一起变。原因很简单，“辅助”二字才是::first-letter 伪元素真正要收入囊中作为“伪元素”的字符，但是现在前面出现了一堆它不感兴趣的问号，怎么办呢？那就当作赠品一并收了，于是，一大波字符全都成银色了。如果全是问号，因为没有主商品，自然也就无法获得赠品，所以::first-letter 没有选择任何字符，问号全部默认是黑色。

有人可能会有疑问：那到底哪些字符属于“赠品”，哪些属于“商品”呢？我特意做了测试，总结下来就是，“赠品字符”包括·@#%&*()（）[]【】{}::"“”;；'‘’》《,，.。??!！…*、/\。

正常情况下可以直接作为伪元素的字符就是数字、英文字母、中文、$、一些运算符，以及非常容易被忽视的空格等。这里的“空格”有必要再加粗强调一下，因为它的确是很容易被忽视的一个字符。

最后说明一点，字符前面不能有图片或者 inline-block/inline-table 之类的元素存在。例如，下面的 HTML 和 CSS 代码：

```
p:first-letter { color: silver; }
<p><i style="display:inline-block"></i>银色</p>
```

结果“银色”两字的颜色还是黑色，如图 8-54 所示。这就是因为多了一个 display 值是 inline-block 尺寸为 0 的<i>元素，导致::first-letter 伪元素直接不起作用了。

一般来讲，::before 伪元素和普通元素之间没有多少瓜葛，例如:first-child 和:empty 之类的选择器都不受影响，但是，由于::first-letter 和::before 一样也是伪元素，“暗生情愫”也是难免的。翻译成 CSS 世界的术语就是：::before 伪元素也参与::first-letter 伪元素。例如，如下 CSS 和 HTML 代码：

```
p:before {
  content: '新闻：';
}
p:first-letter {
  color: silver;
}
<p>这是新闻的标题......</p>
```

结果“新”变成了银色，如图 8-55 所示。包括 IE8 在内的浏览器都是这样的表现。

银色

图 8-54 inline-block 元素让:first-letter 无效

新闻：这是新闻的标题……

图 8-55 :before 伪元素的首字符变成银色效果

## 2. ::first-letter 伪元素可以生效的 CSS 属性

如果字符被选作了::first-letter 伪元素，并不是像::before 伪元素那样，几乎所有 CSS 都有效，只是一部分有效。

- 所有字体相关属性：font、font-style、font-variant、font-weight、font-size、line-height 和 font-family。
- 所有背景相关属性：background-color、background-image、background-position、background-repeat、background-size 和 background-attachment。
- 所有 margin 相关属性：margin、margin-top、margin-right、margin-bottom 和 margin-left。
- 所有 padding 相关属性：padding、padding-top、padding-right、padding-bottom 和 padding-left。
- 所有 border 相关属性：缩写的 border、border-style、border-color、border-width 和普通书写的属性。
- color 属性。
- text-decoration、text-transform、letter-spacing、word-spacing（合适情境下）、line-height、float 和 vertical-align（只有当 float 为 none 的时候）等属性。

因此，如果妄图使用 visibility:hidden 或者 display:none 隐藏::first-letter 伪元素，还是省省吧。

### 3. ::first-letter 伪元素的一些有意思的特点

（1）支持部分 display 属性值标签嵌套。::first-letter 伪元素获取可以跨标签，也就是不仅能选择匿名内联盒子，还能透过层层标签进行选择，但是也有一些限制，并不是所有标签嵌套都是有用的。

display 值如果是 inline、block、table、table-row、table-caption、table-cell、list-item 都是可以的，但是不能是 inline-block 和 inline-table，否则::first-letter 伪元素会直接无效；而 display:flex 则改变了规则，直接选择了下一行的字符内容。

眼见为实，手动输入 http://demo.cssworld.cn/8/7-1.php 或者扫右侧的二维码。

例如：

```
p:first-letter {
  color: silver;
}
p > span {
  display: table;
}
<p><span>第一个</span>字符看看会不会变色？</p>
```

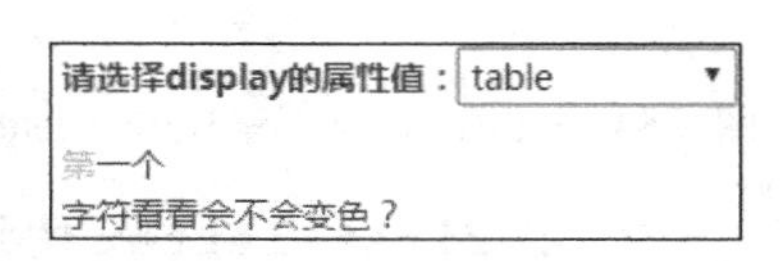


图 8-56 “第”变成银色验证了 table 类型嵌套有效

结果如图 8-56 所示，“第”字变成银色了（为了打印对比明显，没有使用演示页面的红色）。

这种嵌套关系支持多层嵌套，即连续套 4～5 层 inline

水平的标签和没有任何标签嵌套的效果是一样的。

（2）颜色等权重总是多了一层。这是非常容易犯的一个错误，也是CSS世界十大不易理解问题之一。例如，下面这个问题是某同行发邮件问我的，我简单编辑了一下：

```
p:first-letter {
  color: red;
}
p > span {
  color: blue!important;
}
<p><span>第一个</span>字符看看会不会变红？</p>
```

请问“第”这个字符的颜色是什么？

基本上，超过95%的前端人员会认为是blue，因为大家都是从CSS选择器权重的角度去考虑的。这个答案本身没问题，但是却忽略了很重要的一点，::first-letter伪元素其实是作为子元素存在的，或者说应当看成是子元素，于是就很好理解了。对于类似color这样的继承属性，子元素的CSS设置一定比父元素的级别要高，哪怕父级使用了重量级的!important，因为子元素会先继承，然后再应用自身设置。因此，上面CSS和HTML代码的最终结果是，第一个字符“第”字的颜色是red，红色！

这就是::first-letter伪元素的另外一个重要特性——颜色等权重总是多了一层。

**4. ::first-letter实际应用举例**

电商产品经常会有价格，价格前面一般都有一个¥符号，这个符号字体往往会比较特殊，字号也比较大，同时和文字的数值有几像素的距离。要实现这样的效果，通常的做法是在¥符号外面包一个span标签，命名一个类名，然后通过CSS控制。实际上，还有更简单巧妙的方法，就是使用本文介绍的::first-letter伪元素。

CSS示例代码如下：

```
.price:first-letter {
  margin-right: 5px;
  font-size: xx-large;
  vertical-align: -2px;
}
```

于是，我们的HTML就可以很简洁：

```
<p>¥399</p>
```

¥并不是“赠品字符”，因此这里可行，最后效果如图8-57所示。

图8-57 ¥在使用::first-letter控制后的效果

## 8.7.2 故事相对较少的:first-line伪元素

:first-line和:first-letter像是对表兄弟，所谓“不是一家人不进一家门”，它们长得类似，很多特性也类似。但是相比之下，:first-line的故事要少一些，没有“赠品字符”之类的梗存在。

- :first-line 和:first-letter 伪元素一样，IE9 及以上版本浏览器支持双冒号::first-line{}写法，IE8 浏览器只认识单冒号写法。
- :first-line 和:first-letter 伪元素一样，只能作用在块级元素上，也就是 display 为 block、inline-block、list-item、table-cell 或者 table-caption 的元素设置:first-line 才有效，table、flex 之类都是无效的。
- :first-line 和:first-letter 伪元素一样，仅支持部分 CSS 属性，例如：
  - 所有字体相关属性；
  - color 属性；
  - 所有背景相关属性；
  - text-decoration、text-transfor、letter-spacing、word-spacing、line-height 和 vertical-align 等属性。
- :first-line 和:first-letter 伪元素一样，color 等继承属性的权重总是多了一层，毕竟称为“伪元素”，就好像里面还有个子元素。如果:first-line 和:first-letter 同时设置颜色，:first-letter 级别比:first-line 高，即使:first-line 写在后面，甚至加!important（如果浏览器支持）也是如此。
- :first-line 和:first-letter 伪元素一样，也支持标签嵌套，但是具体细则和:first-letter 出入较大，例如，它不支持 table 相关属性等。

具体大家可以亲自感受一下，手动输入 http://demo.cssworld.cn/8/7-2.php 或者扫右侧的二维码。

例如：

```
p:first-letter {
  color: silver;
}
p > span {
  display: inline-block;
}
<p><span>第一行</span>字符看看会不会变色？</p>
```

结果在 Chrome 浏览器下颜色居然断开了，如图 8-58 所示。

图 8-58 Chrome 浏览器下 inline-block 阻断:first-line

IE 和 Firefox 都没有这个问题，文字颜色都是一样的。因此，如果想使用:first-line，首行内容不能混入 inline-block/inline-table 元素。

**::first-line 实际应用举例**

下面就举一个我在某千万级访问项目中使用::first-line 的例子吧。大致是这样的：我希望网站小标签、线框按钮和实色按钮全部都可以使用 color 颜色控制，例如：

```
<a href class="btn-normal red" role="button">红色按钮</a>
<a href class="btn-normal blue" role="button">蓝色按钮</a>
<a href class="btn-normal green" role="button">绿色按钮</a>
```

其中，.red、.blue、.green 是站点通用的颜色类名。结果我就遇到了难题，当我们使用如下 CSS 代码的时候，实色背景按钮就会遇到文字颜色和背景颜色一样的问题：

```
.btn-normal {
  background-color: currentColor;
}
```

因为变量 currentColor 就是当前 color 的色值。怎么办呢？考虑到按钮上的文字都是白色，因此我们可以这样处理：

```
.btn-normal::first-line {
  color: #fff;
}
```

因为利用了::first-line 伪元素，于是.btn-normal 标签上的颜色实际上是设置给 background-color 的，而按钮真正呈现的颜色已经被::first-line 伪元素牢牢设置好了，就完全不用担心文字颜色和背景色混在一起了。

大功告成！此时，如果要新增一个黑色按钮，直接用下面的 HTML 代码就可以了，无须额外再去写按钮相关的 CSS 代码：

```
<a href class="btn-normal black" role="button">绿色按钮</a>
```

# 第 9 章

# 元素的装饰与美化

前面几章介绍了与 CSS 世界布局相关的内容，如果用建筑打比方，就是毛坯房已经建好了，理论上可以入住了，但实际上，我们或多或少都会对房间进行一定的装修，这个“装修”反映在 CSS 世界中就是“元素的装饰和美化”，如设置合适的颜色或者增加合适的底纹等。

## 9.1 CSS 世界的 color 很单调

### 9.1.1 少得可怜的颜色关键字

这里的“颜色关键字”指的是诸如 red、blue 这些关键字。

CSS1 的时候只支持 16 个基本颜色关键字，如 black、white。为什么数量这么少呢？我们可以想想当时的显示器水平，不是黑白的已经不错了。

CSS2 的时候，显然应该要新增一些颜色关键字。或许很多人满怀希望，总以为会有什么惊喜，结果果然很惊喜：居然只加入了一个颜色——橙色 orange。

到了 CSS3 的时候，以为又会是“雷声大，雨点小”，结果这次却出人意料，一下子增加了 100 多个颜色关键字，甚至连 mediumturquoise 这样的复杂得看不懂也记不住的关键字都出现了。这些扩展的 CSS 颜色关键字是有专门的名称的，称为“X11 颜色名”，这里的“X11”不是 11 区的意思，而是指用来显示位图的 X Window System，常见于类 UNIX 计算机系统上。

到了 CSS4 的时候，以为又会有什么惊人之举，结果又仅增加了一个颜色关键字——rebeccapurple。

在本书中，CSS 世界指 CSS 2.1，CSS 新世界指 CSS3，CSS 新新世界指 CSS4，因此，CSS 世界中支持的颜色关键字其实少得可怜，总共就 17 个，如图 9-1 所示。其中，gray 和 grey 表示的是同一个颜色值。如果想了解更多 CSS3 颜色关键字，可以阅读这篇文章：http://www.

zhangxinxu.com/wordpress/?p=4859。

所有 CSS3 新增的颜色关键字原生 IE8 浏览器都是不支持的。注意，这里特意加了“原生”二字。我们总是使用 IE 兼容模式去测试低版本 IE 浏览器，但不总是准确的，其中之一就是颜色。如果你用高版本 IE 浏览器的 IE8 模式去浏览，会发现 CSS3 的颜色值都是可以准确渲染的，但实际上，原生 IE8 都不认识，而使用 IE8 的用户几乎全部都是原生 IE8，因此要慎用。不过，考虑到实际开发的时候设计师不可能就使用这些关键字对应的颜色，因此，我们没多少机会使用颜色关键字，也自然很难有机会踩到这个坑。

| 规范 | 颜色 | 关键字 | RGB hex值 | 实时表现 |
|---|---|---|---|---|
| CSS Level 1 | | black | #000000 | |
| | | silver | #c0c0c0 | |
| | | gray [*] | #808080 | |
| | | white | #ffffff | |
| | | maroon | #800000 | |
| | | red | #ff0000 | |
| | | purple | #800080 | |
| | | fuchsia | #ff00ff | |
| | | green | #008000 | |
| | | lime | #00ff00 | |
| | | olive | #808000 | |
| | | yellow | #ffff00 | |
| | | navy | #000080 | |
| | | blue | #0000ff | |
| | | teal | #008080 | |
| | | aqua | #00ffff | |
| CSS Level 2 (Revision 1) | | orange | #ffa500 | |

图 9-1 CSS 世界支持的颜色关键字

事情还没有结束，接下来，关于颜色名称，还有一个很有意思但很多人都不知道的特性表现，那就是：如果浏览器无法识别颜色关键字，那么 HTML 中对颜色关键字的解析和 CSS 中的会不一样。

这里有必要好好解释一下。大家应该都知道，传统 HTML 的部分属性可以直接支持 color 属性，例如：

```
<font color="pink">少女色</font>
```

同时，我们也可以通过 style 属性书写 color 声明。例如：

```
<font style="color:pink;">少女色</font>
```

如果浏览器认识这些颜色关键字，则该什么颜色就显示什么颜色；但是，如果浏览器无法识别这些颜色关键字，则两种书写的最终表现会有差异。

在 HTML 中，会使用其他算法将非识别颜色关键字转换成另外一个完全不同的颜色值；而在 CSS 中则是直接使用默认颜色值。

例如，我们使用 CSS4 水平的颜色关键字 rebeccapurple 做测试，HTML 代码如下：

```
<h1 style="color:rebeccapurple;">CSS 色和<font color="rebeccapurple">HTML 色</font>
解析差异测试</h1>
```

IE9 浏览器下的结果如图 9-2 所示。

CSS色和HTML色解析差异测试

图 9-2 IE9 浏览器下“HTML 色”显示为绿色

IE11 浏览器下的结果则如图 9-3 所示。

CSS色和HTML色解析差异测试

图 9-3 IE11 浏览器下所有文字都是偏紫色的

## 9.1.2　不支持的 transparent 关键字

transparent 关键字是一个很有意思的关键字，background-color:transparent 包括 IE6 浏览器都支持，border-color:transparent 从 IE7 浏览器开始支持，但是 color: transparent 却从 IE9 浏览器才开始支持。

我确定 color:transparent 原生 IE8 浏览器不支持，会使用默认颜色代替。不要拿兼容模式下的测试结果说事儿，那是不准的。高版本 IE 浏览器下的 IE8 兼容模式 color: transparent 确实可以让文字透明，但是 IE8 用户都是使用原生 IE8 的。

## 9.1.3　不支持的 currentColor 变量

currentColor 变量是个好东西，可以使用当前 color 计算值，即所谓颜色值。但是同样地，IE9+浏览器才支持它。

实际上，CSS 中很多属性值默认就是 currentColor 的表现，我们一般（除了部分浏览器 animation 需要）无须画蛇添足地再声明这个关键字。如 border、text-shadow、box-shadow 等，尤其 border，包括 IE7 在内的浏览器都是如此特性。因为我们使用图形生成的时候，尽量使用 border 属性，所以 hover 变色只需要控制 color 值就可以了。例如：

```
.test {
   color: red;
   border: 2px solid;
}
```

没有必要这么使用：

```
.test {
   color: red;
   border: 2px solid currentColor;
}
```

## 9.1.4　不支持的 rgba 颜色和 hsla 颜色

CSS 世界的 color 属性支持十六进制颜色、rgb 颜色。十六进制颜色指的是长得像 #000000 或#000 这样的颜色，我们在 CSS 中用得最频繁的就是这种格式的颜色。为什么呢？因为字符数目最少，书写更快，渲染性能更高。

rgb 颜色实际上和十六进制颜色是近亲，都归属于 rgb 颜色，只是进制有差异。rgb 格式从我入行起浏览器就支持了，除了支持数值颜色，如 rgb(255, 0, 51)，还支持百分比 rgb 颜色，如 rgb(100%, 0%, 20%)，这个很多人应该是不知道的。

rgb 数值格式只能是整数，不能是小数，否则，包括各 IE 以及 Chrome 在内的浏览器都会无视它。下面是一些支持和不支持 rgb 数值格式的示例：

```
/* 下面这些都是同一个 RGB 颜色： */
 #f03
```

```
#F03
#ff0033
#FF0033
rgb(255,0,51)
rgb(255, 0, 51)
rgb(255, 0, 51.2) /* 无效！整数，不能小数 */
rgb(100%,0%,20%)
rgb(100%, 0%, 20%)
rgb(100%, 0, 20%) /* 无效！整数和百分比不能在一起使用 */
```

但 color 属性并不支持 hsl 颜色、rgba 颜色和 hsla 颜色。

hsl 颜色是 CSS3 才出现的颜色表现格式，IE9+浏览器才支持。和 rgb 分别表示 red、green、blue 一样，hsl 颜色的 3 个字母也有自己的含义。其中，h 表示 hue，是色调的意思，取值 0～360，大致按照数值红、橙、黄、绿、青、蓝、紫变化节奏；s 表示 saturation（饱和度），用 0～100%表示，值越大饱和度越高，颜色越亮，通常我们评价某设计“亮瞎我们的眼”，就是“这个设计颜色饱和度太高”的另一种说法；l 表示 lightness（亮度），也用 0～100%表示，值越高颜色越亮，100%就是白色，50%则是正常亮度，0%就是黑色。

在取色器中，hsl 颜色非常管用，有助于迅速选取我们想要的颜色值，或者根据现有颜色得到近似色。比方说，我们要实现一个 hover 效果，hover 一个色块，然后颜色加深，怎么实现呢？使用 rgb 很不方便，而使用 hsl 则很简单，我们只要把 l（也就是亮度）稍微调低一点儿就可以了。

最后，CSS3 中的颜色支持 Alpha 透明通道，于是就有了 rgba 颜色和 hsla 颜色，a 表示透明度，取值在 0～1，0 表示完全透明，1 表示实色无透明。如果使用小数，前面的 0 可以省略，能节约一个字符大小。

```
rgba(255,0,0,.7)
hsla(240,100%,50%, .7)
```

更深入、更有趣的知识这里就不展开了。

### 9.1.5 支持却鸡肋的系统颜色

“系统颜色”指的是什么呢？

我们都知道，Windows 操作系统的不同主题的弹框、工具栏之类的颜色都是不一样的，这些不一样的颜色就称为系统颜色。在 Web 中，我们也可以使用这些颜色，我们可以实现和系统主题风格类似的 Web 组件皮肤效果。

那么，都有哪些系统颜色关键字呢？

下面是我做的一些整理。注意，这些是跟着系统走的，不是所有的系统都支持，而且有些值是跟着浏览器走的，在 Chrome 浏览器下可能是淡灰色，而在 IE 下可能是白色等，如图 9-4 所示（图截自 Chrome）。

如此上世纪风格的色值表现和当下设计风格格格不入，加上色值跟着系统走，最终表现不可控，使得在实际项目中几乎没有任何使用系统颜色的理由，给人感觉比较鸡肋。

图 9-4　系统颜色关键字值和示意

系统颜色虽然又冷门又不好看，但其实也是可以在实际项目中有所应用的。举两个我自己实践的案例：一是在编辑器中模拟块状内容（非图片、非文字）被选中效果，为了和原生选中的效果一样，使用了系统颜色，以假乱真，看不出是模拟的；二是集成了众多模块的工具页面需要有一个即时取色配色功能，主要是给设计师用的。显然，传统的 skin1.css、skin2.css 预先全部写好再切换的方式是不行的，因为模块是分散且独立的，色值是不确定的，也不能说入库走变量或者运行 Node.js 工具什么的，开发和维护成本都很高，因此最好纯 Web 前端解决。可以采用使用系统色作为模块的 CSS 色值的方式实现。其好处在于以下两点。

（1）系统颜色本身有颜色，我们的模块是可以即时预览的，双击 html 模块文件就可以，没有任何其他依赖。

（2）系统颜色名称都比较高冷，非常适合作为变量，替换时不会发生冲突。

于是，当我们选取某一颜色后，只要把所有 CSS 中的系统颜色变量替换成选中的色值，任意组装的模块的即时配色的效果就实现了。

## 9.2 CSS 世界的 background 很单调

CSS 世界中的 background 大部分有意思的内容都是在 CSS3 新世界中才出现的，如 Multiple backgrounds（多背景）、background-size（背景尺寸）、background-origin（背景初始定位盒子）、background-clip（背景剪切盒子）等。

相比之下，CSS 世界支持的 background 那点东西就显得比较单调了，毕竟那个时代以图文展示为主，装饰和美化并不是重点。

当我们使用 background 属性的时候，实际上使用的是一系列 background 相关属性的集合，包括：

- background-image: none
- background-position: 0% 0%
- background-repeat: repeat
- background-attachment: scroll
- background-color: transparent

如果是 IE9+浏览器，则还包括：

- background-size: auto auto
- background-origin: padding-box
- background-clip: border-box

本书仅介绍浏览器都支持的上面 5 个 background 相关属性，虽然相比之下有些单调，但一些小故事还是有的。

### 9.2.1 隐藏元素的 background-image 到底加不加载

隐藏元素的 background-image 到底加不加载呢？想必这是一个很多人都感兴趣的问题。

根据我的测试，一个元素如果 display 计算值为 none，在 IE 浏览器下（IE8～IE11，更高版本不确定）依然会发送图片请求，Firefox 浏览器不会，至于 Chrome 和 Safari 浏览器则似乎更加智能一点：如果隐藏元素同时又设置了 background-image，则图片依然会去加载；如果是父元素的 display 计算值为 none，则背景图不会请求，此时浏览器或许放心地认为这个背景图暂时是不会使用的。

IE8 浏览器支持 base64 图片，包括在 background-image 属性中使用，可以节约一个网络请求。但是，base64 图片的渲染性能并不高，只适合尺寸比较小的图片，大尺寸图片慎用。

如果想用 background-image 实现鼠标光标经过变换图片的效果（例如，灰色的关闭图片鼠标光标经过变成深色），则务必将这两张图片合并在一张图片上，除了减少请求外，这样做更重要的好处是交互体验更好了。如果图片不合在一起，当鼠标光标经过的时候，就会去请求另外一张图片的地址，如果这个图片没有被缓存，则请求发出去到图片显示是有一段时间的，很容易出现鼠标光标经过关闭图片，结果图片消失的情况，实际上图片不是消失了，而是还在请求的路上。

## 9.2.2　与众不同的 background-position 百分比计算方式

CSS 中有一类属性值被称作<position>值，表示一种 CSS 数据类型、二维坐标空间，用于设置相对盒子的坐标。

<position>值支持 1～4 个值，可以是具体数值，也可以是百分比值，还可以是 left、top、right、center 和 bottom 等关键字。图 9-5 给出了经典的示意。

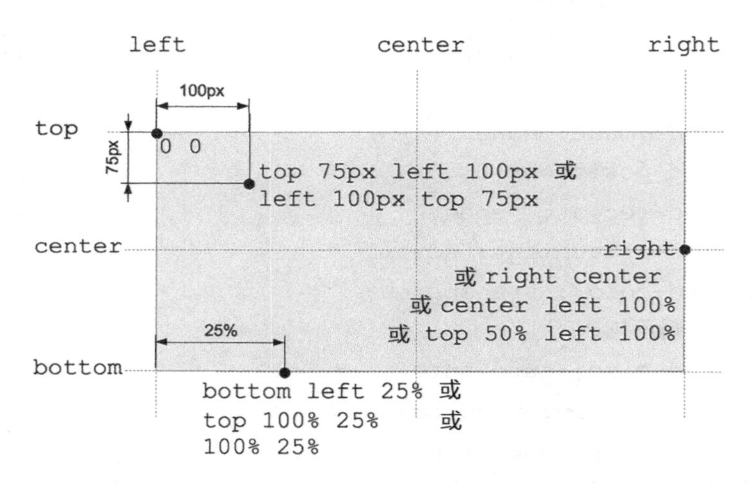


图 9-5　<position>值经典示意

如果缺省偏移关键字，则会认为是 center，因此 background-position:top center 可以直接写成 background-position:top。

IE8 浏览器最多只支持同时出现 2 个值，从 IE9 开始支持同时出现 3 个值或 4 个值，作用是指定定位的偏移计算从哪个方位算起。例如：

```
background-position: right 40px bottom 20px;
```

表示距离右边缘 40 像素，距离底边缘 20 像素。

<position>值也支持百分比值，不过其表现与 CSS 中其他的百分比单位表现都不一样。例如，一个图片：

```
img { position: absolute; left: 100%; }
```

一定是在包含块的外部。但是，在<position>值中却是不一样的表现，如图 9-6 所示。其中，上面美女图片是 background-position:100% 0%定位，下面半透明的美女图片是 left:100%定位。位置明显不一样，主要是<position>值的百分比值有着特殊的计算公式：

```
positionX = (容器的宽度 - 图片的宽度) * percentX;
positionY = (容器的高度 - 图片的高度) * percentY;
```

因此，当 background-position:100% 100%时候，实际定位值就是容器尺寸和图片尺寸的差，于是就有了右下角所示的定位效果。

有了这个公式，我们也就能理解百分比负值的一些表现了。比方说，你觉得下面这行 CSS 代码对应图片的表现是怎样的？

```
background-position: -50% -50%;
```

是不是觉得图片应该是定位在容器的左上角，并有部分区域超出不可见？但是，实际出现的效果如图 9-7 所示，接近于下面 CSS 代码的效果：

```
background-position: 40px 10px;
```

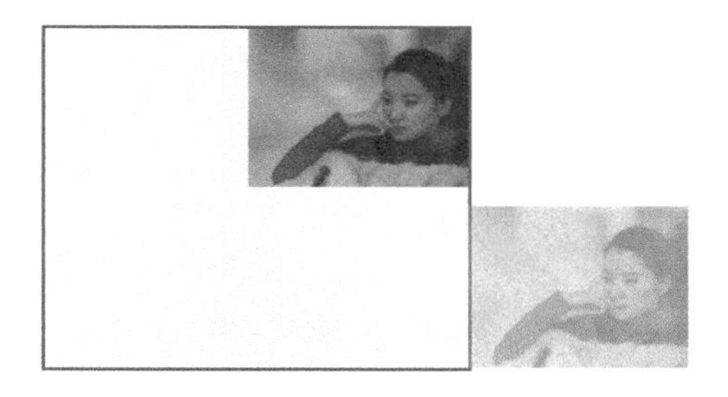

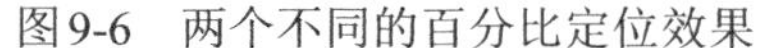

图9-6　两个不同的百分比定位效果

图9-7　负值百分比定位图片在容器内效果示意

深受传统百分比定位迷惑的我们可能一时会想不通，明明是个负值百分比定位，怎么会是一个正值效果呢？我们套用<position>百分比值计算公式，就豁然开朗了！

此案例中容器尺寸是 160×160，图片尺寸是 256×192，图片尺寸大于容器尺寸，所以：

- (容器的宽度−图片的宽度) × (-50%) 的结果是个正值；
- (容器的高度−图片的高度) × (-50%) 的结果也是个正值。

因此，最终的表现并不是图片定位在容器外，而是定位在容器内。

### 9.2.3 background-repeat 与渲染性能

background-repeat 支持 repeat、repeat-x、repeat-y 这几个值，语义清晰，兼容性好，没什么有趣的故事。background-repeat 以前用得很多，但如今设计趋势是喜欢扁平和纯色，其使用频率下降明显，反倒是在实现一些复杂纹理或者配合“蝉原则”实现随机背景这些比较新潮的地方见到的比较多。

唯一值得一提的一个小知识点就是 background-repeat 的性能。举个例子，要实现某黑色半透明遮罩背景，因为 IE8 并不支持 rgba 半透明背景色，所以为了兼容我们决定使用一个半透明图片代替，假设图片名为 alpha.png，则 CSS 代码如下：

```
.overlay {
  background: url(alpha.png);
  background: rgba(0,0,0,.75);
}
```

然后有些人为了追求极致，就把 alpha.png 做成了 1 像素×1 像素大小，确实图片尺寸小了那么一点点，但是遮罩背景出现的时候会有明显的卡顿，体验非常不好。究其原因，就是平铺图片尺寸太小，平铺次数太多，渲染太吃力，其实我们大可把背景图保存成 100 像素×100 像素大小，这样一来，图片尺寸并没有大多少，但是渲染性能却有明显提升。

## 9.2.4　外强中干的 background-attachment:fixed

background-attachment:fixed 怕是很多人都没用过，甚至都没见过。这是一个 IE7 浏览器就开始支持的 CSS 声明。在 CSS 世界中，background-attachment 支持 scroll 和 fixed 两个属性值，其中 scroll 是默认值，就是平常使用背景图的效果表现；fixed 表示背景相对于当前文档视区定位，也就是页面再怎么滚动背景图片位置依旧纹丝不动，稳若泰山。

听上去，background-attachmen:fixed 应该和 position:fixed 声明一样，是个很厉害的角色才对。但实际上其外强中干，在某些场合它确实很厉害，但是局限太大，没法实用。

图 9-8　方块区域可拖曳，移动到哪里哪里就模糊

举个例子。要实现一个图片局部动态模糊效果，如图 9-8 所示。此时，background-attachment:fixed 就可以大显神威了：

```
.box {
  width: 256px; height: 192px;
  background-image: url(1.jpg);
  background-attachment: fixed;
  position: relative;
  overflow: hidden;
}
.box > .drag {
  width: 100px; height: 100px;
  background: inherit;
  filter: blur(5px);
  cursor: grab;
  position: absolute;
}
```

此时，只要.drag 元素动态改变 left/top 值，我们的功能就实现了。因为.drag 元素的 background 继承于父元素.box，同样的背景图，同样的 background-attachment: fixed

锁定，根本就不需要 JavaScript 动态改变 background-position 位置，因为元素都是相对于文档视区定位的。

图 9-9 页面滚动时候，背景定位完全不合乎预期

这看似美好，却有一个很大的局限性，那就是页面的高度不能超过一屏，因为页面一旦可以滚动，效果就完全被毁掉，背景图立马就显示不全了，因为元素被滚走了，但是背景图还是固定的。如图 9-9 所示。

而绝大多数网页都是可滚动的，这就让 background-attachment:fixed 只能局限于窗体背景图的使用上。当然，也有不太好的支持方法，就是 background-attachment: fixed 交互做出一个独立的小页面，然后主页面使用一个小的 iframe 嵌套。

IE9 及以上版本浏览器新增了一个 background- attachment 属性值 local，难道它就是用来解决上面的“不合乎预期”的现象的？不好意思，你想多了，它们不是一路的。local 的作用是，如果.box 元素可以滚动，则.box 元素的背景图也可以被滚走，默认的 scroll 值是固定的，和 fixed 无半点儿关系。

## 9.2.5 background-color 背景色永远是最低的

什么意思呢？就是 background 无论是单背景图还是多背景图，背景色一定是在最底下的位置。知道这一特性有什么作用呢？为了及时准确反馈用户的点击行为，我们会在链接或按钮元素上增加:active 样式，通常的思路是:active 时变换一下背景色，但是这样有一个很大的问题，即每个按钮的背景色都是不一样的，那岂不是要写很多个:active 样式？有没有什么整站通用的简单代码呢？当然有。我们可以试试使用背景图片代替背景色。例如：

```
a[href]:active, button:active {
  background-image: linear-gradient(to top, rgba(0,0,0,.05), rgba(0,0,0,.05));
}
```

因为背景色一定是在最底下的位置，所以这里的 background-image 一定是覆盖在按钮等元素背景色之上的，不会影响按钮原来的背景色。

如果是桌面端 Web 项目，需要兼容 IE8 和 IE9 浏览器，我的建议是使用一个同等效果的 PNG 图片代替，具体代码如下：

```
a[href]:active, button:active {
  /* IE8, IE9 */
  background-image: url(data:image/png;base64,iVBORw0KGgoAAAANSUhEUgAAAAoAAAAKCAY
AAACNMs+9AAAAGXRFWHRTb2Z0d2FyZQBBZG9iZSBJbWFnZVJlYWR5ccllPAAAABhJREFUeNpiZGBg4Gug
AjCOKqSvQoAAAwB65ACNoFNUMwAAAABJRU5ErkJggg==);
  /* IE10+ */
  background-image: linear-gradient(to top, rgba(0,0,0,.05), rgba(0,0,0,.05));
}
```

大功告成！

### 9.2.6　利用多背景的属性 hack 小技巧

虽然 IE8 浏览器并不支持多背景，但是并不表示 IE8 浏览器和多背景效果无缘。因为 IE8 浏览器支持:before 和:after 两个伪元素，所以配合 z-index 负值，我们可以实现最多 3 个图片的多背景效果，对绝大部分的需求来说足够了。

另外，我们还可以利用多背景来区分特定的浏览器。举个例子，IE9 是支持 SVG 背景图片的，但 IE8 不支持，于是我们可以让 IE8 浏览器加载 PNG 图片，而 IE9 及以上版本浏览器加载 SVG 图片，这样就不用使用烦人的多倍图了。下面问题来了，如何有效地区分 IE8 和 IE9 浏览器呢？

常用的:root .ie9 {} hack 技巧会提高元素的权重，并不是一个完美的方法，而巧用一些 CSS3 属性或属性值做兼容处理则是上乘的技术策略。例如，这里就可以这样处理：

```
.bg {
  background: url(icon.png);
  background: url(icon.svg), none;
}
```

IE8 浏览器不认识多背景的写法，自然会忽略第二行声明，只认第一行的 PNG 背景，IE9 及以上版本浏览器则会使用后面的声明使用 SVG 图片。

趁热打铁，请问如果要区分 IE9 及以下版本和 IE10 及以上版本，该怎么办呢？我们可以这么处理：

```
.bg {
  background: url(loading.gif);
  background: url(loading.png), linear-gradient(to top, transparent, transparent);
}
```

IE9 不认识 CSS3 渐变，因此会忽略第二行 CSS 声明。

### 9.2.7　渐变背景和 rgba 背景色的兼容处理

IE9 浏览器不支持背景渐变，不过，也是有手段可以做兼容的，那就是使用 IE 私有的渐变滤镜。例如，一个红蓝渐变，可以使用下面的代码：

```
filter: progid:DXImageTransform.Microsoft.gradient(startcolorstr=red, endcolorstr=
blue, gradientType=1);
```

这行滤镜代码主要有 3 个参数，依次是 startcolorstr、endcolorstr 和 gradient Type。其中 gradientType=1 代表横向渐变，gradientType=0 代表纵向渐渐变，startcolorstr 代表渐变起始的色彩。除了使用颜色关键字，还可以使用十六进制颜色表示法，如 startcolorstr=#FF0000；endcolorstr 代表渐变结尾的色彩，也支持十六进制颜色表示法，如 endcolorstr=#0000FF。

想要渐变半透明怎么办？可以使用 IE 浏览器的 8 字符的十六进制颜色表示法，其格式为 #AARRGGBB，AA、RR、GG、BB 均为十六进制正整数，取值范围为 00～FF。RR 指定红色值，GG 指定绿色值，BB 指定蓝色值，AA 指定透明度。00 表示完全透明，FF 表示完全不透明。超出取值范围的值将被恢复为默认值。例如，渐变起始红色可以写成 startcolorstr=#FFFF0000。

有些人并不清楚如何将 0～1 的 CSS3 标准透明度值转换成十六进制。事实上，可以这样处理：打开浏览器控制台，假设需要转换的透明度是 opacity，则可以输入下面的代码再回车：

```
Math.round(256 * opacity).toString(16);
```

综上所述，要想实现一个 100%红色到 50%透明度蓝色垂直渐变，可以使用如下代码组合：

```
.gradient {
  filter:
progid:DXImageTransform.Microsoft.gradient(startcolorstr=#FFFF0000,endcolorstr=#7
F0000FF,gradientType=0);
  background: linear-gradient(to bottom, red, rgba(0,0,255,.5));
}
```

IE8 浏览器不支持 rgba 半透明背景色，除了使用 PNG 图片外，也可以使用渐变滤镜来兼容。例如，要实现 50%半透明的黑色背景，可以这样做：

```
.bgcolor {
  background: rgba(0,0,0,.5);
  filter: progid:DXImageTransform.Microsoft.gradient(startcolorstr=
#7F000000,endcolorstr=#7F000000);
}
:root .bgcolor {
  filter: none;
}
```

让渐变起始色和结束色保持一致，就可以实现纯半透明背景色效果了。在 IE9 浏览器下，rgba 半透明和 filter 渐变会同时起作用，因此使用:root 选择器重置了一下。

# 第 10 章

# 元素的显示与隐藏

使用 CSS 让元素不可见的方法很多，剪裁、定位到屏幕外、明度变化等都是可以的。虽然它们都是肉眼不可见，但背后却在多个维度上都有差别。

下面是我总结的一些比较好的隐藏实践。

- 如果希望元素不可见，同时不占据空间，辅助设备无法访问，同时不渲染，可以使用<script>标签隐藏。例如：

```
<script type="text/html">
  <img src="1.jpg">
</script>
```

  此时，图片 1.jpg 是不会有请求的。<script>标签是不支持嵌套的，因此，如果希望在<script>标签中再放置其他不渲染的模板内容，可以试试使用<textarea>元素。例如：

```
<script type="text/html">
  <img src="1.jpg">
  <textarea style="display:none;">
    <img src="2.jpg">
  </textarea>
</script>
```

  图片 2.jpg 也是不会有请求的。

  另外，<script>标签隐藏内容获取使用 script.innerHTML，<textarea>使用 textarea.value。

- 如果希望元素不可见，同时不占据空间，辅助设备无法访问，但资源有加载，DOM 可访问，则可以直接使用 display:none 隐藏。例如：

```
.dn {
  display: none;
}
```

- 如果希望元素不可见，同时不占据空间，辅助设备无法访问，但显隐的时候可以有 transition 淡入淡出效果，则可以使用：

```
.hidden {
  position: absolute;
  visibility: hidden;
}
```

- 如果希望元素不可见，不能点击，辅助设备无法访问，但占据空间保留，则可以使用 visibility:hidden 隐藏。例如：

```
.vh {
  visibility: hidden;
}
```

- 如果希望元素不可见，不能点击，不占据空间，但键盘可访问，则可以使用 clip 剪裁隐藏。例如：

```
.clip {
  position: absolute;
  clip: rect(0 0 0 0);
}
.out {
  position: relative;
  left: -999em;
}
```

- 如果希望元素不可见，不能点击，但占据空间，且键盘可访问，则可以试试 relative 隐藏。例如，如果条件允许，也就是和层叠上下文之间存在设置了背景色的父元素，则也可以使用更友好的 z-index 负值隐藏。例如：

```
.lower {
  position: relative;
  z-index: -1;
}
```

- 如果希望元素不可见，但可以点击，而且不占据空间，则可以使用透明度。例如：

```
.opacity {
  position: absolute;
  opacity: 0;
  filter: Alpha(opacity=0);
}
```

- 如果单纯希望元素看不见，但位置保留，依然可以点可以选，则直接让透明度为 0。例如：

```
.opacity {
  opacity: 0;
  filter: Alpha(opacity=0);
}
```

读者可以根据实际的隐藏场景选择合适的隐藏方法。不过，实际开发场景千变万化，上面罗列的实践不足以覆盖全部情形。例如，在标签受限的情况下希望隐藏某文字，可能使用 text-indent 缩进是最友好的方法。如果希望显示的时候可以加一个 transition 动画，就可能要使用 max-height 进行隐藏了。例如：

```
.hidden {
 max-height: 0;
 overflow: hidden;
}
```

此案例在 3.3 节的 max-height 部分已有展示，这里就不多说了。

## 10.1　display 与元素的显隐

对一个元素而言，如果 display 计算值是 none 则该元素以及所有后代元素都隐藏，如果是其他 display 计算值则显示。

display 可以说是 Web 显隐交互中出场频率最高的一种隐藏方式，是真正意义上的隐藏，干净利落。人们对它的认识也比较准确，无法点击，无法使用屏幕阅读器等辅助设备访问，占据的空间消失，但很多人就仅局限于此了，实际上，display:none 的故事并不只有这么一点点。

在 Firefox 浏览器下，display:none 的元素的 background-image 图片是不加载的，包括父元素 display:none 也是如此；如果是 Chrome 和 Safari 浏览器，则要分情况，若父元素 display:none，图片不加载，若本身背景图所在元素隐藏，则图片依旧会去加载；对 IE 浏览器而言，无论怎样都会请求图片资源。

CSS 和 HTML 代码如下：

```
.bg1 {
  background: url(1.png);
}
.bg2 {
  background: url(2.png);
}
<div hidden class="bg1"></div>
<div hidden><div class="bg2"></div></div>
```

在 Chrome 浏览器下的网络请求如图 10-1 所示。

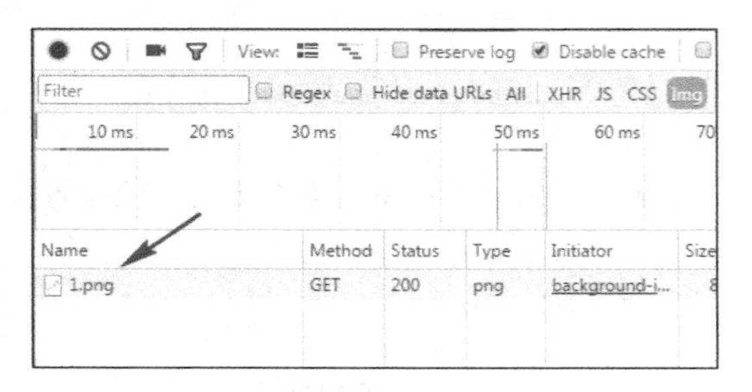


图 10-1　Chrome 浏览器下图片请求

我们发现只加载了 1.png，因此，在实际开发的时候，如头图轮播切换效果，那些默认需要隐藏的图片作为背景图藏在隐藏元素的子元素上，微小的改动就可以明显提升页面的加载体验，可以说是非常实用的小技巧。

另外，如果不是 background-image 图

片，而是<img>元素，则设置 display:none 在所有浏览器下依旧都会请求图片资源。

照理说，display:none 的元素应该是无法被点击的，display:none 可以非常彻底地隐藏，肯定不能点击啊！但是，下面这种情况却例外：

```
<form>
  <input id="any" type="submit" style="display:none;">
  <label for="any">提交</label>
</form>
```

此处 submit 类型的“提交”按钮设置了 display:none，但是当我们点击“提交”的时候，隐藏的按钮依然会触发 click、触发表单提交，此现象出现在 IE9 及以上版本浏览器以及其他现代浏览器中。

设置 display:none 的意义在于，当按钮和<label>元素不在一个水平线上的时候，点击<label>元素不会触发锚点定位。但是我并不推荐这么做，因为 submit 按钮会丢失键盘可访问性。

HTML 中有很多标签和属性天然 display:none，如<style>、<script>和 HTML5 中的<dialog>元素（如果浏览器支持）。如果这些标签在<body>元素中，设置 display: block 是可以让内联 CSS 和 JavaScript 代码直接在页面中显示的。例如：

```
<style style="display:block;">
.l { float: left; }
</style>
```

页面上就会出现.l { float: left; }的文本信息；如果再设置 contenteditable="true"，在有些浏览器下（如 Chrome），甚至可以直接实时编辑预览页面的样式。

还有一些属性也是天然 display:none 的。例如，hidden 类型的<input>输入框：

```
<input type="hidden" name="id" value="1">
```

专门用来放置类似 token 或者 id 这样的隐藏信息，这也说明表单元素的显示与隐藏并不影响数据的提交，其真正影响的是 disabled 属性。

HTML5 中新增了 hidden 这个布尔属性，可以让元素天生 display:none 隐藏。例如：

```
<div hidden>看不见我</div>
```

IE11 以及其他现代浏览器都支持它，因此，如果要兼容桌面端，需要如下 CSS 设置：

```
[hidden] {
  display: none;
}
```

display:none 显隐控制并不会影响 CSS3 animation 动画的实现，但是会影响 CSS3 transition 过渡效果执行，因此 transition 往往和 visibility 属性走得比较近。

对于计数器列表元素，如果设置 display:none，则该元素不加入计数队列。举个例子，10 个列表从 1 开始递增，假设第二个列表设置了 display:none，则原来的第三个列表计数变成 2，最后总计数是 9。

# 10.2　visibility 与元素的显隐

## 10.2.1　不仅仅是保留空间这么简单

有一些人简单地认为 display:none 和 visibility:hidden 两个隐藏的区别就在于：display:none 隐藏后的元素不占据任何空间，而 visibility:hidden 隐藏的元素空间依旧保留。实际上并没有这么简单，visibility 是一个非常有故事的属性。

### 1. visibility 的继承性

首先，它最有意思的一个特点就是继承性。父元素设置 visibility:hidden，子元素也会看不见，究其原因是继承性，子元素继承了 visibility:hidden，但是，如果子元素设置了 visibility:visible，则子元素又会显示出来。这个和 display 隐藏有着质的区别。

我们看一个例子来切实感受一下，HTML 代码如下：

```
<ul style="visibility:hidden;">
   <li style="visibility:visible;">列表 1</li>
   <li>列表 2</li>
   <li>列表 3</li>
   <li style="visibility:visible;">列表 4</li>
</ul>
```

列表父元素 visibility:hidden，千万不要想当然地认为此时所有子元素就都不可见了，最终效果如图 10-2 所示，“列表 1”和“列表 4”依旧清晰可见。

眼见为实，手动输入 http://demo.cssworld.cn/10/2-1.php 或者扫右侧的二维码。

这种 visibility:visible 后代可见的特性，在实际开发的时候非常有用。例如，它可以让异步加载时体验更好。举个我上周项目中遇到的案例，使用头像上传功能，上传完毕要进入剪裁界面，界面如图 10-3 所示。

• 列表1

• 列表4

图 10-2　visibility 继承性演示效果

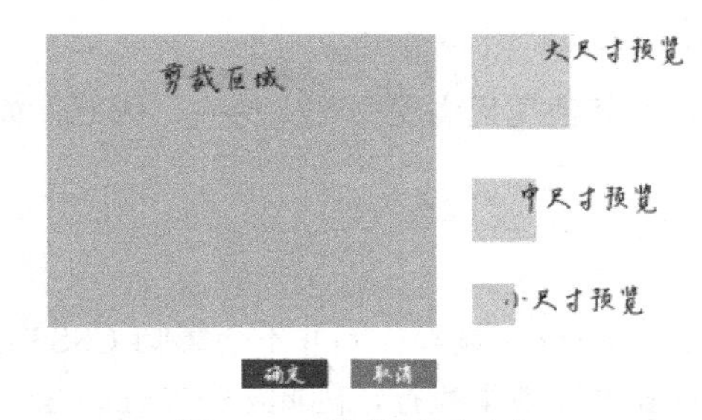


图 10-3　剪裁界面示意

这里就有一个异步的过程，后端只返回了一个图片地址，我们需要先动态获取图片尺寸，再去计算，以便准确显示缩略效果以及初始化剪裁功能。比较差一点儿的方法就是先用默认头像占位，等获取到图片尺寸后再替换，或者借助 visibility 属性。

模块外部容器设置 visibility:hidden，剪裁区域里面放一个加载效果，设置 visibility:visible。图片尺寸获取成功后，再正常初始化，然后让外部容器 visibility 属性重置为 visible。这样体验就会好很多，用户只会看到“加载中→剪裁界面”，而不是“占位界面→加载中→最终操作界面”。

HTML 示意如下：

```
<div style="visibility:hidden;">
  <div class="main-box">
    <div class="operate-box">
      <i class="icon-loading" style="visibility:visible;">
       加载中...
      </i>
    </div>
    <div class="button-box">
      <button>确定</button>
      <button>取消</button>
    </div>
  </div>
  <div class="preview-box">
    大，中，小预览图...
  </div>
</div>
```

### 2. visibility 与 CSS 计数器

visibility:hidden 不会影响计数器的计数，这和 display:none 完全不一样。举个例子，如下 CSS 和 HTML 代码：

```
.vh {
  visibility: hidden;
}
.dn {
  display: none;
}
ol {
  border: 1px solid;
  margin: 1em 0;
  counter-reset: test;
}
li:after {
  counter-increment: test;
  content: counter(test);
}
<ol>
  <li>列表</li>
  <li class="dn">列表</li>
  <li>列表</li>
  <li>列表</li>
```

```
</ol>
<ol>
  <li>列表</li>
  <li class="vh">列表</li>
  <li>列表</li>
  <li>列表</li>
</ol>
```

结果如图 10-4 所示。

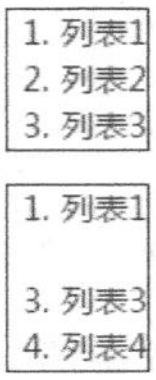

可以看到，visibility:hidden 虽然让其中一个列表不可见了，但是其计数效果依然在运行。相比之下，设置 display:none 的列表就完全没有参与计数运算。

1. 列表1
2. 列表2
3. 列表3

1. 列表1

3. 列表3
4. 列表4

图 10-4　visibility 和 display 隐藏与 CSS 计数器效果

### 3. visibility 与 transition

下面的 CSS 是会让.box 元素 hover 时显示.target 子元素，但不会有过渡效果：

```
.box > .target {
  display: none;
  position: absolute;
  opacity: 0;
  transition: opacity .25s;
}
.box:hover > .target {
  display: block;
  opacity: 1;
}
```

但是，下面的 CSS 语句却可以让.target 子元素有淡出的过渡效果：

```
.box > .target {
  position: absolute;
  opacity: 0;
  transition: opacity .25s;
  visibility: hidden;
}
.box:hover > .target {
  visibility: visible;
  opacity: 1;
}
```

这是为什么呢？因为 CSS3 transition 支持的 CSS 属性中有 visibility，但是并没有 display。

由于 transition 可以延时执行，因此，和 visibility 配合可以使用纯 CSS 实现 hover 延时显示效果，由此提升我们的交互体验。

图 10-5 所示是一个很常见的 hover 悬浮显示列表效果，而且有多个触发点相邻，对于这种 hover 交互，如果在显示的时候增加一定的延时，可以避免不经意触碰导致覆盖目标元素的问题。例如，图 10-5 虽然显示的是第一行的下拉列表，但真相即可能是：我本来想去 hover

第二行的“操作”文字，但是由于鼠标光标移动路径不小心经过了第一行的“操作”，结果把第二行本来 hover 的“操作”覆盖了，必须重新移出去，避开干扰元素，重新 hover 才行。如此一来，体验就不好了。

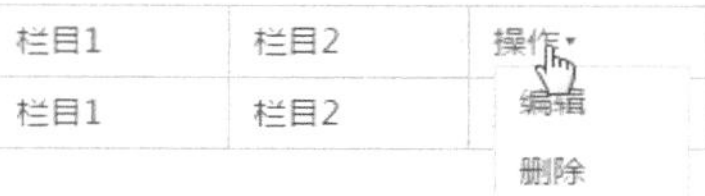


图 10-5 hover 显示列表示意

但是有了 visibility 属性和 transition 延时，我们就可以把这种不悦的体验消除掉，关键的 HTML 和 CSS 代码如下：

```
<td>
  <a href>操作▾</a>
  <div class="list">
    <a href>编辑</a>
    <a href>删除</a>
  </div>
</td>
.list {
  position: absolute;
  visibility: hidden;
}
td:hover .list {
  visibility: visible;
  transition: visibility 0s .2s;
}
```

transition 在 hover 时候声明可以让鼠标光标移出的时候列表无延时地迅速隐藏。

有了上面的 CSS 处理，当我们鼠标光标奔向第二行的“操作”按钮，但不小心经过第一行“操作”按钮时，就不会发生瞬间出现列表而覆盖目标元素的问题了。大家可以手动输入 http://demo.cssworld.cn/10/2-3.php 这个地址亲自感受一下。

transition 隐藏除了和 transition 友好外，与 display:none 相比，其在 JavaScript 侧也更加友好。存在这样的场景：我们需要对隐藏元素进行尺寸和位置的获取，以便对交互布局进行精准定位。此时，建议使用 visibility 隐藏：

```
.hidden {
  position: absolute;
  visibility: hidden;
}
```

原因是，我们可以准确计算出元素的尺寸和位置，如果使用的是 display:none，则无论是尺寸还是位置都会是 0，计算就会不准确。例如，假设 element 是页面上某个 display:none 隐藏元素 DOM 对象，则：

```
console.log('clientWidth: ' + element.clientWidth);
console.log('clientHeight: ' + element.clientHeight);
console.log('clientLeft: ' + element.clientLeft);
console.log('clientTop: ' + element.clientTop);
console.dir(element.getBoundingClientRect());
```

结果会如图 10-6 显示的那样全部都是 0。

不仅如此，transition 隐藏在无障碍访问这一块也比 display:none 更友好些。举个例子，对于一个点击遮罩层就隐藏遮罩层的交互，很多人可能是这么实现的：

```
overlay.onclick = function () {
  this.style.display = 'none';
};
```

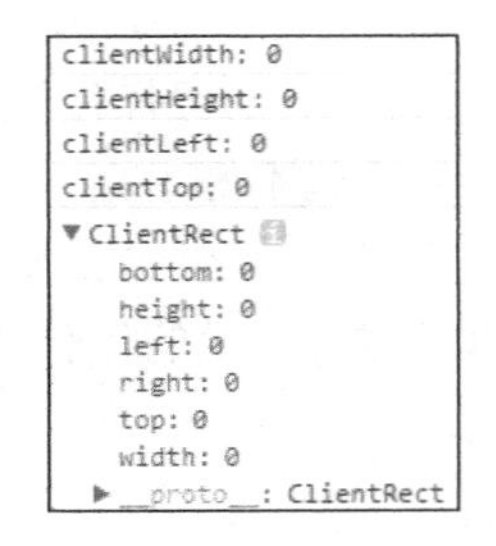


图 10-6　display:none 元素尺寸和位置计算值全部都是 0

如果不考虑无障碍访问，这么实现也算干脆利落；但如果要兼顾无障碍访问，则使用 display:none 就没有使用 visibility 友好了。

视觉障碍用户对页面状态变化都是通过声音而非视觉感知，因此，就有必要告知准确的状态信息。下面就是遮罩浮层的一些描述，显示时和隐藏时分别如下：

```
<div class="overlay" role="button" title="点击关闭浮层"></div>
<div class="overlay hidden" role="button" title="浮层已关闭"></div>
```

以 iPhone 的 VoiceOver 为例，如果.hidden 语句是这样的：

```
.hidden {
  visibility: hidden;
}
```

那么当我们关闭浮层时，VoiceOver 会读“浮层已关闭”，很棒，对不对？但是，如果.hidden 语句是这样的：

```
.hidden {
  display: none;
}
```

那么当我们关闭浮层时候，VoiceOver 会读浮层下面元素的相关信息，至于.overlay 元素是否关闭，就只能靠经验去猜测了，这显然就不如 visibility 友好。

上面的案例我特意做了一个演示页面，如果读者有屏幕阅读软件，可以手动输入 http://demo.cssworld.cn/10/2-4.php 或者扫右侧的二维码。

最后，有必要强调一下可能出现的误区。

（1）普通元素的 title 属性是不会被朗读的，除非辅以按钮等控件元素，这里是因为设置了 role="button"所以才可以朗读。

（2）visibility:hidden 元素是不会被朗读的，注意，不会被朗读！本案例之所以会被朗读，从显示到隐藏，遮罩层 focus 的区域还在（display:none 则丢失，因为尺寸位置全部变成 0），你可以理解为遮罩层的“遗骸”还在。

朗读结束后再去触碰这片区域的时候，是无论如何也找不到已经 visibility:hidden 的这个遮罩元素的。

### 10.2.2 了解 `visibility:collapse`

大家只要了解 visibility 支持的属性值还有个 collapse 就可以了。其他信息，类似原本其设计是作为表格用的，则完全不用在意，因为对于表格相关元素，部分现代浏览器对 visibility:collapse 的解析是不准确的，无实用价值；对于普通元素，visibility:collapse 又等同于 visibility:hidden，直接使用 visibility:hidden 就好了，collapse 这个单词又长又难记住，没有理由使用。

# 第 11 章

# 用户界面样式

用户界面样式指的是 CSS 世界中用来帮助用户进行界面交互的一些 CSS 样式，主要有 outline 和 cursor 等属性。

## 11.1 和 border 形似的 outline 属性

outline 表示元素的轮廓，语法和 border 属性非常类似，分宽度、类型和颜色，支持的关键字和属性值与 border 属性一模一样。例如：

```
.outline {
  outline: 1px solid #000;
}
```

两者表现也类似，都是给元素的外面画框。但是，设计的作用却大相径庭。

### 11.1.1 万万不可在全局设置 outline:0 none

outline 是一个和用户体验密切相关的属性，与 focus 状态以及键盘访问关系密切。

在桌面端网页，对于按钮或者链接，我们通常都是使用鼠标点击去完成操作。但是世事难料，总会存在用户只能使用键盘访问网站的情况。例如， iMac 鼠标没电了，或者鼠标坏了，或者在智能电视中访问网站（遥控器本质上也是个操作键盘）。

好在所有的浏览器原生就有键盘访问网页的能力，对于按钮或者链接，通常的键盘操作是：Tab 键按次序不断 focus 控件元素，包括链接、按钮、输入框等表单元素，或者 focus 设置了 tabindex 的普通元素，按 Shift+Tab 组合键反方向访问。

注意，重点来了！在默认状态下，对处于 focus 状态的元素，浏览器会通过虚框或者外发光的形式进行区分和提示。例如，在 Chrome 浏览器中输入框 focus 时的蓝色外框效果，如图 11-1 所示。

这种虚框或者外发光效果是非常有必要的，否则用户根本就不知道自己当前聚焦在哪个元素上，甚至因此而迷失。



图 11-1 Chrome 输入框 focus 时候的蓝色外框效果

元素聚焦后，再按下回车键，就相当于鼠标点击了这个元素，从而可以前往我们想去的目的地（如<a>链接），或者执行我们想要的交互效果（如按钮）。

以上就是我们的键盘访问过程。可以看出来，浏览器默认的 outline 高亮标记是一个非常有用的行为。因此，类似下面的代码其实是非常不专业的：

```
* {
  outline: 0 none;
}
```

或

```
a {
  outline: 0 none;
}
```

现代浏览器的 focus 体验现在已经做得很好了，对于普通链接或者按钮，当我们点击的时候，已经不会出现 outline 效果了，只有键盘 Tab 或者 JavaScript 的 element.focus() 主动触发才会有发光效果，因此，我实在想不出为什么要设置下面这样的 CSS 代码：

```
a {
  outline: 0 none;
}
```

对于输入框元素，我倒是可以理解，因为必须要先 focus 才能输入内容，一些浏览器内置的 focus 效果可能和我们的网页设计格格不入，因此需要重置，要使用专门的类名。例如：

```
.input {
  outline: 0;    /* outline:none 亦可 */
}
```

但是，必须把 focus 态样式加上。例如，我们可以让输入框的边框颜色高亮：

```
.input:focus {
  border-color: Highlight;
}
```

最后再强调一遍：万万不可在全局设置 outline:0 none！这样的错误会造成部分场景下的部分用户产生使用障碍！

国内很多大站也会犯类似的错误，注意千万不要学习，千万不要模仿！

在实际开发的时候，有时候需要让普通元素有类似控件元素的 outline 效果。例如，基于原生的单复选框模拟单复选框，或者为了规避 submit 类型按钮 UI 很难完全保持一致的问题，我们会使用<label>元素来移花接木，通过 for 属性和这些原生的表单控件相关联。例如：

```
<input id="t" type="submit">
<label class="btn" for="t">提交</label>
```

原始按钮不可见，<label>元素变身按钮：

```
 [type="submit"] {
  position: absolute;
  clip: rect(0 0 0 0);
}
.btn {
  display: inline-block;
  padding: 2px 12px;
  background-color: #cd0000;
  color: #fff;
  font-size: 14px;
  cursor: pointer;
}
```

虽然样式上完美了，但却留下了一个键盘可访问性的问题：当我们使用 Tab 键在页面上遍历元素的时候，focus 的是隐藏的原生提交按钮，而“代言人”<label>元素无法被 focus，这就会导致这样的现象：用户遍历页面控件元素一直都很顺利，突然要到提交按钮的时候，页面却突然如死水一般，没有任何元素有 outline 高亮。原因就是被 focus 的按钮元素处于隐藏状态，用户无法看到 outline 效果，此时我们就需要额外增加一层 CSS 代码，让<label>这个“代言人”连键盘 focus 状态也一起代言了，也就是说，当我们 focus 看不见的提交按钮的时候，让“代言人”<label>元素模拟原生的 focus 高亮效果。

```
:focus + label.btn {
   outline: 1px dotted Highlight;
   outline: 5px auto -webkit-focus-ring-color;
}
```

Highlight 是系统高亮色，这里用来模拟 IE 和 Firefox 浏览器的 outline 效果相当合适，而下面的 5px auto -webkit-focus-ring-color 是在 Chrome 浏览器下使用浏览器自带的 focus 外发光 outline 效果，这里的 5px 其实无关紧要，写 3px 效果也是一样的。

最后，就有了非常符合预期的近乎原生的 focus outline 效果了，如图 11-2 和图 11-3 所示。

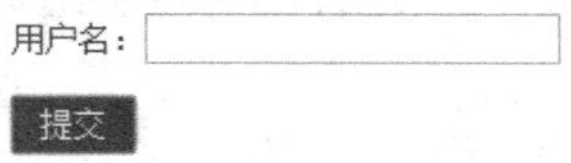

图 11-2　Chrome 下<label>元素 outline 效果-发光 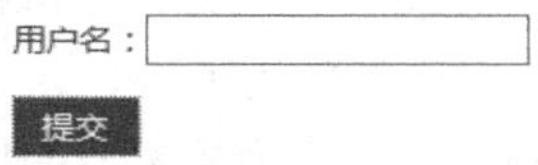　图 11-3　IE 下<label>元素 outline 效果-虚框

## 11.1.2　真正的不占据空间的 outline 及其应用

outline 是本书介绍到现在出现的第一个真正意义上的不占据任何空间的属性。例如，内联元

素的上下 padding 值似乎不占据任何空间，但是一旦祖先元素 overflow 计算值不是 visible，同时 padding 值足够大，滚动条就会出现，暴露出“不占据空间”其实是一个假象。但是 outline 属性确实不占据任何空间，轮廓宽度设置得再宽广，也不会影响任何元素的任何布局，并且 outline 轮廓是可穿透的。考虑到 outline 是一个从 IE8 开始就被支持的 CSS 属性，这就注定了 outline 要脱离其设计初衷，在其他方面大显神通，例如，用于实现一些看似棘手的布局效果。

### 1. 案例一：头像剪裁的矩形镂空效果

有一种图片剪裁效果是通过移动前景剪裁区域实现的，如图 11-4 所示。移动时的样式如图 11-5 所示。

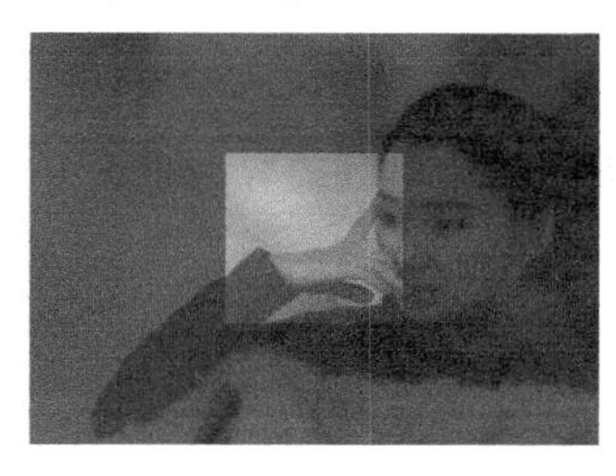

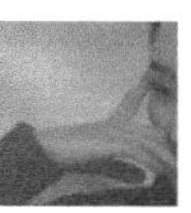


图 11-4　头像剪裁的镂空矩形示意

图 11-5　正在移动的头像剪裁的镂空矩形

这种中间镂空透明、四周蒙层遮罩的效果是如何实现的呢？

如果页面没有滚动条，倒是可以试试 background-attachment:fixed 声明，三层结构，底部原图，中间遮罩，最上面拖曳元素，拖曳元素背景图片就是底部原图，且 fixed 定位，于是，当我们移动最上层元素时候，背景图因为不跟随移动，给人感觉就是“镂空的”。

但是，“页面没有滚动条”这个限定太大了，实际项目很难满足，因此需要另寻他法。我曾多次见到过这种做法，即半透明的黑色蒙层实际上是由很多个矩形拼起来的，避开中间区域从而形成镂空效果。这种做法比较符合现实认知，因此相对比较容易理解和想到，但是，在代码世界里，这其实是一种非常麻烦的做法。

如果我们把思维发散，克服常态效应和惯性思维，就会找到很多非常简单的其他方法，例如这里要隆重出场的 outline 属性，核心 CSS 代码如下：

```
.crop {
  overflow: hidden;
}
.crop > .crop-area {
  width: 80px; height: 80px;
  outline: 256px solid rgba(0,0,0,.5);
  cursor: move;
}
```

用一句话概括就是使用一个大大的 outline 来实现周围半透明黑色遮罩。因为 outline 宽度设置再大，也不会对布局产生任何影响，至于超出的区域，通过容器 overflow:hidden 隐藏就可以了。

没错，原理就是这么简单。

当然，实际的代码还有很多细节需要考虑，如下：

```
.crop-area {
  outline: 256px solid #000;
  outline: 256px solid rgba(0,0,0,.5);
  background: url(about:blank);
  background: linear-gradient(to top, transparent, transparent);
  filter: alpha(opacity=50);
  cursor: move;
}
:root .crop-area {
  filter: none;
}
```

首先， IE8 浏览器不支持 rgba 颜色，因此这里借助了透明度滤镜进行兼容。由于 IE9 浏览器同时支持两者，因此借助:root 进行了重置；其次，包括 IE10 在内的 IE 浏览器下的镂空元素会有点击穿透的问题，这里采用的方法是使用 background 属性设置看不见的背景内容，于是就有了上面的 CSS 代码。

更完整的代码和更切肤的感受可以手动输入地址 http://demo.cssworld.cn/ 11/1-1.php 进行体验。

### 2．案例二：自动填满屏幕剩余空间的应用技巧

有不少网站的主背景是白色的，底部是深色的，于是就会出现这么一个场景：当主内容很少的时候，包括底部在内都不足一屏，或者用户显示器是竖屏，则很可能就会出现图 11-6 所示的这样尴尬的情况。

图 11-6　高度不足导致底部下面留白示意

如何让底部背景色正好填满剩余屏幕区域呢？目前我知道的最好的办法就是巧用 outline 属性。假设底部 HTML 代码是这样的：

```
<div class="footer">
   <p>Designed &amp; Powered by zhangxinxu</p>
</div>
```

那么就有如下 CSS 示意代码：

```
.footer {
  height: 50px;
}
.footer > p {
  position: absolute;
  left: 0; right: 0;
  text-align: center;
  padding: 15px 0;
  background-color: #a0b3d6;
  outline: 9999px solid #a0b3d6;
```

```
  clip: rect(0 9999px 9999px 0);
}
```

最关键的 CSS 就是设置一个超大轮廓范围的 `outline` 属性。例如，这里是 `9999px`，作用是保证无论屏幕多高，轮廓色块也一定能够覆盖。

但是和 `border` 属性不一样，`outline` 是无法指定方位的，只能被动地四周扩展。因此，`outline:9999px solid #a0b3d6` 不仅会填满底部方位的屏幕空间，还会把上面的内容空间也填满。因此，我们还需要做进一步处理，例如，提高主体内容的层叠顺序，但这显然成本太高，效果也不一定好；还有就是采用这里的 `clip` 剪裁策略，让底部内容元素绝对定位，同时以上边缘和左边缘为界进行裁剪，这样，就完全不用担心 `outline` 会覆盖上面的内容啦！代码组合为：

```
{
  position: absolute;
  clip: rect(0 9999px 9999px 0);
}
```

使用 `9999px` 这么大的值也是为了确保 100%填满屏幕。于是，此时的效果就成了如图 11-7 所示的样子。

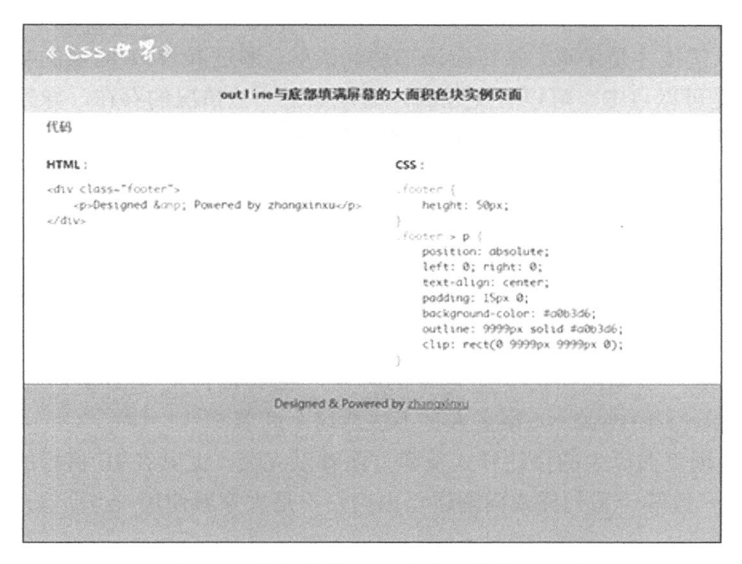


图 11-7　底部色块自动填满屏幕整页示意

现在再也不用担心屏幕高度太高了！

# 11.2　光标属性 cursor

## 11.2.1　琳琅满目的 cursor 属性值

想想看，你平时做项目时对 CSS 的 `cursor` 属性的使用，是不是就是让按钮链接等变为手形？类似这样：

```
.button {
  cursor: pointer;
}
```

是不是其他属性值都没怎么使用？如何真是这样，那可真就遗憾了，因为 cursor 属性要远比你想得丰富与实用得多。

cursor 属性值几乎可以认为是当下支持的关键字属性值最多的 CSS 属性，没有之一。下面就是按照功能特性对其进行的分类以及具体解释描述。

1. **常规**

- **cursor:auto**：cursor 默认值。auto 表示光标形状根据内容类别浏览器自动进行处理。例如，输入框里面光标表现为 cursor:text，带 href 属性的链接表现为 cursor:pointer，而原生的<button>表现为 cursor:default 等。
- **cursor:default**：系统默认光标形状。虽然有“默认”之意，但却不是 cursor 属性的默认值，需要注意。其大致长这个样子：。如何严格按照操作系统以及浏览器默认的光标行为呢？目前 Web 页面中所有按钮都使用 cursor:pointer 手形的做法并不标准，链接才是手形，按钮应该都是默认形，通过 hover 时候的状态变化让用户知道这里是可以点击、可以有交互的。但是如下一些情况的存在，导致业内都习惯把所有可点击、可交互的元素的光标全部变成手形。
    - ◆ 忘记设置 hover 样式或者不方便设置，例如，图标 hover 变色效果，需要多份不同色背景图，尤其现在都喜欢使用工具合并，默认生成的 CSS 是没有 hover 样式的，需要自己特殊处理。此时，如果这个图标按钮采用默认 default 光标，容易让用户觉得这里是不可点击的，但是使用 pointer 手形光标，由于光标变化本身就是一种 hover 状态变化，可以让用户意识到这个元素是“特别的”。同样地，反过来，模拟按钮的禁用效果的时候，也要记得把 cursor:pointer 还原成 cursor:default，很多人都不注意这个细节。
    - ◆ 由于浏览器原生的按钮样式兼容方面难以完美，尤其在 IE 盛行的年代，黑框、宽高不一致等一系列样式问题层不出穷，于是大家就使用<a>标签来模拟按钮，类似这样：

      ```
      <a href="javascript:" class="button" role="button">按钮</a>
      ```

      而浏览器中默认带 href 属性的<a>标签的光标都是手形，而且这个手形效果也蛮好，没有必要再额外重置为 default 默认形。于是，久而久之，大家就约定俗成，所有链接和按钮都使用手形。以至于发展到现在，使用原生的<button>按钮甚至下拉框的时候，都要设置一个 cursor:pointer。这种奇怪的发展史真是比小说还精彩。
- **cursor:none**：这个声明非常有意思，可以让光标隐藏不见。什么情况下我们不需要光标呢？看视频的时候，尤其全屏看视频的时候。此时鼠标一直在界面上晃着，是很碍眼、很难受的。一般可以这么处理：如果鼠标静止 3 秒不动，就设置页面或视频元素 cursor:none 隐藏光标，如果有 mousemove 行为，再显示即可！

然而这样做有一个小问题，就是 IE8 浏览器并不支持 cursor:none 声明，从 IE9 浏览器才开始支持这个属性，怎么办呢？很简单，IE8 浏览器使用自定义的透明光标就可以了。弄一张纯透明的 PNG 图片，然后制作成 cur 格式，就可以实现全部浏览器下的光标隐藏效果了。

眼见为实，手动输入 http://demo.cssworld.cn/11/2-1.php。

CSS 代码如下：

```
.cur-none {
  cursor: url(transparent.cur), auto;
}
:root .cur-none {
  cursor: none;
}
```

:root 是 IE9 及以上版本浏览器才认识的选择器，因此可以把 IE8 和其他浏览器区分开。

2. 链接和状态

- **cursor:pointer**：光标表现为一只伸出食指的手，类似这样：。IE 浏览器还支持 cursor:hand，表现和 cursor:pointer 是一样的，但其他浏览器并不识别，因此没有任何使用 cursor:hand 的理由。我以前其实产生过疑问：为何“手形”不统一是 cursor:hand？这样通俗易懂又好记。后来算是明白了，hand 这个词太概括和笼统，随着 CSS 发展，一定会出现其他与“手”相关的形状，例如，抓取相关的 grab 和 grabbing 等。
- **cursor:help**：帮助，通常是光标头上带了个问号，类似这样：。它用在帮助链接或者包含提示信息的问号小图标上。目前，类似场景几乎都使用 cursor:pointer 手形，实际上，可以试试使用 cursor:help，让我们的交互细节和视觉呈现更加细腻，让用户感受到我们在产品上的用心。
- **cursor:progress**：表示进行中的意思。从语义上讲，其适合 loading 处理。例如，我们点击一个按钮发送请求，请求发送出去、返回数据还没接收到的这段时间其实就是一个 progress 状态。按道理讲，可以让按钮的光标变成 cursor:progress，例如，Windows 7 系统下的会有一个不停旋转的圈圈。但是我个人更建议对按钮本身的样子进行改变，例如，加个菊花加载效果，让用户感知到目前正在处理中，因为用户的交互操作不一定通过鼠标，也有可能通过键盘，如果单纯使用 cursor:progress，通过键盘操作的用户就无法感知到状态的变化，用户体验其实是不好的。

  但是，有一个场景却非常适合使用 cursor:progress，那就是页面加载的时候。如今进行 Web 开发，没有 JavaScript 几乎寸步难行，而 JavaScript 加载完毕是需要一定时间的，网络不好的时候，这个加载时间延迟可能会非常明显，于是用户就会遇到明明界面已经呈现了，但是点击“展开更多”按钮却没有任何反应，原因就是 JavaScript 还没有完全加载完毕。此时就非常适合 cursor:progress 出马了，我们默认在<body>标签上设置：

```
body {
  cursor:progress
}
```

然后，当 JavaScript 初始化完毕的时候，执行类似下面的 JavaScript 代码：

```
document.body.style.cursor = 'auto';
```

于是，刚才的加载场景就变成了这样：Web 页面界面已经呈现，用户想去点击“展开更多”按钮，结果发现此时页面的光标是 cursor:progress 的转圈圈状态，此时，至少大部分用户会意识到我们的网页还没有完全加载完毕，需要再耐心等待一会儿，减少了点击“展开更多”按钮却没有任何反应的不安和焦虑感，对用户更加友好了。

- **cursor:wait**：我们先看看光标形状，可能是这样的转圈圈，或者是沙漏或者是表，总之和电脑死机时候的光标是一样的。因此，请不要在 Web 开发的时候使用 cursor:wait 光标，以免引起用户不必要的恐慌。就算真的不响应了，浏览器自己也会处理，我们无须多此一举。
- **cursor:context-menu**：cursor:context-menu 兼容性比较复杂，Mac OS X 和 Linux 系统下的 Chrome 和 Firefox 浏览器是支持的，但是 Windows 系统下的 Chrome 和 Firefox 浏览器却不支持。

  在 Windows 7 系统下，表现为箭头光标右下方挂了个汽油桶。

  context-menu 的字面意思是“上下文菜单”，就是右键点击我们的桌面或者网页显示的那个菜单列表。如果套用这个语义，cursor:context-menu 适用的场景是自定义“上下文菜单”的时候，例如，网盘列表或者邮箱列表，我们可以直接右键删除，如图 11-8 所示。

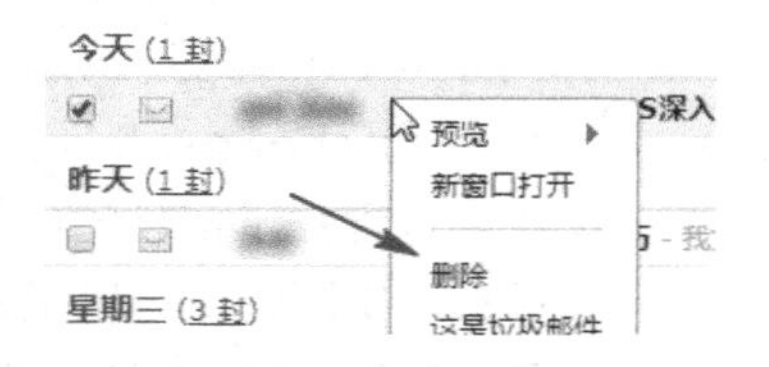


图 11-8 邮箱列表右键自定义上下文菜单示意

此时，如果我们把光标设置为 cursor:context-menu，用户就更容易意识到这里有自定义的、快捷方便的上下文菜单功能，而不是傻傻指望用户自己发现。

### 3. 选择

- **cursor:text**：潜台词是文字可被选中，形状类似Ⅰ。默认文本字符或者可输入的单复选框的光标就表现成这样，因为文字可以被选中；反过来，如果文字是不能被选中的，光标就不应该是 cursor:text。

  举个例子，单行输入框，默认光标表现为cursor:text，但是我们一旦让其disabled

禁用，如<input disabled>，则浏览器自动会把光标改变成 cursor:default，如图 11-9 所示。

图 11-9　输入框禁用时的光标示意

同样地，如果我们使用 CSS 让页面上的文本字符不能被选中，则光标也要跟着一起发生变化，CSS 代码如下：

```
article {
   -webkit-user-select: none;
   -moz-user-select: none;
   -ms-user-select: none;
   user-select: none;

   cursor: default;
}
```

user-select:none 声明可以让现代浏览器下的文本不能被选中，这个很多人都知道，但是这些人却没注意到要设置 cursor:default，因为设置了 user-select:none 的文本其光标依然表现为 cursor:text，显然语义和表现就不符合了，明明呈现的是可选中文本的光标，结果文本却选不了。因此不要忘记顺便加个 cursor:default。

- **cursor:vertical-text**：潜台词是文字可以垂直选中，形状类似⟼。当我们使用 writing-mode 把文字排版从水平改为垂直的时候，文字的光标就自动表现为 cursor:vertical-text。换句话说，cursor:vertical-text 就是给垂直文字排板用的，平常的项目开发很难有机会用到。
- **cursor:crosshair**：十字光标，形状类似＋。它通常用在像素级的框选或点选场合，比方说自定义的取色工具，如图 11-10 所示。
- **cursor:cell**：cursor:cell 中的 cell 和 display:table-cell 中的 cell 其实可以看成是同一个东西，也就是单元格。换句话说，cursor:cell 用来表示单元格是可以框选的，形状类似✚。有没有觉得很眼熟？没错，此光标为 Excel“御用”光标，如图 11-11 所示。

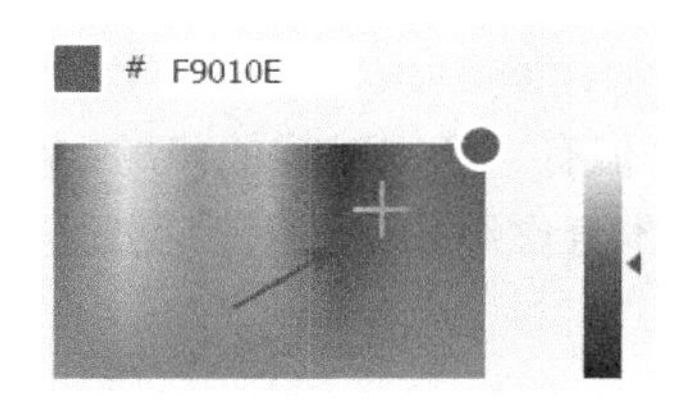


图 11-10　取色工具使用十字光标点选颜色示意

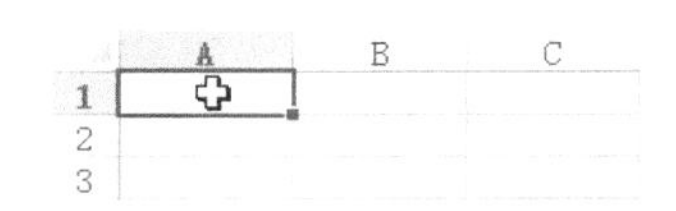


图 11-11　Excel 中的 cursor:cell 光标

这下大家应该就知道 cursor:cell 适合在哪种场景下使用了吧！

原生的 IE8 浏览器并不支持 cursor:cell，若使用，IE8 需要自定义。

**4．拖曳**

- **cursor:move**：光标变成 cursor:move，往往就意味着当前元素是可以移动的，形状类似✥。例如，头像剪裁的时候可能需要拖动剪裁框或背景图，就可以设置 `cursor:move`，或者有些弹框组件按住标题栏是可以拖曳的，我们就可以在标题栏上设置 `cursor:move`，让用户很直观地知道当前弹框是可拖曳的，降低用户的学习成本，还是很有使用价值的。

- **`cursor:copy`**：光标变成 `cursor:copy`，往往就意味着当前元素是可以被复制的，形状类似。原生的 IE8 浏览器并不支持，若使用，IE8 需要自定义。
- **`cursor:alias`**：光标变成 `cursor:alias`，往往就意味着当前元素是可以创建别名或者快捷方式的，形状类似。原生的 IE8 浏览器并不支持，若使用，IE8 需要自定义。
- **`cursor:no-drop`**：光标变成 `cursor: no-drop`，往往就意味着当前元素放开到当前位置是不允许的。如果深究其光标表现，应该类似如图 11-12 所示这般。但实际上，浏览器的真实表现是和 `cursor:not-allowed` 一模一样的。
- **`cursor:not-allowed`**：光标变成 `cursor:not-allowed`，往往就意味着当前行为是禁止的，形状类似⃠。有一些人会给禁用态按钮设置 `cursor:not-allowed`，其本身出发点是好的，表示当前按钮禁止访问（不允许点击），似乎也说得通，但其实是不合适的，因为 `cursor:not-allowed` 并不是常规光标状态，而是与拖曳行为相关的，它应该是一种主动行为下的光标表现。例如，Chrome 浏览器下，我们在网页上拖曳一张图片，其光标表现如图 11-13 所示。因此，禁用按钮光标还是使用 `cursor: default` 更合适，然后通过样式变化让用户一眼就看得出来现在按钮是不可点击的。

图 11-12　系统自带的 `drop` 无效光标示意

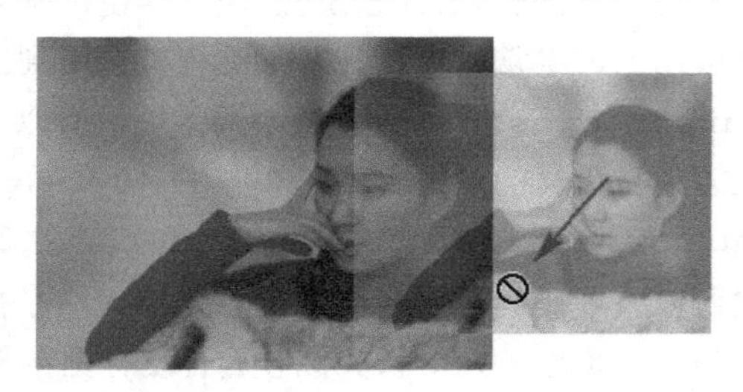

图 11-13　Chrome 浏览器下图片拖曳无效时的光标表现

### 5. 滚动

- **`cursor:all-scroll`**：表示上下左右都可以滚动，但有一个很糟糕的问题：Windows 系统下光标表现和 `cursor:move` 一样。再考虑到本身作用场景局限，我觉得可以忽略此声明。

### 6. 拉伸

- **`cursor:col-resize`**：光标形状类似↔。它适用于移动垂直线条，如垂直参考线。如果要通过移动改变左右分栏的宽度，建议使用 `cursor:ew-resize`。
- **`cursor:row-resize`**：光标形状类似↕。它适用于移动水平线条，如水平参考线。如果要通过移动改变上下分栏的高度，建议使用 `cursor:ns-resize`。

（1）**单向拉伸**：总共 8 个方位 8 个不同的关键字属性值，名称和近似形状如下。

- **cursor:n-resize**，理应是一个朝上的单箭头，但通常是双向的表现⇕。
- **cursor:e-resize**，理应是一个朝右的单箭头，但通常是双向的表现⇔。
- **cursor:s-resize**，理应是一个朝下的单箭头，但通常是双向的表现⇕。
- **cursor:w-resize**，理应是一个朝左的单箭头，但通常是双向的表现⇔。
- **cursor:ne-resize**，理应是一个朝右上角的单箭头，但通常是双向的表现⤢。
- **cursor:nw-resize**，理应是一个朝左上角的单箭头，但通常是双向的表现⤡。
- **cursor:se-resize**，理应是一个朝右下角的单箭头，但通常是双向的表现⤡。
- **cursor:sw-resize**，理应是一个朝左下角的单箭头，但通常是双向的表现⤢。

（2）**双向拉伸**：总共 4 个对立方位组合，名称和近似形状如下。

- **cursor:ew-resize**：⇔。
- **cursor:ns-resize**：⇕。
- **cursor:nesw-resize**：⤢。
- **cursor:nwse-resize**：⤡。

双向拉伸的4个属性值从IE10才开始支持。考虑到单向拉伸往往会自动以双向的形式呈现，因此，实际开发的时候，我们大可这么处理，拿右下角拉伸示意：

```
.resize {
  cursor: se-resize;
  cursor: nwse-resize;
}
```

这样，即使有些环境单向拉伸就只有一个方向的箭头，有后面的 `cursor:nwse-resize` 罩着，也不会出现什么明显的样式问题。

### 7．缩放

- **cursor:zoom-in**：光标形似放大镜🔍。
- **cursor:zoom-out**：光标形似缩小镜🔍。

这是 CSS3 新支持的两个光标类型。

### 8．抓取

- **cursor:grab**：光标是一个五指张开的手✋。
- **cursor:grabbing**：光标是一个五指收起的手✊。

这也是 CSS3 新支持的两个光标类型。

或许是因为操作系统并不存在这样的光标类型，不同浏览器下这个“五指张开/收起的手”的形状还是有些差异的，而其他比较传统的光标则完全一致，并且都和操作系统的光标一模一样。

最后，再总结一下琳琅满目的 `cursor` 属性值的兼容性情况（数据源自 caniuse.com）。

- 可以放心使用，无须担心兼容性问题的 `cursor` 属性值有 `auto`、`crosshair`、`default`、`move`、`text`、`wait`、`help`、`n-resize`、`e-resize`、`s-resize`、`w-resize`、`ne-resize`、`nw-resize`、`se-resize`、`sw-resize`、`pointer`、 progress、not-allowed、no-drop、vertical-text、all-scroll、col-resize 和 row-resize。

- 从 IE9 浏览器才开始支持的属性值有 none、alias、cell、copy、ew-resize、ns-resize、nesw-resize、nwse-resize 和 context-menu。
- 从 Edge12 才开始支持的属性值有 zoom-in 和 zoon-out。
- 从 Edge14 才开始支持的属性值有 grab 和 grabbing（源自 MDN 文档）。

## 11.2.2　自定义光标

从 IE6 开始，我们就可以自定义网页中的光标样式，因此，对于 cursor 属性，兼容性都不是问题。例如，IE8 不支持上面提到的 cursor:none，就是通过自定义手段实现兼容的：

```
.cur-none {
  cursor: url(transparent.cur);
}
```

对于 Chrome 等浏览器，可以直接使用 PNG 图片作为光标，但是 IE 浏览器不行。IE 仅支持专门的.cur 格式的光标文件，需要使用工具进行格式转换，至于什么工具，大家可以自行搜索一下，还是有很多的。

解决兼容性问题只是自定义光标的作用之一，自定义光标最大的作用其实是根据业务需要对光标进行更为彻底的自定义，最常见的就是点击图片左右半区，分别实现上一张、下一张图片切换预览的效果，如图 11-14 所示。

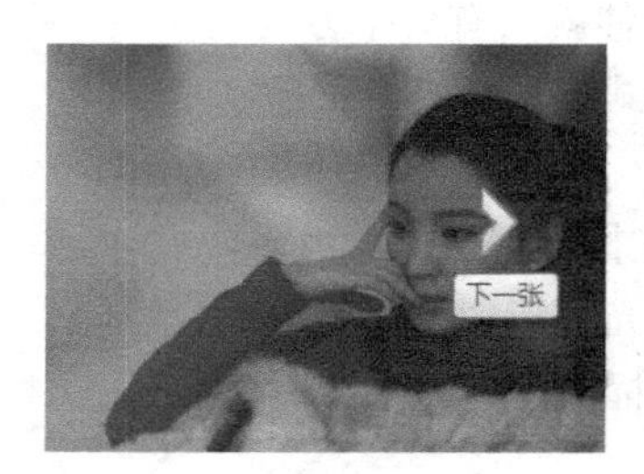


图 11-14　自定义光标在图片预览交互中的应用示意

自定义光标很实用，但要讲解的知识点不多，就不过多展开了。

# 第 12 章

# 流向的改变

在现实世界中，太阳总是东升西落，水总是从高往低流，这似乎就是永恒不变的规律。人在理解抽象知识的时候习惯与现实世界相映射，于是会有人认为 CSS 世界中的内容自左往右、自上而下排列也是永恒不变的。实际上，CSS 世界流向是可以轻易进行颠覆和改变的。

## 12.1 改变水平流向的 direction

至少在我接触的这么多项目里，没有见到有谁使用过 CSS 的 `direction` 属性。

为什么呢？是因为 `direction` 长得丑吗？虽然说 `direction` 确实其貌不扬，但是 CSS 世界不会有这样的歧视。

那是因为兼容性吗？更不是了，`direction` 早在 IE6 时代就已经被支持了，其兼容性见表 12-1。

表 12-1 direction 属性兼容性表

| Chrome | Safari | Firefox | Opera | IE | Android | iOS |
|---|---|---|---|---|---|---|
| 2.0+ | 1.3+ | 任意版本 | 9.2+ | 5.5+ | 任意版本 | 3.1+ |

那究竟是什么原因呢？

我认为多半是因为宣传不够。要是所有前端人能够人手一本这本书，自然就不会有这样的问题了，因为本书热衷于挖掘 CSS 属性的潜力，可以让那些默默无闻但有能力的 CSS 属性熠熠生辉、焕发青春。`direction` 就是一个典型，该属性简单且好记，属性值少，兼容性好，关键时候省心省力。

### 12.1.1 direction 简介

基本上，大家只要关心下面这两个属性值就好了：

```
direction: ltr;   // 默认值
direction: rtl;
```

其中，`ltr` 是初始值，表示 left-to-right，就是从左往右的意思。目前东亚以及欧美文字书写就是从左往右的；`rtl` 表示 right-to-left，就是从右往左的意思。阿拉伯语（Arabic）、希伯来语（Hebrew）等的书写就是从右往左的，也就是说，`direction` 设计的本意其实是为了兼顾这类语言。

但是，Web 开发接触多语言的场景其实非常有限，但这其实并不妨碍 `direction` 属性在实际项目中的应用，因为 `direction` 改变水平流向的特性在网页布局的时候非常有用。

`direction` 属性默认有这么一个特性，即可以改变替换元素或者 `inline-block/inline-table` 元素的水平呈现顺序。举个例子，使用如下 HTML：

```
<p dir="rtl">
   <img src="1.jpg" alt="美女">
   <img src="2.jpg" alt="美景">
</p>
```

美女图片 DOM 节点在美景图片的前面，如果我们忽略父级元素，是不是页面呈现的时候应该美女图片在前面，美景图片在后面？但是这里呈现的顺序却是反的，美景图片显示在了美女图片的前面，如图 12-1 所示。

眼见为实，手动输入 http://demo.cssworld.cn/12/1-1.php 或者扫下面的二维码。

图 12-1　`direction:rtl` 下的图片呈现顺序

这种特性表现对我们实际开发有什么作用呢？作用就是我们可以兵不血刃地改变元素的水平呈现顺序。举个例子，我们要写一款 `confirm` 确认框组件，需要同时兼容桌面端和移动端。在桌面端呈现的时候，“确认”按钮是在左边，“取消”按钮是在右边，如图 12-2 所示。如果移动端访问，为了我们手指点击方便，产品经理希望“确认”按钮在右边，而“取消”按钮在左边，如图 12-3 所示。

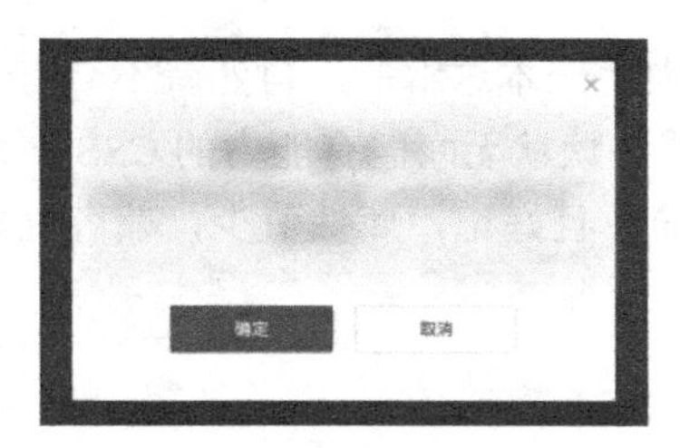


图 12-2　桌面端

图 12-3　移动端

请问：如果你来实现，你会如何处理这种不同设备、不同按钮顺序的问题呢？

如果按钮右对齐，我们还可以使用浮动 `float:right` 来解决，但是现在的关键问题是按钮是居中对齐的，别说浮动了，飞动都满足不了需求。一番思考后，你发现没什么思路，是不是又会去求助万能的 JavaScript，根据设备改变按钮元素在 DOM 流中的顺序了？

别瞎折腾啦！有请名不见经传的 `direction` 属性出场！直接一行 `direction:rtl`，十几个字母，按钮顺序就会自动反转，兼容性好，代码又少，我敢打包票，这一定是性价比最高的方法！

```
@media screen and (max-width: 480px) {
  .dialog-footer { direction: rtl; }
}
```

当然，`direction` 属性的作用远不止这些。通常，我们让单行文字溢出用点显示，这个点通常都是在右边的，省略的都是最后的文字，配合 `direction` 属性，我们可以让这个点打在开头，让前面的文字省略，CSS 和 HTML 代码如下：

```
.ell {
  width: 240px;
  white-space: nowrap;
  text-overflow: ellipsis;
  overflow: hidden;
}
<p class="ell" dir="ltr">开头是我，这是中间，然后就是结束</p>
<p class="ell" dir="rtl">开头是我，这是中间，然后就是结束</p>
```

HTML 代码中的 `dir` 属性和 CSS 中 `direction` 属性作用一样，使用 HTML 属性是为了方便测试。效果如图 12-4 所示。眼见为实，手动输入 http://demo.cssworld.cn/12/1-2.php 或者扫下面的二维码。

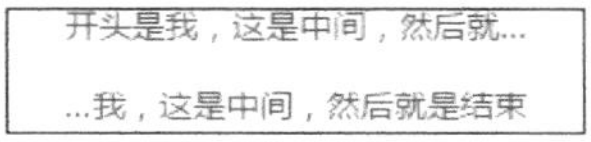

开头是我，这是中间，然后就...

...我，这是中间，然后就是结束

图 12-4 不同 `direction` 属性值下的文字溢出打点效果

这种开头打点的效果在有些场合非常有用。比方说，我们的动态文字后面跟了一些标记性的图标，如果后面打点，就很容易把这些需要呈现的图标一并变成点，于是我们不得不给文字套一层标签并借助 `max-width` 来只让文字打点，那可是相当麻烦的。但有了 `direction` 属性，有了前置打点，事情就简单多了，只要配合 `text-align:left` 控制下，就完全不用担心后面的标记性的图标会被隐藏掉啦！

`direction` 属性还可以轻松改变表格中列的呈现顺序。例如，我们对表 12-1 设置一个 `direction:rtl`，就会变成表 12-2 所示的这样，原本第一列的 Chrome 跑到最后了。

**表 12-2 改变了 `direction` 属性值后的 CSS `direction` 属性兼容性表**

| iOS | Android | IE | Opera | Firefox | Safari | Chrome |
|---|---|---|---|---|---|---|
| 3.1+ | 任意版本 | 5.5+ | 9.2+ | 任意版本 | 1.3+ | 2.0+ |

direction:rtl 还可以让 text-justify 两端对齐元素，最后一行落单的元素右对齐显示。例如，使用下面的 CSS 和 HTML：

```
p {
  text-align: justify;
  direction: rtl;
}
<p>
  <img src="1.jpg">
  <img src="1.jpg">
  <img src="1.jpg">
</p>
```

结果如图 12-5 所示。眼见为实，手动输入 http://demo.cssworld.cn/12/1-3.php 或者扫下面的二维码。

图 12-5 direction:rtl 时 text-justify 最后一行右对齐

只要是内联元素，只要与书写流相关，都可以试试 direction 属性。

对了，还有一个小点值得一提。在不支持 text-align:start/end 的浏览器中（如 IE），不同的 direction 属性值会改变 text-align 属性的初始值：当 direction 值为 ltr 的时候，text-align 的初始值是 left；当 direction 值为 rtl 的时候，text-align 的初始值是 right。

## 12.1.2 direction 的黄金搭档 unicode-bidi

细心的读者可能注意到了， direction 属性似乎只能改变图片或者按钮的呈现顺序，但对纯字符内容（尤其中文）好像并没有什么效果，但实际上，我们也是可以指定中文每个字符都反向呈现的，方法就是借助 direction 的搭档属性 unicode-bidi。

单看 unicode-bidi 的名称，你可能会觉得有点儿怪，会觉得它可能是哪个浏览器私有的属性，实际上不是的，unicode-bidi 是一个所有浏览器都支持的良好的 CSS 属性。至于它为什么会有这么奇怪的名称，我这里解释一下，你可以把 unicode 理解为“字符集”，而 bidi 则是单词 bidirectionality 的简写，中文意思是“双向性”。网页中的字符很多时候是混合的，例如中文和英文夹杂，或者阿拉伯文和英文夹杂，此时就会出现文本阅读方向不一样的情况，阿拉伯文是从右往左读，英文是从左往右，而这种混合方向同时出现的现象就称为“双向性”，因此 unicode-bidi 作用就是明确字符出现“双向性”时应当有的表现。

unicode-bidi 兼容性比较好的几个属性值如下：

```
unicode-bidi: normal;    // 默认值
unicode-bidi: embed;
unicode-bidi: bidi-override;
```

现有的对 unicode-bidi 这几个属性值的解释几乎都是晦涩难懂的，我在这里给出一个通俗易懂的解释。

（1）normal：正常排列。假设设置了 direction:rtl，则图片、按钮以及问号、加号之类的字符会从右往左显示，但是中文、英文字符还是从左往右显示。

（2）embed：embed 属性值要想起作用，只能作用在内联元素上。在通常情况下，embed 属性值的表现和 normal 是一样的，导致很多人不明白 embed 到底和 normal 有什么区别。其实它们的区别很简单，embed 属性值的字符排序是独立内嵌的，不受外部影响。我们来看一个例子，CSS 和 HTML 如下：

```
.rtl {
  direction: rtl;
  unicode-bidi: bidi-override;
}
.rtl > span {
  background-color: #ddd;
}
<p class="rtl">开头是我，<span style="unicode-bidi:normal;">这是中间</span>，然后是结束</p>
<p class="rtl">开头是我，<span style="unicode-bidi:embed;">这是中间</span>，然后是结束</p>
```

结果如图 12-6 所示。

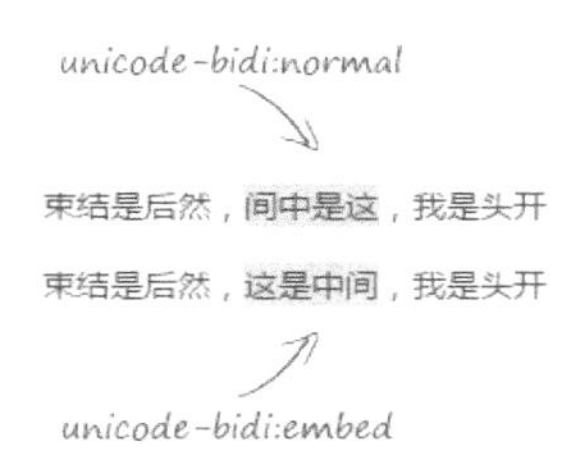


图 12-6 unicode-bidi:embed 和 unicode-bidi:normal 对比

因为<p>元素设置了 unicode-bidi:bidi-override，所以会强制所有字符按照 direction 设置的方向全部反向排列。但是从图 12-6 可以看出，设置了 unicode-bidi:normal 的<span>元素直接受外部的 unicode-bidi 属性影响，也全部反向呈现了，但是下一行设置了 unicode-bidi:embed 的“这是中间”四个字反而是“normal”排序。

原因就在于，unicode-bidi:embed 会开启一个看不见的嵌入层，然后自己在里面重新排序，但 unicode-bidi:normal 并不会开启一个额外的嵌入层，于是总是受外部的

unicode-bidi 影响。

这一对比效果有对应的实例页面，有兴趣的读者可手动输入 http://demo.cssworld.cn/12/1-4.php 或者扫右侧的二维码。

embed 属性值的作用原理是在元素的开始和结束位置插入特殊字符加以实现的，可以理解为在元素开始位置添加了一个 U+202A 字符（如果 direction 值是 ltr）或者 U+202B 字符（如果 direction 值是 rtl），并在该元素结束位置添加了一个 U+202C 字符。

因此，实际上我们无须设置 unicode-bidi:embed，直接在<span>元素前后分别插入 U+202B 字符和 U+202C 字符也可以实现类似的效果。具体如下：

```
<p class="rtl">开头是我，<span>&#x202B;这是中间&#x202C;</span>，然后是结束</p>
```

本人亲测有效。

（3）bidi-override：顾名思义，bidi-override 就是“重写双向排序规则”，通常样式表现为所有的字符都按照统一的 direction 顺序排列，例如，若设置 direction:rtl，则所有字符都会从右往左反向排列，效果强烈。

bidi-override 的作用原理也是通过插入特殊字符实现的，可以理解为在元素开始位置或者每个匿名子级块盒的开始位置（如果有的话）添加一个 U+202D 字符（如果 direction 值是 ltr）或者 U+202E 字符（如果 direction 值是 rtl），并在该元素结束位置添加了一个 U+202C 字符。

因此，实际上我们无须设置 unicode-bidi:bidi-override 以及 direction 属性，直接在元素前后分别插入 U+202E 字符和 U+202C 字符（可缺省）也可以实现字符反向排列效果。例如：

```
<p>&#x202E;一二三四五六七八九十</p>
```

最后页面呈现的文字就是“十九八七六五四三二一”，还是挺有意思的。

规范文档中有这么一句话很有意思：Unicode 算法对嵌入有 61 层的限制，应该注意尽量不要使用值不为 normal 的 unicode-bidi，除非适当（也就是在元素影响有限的前提下）。

unicode-bidi 属性虽然很有意思，但是改变字符的呈现顺序往往和我们的日常需求很难契合，因此，其出场机会实际上要比 direction 低一些，但存在即有价值，总会有场合非常适合使用 unicode-bidi 属性的。

## 12.2 改变 CSS 世界纵横规则的 writing-mode

writing-mode 这个 CSS 属性，是不是很少见到、很少用到？就像我们将不常见的文字称为“生僻字”一样，我们可以把不常见的 CSS 属性叫作“生僻属性”。writing-mode 给我们的感觉就是一个“生僻属性”——很弱，可有可无。

但是实际上，我们都错了，大错特错！writing-mode 可以说是 CSS 世界里面最强大的

CSS 属性了，它是本书最后出场的大咖，直接颠覆 CSS 世界的众多规则。

writing-mode 之所以给人“生僻”的感觉，是有原因的。实际上 writing-mode 这个 CSS 属性很早就诞生了，IE5.5 浏览器就已经支持它了。

那就奇怪了！writing-mode 既然这么厉害，出现的时间早、资格老，为什么一直沉寂了差不多 20 年呢？

那是因为在很长一段时间里，Firefox、Chrome 这些现代浏览器都不支持 writing-mode，writing-mode 基本上就是 IE 浏览器的私有产物。很多人对 IE 一直没什么好感，对吧？由此及彼，自然对 writing-mode 也不待见。

然而，就在我们被流行前端技术一叶蔽目的时候，各大现代浏览器纷纷对 writing-mode 实现了更加标准的支持（主要得益于 Firefox 浏览器的积极跟进）。也就是说，不知从什么时候起，writing-mode 的兼容性已经不成问题了，加上该属性本身特性强大——我仿佛看到了一颗冉冉升起的新星——不对，是大放光辉的圆月！

## 12.2.1 **writing-mode** 原本的作用

和 float 属性有些类似，writing-mode 原本是为控制内联元素的显示而设计的（即所谓的文本布局）。因为在亚洲，尤其像中国这样的东亚国家，存在文字的排版不是水平而是垂直的情况，如中国的古诗文，如图 12-7 所示。

因此，writing-mode 就是用来实现文字竖向呈现的。

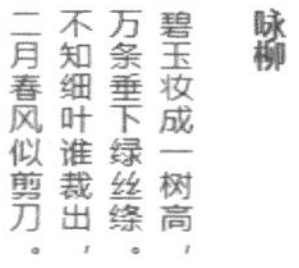

咏柳
碧玉妆成一树高，
万条垂下绿丝绦。
不知细叶谁裁出，
二月春风似剪刀。

图 12-7 古诗竖版示意

**1. writing-mode 的语法**

writing-mode 的语法学习要求比其他 CSS 属性要高一些，因为我们需要记住两套不同的语法：一个是 IE 私有属性，一个是 CSS3 规范属性。

先看一下未来所需的 CSS3 语法：

```
/* 关键字值 */
writing-mode: horizontal-tb;    /* 默认值 */
writing-mode: vertical-rl;
writing-mode: vertical-lr;

/* 全局值——关键字 inherit，IE8 及以上版本浏览器支持；initial 和 unset，IE13 才支持 */
writing-mode: inherit;
writing-mode: initial;
writing-mode: unset;
```

我们通过名称就能知道各个关键字属性值大概的意思。例如，默认值 horizontal-tb 表示文本流是水平方向（horizontal）的，元素是从上往下（top-bottom）堆叠的。

vertical-rl 表示文本是垂直方向（vertical）展示，然后阅读的顺序是从右往左（right-left），和我们阅读古诗的顺序一致。

vertical-lr 表示文本是垂直方向（vertical）展示，然后阅读的顺序还是默认的从左往右（left-right），即仅仅是水平变垂直。

图 12-8 给出了各个值下的中英文表现的对照（参考自 MDN）①。

下面来看一下老 IE 浏览器的语法，由于历史原因，其显得相当复杂，IE 官方文档显示如下：

```
-ms-writing-mode: lr-tb | rl-tb | tb-rl | bt-rl | tb-lr | bt-lr | lr-bt | rl-bt | lr
| rl | tb
```

根据我的测试（非原生 IE8、IE9），-ms-私有前缀是可省略的，直接用 writing-mode 所有 IE 浏览器都是支持的。

| 值 | 垂直特性文本 | 水平特性文本 | 混合特性文本 |
|---|---|---|---|
| horizontal-tb | 我家没有电脑。 | Example text | 1994年に至っては |
| vertical-lr | 我家没有电脑。 | Example text | 1994年に至っては |
| vertical-rl | 我家没有电脑。 | Example text | 1994年に至っては |

图 12-8 writing-mode 和文本展示效果示意

IE 浏览器下的关键字值多达 11 个。

- **lr-tb**：IE7 及以上版本浏览器支持。初始值。内容从左往右、从上往下水平流动，并且下一行水平元素在上一行元素的下面，所有符号都是直立定位。大部分书写系统都使用这种布局。
- **rl-tb**：IE7 及以上版本浏览器支持。内容从右往左、从上往下水平流动，并且下一行水平元素在上一行元素的下面，所有符号都是直立定位。这种布局适合从右往左书写的语言，如阿拉伯语、希伯来语、塔安那文和叙利亚语。
- **tb-rl**：IE7 及以上版本浏览器支持。内容从上往下、从右往左垂直流动，下一个垂直行定位于前一个垂直行的左边，全角符号直立定位，非全角符号（也可以称作窄拉丁文或者窄假名符号）顺时针方向旋转 90°。这种布局多见于东亚文字排版。
- **bt-rl**：IE7 及以上版本浏览器支持。内容从下往上、从右往左垂直流动，下一个垂直行定位于前一个垂直行的左边，全角符号直立定位，非全角符号（也可以被称作窄拉丁文或者窄假名符号）顺时针方向旋转 90°。此布局多见于东亚垂直排版从右往左的文本块上。
- **tb-lr**：IE8 及以上版本浏览器支持。内容从上往下、从左往右垂直流动。下一个垂直行在前一个的右边。
- **bt-lr**：IE8 及以上版本浏览器支持。内容从下往上、从左往右垂直流动。
- **lr-bt**：IE8 及以上版本浏览器支持。内容从下往上、从左往右水平流动。下一个水平行在前一行的上面。
- **rl-bt**：IE8 及以上版本浏览器支持。内容从下往上、从右往左水平流动。
- **lr**：IE9 及以上版本浏览器支持。在 SVG 和 HTML 元素上使用。等同于 lr-tb。
- **rl**：IE9 及以上版本浏览器支持。在 SVG 和 HTML 元素上使用。等同于 rl-tb。

① 大家会发现英文字符横过来了，可以试试使用 text-orientation:upright 让其直立，IE 不支持，Firefox 和 Chrome 支持。

- **`tb`**：IE9 及以上版本浏览器支持。在 SVG 和 HTML 元素上使用。等同于 `tb-rl`。

各个属性值的表现如图 12-9 所示（参考微软官网）。

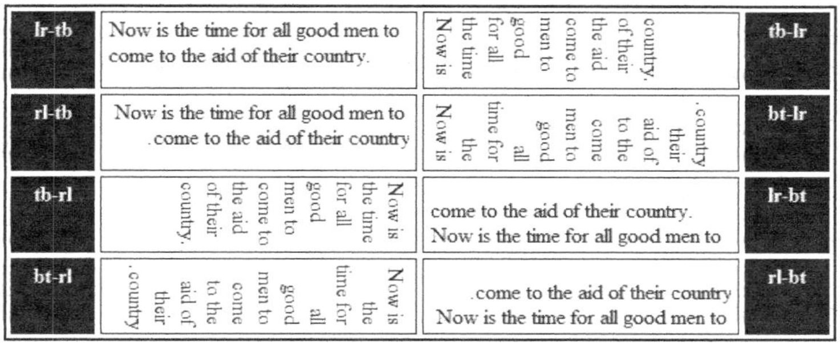

图 12-9 IE 浏览器下 `writing-mode` 各个属性值表现

补充说明如下。

- 相同的 `writing-mode` 属性值并不会累加。例如，如果父子元素均设置了 `writing-mode:tb-rl`，只会渲染一次，子元素并不会两次“旋转”。
- 在 IE 浏览器下，如果一个自身具有布局的元素（不是纯文本之类元素）`writing-mode` 属性值和父元素不同，那么当子元素的布局流变化的时候，其父元素坐标系统的可用空间会被充分利用。这段文字太过术语化，我解释一下就是：在 IE 浏览器下，当布局元素从水平变成垂直的时候（举个例子），你就想象为元素在垂直方向是 `100%`自适应父元素高度的。因此，IE 浏览器下（不包括 Edge 13 及以上版本），元素 `vertical` 流的时候你会发现高度高得吓人，布局和其他现代浏览器不一样，正是这个原因。
- 虽然 Chrome 和 Opera 认识 `tb-rl` 等老的 IE 属性值，但也仅仅是认识而已，并没有任何实际效果！

### 2. 需要关注的 `writing-mode` 属性值

从直接开发的角度而言，虽然 IE 支持多达 11 个私有的属性值，但是我们需要关注的也就那么几个。究竟是哪几个呢？

如果你的项目需要兼容 IE7，则只要关注两个就可以了，即初始值 `lr-tb` 和 `tb-rl`，对应于 CSS3 规范中的 `horizontal-tb` 和 `vertical-rl`。

如果你的项目只需要兼容 IE8 及以上版本浏览器，恭喜你，你可以和 CSS3 规范属性完全对应上了，而且 IE8 下的 `writing-mode` 要比 IE7 强大得多。我们需要关注初始值 `lr-tb`、`tb-rl` 和 `tb-lr`，分别对应于 CSS3 中的 `horizontal-tb`、`vertical-rl` 和 `vertical-lr`。

看上去复杂的属性是不是变得很简单了？重新整理出一个实战版：

```
writing-mode: lr-tb | tb-rl | tb-lr (IE8+);
writing-mode: horizontal-tb | vertical-rl | vertical-lr;
```

对，大家只要记住上面这几个就可以了！因为所谓的垂直排版，实际 Web 开发是很少遇到的。

有人可能要有疑问了：既然 `writing-mode` 实现的文本垂直排版场景有限，那么还有什么学习的意义呢？

前面也提到了，虽然创造 `writing-mode` 的本意是文本布局，但是，其带来的文档流向的改变，不仅改变了我们多年来正常的 CSS 认知，同时可以巧妙地实现很多意想不到的需求和效果。

## 12.2.2 **`writing-mode`** 不经意改变了哪些规则

`writing-mode` 将页面默认的水平流改成了垂直流，颠覆了我们以往的很多认知，基于原本水平方向才适用的规则全部都可以在垂直方向适用！下面所有案例均使用如下 CSS 代码：

```
.verticle-mode {
  writing-mode: tb-rl;
  -webkit-writing-mode: vertical-rl;
  writing-mode: vertical-rl;
}
```

### 1. 水平方向也能 **`margin`** 合并

在 CSS2 的规范文档中有这么一句话："The bottom margin of an in-flow block-level element always collapses with the top margin of its next in-flow block-level sibling, unless that sibling has clearance." 其清清楚楚地写着 `bottom margin` 和 `top margin` 会合并。然而，这是 CSS2 文档中的描述，在 CSS3 中，由于 `writing-mode` 的存在，这种说法就不严谨了，而应该是对垂直流方向的 `margin` 值会发生合并。换句话说，如果元素是默认的水平流，则垂直 `margin` 会合并；如果元素是垂直流，则水平 `margin` 会合并。

眼见为实，手动输入 http://demo.cssworld.cn/12/2-1.php 或者扫下面的二维码。结果如图 12-10 所示。

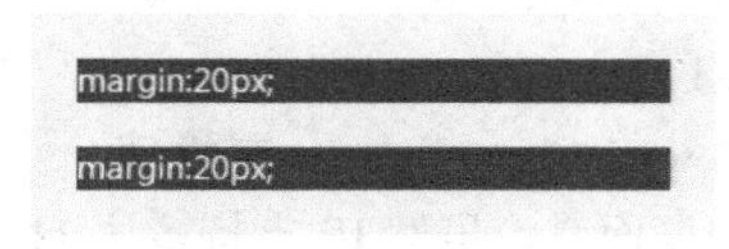

图 12-10 `writing-mode` 下水平 `margin` 合并

### 2. 普通块元素可以使用 **`margin:auto`** 实现垂直居中

我们应该知道，默认的 Web 流中，`margin` 设置 `auto` 值的时候，只有水平方向才会居中，因为默认 `width` 是 `100%`自适应的，`auto` 才有计算值可依，而在垂直方向，`height` 没有任何设置的时候高度绝不会自动和父级高度一致，因此 `auto` 没有计算空间，于是无法实现垂直居中。但是，在 `writing-mode` 的世界里，纵横规则已经改变，元素的行为表现发生了翻天覆地的变化。

（1）图片元素。

我们先来看一下，图片元素 `margin:auto` 实现垂直居中，手动输入 http://demo.cssworld.cn/12/2-2.php 或者扫右侧的二维码。其中图片的 CSS 代码如下：

```
img {
  display: block;
  margin-top: auto; margin-bottom: auto;
}
```

Firefox 浏览器中的效果如图 12-11 所示。但是，在 IE 浏览器下，却没有垂直居中，如图 12-12 所示。

图 12-11　writing-mode 下图片垂直居中效果（Firefox 浏览器）

图 12-12　writing-mode 下图片并未垂直居中（IE 浏览器）

奇怪？！难道 IE 不支持垂直流下的垂直居中？非也，根据我的测试，是图片这类替换元素貌似不行，普通的 `block` 元素都是可以的。

（2）普通块状元素。

手动输入 http://demo.cssworld.cn/12/2-3.php 或者扫下面的二维码。此时，不仅 IE11 Edge，甚至 IE8 浏览器，都垂直居中了，如图 12-13 所示。

图 12-13　writing-mode 下块元素垂直居中 1（IE 浏览器）

### 3. 可以使用 **text-align:center** 实现图片垂直居中

前面提过，margin:auto 无法实现 IE 浏览器下的图片垂直居中，如果非要让图片垂直居中，可以使用 text-align:center，手动输入 http://demo.cssworld.cn/12/2-4.php 或者扫下面的二维码。结果，之前病恹恹的 IE 浏览器活了，如图 12-14 所示。

图 12-14　writing-mode 下块元素垂直居中 2（IE 浏览器）

### 4. 可以使用 **text-indent** 实现文字下沉效果

这是个真实项目的例子，要增加一个按钮按下文字下沉的效果。如果你来实现，你会怎么做呢？行高控制？但默认文本就不居中（对于高度自适应的按钮，line-height 下沉是为了避免按钮高度变化，默认是不能完全居中的）。padding+height 能精确控制，又略烦。然而，在 writing-mode 垂直流下，我们又有了新思路，例如，直接使用 text-indent 实现垂直方向的控制，没想到吧！无须关心 height 高度、padding 间距大小，任何按钮都可以通用，因为 text-indent 不会影响元素原本的盒布局。

感兴趣的读者可以手动输入 http://demo.cssworld.cn/12/2-5.php 或者扫右侧的二维码。

核心 CSS 和 HTML 代码如下：

```
.btn {
  ...
}
.btn:active {
  text-indent: 2px;
}
.verticle-mode {
  writing-mode: tb-rl;
  writing-mode: vertical-rl;
}
<a href="javascript:" class="btn verticle-mode">领</a>
```

图 12-15　writing-mode 下 text-indent 实现文字下沉效果

此时，点击这个按钮的时候，文字就会往下一沉，非常有按下去的感觉，如图 12-15 所示。

为什么有如此效果呢？这要归功于中文。在垂直流排版的时候，中文不会旋转，还是直立的。也就是说，虽然肉眼看上去文字没什么变化，但是布局流已经发生了变化，以前类似 text-indent/letter-spacing 等水平控制属性都作用在垂直方向了。

当然，这个例子比较巧的是按钮文字只有一个，要是按钮文字有多个，怕是就没这么轻松和绝妙了。

#### 5. 可以实现全兼容的 icon fonts 图标的旋转效果

在老的 IE 浏览器下，我们要实现小图标的旋转效果是很麻烦的，因为要使用 IE 的旋转或翻转滤镜什么的。

有了 writing-mode，在有些场景下，我们就不用这么麻烦了。

前面你可能也注意到了，当 writing-mode 把文档变成垂直流的时候，我们的英文和数字符号是会“躺着”显示的，也就是天然 90°旋转了。此时，我们不妨脑洞大开一下：假如我们使用 icon fonts 技术让这些字符直接映射某个小图标，那岂不是轻轻松松就可以实现小图标旋转了？关键在于，就算是 IE6 和 IE7 浏览器对其也是支持的，这要比滤镜什么的简单多了！

眼见为实，手动输入 http://demo.cssworld.cn/12/2-6.php 或者扫右侧的二维码。

核心 CSS 和 HTML 代码如下：

```
@font-face {
  font-family: Arrow;
  src: url("/fonts/12/arrow.eot?");
  src: local("Any"),
      url("/fonts/12/arrow.woff");
}
.icon-play {
  font-family: Arrow;
}

.verticle-mode {
  writing-mode: tb-rl;
  writing-mode: vertical-rl;
}
<span class="icon-play">r</span> 箭头朝右
<span class="icon-play verticle-mode">r</span> 箭头朝下
```

结果如图 12-16 所示。

默认流
▶ 箭头朝右
垂直流
▼ 箭头朝下

图 12-16 writing-mode 下兼容的字体图标旋转效果

可以看到，虽然IE8不支持 `transform`，但是旋转轻松达成。

**6. 充分利用高度的高度自适应布局**

当文档变成垂直流的时候，`height` 高度天然自适应，于是，我们可以充分利用高度的高度自适应布局……突然发现，可以列举的案例实在太多了，这样下去，本书没法完结了，所以往下的案例都从略了吧。

总之，理论上讲，有了 `writing-mode`，我们能够做的事情比以前多了很多。就怕想不到，不怕做不到。

### 12.2.3 `writing-mode` 和 `direction` 的关系

`writing-mode`、`direction` 和 `unicode-bidi` 是CSS世界中三大可以改变文本布局流向的属性，其中 `direction` 和 `unicode-bidi` 属于近亲，经常一起使用，也是仅有的两个不受CSS3的 `all` 属性影响的CSS属性，基本上就是和内联元素一起使用。它貌似是为阿拉伯文字设计的。

乍一看，`writing-mode` 似乎包含了 `direction` 和 `unicode-bidi` 的某些功能和行为，例如，`vertical-rl` 的 `rl` 和 `direction` 的 `rtl` 值有相似之处，都是从右往左。然而，实际上两者是没有交集的。因为 `vertical-rl` 此时的文档流为垂直方向，`rl` 表示水平方向，此时再设置 `direction:rtl`，实际上值 `rtl` 改变的是垂直方向的内联元素的文本方向，一横一纵，没有交集。而且 `writing-mode` 可以对块状元素产生影响，直接改变了CSS世界的纵横规则，要比 `direction` 强大得多。它貌似是为东亚文字设计的。

然而，CSS的奇妙之处就在于：某些特性当初可能就是为某些图文排版设计的，但是我们可以利用它带来的特性发挥自己的创造力，实现其他很多意想不到的效果。因此，上面出现的“三剑客”都是非常好的资源。

另外，CSS逻辑属性（也就是 `*-start`/`*-end` 属性）的出现其实与现代浏览器加强了对流的支持有关，包括老江湖 `direction`，以及最近跟进的 `writing-mode`。

本书正文部分到此为止，感谢阅读！

# 欢迎来到异步社区！

## 异步社区的来历

异步社区（www.epubit.com.cn）是人民邮电出版社旗下 IT 专业图书旗舰社区，于 2015 年 8 月上线运营。

异步社区依托于人民邮电出版社 20 余年的 IT 专业优质出版资源和编辑策划团队，打造传统出版与电子出版和自出版结合、纸质书与电子书结合、传统印刷与 POD（按需印刷）结合的出版平台，提供最新技术资讯，为作者和读者打造交流互动的平台。

## 社区里都有什么？

### 购买图书

我们出版的图书涵盖主流 IT 技术，在编程语言、Web 技术、数据科学等领域有众多经典畅销图书。社区现已上线图书 1000 余种，电子书 400 多种，部分新书实现纸书、电子书同步出版。我们还会定期发布新书书讯。

### 下载资源

社区内提供随书附赠的资源，如书中的案例或程序源代码。

另外，社区还提供了大量的免费电子书，只要注册成为社区用户就可以免费下载。

### 与作译者互动

很多图书的作译者已经入驻社区，您可以关注他们，咨询技术问题；可以阅读不断更新的技术文章，听作译者和编辑畅聊好书背后有趣的故事；还可以参与社区的作者访谈栏目，向您关注的作者提出采访题目。

## 灵活优惠的购书

您可以方便地下单购买纸质图书或电子图书，纸质图书直接从人民邮电出版社书库发货，电子书提供多种阅读格式。

对于重磅新书，社区提供预售和新书首发服务，用户可以第一时间买到心仪的新书。

用户账户中的积分可以用于购书优惠。100 积分 =1 元，购买图书时，在 0 使用积分 里填入可使用的积分数值，即可扣减相应金额。